Looker Studio 大全

木田和廣 著

大全

データ接続からダッシュボードまで徹底解説

JN240710

技術評論社

⬇ サンプルデータの配布

本書の解説で利用するデータは、以下のページから参照・ダウンロードできます。

https://docs.google.com/spreadsheets/d/1-m6D0cbezDvnopPonKdP7fdKPUcAOOvxwK
wa7WbLpxg/edit?gid=1450698125#gid=1450698125

■本書のWebページ

本書の内容に関する訂正情報や更新情報は、下記の書籍Webページに掲載いたします。

https://gihyo.jp/book/2025/978-4-297-14736-5

まえがき

　デジタル時代の今、データが重要な経営資源の1つという認識は当たり前になっています。本書を手に取ったみなさんの周りにも、膨大なデータが存在することと思います。それらのデータを利用して業務に活かすことは、多くの企業や組織が直面する課題です。その課題の解決をタスクやミッションとして持っている方も多いと思います。

　しかし、膨大なデータを眼の前にして、「利用するべきツールはExcelではない」ことはわかっても、具体的にはどこから手をつけてよいかわからないことも多いはずです。

　本書は、その課題を解決するための強力なツールであるLooker Studioの利用方法をゼロから余すところなく解説し、読者のみなさんのデータ活用スキルを大きく引き上げることを目的としています。本書を読んでLooker Studioに習熟したみなさんは、データを自在に分析できるようになります。また、部署のメンバーと共有するKPIのモニタリングダッシュボードを作成できるようになります。その結果、データにもとづく意思決定や、データを用いた異常値の早期発見を通じて、データを業務に活用するという課題を解決することになるでしょう。

　また、本書はBIツールには一度も触ったことがないという初心者の方も、すでにデータ分析に携わっている方も、Looker Studioについて段階的に学べる構成となっています。データの準備から、接続、グラフ作成、ダッシュボードの構築といった基礎的な一連の流れから、パラメータの利用や、複数のデータソースの結合といった高度な実践テクニックまで、Looker Studioの機能を具体的な手順とともに丁寧に解説しています。

　なお、本書の最大の特徴は、単なる操作マニュアルにとどまらないという点です。データの可視化とは何か、なぜグラフやダッシュボードが重要なのかといった本質的な部分から解説を始めています。読者のみなさんがツールの使い方だけでなく、データ活用の本質的な考え方を身につけられるよう心がけました。

　データは適切に可視化され、その可視化にもとづいて組織が適切なアクションを起こしてこそ、真の価値を発揮します。本書が読者のみなさんのデータ活用における新たな一歩となり、ビジネスや組織の意思決定に革新をもたらす一助となれば、著者としてこのうえない喜びです。

著者　木田和廣

目次

Looker Studio の概要と
レポート作成のステップ

第 7 章
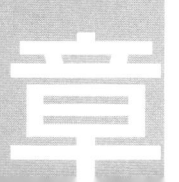

1-1 Looker Studioとは

1-1-1 Looker Studioとは

　これから学習を始めるLooker Studio（ルッカー スタジオ）とは、GoogleがGoogle Cloudのブランド名で提供しているプロダクト群の1つです。Google Cloudに含まれるプロダクトは、データ蓄積、処理、分析、可視化などの機能を提供し、企業の基幹システムとして利用されますが、Looker Studioは、Looker（名前は似ていますが、別プロダクト）とならんで、ビジネスインテリジェンスの機能を提供します。**ビジネスインテリジェンスとは、企業が蓄積している膨大なデータをグラフや表を使ってグラフィカルに可視化することで、事業に何が起きているのか、どこに問題があるのかを素早く発見し、意思決定を行うための機能やツール**を指します。Google Cloudの多くのプロダクトが情報システム部が利用することを想定しているのに対し、Looker Studioはシステム部門以外のあらゆる部門での利用を想定しています。

　現代の企業では、全社レベル、部署レベル、個人レベル、いずれの階層においてもデータにもとづいて意思決定し行動すること、行動した結果をデータで検証しPDCAを回すことが求められています。そうした態度は「データドリブン」と呼ばれます。企業がデータドリブンに行動するには、データが可視化され意思決定しやすい状態になっている必要があります。その可視化の役割を担っているツールだともいえます。

　図1-1がGoogleトレンド[注1]から抽出した、「データドリブン」というキーワードで検索された検索数のトレンドです。2010年1月1日から本書執筆時点の2024年11月までの検索数のトレンドを0から100までの値で示しています。2016年ごろから一貫して上昇していることがわかります。検索数は社会的関心を示しますので、社会的関心が増加傾向であることがわかるでしょう。

注1　Googleが提供する無料サービス。全世界、あるいは特定の国に絞り込んだうえで、キーワード別の検索数を「期間中の最大値を100」としてトレンドで示す。https://trends.google.com/trends/

▼図1-1：Googleトレンドによる「データドリブン」の検索トレンド

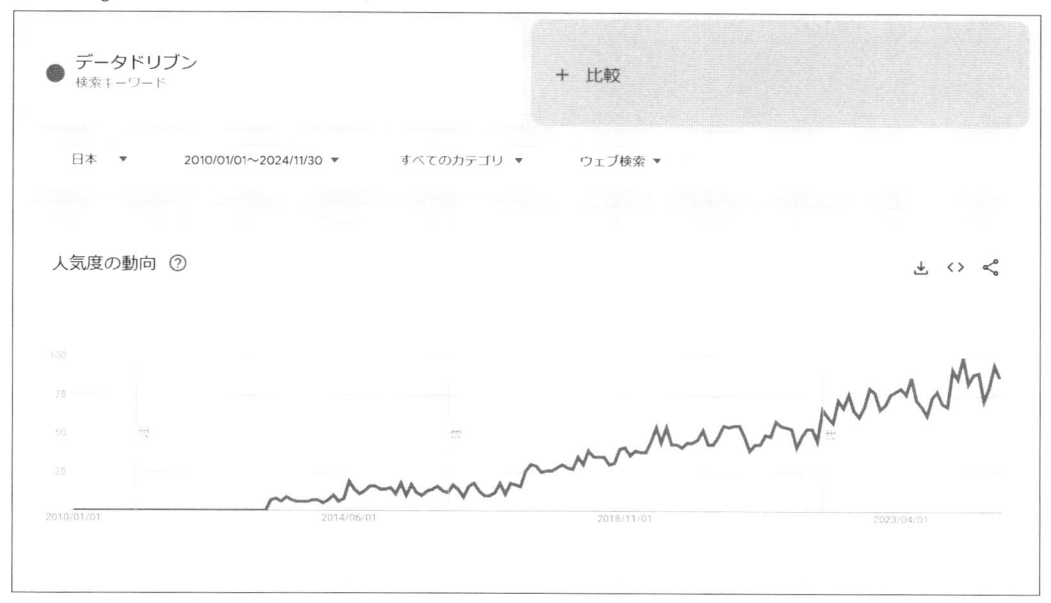

　Looker Studioはもともと「Googleデータポータル」という名前でしたが、2022年10月に名称を変更し、Google Looker Studioになりました。人的なサポートがつき、ガバナンス機能が強化されたLooker Studio Proという有償版もありますが、ProでないLooker Studioは無料で利用することができます。本書は、無料版のLooker Studioの利用方法についてできるだけ網羅的に解説し、読者のみなさんが自部署でデータドリブンな環境を作るお手伝いをすることを目的にしています。

　なお、似た名前を持つツールにGoogle Lookerがあります。このツールは有償版のみ存在し、Looker Studioよりもより柔軟にデータのモデル化や、ダッシュボード作成を行うことができます。一方、利用にあたっては、LookMLという独自言語を記述する必要があります。同言語は非エンジニアの一般ビジネスユーザーには習得が難しいため、Lookerは、エンジニア寄りなツールといえるでしょう。本書で取り扱うLooker Studioとは完全な別製品ですので、ご注意ください。

> Looker Studio公式サイト　https://cloud.google.com/looker-studio?hl=ja

1-1-2 ｜ Looker Studioでできること

　Looker Studioでは、「分析」と「モニタリング」ができます。

　「分析」とは、データから有用な知見を引き出し、合理的な意思決定をサポートすることです。例えば、30代の女性向けに開発したお菓子について、テスト的に数店舗のコンビニで発売したとします。期待どおりに売れていれば、増産し、全国のコンビニで販売します。期待どおりに売れていなければ、一旦販売は中止し、商品のコンセプトや味を再検討します。全国で販売するのか、一旦中止するかの意思決定には、テスト販売した結果を分析する必要があります。データを適切に収集していれば、そのデータをLooker Studioで分析し、増産するかどうかの意思決定に役立てることができます。

　「分析」には、通常、決まったフォーマットはありません。「ターゲットとしていた顧客が買ってくれただろうか」、「時間帯別の売れ行きはどうだろう」、「ほかの商品との合わせ買いの状況はどうだろう」などと探索的に可視化を行いながら、意思決定に足る知見を見つける必要があります。

　一方、もう1つの「できること」はモニタリングです。モニタリングとは、決まったフォーマットで、定常的に異常値がないかどうかを監督することです。読者の皆さんの部署で自部署の取り扱う商品の販売動向について定例会で確認していれば、それは、販売動向をモニタリングしていることになります。

　さて、テスト販売に成功し、当該のお菓子が日本全国のコンビニで発売されたとします。担当者としては一安心な状況です。しかし、長くは安心してもいられません。季節が進んで気温や湿度が変化したり、ターゲットとする30代女性の消費者に飽きられたり、競合が類似商品を投入したり、コンビニの中の目立たない棚に陳列されるようになったり、といった顧客や商品を取り巻く状況変化が、販売数に変動をもたらす場合があるからです。

　売れなくなったのであれば販売促進策を企画・実施する必要があったり、より売れるようになったのであれば増産の検討が必要になったりするでしょう。

　そのような状況で適切なデータが収集されていれば、Looker Studioではモニタリング用のダッシュボードを作成することができます。そのダッシュボードを見れば、販売に異常が起きていないかすぐに理解することができるのです。

1-1-3 ｜ Looker Studioでレポートを作成するメリット

　分析やモニタリングは、Looker Studioを利用しなくとも、Excelでできるかもしれません。現実に、Excelを利用して分析やモニタリングしている読者も多いと思います。しかし、Looker Studioを利用したほうが大きなメリットがあります。それらのメリットを次の5点で整理してみました。

▼表1-A：Looker Studioでレポートを作成するメリットのまとめ

訴求性	Excelと比較して、訴求力（訴えたいことを利用者の理解してもらう力）のあるグラフを作成することができます。
共同作業性	Excelとちがい、複数の編集者による同時作業が必要です。東日本担当、西日本担当の2人が同時に作業し、レポートを更新するといったことが可能です。
自動化	Looker Studioには自動更新の機能があり、BigQueryやGoogleアナリティクスに接続した場合には12時間ごと、Googleスプレッドシートに接続した場合には15分ごと（いずれもデフォルト）にレポートが最新のデータを反映した状態に更新されます。そのため、常に最新のデータが可視化された状態を確認することができます。
対話性	あるグラフの要素をクリックすると、その要素に絞り込むフィルタを別のグラフに適用することができます。また、多様なフィルタやドリルダウンが利用できるため、利用者がレポートを通じて知りたいことを知りたいレベルでピンポイントで提示することができます。
共有	Looker Studioはインターネット上のサービスですので、ファイルを配布するといった作業はありません。適切な権限の付与を通じて容易に共有できます（共有については9-3を参照）。

　もし、**表1-A**で整理したメリットを1つでも享受したい場合には、ぜひ、本書でLooker Studioの利用方法を身につけてください。

1-1-4　Looker Studioのダッシュボード例

　Looker Studioで作成する、キャンバスにグラフが掲載された制作物を「レポート」と呼びます。その中でも、**1つのテーマについて上司や同僚といった組織のメンバーへの共有を目的に作成するレポートのことをダッシュボードと呼びます**。本節では、ダッシュボード例として、Googleがサンプル的に提供している作例を紹介します。

　Googleが公開しているLooker Studioのダッシュボードは、テンプレートギャラリー[注2]からアクセスすることができます。

　公開されているテンプレートは複数ありますが、**図1-2**のレポートを例に、ダッシュボードで何ができるのかを具体的に解説します。

注2　https://lookerstudio.google.com/u/0/navigation/templates

▼図1-2：Googleが提供するLooker Studioのレポートの例

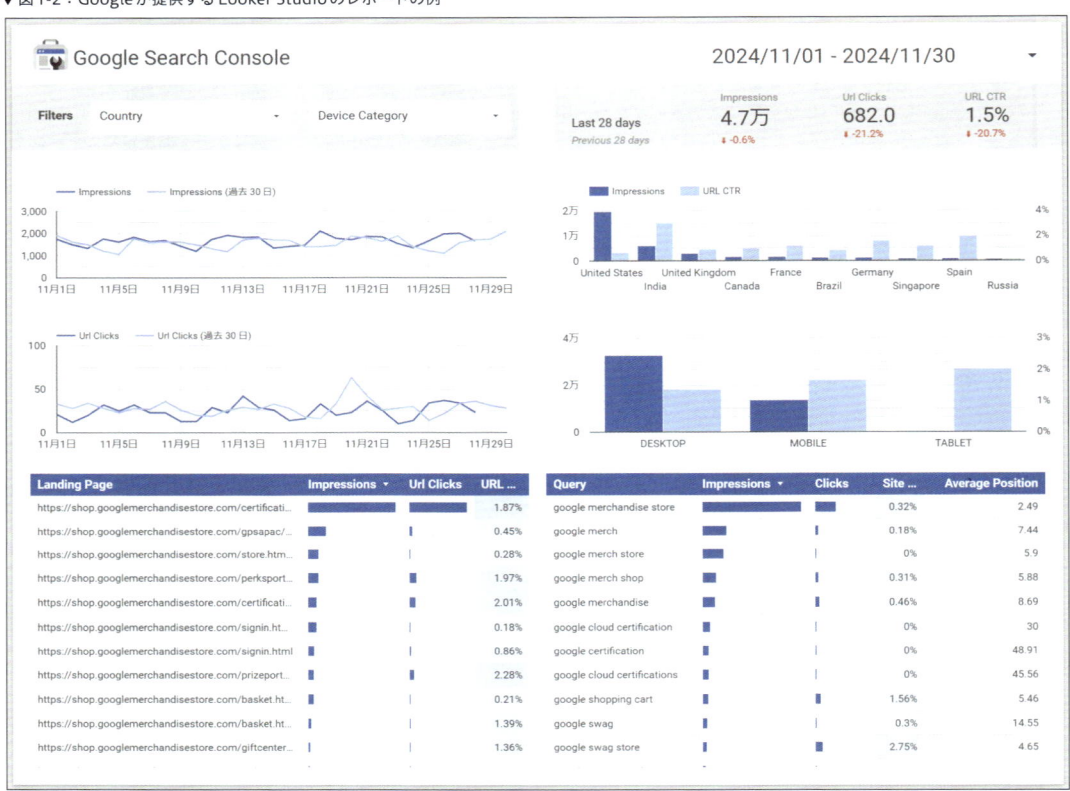

　このダッシュボードは、典型的なモニタリング用ダッシュボードです。目的は、自然検索[注3]の結果に何か異常が起きていないかをモニターするものです。ダッシュボードの作成方法やコツについては、第3章でデータ接続を、第4章から第8章でグラフ作成やコントロールの配置を身につけて頂いた前提で、第9章で詳述します。現段階では、Looker Studioの作例として次のことができるということを理解してください。

- 複数の、種類の異なるグラフを1ページに配置できる
- 国やデバイスカテゴリーでフィルタできる
- 対象とする期間を調整できる

注3　ユーザーがWebサイトを訪問する方法の1つ。インターネット利用ユーザーがGoogleやYahoo!といった検索サイトでキーワードを入力すると、検索結果としてWebサイトのリストが表示される。それらのリストのひとつをクリックしてWebサイトを訪問した場合、訪問を受けたサイトにとっては「自然検索からの訪問」と認識される。

6

1-2　Looker Studio 利用の流れ

本節では、Looker Studioのレポートを作成し、利用するまでの流れを解説します。

1-2-1　Looker Studio を開く前にすること

　Looker Studioは、強力なデータの可視化機能を持ち「分析」や「モニタリング」ができます。自分だけのための「分析」や「モニタリング」であれば、すぐにでもLooker Studioを開いて作業を始めたらよいでしょう。なぜなら、自分のデータ可視化ニーズは自分でわかっている場合が多いためです。例えば営業マンであれば、「自分の営業成績が目標に対してどのように進捗しているかを確認したい」や、マーケティング担当であれば、「自分が広告費を使って実行した施策別にROIを一覧化したい」といったニーズです。また、それほど明確に何を、なぜ可視化したいかが定まっていない場合でも、グラフ作成の作業を行いながら自分の「知りたいこと」を確定していき、最終的に自分のニーズを最大限に満たせるグラフやダッシュボードを作ることができます。

　一方、Looker Studioで作成したレポートを自分だけで利用せず、第三者、つまり部署の上司や同僚、お客様が利用するという場合には、いきなりLooker Studioを開いてグラフ作成などの作業を行うのは望ましくありません。利用者の「データ可視化ニーズ」の詳細がわかっていないため、せっかく作ったレポートが使われなくなる懸念が大きいからです。

　そこで、まず、Looker Studioを開いて作業を開始する前の準備について学びましょう。この準備は、Looker Studioのレポートの設計にあたると理解してください。

　定義が必要な点は、少なくとも次の3つです。

- **利用者の特定**
- **利用者がレポートを使う目的の明確化**
- **ニーズを満たすグラフの定義**

利用者の特定

　「作成したLooker Studioのレポートを誰が使うのか」の特定です。このステップは具体的な人物が想定できますので、難しくないと思います。

レポートの目的の明確化

　利用者がレポートを使う目的を明確化します。そのためには、利用者へのヒアリングが必須になります。次のような質問をすることで、目的が明確化できます。レポートを作成する担当者側から「Looker Studioでレポートを作成しましょうか」と提案する場合と、利用者の側から「Looker Studioでレポートを作ってください」と依頼された場合に分けて考えてみましょう。

レポート作成を提案する場合

　自分の部署に、定例会資料などの現状利用している資料が存在する場合、その資料をLooker Studioのレポート化することは部署に大きなメリットになる可能性があります。部署の誰かが担っている資料作成の工数を減らす効果や、目標と現実のギャップを適切に認識しやすくなったり、異常に気づきやすくなったりと、ビジネス上の課題に対する対応が速くなる効果を期待できます。

　一方、「部署で、今、定期的に見ている資料がない」という場合、データを定期的に確認する必要性から理解してもらわなければなりません。Looker Studioのレポートを作成したことによるメリットを感じてもらうまでには時間がかかると思われます。

　いずれにしても、Looker Studioのレポートを作成した場合の利用者となる上司や同僚に次のような点をヒアリングすると、Looker Studioのレポートの目的が明確化されます。

- 定例会で利用するなど、定期的に作成、確認している資料はありますか？
- どのくらいの頻度でその資料を見ていますか？　もし、その指標が常時アップデートされていたらメリットになりますか？
- その資料は何人の人が見ていますか？
- その資料を見る人たちの間で、顧客軸、商品軸、地理軸、施策軸などで担当が分かれていますか？
- その資料は誰が作っていますか？
- その資料の作成にどのくらい時間がかかっていますか？
- その資料を作成する元データはどこにありますか？
- あなた（あるいは部署）にとって、最も重要な指標は何ですか？
- その指標は、どんな別の指標に分解できますか？
- その指標の先行指標はありますか？
- その指標をよくするために、どんな行動を取ることができますか？
- その指標に影響を与えている要素として、何がありますか？

利用者側からレポート作成を依頼された場合

　Looker Studioのレポート作成には工数がかかるため、「その工数を上回るメリットが生まれるかどうか」を判断してから着手するべきです。したがって、前述の質問に加え、次の質問をするとよいでしょう。

- データが可視化できていないことでどんな不利益が起きていますか？
- その不利益を、仮に金額換算するといくらくらいになりますか？
- データが可視化できたらどんな利益が生まれそうですか？
- その利益を仮に金額換算するといくらくらいになりますか？
- レポートを見て、どのような意思決定をしたいですか？
- レポートがあることによって、どんな状態を実現したいですか？

ニーズを満たすLooker Studioレポートの設計

　先ほどの質問の結果、利用者がグラフに求める本質的な要素に関わる下記のことがわかりました。

- 誰が利用者か
- なんのために利用するのか
- どの指標が重要なのか
- その指標を変動させる要素に何があるのか
- その要素をよくするためにどんな行動をしているのか
- 可視化する対象のデータがどこにあるのか

　ここまで確認できれば、ユーザーの知りたいことに応える、つまりデータ可視化ニーズを満たすLooker Studioのレポート設計ができます。Looker Studioのレポート作成は、キャンバスと呼ばれる白紙の画面に、画像、テキスト、グラフ、コントロールなどのレポートを構成する「部品」（それらを総称して「コンポーネント」と呼びます）を掲載する作業です。したがって、レポート設計とは、どのようなコンポーネントをキャンバスに貼り付けるべきかを検討することです。

　コンポーネントの中で最も重要なのはグラフです。グラフの種類は多数ありますが、「時系列のトレンドを示すには、折れ線グラフを使う」、「項目間の量的な比較を行うには棒グラフを使う」など、訴えたいこととグラフの種類の組み合わせには原則があります。その原則を守りつつ、もっとも効率よく利用者のデータ可視化ニーズを満たすかグラフの組み合わせを検討します。なお、訴求したいこととグラフの組み合わせについては、第5章で解説します。

　レポートの設計段階で、手書きやパワーポイントを使って作成するレポートの見かけを仮作成し、利用者に提示するというステップを挟むこともできます。そうした紙の設計図は、線で枠組みだけを描くため「ワイヤーフレーム」と呼ばれたり、紙の上に原型を描くので「ペーパープロトタイプ」と呼ばれます。しかし、次の点を考慮すると、ワイヤーフレームやペーパープロトタイプを利用した「見かけを仮に見せる」というステップは省略してよいと筆者は考えています。

- ● ワイヤーフレームやペーパープロトタイプの作成にも手間がかかること
- ● 利用者がその「見かけ」をみて、作成するレポートの良し悪しを必ずしも判断できず、有用なフィードバックをできないことも多いこと
- ● 作成者が習熟していれば、Looker Studioで実際にレポートを作るのにそれほど大きな工数と時間はかからないこと

1-2-2　Looker Studioでのレポート作成のステップ

　利用者へのヒアリングが完了し、Looker Studioのレポートの果たすべき目的が明確化されたあとのレポート作成の全体像は、おおよそ**表1-B**のとおりです。1-1で解説したとおり、Looker Studioは無料で利用できます。複雑な申込みプロセスなどは一切ありません。したがって、利用開始は非常にスムーズです。

　もちろん**表1-B**の各ステップは、必ずしも一方通行ではなく、行きつ戻りつする場合がありますが、どのようなステップがあるのかを理解しておくことは重要です。

▼表1-B：Looker Studioでのレポート作成の標準的手順

順番	手順の名前	作業内容
1	データ準備	Looker Studioでレポートを作成する対象のデータを用意します。Looker StudioはGoogleアナリティクス、Googleサーチコンソール、BigQuery、Googleスプレッドシート、CSVファイルなど多様な種類のデータに対応しています。
2	データ接続	Looker Studioはデータに接続していない場合には、なんのグラフも作成することができません。「順番1」で準備したデータに接続する作業が必要になります。
3	キャンバスの調整	キャンバスのサイズやテーマ、レポートなどのコンポーネントを配置するときの支援モードの選択などを行います。
4	グラフの配置	グラフ種別を選択して、キャンバスに貼り付け、グラフの内容や見かけを調整します。
5	グラフの見かけの調整	グラフの色や、フォントの大きさや色、凡例の配置位置などの見かけを調整します。
6	コントロールの配置	利用者のニーズに応じて、レポート全体、あるいは特定のレポートに対してフィルタを適用するためのコンポーネント、または、レポートの対象となる期間を調整するコンポーネントなどを配置します。

グラフ化・ダッシュボード化のメリット

第2章

2-1 グラフ化のメリット

　本節では、なぜデータはグラフ化するべきなのか、グラフ化するとどのようなメリットを得られるのかを解説します。

2-1-1 ビジュアル表現のメリット

　グラフ化のメリットを解説する前に、ビジュアル表現のメリットについて体感してみましょう。というのも、グラフ化とは、データをビジュアルな表現を使って処理してユーザーに届ける作業だからです。

　図2-1のアルファベットの羅列の中に、「N」はいくつあるでしょうか。正しいNの個数を見つけるために何秒かかりましたか。

▼図2-1：「N」はいくつありますか？ ビジュアル表現の支援なし

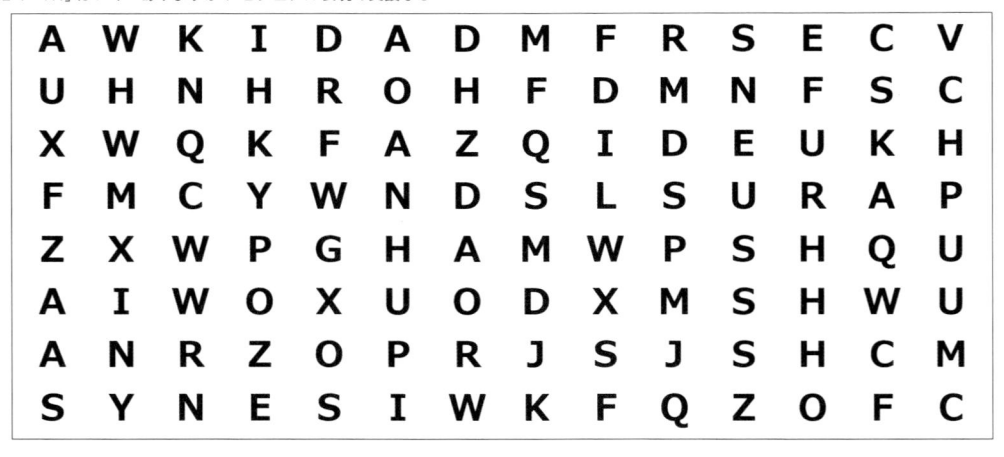

　では、まったく同じアルファベットの羅列ですが、今度はビジュアルな要素として、「色」を付与した**図2-2**ではどうでしょう。

▼図2-2：「N」はいくつありますか？ ビジュアル表現の支援あり

A	W	K	I	D	A	D	M	F	R	S	E	C	V
U	H	N	H	R	O	H	F	D	M	N	F	S	C
X	W	Q	K	F	A	Z	Q	I	D	E	U	K	H
F	M	C	Y	W	N	D	S	L	S	U	R	A	P
Z	X	W	P	G	H	A	M	W	P	S	H	Q	U
A	I	W	O	X	U	O	D	X	M	S	H	W	U
A	N	R	Z	O	P	R	J	S	J	S	H	C	M
S	Y	N	E	S	I	W	K	F	Q	Z	O	F	C

今度のほうが短い時間で、正しくNの個数を発見できたことと思います。すばやく正解にたどり着けたということは、**ビジュアルな要素を用いて表現されると、人間の脳は低負荷で、かつ短時間で正しく認識できる**ということです。

2-1-2　グラフ化のメリット

図2-1と、**図2-2**のNの個数を探す体験を通じて感じたとおり、ビジュアル表現による支援があると、脳は負担が軽く、短時間で、正解を探すといったタスクを完遂できます。グラフはビジュアル表現を通じて、データの受け手がデータの意味する状況を的確に、かつ迅速に把握することを支援します。結果として、データの受け手は質の高い意思決定ができるようになります。それがグラフ化のメリットです。質の高い意思決定とは、短時間でより望ましい結果を得る可能性が高い意思決定のことです。

ビジネスは、つきつめると「課題を見つけ適切な対応によってそれを解決し、よりよい結果を得る連続したプロセス」です。だとすると、先ほどのグラフ化のメリットを活かしながら進めるビジネスと、享受せずに進めるビジネスでは、そのスピードや成功の確率に自ずと差がつくだろうということは、想像に難くないでしょう。

では、どのような点で状況把握の的確化・迅速化が起きるのか、具体的に見ていきましょう。データとして用意するのは**図2-3**の表です。2022年から2023年のWebサイトへのメディア別セッション獲得状況です。

▼図2-3：グラフ化の対象となるデータ

	A	B	C	D	E	F	G	H	I	J	K	L	M
1	年月	メディア	セッション	コンバージョン数	メディア	セッション	コンバージョン数	メディア	セッション	コンバージョン数	メディア	セッション	コンバージョン数
2	2022年1月	自然検索	1,409	54	Web広告	1,217	48	参照トラフィック	241	11	ダイレクト	301	14
3	2022年2月	自然検索	1,440	55	Web広告	1,267	50	参照トラフィック	358	16	ダイレクト	341	15
4	2022年3月	自然検索	1,688	63	Web広告	1,331	52	参照トラフィック	299	14	ダイレクト	828	35
5	2022年4月	自然検索	1,731	64	Web広告	1,210	48	参照トラフィック	336	15	ダイレクト	387	17
6	2022年5月	自然検索	1,109	55	Web広告	1,180	47	参照トラフィック	327	15	ダイレクト	949	39
7	2022年6月	自然検索	1,880	68	Web広告	1,372	53	参照トラフィック	164	7	ダイレクト	1148	46
8	2022年7月	自然検索	1,861	67	Web広告	1,396	54	参照トラフィック	119	5	ダイレクト	427	19
9	2022年8月	自然検索	2,055	72	Web広告	1,569	59	参照トラフィック	464	21	ダイレクト	277	13
10	2022年9月	自然検索	1,958	70	Web広告	1,735	64	参照トラフィック	420	19	ダイレクト	321	15
11	2022年10月	自然検索	2,281	78	Web広告	1,544	58	参照トラフィック	263	12	ダイレクト	1050	43
12	2022年11月	自然検索	2,283	78	Web広告	1,596	60	参照トラフィック	540	24	ダイレクト	411	18
13	2022年12月	自然検索	2,174	75	Web広告	1,727	64	参照トラフィック	107	5	ダイレクト	538	24
14	2023年1月	自然検索	2,245	61	Web広告	1,107	45	参照トラフィック	380	17	ダイレクト	412	19
15	2023年2月	自然検索	2,159	65	Web広告	1,269	50	参照トラフィック	167	8	ダイレクト	482	21
16	2023年3月	自然検索	2,698	66	Web広告	1,302	51	参照トラフィック	288	13	ダイレクト	612	27
17	2023年4月	自然検索	2,164	75	Web広告	1,295	51	参照トラフィック	529	23	ダイレクト	520	23
18	2023年5月	自然検索	1,290	63	Web広告	1,134	46	参照トラフィック	172	8	ダイレクト	300	14
19	2023年6月	自然検索	2,371	80	Web広告	1,361	53	参照トラフィック	391	18	ダイレクト	551	24
20	2023年7月	自然検索	2,241	77	Web広告	1,453	56	参照トラフィック	386	17	ダイレクト	746	32
21	2023年8月	自然検索	2,309	78	Web広告	1,450	56	参照トラフィック	390	18	ダイレクト	1000	41
22	2023年9月	自然検索	2,224	76	Web広告	1,595	60	参照トラフィック	235	11	ダイレクト	609	27
23	2023年10月	自然検索	2,762	88	Web広告	1,497	57	参照トラフィック	140	6	ダイレクト	394	18
24	2023年11月	自然検索	2,792	89	Web広告	1,718	63	参照トラフィック	108	5	ダイレクト	330	15
25	2023年12月	自然検索	2,836	90	Web広告	1,652	62	参照トラフィック	456	20	ダイレクト	398	18

パターン把握の容易さ

　表のデータを折れ線グラフを利用してグラフ化すると、**図2-4**のようなビジュアライズ結果を入手することができます。「5月には自然検索からの流入が減少する」というパターンが確認できます。表とにらめっこするだけでは気づきにくいパターンの把握が容易に行えたといえるでしょう。

▼図2-4：折れ線グラフによる時系列パターン把握

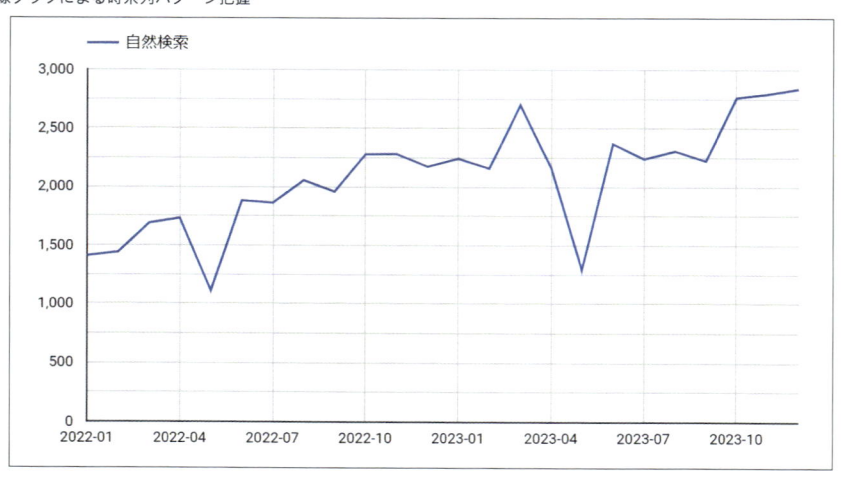

比較の容易さ・理解のしやすさ

　表のデータを積み重ね棒グラフを利用してグラフ化すると、**図2-5**のようなビジュアライズ結果を入手することができます。「2022年に比べて2023年はセッションが伸びた」こと、そして、「その主要な要因は、自然検索を利用したセッションが増えたため」ということが瞬時に確認できます。表を見ただけでは理解しづらい量的な比較が容易に行えたといえます。

▼図2-5：棒グラフによる比較

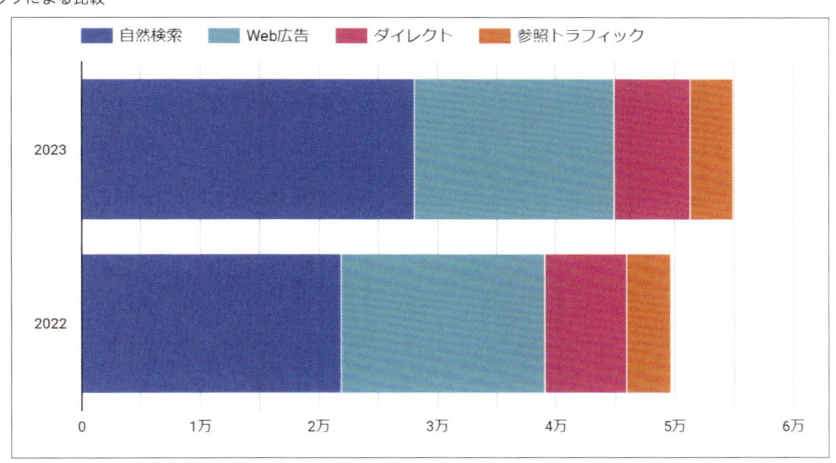

相関の理解のしやすさ

　表のデータを散布図を利用してグラフ化すると、**図2-6**のとおりのビジュアライズ結果を入手することができます。X軸にセッション、Y軸にコンバージョン率[注1] を設定しています。1つの「●」が1つの月を表しています。この散布図からは「セッションが多い月はコンバージョン率が低い」という相関関係があることが見てとれます。表だけから、この相関関係を見つけるのは至難の業ですが、散布図はこれほど容易に2つの指標の相関関係を明らかにしてくれます。

注1　コンバージョン率とは、Webサイトが獲得したセッションのうち、何％がサイト運営者にとって望ましい行動（コンバージョン）にいたったかを示す比率のこと。「申込み完了」、「問い合わせ完了」、「購入完了」などが代表的なコンバージョン。

▼図2-6：散布図による相関の理解

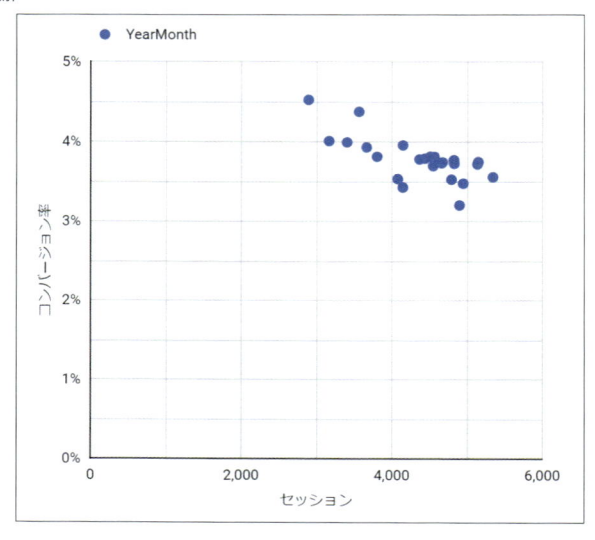

2-2 ダッシュボード化のメリット

　前節では、グラフ化のメリットを整理して紹介しました。一方、実際のビジネスでは、時系列、製品別、顧客別、プロモーション施策別など複数の軸で分析やモニタリングをする必要があるのが一般的です。そのため、単一のグラフだけを利用することはほぼありません。複数の軸で分析やモニタリングをするために、「ダッシュボード」を利用することになります。そこで本節では、ダッシュボードについて理解を深めていきます。

2-2-1 ダッシュボードとは

　ダッシュボードとは、1つのテーマや目的を持つ複数のグラフや、フィルタ、ボタンなどのコンポーネントが配置された、多くの場合自動更新機能を持つオンライン上の画面のことです。通常、部署の上司や同僚など複数ユーザーによって利用されることを前提とします。

　図2-7は、筆者が自分のために作成したLooker Studioのダッシュボードです。このダッシュボードは、筆者のブログサイトkazkida.comをGoogleアナリティクスでトラッキング[注2]しているデー

注2　Googleアナリティクスでトラッキングするとは、計測対象のWebサイトにGoogleアナリティクスを導入することを指す。導入するとWebサイトを訪問したユーザー数や表示したページなどのデータを入手できる。

タを対象としています。同ブログサイトは「筆者ができるだけ多くのユーザーの方に、Googleアナリティクス、Looker Studio、SQL、Tableauの専門家として認知をしてもらう」ことを目的に運営しています。

そして、**図2-7**のダッシュボードは、「ブログサイトの目的達成の程度と、目的達成に貢献したチャネルやコンテンツを確認する」という目的で作成しています。ダッシュボードのイメージを持つ一助としてください。

▼ 図2-7：ブログサイトの目的達成の程度などを確認するダッシュボード例

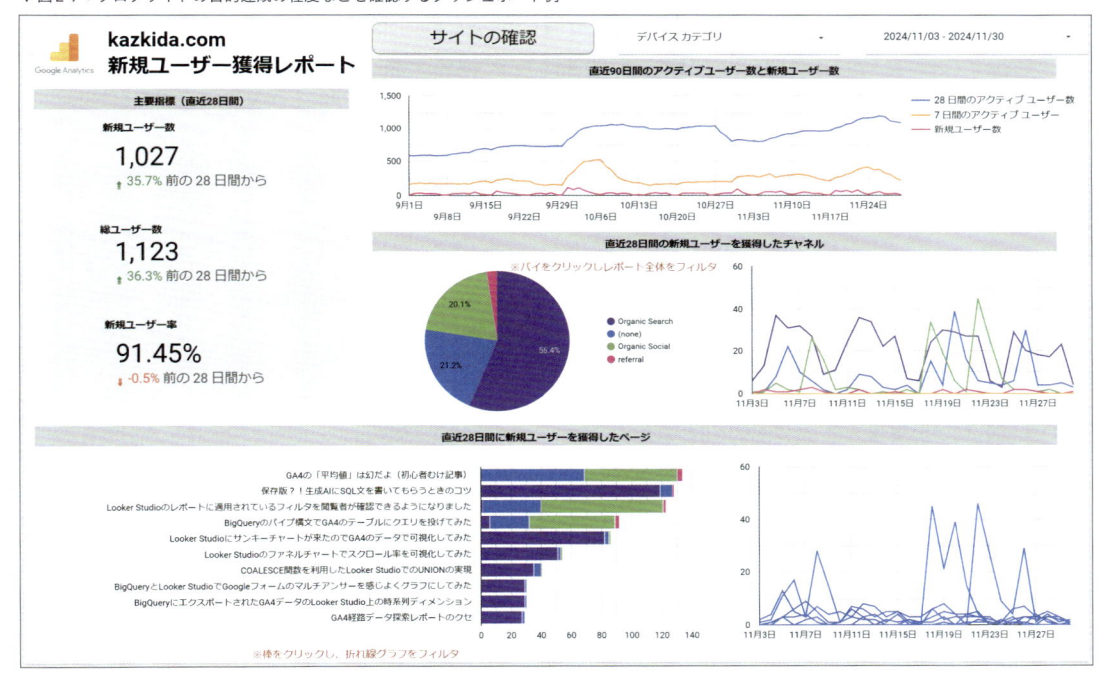

2-2-2　ダッシュボードに配置できるコンポーネント

図2-7の例でも確認できますが、ダッシュボードはいくつかの「部品」で構成されています。それら部品のことをLooker Studioでは「コンポーネント」と呼びます。ダッシュボードに貼り付けることのできるコンポーネントには次の種類があります。

① テキスト
② 画像

③ **図や線**

④ **グラフ**

⑤ **期間設定**

⑥ **フィルタ**

⑦ **ボタン**

　テキストでタイトルを表示したり、各グラフの説明を加えたり、画像で見かけを整えたり、フィルタやボタンで機能を追加したりといった工夫を加えることで、ダッシュボードがただのグラフの羅列ではなくなります。それにより、異なる関心事項を持つ複数のユーザーが利用する場合でも、それぞれのユーザーの関心事について把握しやすいダッシュボードにすることができます。そうしたダッシュボードを作ることが、作成者の腕の見せどころになってきます。

2-2-3　ダッシュボード化のメリット

　ただのグラフではなく、さまざまなコンポーネントを利用してダッシュボードにすることで、ユーザーが得られるメリットについて、次のとおりに整理しました。

● **効率的なデータ共有**

● **多面的な状況確認**

● **複数のユーザーの、それぞれ異なる関心事への対応**

効率的なデータ共有

　前述のとおり、ダッシュボードは通常オンライン上にあります。したがって、インターネットとブラウザがあれば、常時ダッシュボードにアクセスすることができます。また、データの種類にもよりますが、多くの場合自動更新機能を持ちますので、ダッシュボード上のグラフは一定の間隔（15分から1日間隔）で最新の状態にリフレッシュされます。

　すると、「部署のAさんは自分でグラフをリフレッシュしたので、昨日時点でのデータを見ていたが、同僚のBさんはアップデート前の先週のデータを見ていた」といったことを回避することができます。

　つまり、ダッシュボードを利用すれば、いつでも、どこからでも、（権限を付与されていれば）誰でも、最新の状況を確認することができます。

多面的な状況確認

　例えば、複数の地域で複数の製品を販売する企業が、自社製品の販売状況を確認したいと考えていたとします。その場合、一定期間（例えば今期）の売上、利益、数量を確認したいというニーズがあるでしょう。一方、それだけでなく、売上や利益などの月別の動きも知りたい場合が多いはずですし、製品別、地域別、あるいは、部署別に知りたくなる場合もあるでしょう。

　つまり、一口に「販売状況を確認する」といっても、複数の指標（売上、利益、数量、利益率など）を、複数の切り口（月別、地域別、製品別、部署別など）で確認したいニーズが発生しうるということです。

　ダッシュボードを利用すればそれらのニーズに答えることができます。

複数のユーザーの異なる関心事への対応

　前述のとおり、ダッシュボードは通常、複数のユーザーでの利用を前提としています。すると、例えば同じ「販売動向の確認」というテーマであっても、それぞれのユーザーは、少しずつ粒度や角度が異なるニーズを持っているのが普通です。

　例えば、マネージャーは今期の売上の予測値を知りたいかもしれません。プロモーション担当者は、プロモーションにより発生した売上と利益について確認したいかもしれません。西日本支社のメンバーは、西日本での販売動向にだけ興味があるかもしれません。

　そうしたテーマは同じでも、少しずつ異なるニーズや関心事に、ダッシュダッシュボードは応えることができます。

データ準備と接続

第3章

3-1　データの種類と準備

　本章では、Looker Studioでグラフを作成するときの最初の手順であるデータの準備と接続について解説します。本節では、Looker Studioがどのような種類のデータに接続できるのか、またデータを接続するときに必要となる準備について詳しく解説します。

3-1-1　接続に利用するコネクタ

　Looker Studioは、**大きく分けて次の3つの種類のデータに接続してグラフを作成することができます。**

- **BigQueryやAmazon Redshiftなどのデータベース**
- **Googleスプレッドシート、CSVファイルやExcelに「表形式」で格納されたデータ**
- **GoogleアナリティクスやGoogleサーチコンソールといったアプリケーションが提供するデータ**

　いずれの種類のデータに接続する場合でも、コネクタと呼ばれる「部品」を利用します。コネクタは、データの接続先別に用意されています。したがって、Looker Studioでグラフを作成する場合、「接続先に対応したコネクタがあるかどうか」が最初の関心事になります。

　対応したコネクタがあればそれを利用する、もしなければ接続先のデータをCSVファイルでダウンロードし、CSVファイルを接続先としてLooker Studioでグラフを作成する、という手順になります。

　コネクタには、Googleが提供している「Googleコネクタ」（**図3-1**）と、Google以外の会社が提供している「パートナーコネクタ」（**図3-2**、コミュニティコネクタと呼ばれることがあります）の2種類があります。本書執筆の2024年11月末現在、あわせて1000種類以上が存在しています。Googleコネクタはすべて無料です。一方、「パートナーコネクタ」には無料のものと有料のものが混在しています。すべてのコネクタのリストはGoogleコネクタ[注1]で確認することができます。

注1　https://lookerstudio.google.com/u/0/datasources/create/

▼図3-1：Google コネクタのリスト

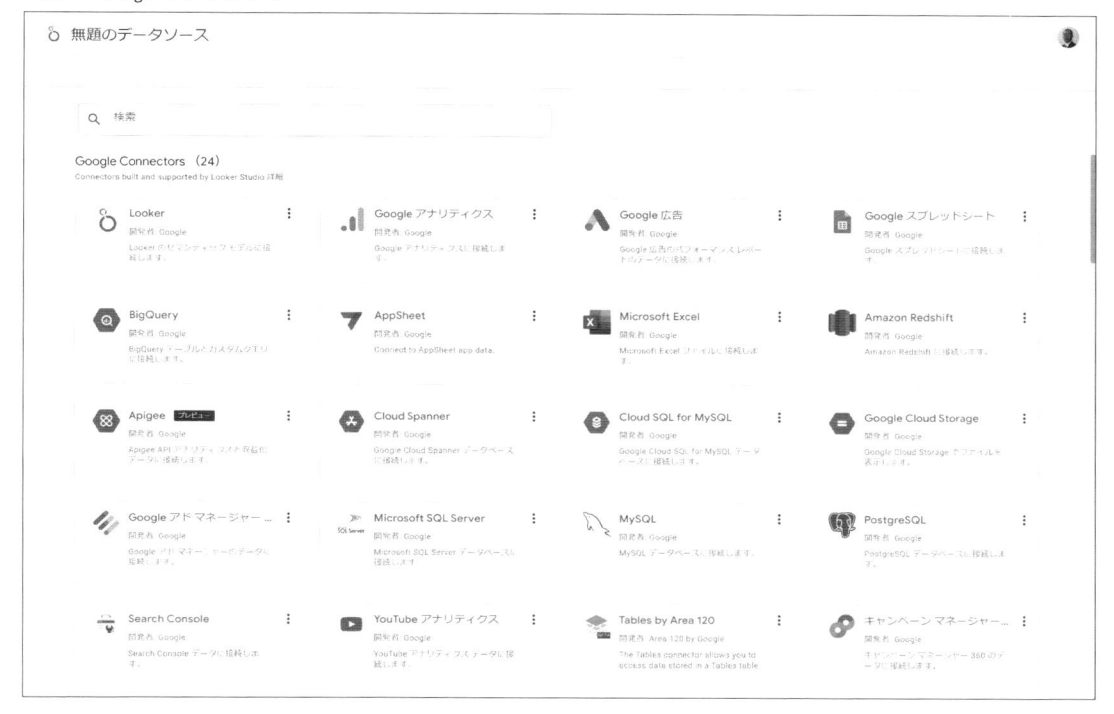

　図3-2で示したサードパーティ製コネクタ一覧ページは、コミュニティコネクタギャラリーと呼ばれます。コミュニティコネクタギャラリーには、Microsoft Advertising、Facebook Ads、Shopify、Semrushなど、多くのユーザーを持つGoogle以外のサービスへのコネクタが用意されています。種類が多いため、目的のコネクタの有無の確認はページ上部の検索窓を利用すると便利です。

▼図3-2：「パートナーコネクタ」の一覧

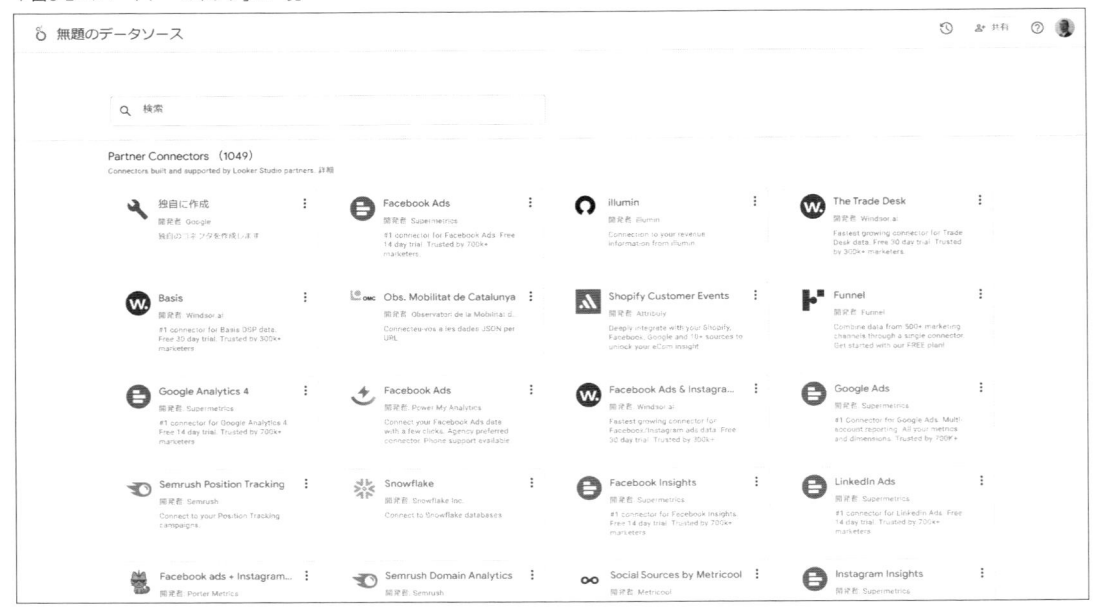

図3-1と**図3-2**はどちらも Looker Studio のデータ接続画面ですが、同画面には**図3-3**の注意事項が記載してあります。パートナーコネクタを利用するときには、ご留意ください。

▼図3-3：コミュニティギャラリーページ下部の注意文

> **注意** - このコミュニティ コネクタ ギャラリーでパートナー事業者が提供するコネクタは、 Google が提供するものではありません。これらのコネクタで提供される サービスやアプリケーションについて、 Google はそのパフォーマンスや品質、 コンテンツを保証または約束するものではありません。このギャラリーの使用には Looker Studio ギャラリー利用規約 （ユーザー向け） が適用され、このギャラリーを使用することで、 個人または所属会社の代表 （該当する場合） として、 その利用規約を確認し、 同意したことになります。

3-1-2 　データ接続時の留意点

BigQuery のようなデータベースや、Google アナリティクスのようなアプリケーションに接続する場合には、データは Looker Studio がグラフ化するために適切な形で Looker Studio に読み込まれます。そのため、データの持ち方に留意する必要はありません。

一方、Google スプレッドシートや、CSV ファイル、Excel に接続する場合には、データの持ち方に留意する必要があります。

Googleスプレッドシートや Excel に接続するときの留意点

Google スプレッドシートや Excel はフォーマットが決まっておらず、人間が自由に記述できます。例えば、接続したい Google スプレッドシートが、**図 3-4** の「2022、2023 年度営業部別売上・粗利サマリー」のようなデータを保持している場合があります（Excel でも同様です）。しかし、このシートには次の 3 点の問題があります。

- 見出しや注釈など、データではない記述が含まれている
- 本来数値である売上について「桁区切りのカンマ」や、「万円」などの文字列が付与されている
- セルの結合が利用されている

▼図 3-4：適切に接続できない Google スプレッドシート

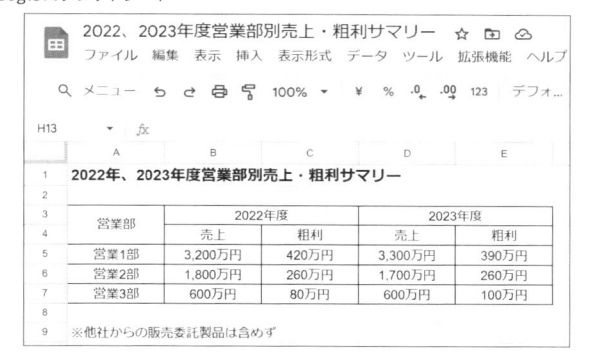

見出しや注釈が存在する場合や、セルの結合が利用されている場合、Looker Studio はデータをうまく解釈できません。また、数値にカンマや単位が文字列として付与されている場合、値が文字列と認識され、合計が計算できないといった問題が発生します。

したがって、Google スプレッドシートや Excel に接続する場合には、次のことに留意してください。

- 接続先のデータには、見出しや注釈を含めない
- 数値には桁区切りのカンマや単位などの文字列を含めない
- セルの結合を利用しない

図 3-4 を前述の点に留意して修正したものが、**図 3-5** のシートとなります。

▼図3-5：図3-4を修正したGoogleスプレッドシート

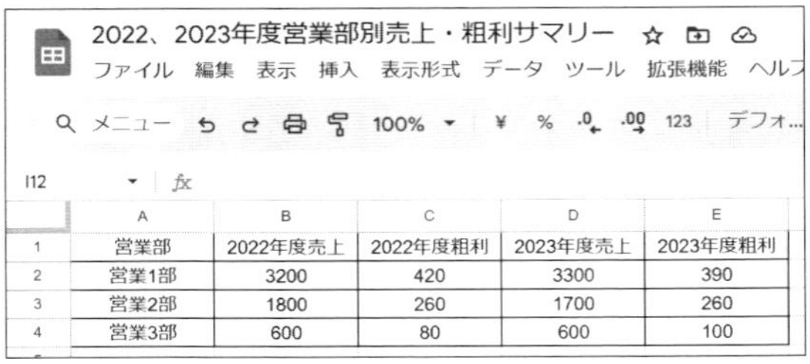

営業部	2022年度売上	2022年度粗利	2023年度売上	2023年度粗利
営業1部	3200	420	3300	390
営業2部	1800	260	1700	260
営業3部	600	80	600	100

CSVファイルに接続するときの留意点

CSVファイルに接続する場合には、セルの結合という概念はありませんが、注釈や見出しを含めない、数値には桁区切りのカンマや単位などの文字列を含めないという点は、同じく留意してください。また、CSVファイルに特有の留意点として、各列が何を意味するかを示すヘッダー（先頭行）が必要なこと、ファイルを保存するときのエンコードをUTF-8とすることがあげられます。ファイルのサイズや、ファイルアップロードの制限については、公式ヘルプ[注2]を参照してください。

3-1-3　データの持ち方

3-1-2で解説した留意点に遵守したGoogleスプレッドシートの状態として、**図3-5**を紹介しました。一方、**図3-5**とまったく同じ情報を含んでいても、**図3-6**のような持ち方もありえます。

▼図3-6：図3-5と同じ内容のデータの縦持ち

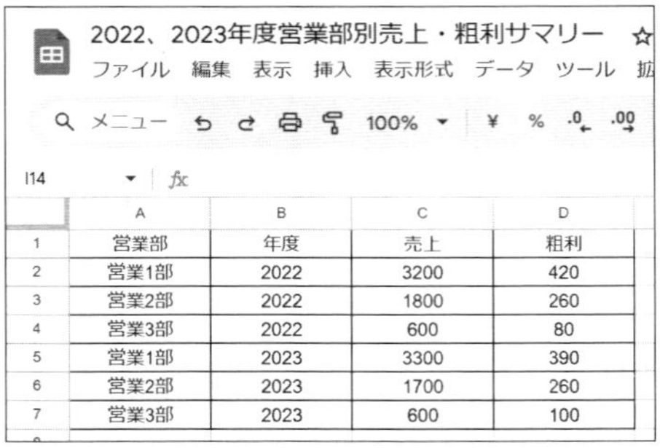

営業部	年度	売上	粗利
営業1部	2022	3200	420
営業2部	2022	1800	260
営業3部	2022	600	80
営業1部	2023	3300	390
営業2部	2023	1700	260
営業3部	2023	600	100

注2　https://support.google.com/looker-studio/answer/7333350

図3-5のデータの持ち方は**横持ち**と呼ばれます。**図3-6**のデータの持ち方は**縦持ち**と呼ばれます。

横持ちのデータの特徴を**図3-5**で解説します。営業1部についてのすべてのデータが1行に格納されており、営業1部の指標については、行を横に追って一度に把握できます。一方、2022年度、2023年度を通算した売上金額を求めたい場合には、列がB列とD列に分かれているため、計算式を使って足し合わせる必要があります。

また、横持ちのデータでは、2024年度の売上と粗利というデータを追加する場合には、表が横に伸びていくことになります。

縦持ちのデータの特徴は、**図3-6**で解説します。営業1部のデータについては2行目と5行目の2行に分かれて格納されています。そのため、たとえば、2022年度の売上に比べ2023年度は100万円増えたという情報を理解するのに少し時間がかかります。一方、2022年、2023年を通算した売上を求めるには、C列だけを合計すればよいことになり、比較的簡単です。

また、縦持ちのデータでは、2024年の売上と粗利というデータを追加する場合には、表が縦に伸びていくことになります。

横持ち、縦持ちには優劣はありませんが、データの可視化の世界では、縦持ちが一般的です。

3-1-4　横持ちデータの縦持ち変換

データ可視化の世界では縦持ちが一般的ですので、もともと横持ちのデータについては、縦持ちに変換し、変換後の縦持ちデータにLooker Studioから接続するというひと手間が必要になります。

そのひと手間は、Looker Studioではできません。したがって、次のどちらかで行うのが一般的です。

- **横持ちデータをデータベースにアップロードし、SQL文で縦持ちに変換する**
- **横持ちデータをデータプレパレーションツール[注3]にアップロードし、ツールの機能で縦持ちに変換する**

データプレパレーションツールとしては、AlteryxやTableau Prep Builderなどがあります。

図3-7は、参考までにTableau Prep Builderを利用して横持ちのデータ（**図3-5**）を読み込み、縦持ちに変換したところを示しています。

注3　データプレパレーションツールとは、Looker Studioや、Tableau Desktop、Power BIといったビジネスインテリジェンスツールでのグラフ作成が適切に行われるよう、データを整形する機能を持ったツールのこと。

▼図3-7：Tableau Prep Builderを使った横持ちデータの縦持ちへの変換

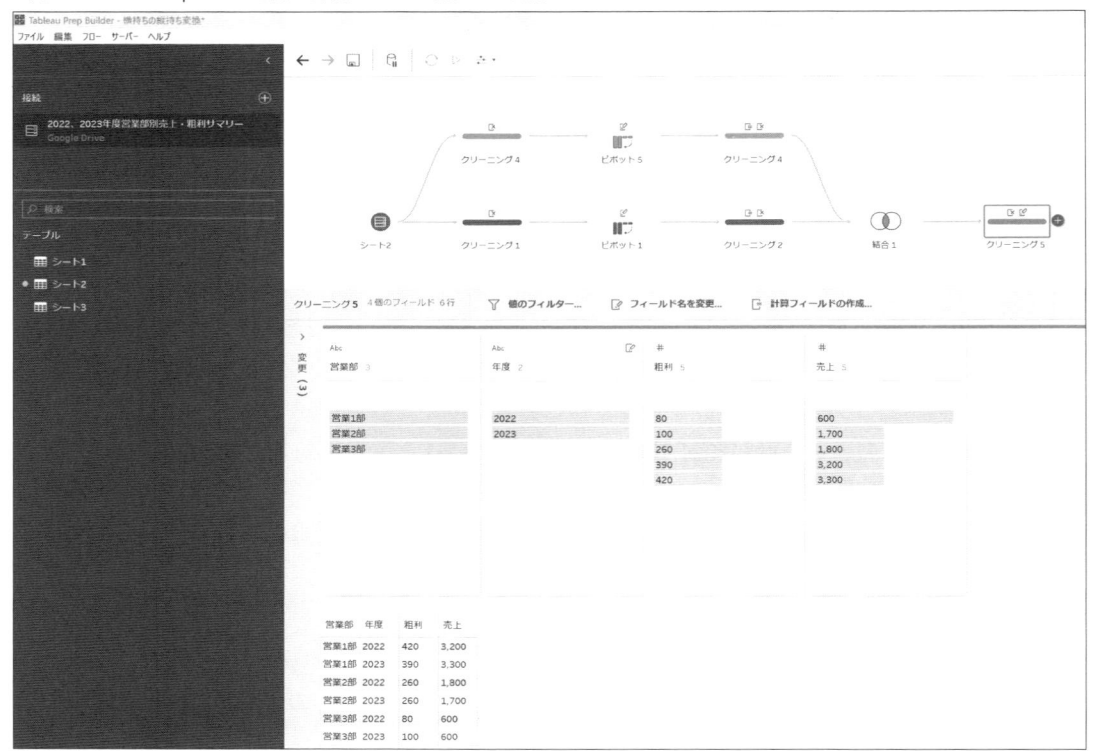

3-2 データ接続の実際

　前節で、データ接続が概念的に理解できたと思います。本節では、Googleスプレッドシートへの接続を例に、データ接続の実際の操作を学んでいきましょう。

　本節で解説するデータ接続完了までの手順は次のとおりです。

1. **Looker Studioへのアクセス**
2. **データソース作成画面の表示**
3. **Googleスプレッドシートコネクタの選択**
4. **対象のGoogleスプレッドシートの指定**
5. **データ接続の完了**

3-2-1 Looker Studioへのアクセス

Looker Studioへのアクセスは、次のURLから行います。

---

https://lookerstudio.google.com/u/0/navigation/reporting

もしくは、Googleで検索しても上記のURLを表示し、Looker Studioにアクセスすることができます。手順は次のとおりです。

1. 「Looker Studio」のキーワードでGoogle検索する
2. 結果ページの「Looker Studio: ビジネス分析情報の可視化」をクリックする
3. 表示される次ページの「使ってみる」をクリックする（図3-8）

▼図3-8：「使ってみる」をクリックしてLooker Studioにアクセスする

3-2-2 Looker Studioトップページ

前項で「使ってみる」ボタンをクリックして到達した**図3-9**の画面が、Looker Studioのトップページです。このページでは、①をクリックすることによって「レポート」あるいは「データソース」を新規に作成することができます。

「レポート」とは、キャンバスにグラフを配置したLooker Studioでの制作物です。**「データソース」とは、特定のデータとLooker Studioとの接続の定義書**にあたります。このページの操作を簡単に解説します。

▼図3-9：Looker Studio トップページ

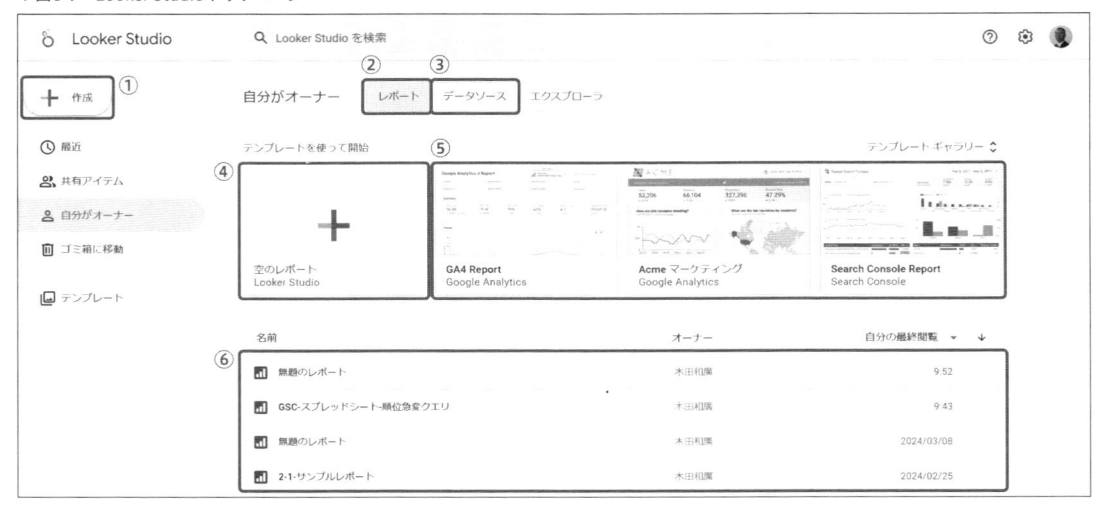

各ボタンやエリアの解説は次のとおりです。

① **新規にデータソース、あるいはレポートを作成するボタン**
② **⑥のエリアにレポート一覧を表示するボタン**
③ **⑥のエリアにデータソース一覧を表示するボタン**
④ **新規にレポートを作成するボタン**
⑤ **テンプレートギャラリーとしてGoogleが作成したサンプルが掲載されているエリア**
⑥ **作成ずみのレポート、あるいはデータソースがリストされるエリア**

　図3-9の⑥のエリアには、作成ずみの「レポート」の一覧が表示されています。まだ一つもレポートを作成していないときには、⑥のエリアには何もリストされませんので、自身の画面が**図3-9**とちがっていても大丈夫です。③の「データソース」をクリックすると、⑥のエリアには、作成ずみのデータソースの一覧が表示されます。こちらも、データソースを未作成であれば何も表示されなくても問題ありません。

3-2-3 ｜ データソースの新規作成

　図3-9の画面から①をクリックして、**図3-10**の枠で囲まれた「データソース」をクリックしてください

▼図3-10：データソース作成画面

3

　すると、**図3-11**のとおり、コネクタ一覧が表示されますので、Googleスプレッドシートを選択します。もし、ほかの種類のデータに接続するときは、この画面から接続先に応じたコネクタを選択してください。

▼図3-11：コネクタ一覧画面

3-2-4 ｜ 対象のGoogleスプレッドシートの指定

図3-12は、Googleスプレッドシートの選択画面です。①のエリアにアクセス可能なGoogleスプレッドシートのタイトルがリストされますので、接続したいシートを選択します。もし、大量のタイトルがリストされ、目視では選択できない場合には、②エリアの検索窓で検索するか、③の「URL」をクリックしてGoogleスプレッドシートのURLを入力することでも、対象のファイルを見つけることができます。

▼図3-12：対象のGoogleスプレッドシート選択画面

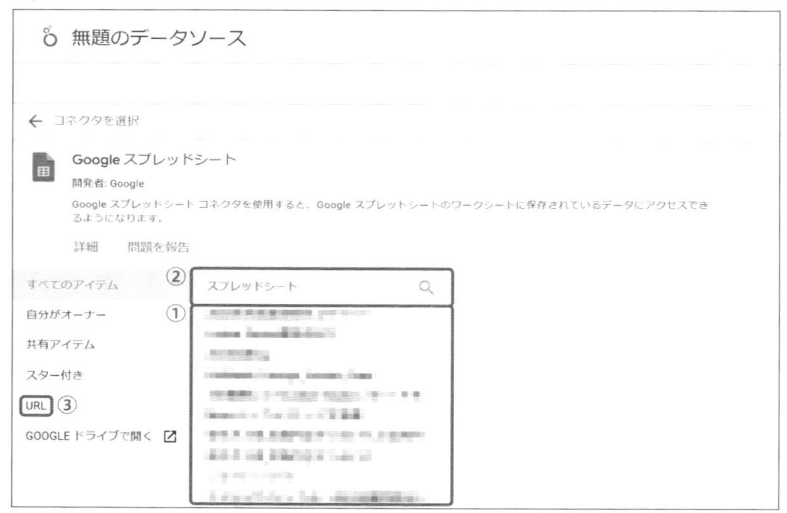

図3-13の画面は、左列の「URL」をクリックし、GoogleスプレッドシートのURLを入力した状態です。Googleスプレッドシートが保持するワークシートが3つあることがわかります。目的のワークシートを選択して、右上の「接続」ボタンをクリックすることで、データ接続が完了します。

▼図3-13：URLでGoogleスプレッドシートを選択した状態

　データ接続時の「オプション」については、選択するとできることを**表3-A**のとおりにまとめました。Googleスプレッドシートの状態に合わせて選択してください。

▼表3-A：Googleスプレッドシートに接続するときに選択可能なオプション

オプション	使用方法
先頭行をヘッダーとして使用する	デフォルトではチェックが入っています。そのため、Googleスプレッドシートの1行目がヘッダーとなっている場合、デフォルトのままにしておきます。 もし、ヘッダーがなく、1行目がデータの場合には、このオプションを外してください。
非表示のセルやフィルタ処理されたセルを含める	Googleスプレッドシート側で、行や列を非表示にしたり、フィルタ機能を使って特定の条件に当てはまる行だけを表示している場合があります。 デフォルトではチェックが入っています。そのため、そうした表示上の調整にかかわらず、値の入っている全セルをグラフ化の対象としたい場合、デフォルトのままにしておきます。 もし、非表示になっていたり、フィルタで表示させていないセルはグラフに含めなくてよい場合には、このオプションを外してください。
特定の範囲を含める	デフォルトではチェックは入っていません。そのため、Googleスプレッドシートの一部のデータ部分だけを指定したい場合には、チェックをいれたうえで、セル範囲を指定します。例えば、B2セルからF15セルをグラフ描画の対象とする場合には、「B2:F15」と記述します。

3-2-5　データ接続の完了

　図3-14のとおりの画面が現れたら、データ接続は完了です。Googleスプレッドシートの項目が「ディメンション」として表示されていること、「指標」として「Record Count」が表示されていることが確認できます。

　「Record Count」は行数のことです。この項目は自動的に作成されます。この画面のことを「データソースエディタ」と呼びます。

▼図3-14：データ接続完了画面

3-2-6 　複数データソースへの接続

　本節では、ここまで、Googleスプレッドシートへの接続を例としてデータソースへの接続手順を解説しました。大枠では、CSVファイル、Excel、Googleアナリティクスなどほかのデータソースに接続する手順も、Googleスプレッドシートと同じく次の4ステップとなります。

1. **コネクタを選択**
2. **対象のファイルやURLやプロパティを指定**
3. **必要に応じてオプションを設定**
4. **接続**

　また、Looker Studioは複数のデータソースを接続してひとつのレポートを作成することができます。その場合、接続した複数のデータソースを結合せず、独立したものとして取り扱うこともできますし、結合して取り扱うこともできます。1つが「目標」、1つが「実績」を記録したデータを結合すると、目標と実績の対比を1つのグラフで行うことができるようになります。結合については10-1で解説しています。

　図3-15は、Excel、Googleスプレッドシート、BigQueryという3つのデータソースに同時に接続し、結合しないでそれぞれ独立した状態で利用しているLooker Studioの「データペイン」の例です。

▼図3-15：3つのデータソースに同時に接続していることを示すデータペイン

3-3 データソースエディタ概要

　本節では、データ接続が完了すると利用できるようになるデータソースエディタの利用法を解説します。**図3-16**がデータソースエディタです。データソースエディタを利用すると、グラフを作成するにあたって、**指標に単位を設定したり、デフォルトの集計方法を設定したり、更新頻度の調整を行うことができます。**

▼図3-16：データソースエディタ

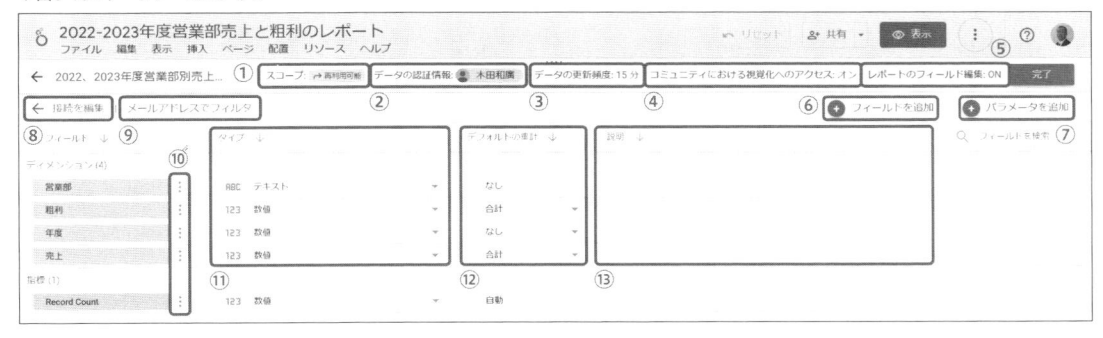

　データソースエディタで設定できるのは次の13項目です。それぞれ何を設定できるのかを3-3-1から順に解説します。

① スコープ
② データの認証情報
③ データの更新頻度

④ コミュニティにおける視覚化へのアクセス

⑤ レポートのフィールド編集

⑥ フィールドを追加

⑦ パラメータを追加

⑧ 接続を編集

⑨ メールアドレスでフィルタ

⑩ ディメンション、指標の操作

⑪ タイプ

⑫ デフォルトの集計

⑬ 説明

3-3-1 スコープ

　現在表示しているデータソースのスコープを示しています。**図3-16**では「再利用可能」な状態が示されています。**図3-17**の「種類」列にあるとおりスコープには、「再利用可能」と「埋め込み」の2種類があります。

　最初にデータソースを作成し、次にそのデータソースを利用してレポートを作成する場合、データソースのスコープは「再利用可能」となります。

　スコープが「再利用可能」である場合、そのデータソースをもとにほかのレポートを作成することができます。

　一方、既存のレポートにデータソースを追加することもできます。その場合、追加したデータソースは「埋め込み」のスコープを持ちます。「埋め込み」スコープのデータソースは、ほかのレポートを作成するためには利用できません。ほかのレポートを作成するために利用するにはスコープを「埋め込み」から「再利用可能」に変更する必要があります。

▼図3-17：データソースの「スコープ」が「種類」列に表示されている

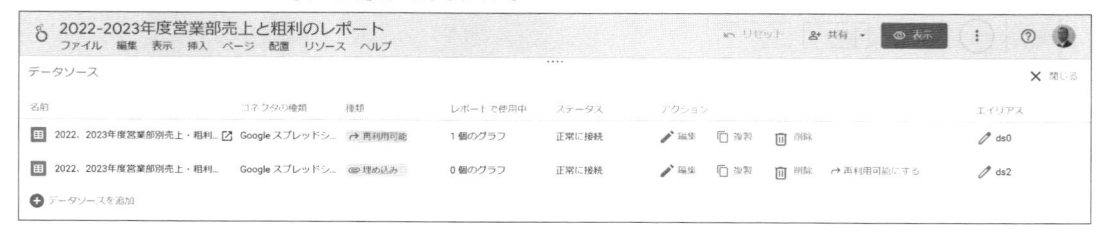

　図3-17の2行目のデータソースは、レポート作成中に追加したデータソースです。スコープ（図中では「種類」の列）が「埋め込み」となっているのが確認できます。同じ行を右にたどると「再

利用可能にする」リンクがあり、そのリンクをクリックすることで「再利用可能」に変更することができます。

「再利用可能」なデータソースを「埋め込み」に変更することはできません。

3-3-2 | データの認証方法

図3-16で「データの認証方法」はデータソースを作成した筆者（「木田 和廣」）になっています。一方、「データの認証方法」をクリックすると、**図3-18**のようなダイアログが表示され、「オーナーの認証情報」を「閲覧者の認証情報」に変更することもできます。

▼図3-18：「データの認証方法」の選択画面

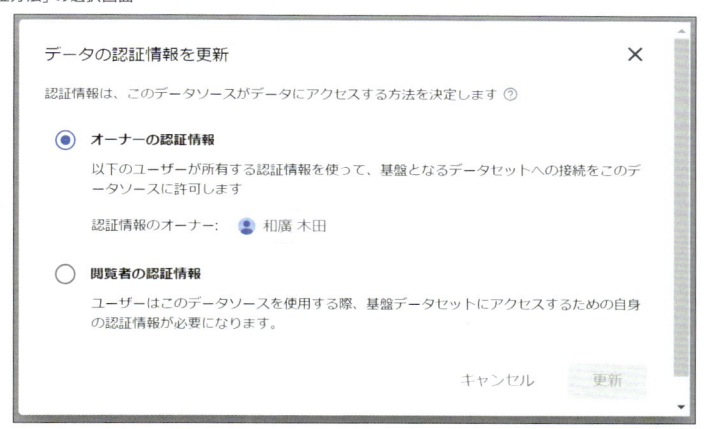

　ここでいう「オーナー」は、元データであるGoogleスプレッドシートに対する権限です。「オーナーの認証情報」と、「閲覧者の認証情報」をそれぞれ選択した場合のちがいについて、例で解説します。

　このLooker Studioを利用するユーザーとして、オーナー（木田 和廣）のほかに、元データであるGoogleスプレッドシートの閲覧権限を持っていないAさんがいたとします。「データの認証方法」が「オーナーの認証情報」になっていると、Aさんはこのデータソースをもとに作成されたLooker Studioのレポートを閲覧することができます。

　一方、「データの認証方法」を「閲覧者の認証情報」に変更すると、Aさんは、このデータソースをもとに作成されたLooker Studioのレポートを閲覧することができなくなります。

　図3-19は、「データの認証方法」を「閲覧者の認証情報」にしたうえで、「木田 和廣」が作成したLooker Studioのレポートを表示しています。

　左側のブラウザは「木田 和廣」でログイン中のLooker Studioレポート、右側はAさんでログイン中のLooker Studioレポートです。Aさんは元データの閲覧権限を持っていないため、「基盤となるデータセットへのアクセスに必要な権限がありません」というエラーが表示されています。

▼図3-19：権限のちがいによるレポート閲覧可否

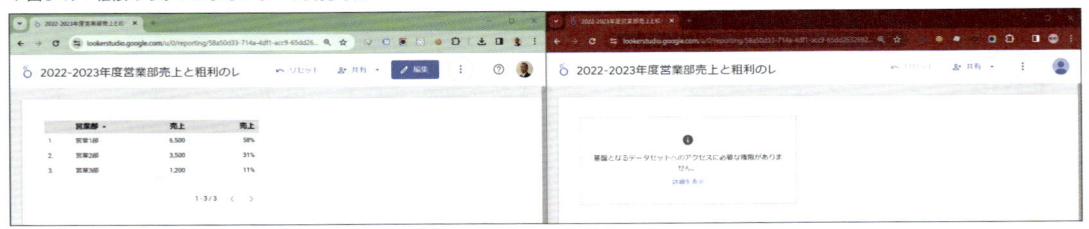

　「データの認証情報」の設定に慎重になるべき状況について、ひとつ例をあげます。Bさんは5人の課員が勤務する部署の課長です。半期ごとに課員の業務評定をGoogleスプレッドシートに記述しています。そのGoogleスプレッドシートはBさんの上司である部長のCさんも閲覧権限を持っていますが、評価対象の5人の課員はだれも閲覧権限を持っていません。

　Bさんが課員の業務評定を記述したGoogleスプレッドシートにデータ接続してLooker Studioでレポートを作成したとします。そのレポートの閲覧権限を部長のCさんに付与する操作を誤って、Cさんと5人の課員全員を対象に付与してしまったとします。

　「データの認証情報」が「オーナーの認証情報」に設定してあった場合、部長のCさんも5人の課員も全員がLooker Studioのレポートを閲覧できてしまいます。一方、「データの認証情報」が「閲覧者の認証情報」に設定してあれば、Looker Studioのレポートを表示できるのは部長のCさんだけになります。データが機微情報を含む場合には「データの認証情報」の設定により慎重になるべきという例です。

3-3-3　データの更新頻度

　デフォルトの**データの更新頻度は、接続するデータの種類に応じて決まります**。例えば、Googleスプレッドシートは15分ごと、Googleアナリティクスは12時間ごとです。

　一方、データソースエディタの「データの更新頻度」をクリックすると、**図3-20**のダイアログが開き、更新頻度を変更することができます。

▼図3-20：データの更新頻度の変更画面

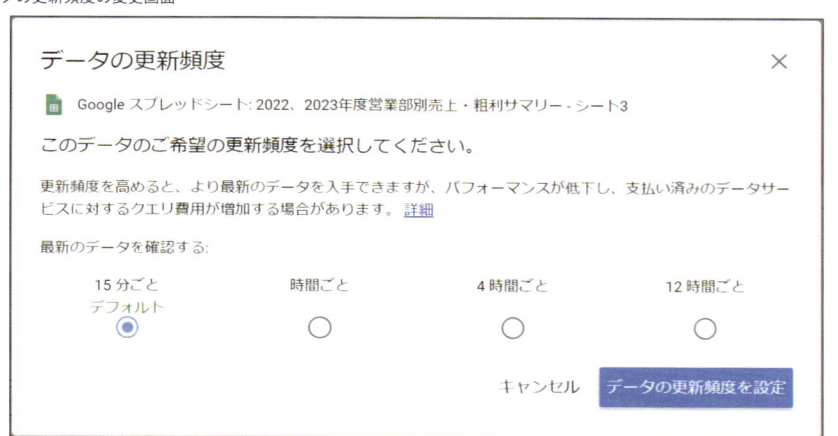

この設定は、A)元データがどのような頻度で更新されるか、とB)Looker Studioのレポートを利用するユーザーがどれだけリアルタイム性を求めているかの2点で判断して決めるものです。

例えば、元データが1日単位でしか更新されないことがわかっている場合や、Looker Studioのレポートを利用するユーザーが、いつも「昨日まで」のデータを利用する場合、つまりリアルタイム性は求めていない場合には「12時間ごと」など、より間隔の空いた更新頻度を設定するとよいでしょう。

3-3-4　コミュニティにおける視覚化へのアクセス

Looker Studioでは、折れ線グラフ、棒グラフ、円グラフなど多数のグラフテンプレートが用意されています。それでも、世の中に存在するすべてのグラフを使えるわけではありません。

例えば、デフォルトではレーダーチャートを描くことはできません。

しかし、どうしてもLooker Studioでレーダーチャートを利用したい場合、コミュニティビジュアリゼーションと呼ばれるグラフテンプレートの利用を検討することになります。コミュニティービジュアリゼーションとは、Google以外の会社（サードパーティと呼ばれます）が開発したグラフテンプレート群のことです。

「コミュニティにおける視覚化へのアクセス」の設定は、コミュニティビジュアリゼーションを利用するかどうかを設定しています。通常、デフォルトの「オン」のままにしておいて問題ありません。

コミュニティビジュアリゼーションの利用については、10-5で解説しています。

3-3-5 | レポートのフィールド編集

データソースに接続し利用できるようになったフィールドを、レポート作成時に編集できるようにするかどうかを設定する項目です。

例えば、「売上」のデフォルトの集計方法を「合計」で設定していたとします。レポート作成中に、特定のグラフで「売上」を「最大値」で集計したい場合には、「レポートのフィールド編集」をデフォルトの「ON」のままにしておきます。

「売上」は必ず「合計」で集計したい場合は、「レポートのフィールド編集」は「OFF」にする必要があります。基本的には、デフォルトの「ON」のままで大丈夫です。

3-3-6 | フィールドを追加

4-5で解説している「計算フィールド」を使った新しいフィールドの作成を行う場合、このボタンをクリックして作成します。

3-3-7 | パラメータを追加

「パラメータ」を利用したインタラクション[注4]の追加を行う場合、このボタンをクリックして作成します。パラメータについては、10-6で解説しています。

3-3-8 | 接続を編集

「接続を編集」をクリックすると、データ接続自体を編集することができます。例えば、Googleスプレッドシートに接続している場合にはシートの切り替えができます。BigQueryに接続している場合には、カスタムSQLの修正が可能です。まちがったシートに接続してしまった場合や、カスタムSQLを修正し別のディメンションや指標を取得したい場合に利用します。

3-3-9 | メールアドレスでフィルタ

データの中にメールアドレスが含まれている場合、ユーザーがログインしているメールアドレスに合致した行だけを表示するオプション項目です。例えば、社員のメールアドレス別に有給休

注4　Looker Studioの利用者が入力した値に応じて、グラフに変化を与えることをインタラクションと呼ぶ。

暇の残日数が記録されているデータソースがあれば、「メールアドレスでフィルタ」のオプションを有効にすることで、社員Aさんがログインした場合には、そのログインIDでであるメールアドレスに合致したデータだけをAさんには表示するという使い方ができます。

3-3-10 ディメンション・指標の操作

個別のディメンション項目、指標項目の横にある縦三点アイコンをクリックすると、ディメンションや指標についての操作ができます。**図3-21**はディメンション項目の一つ「営業部」の右側にある縦三点アイコンをクリックしたときの状態を示しています。

「営業部」はテキスト型データですが、「件数」を指定すれば件数を、「個別件数」を指定すれば個別の件数をカウントする数値型のデータになり、指標として利用できるようになります。「複製」ではコピーができます。また、特定の項目についてグラフ作成に用いることがないと判断できる場合は「非表示」にするとよいでしょう。

▼図3-21：縦三点アイコンをクリックすると開く操作のメニュー

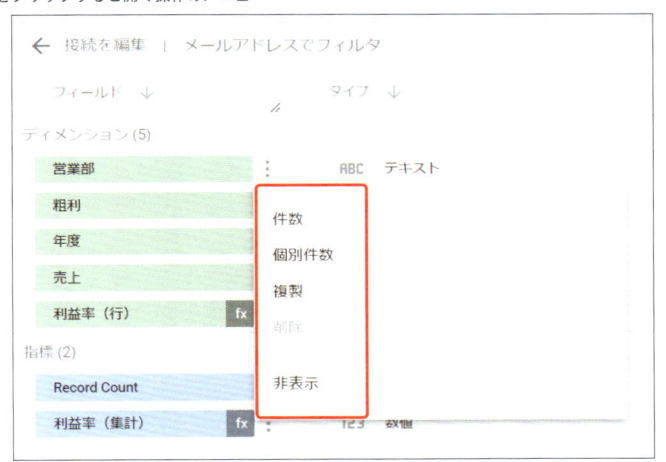

3-3-11 | タイプ

　元データの各フィールドがどのようなデータ型で認識されているかを示しています。データ型には、テキスト型、日付と時刻型、数値型などがあります。

　データ型によって、フィールドの加工方法の可否が異なります。 例えば、四則演算は数値型フィールドにだけ実行可能ですし、◯日後を取得する関数は日付と時刻型フィールドだけに適用可能です。

　タイプ欄の右端の下向き三角をクリックして、別のタイプを選択することで、タイプを変更できます。例えば、データ接続直後「年度」のタイプが「数値」となっていますが、年度を2倍したり、年度を足したりは決してしないため、テキスト型、あるいは日付型として取り扱うのが適切です。

　図3-22では、フィールド「年度」のタイプを変更するときの画面を示しています。

▼図3-22：年度のタイプを変更している画面

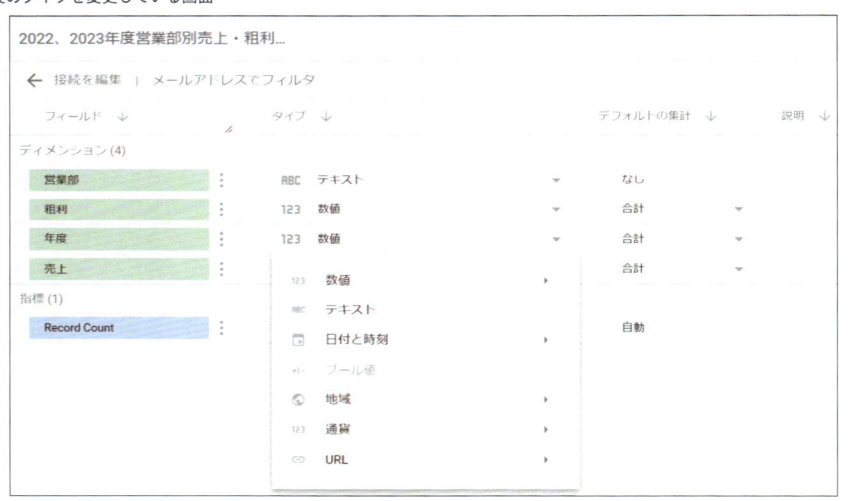

3-3-12 | デフォルトの集計

　「デフォルトの集計」は、数値型にのみ存在する項目です。数値を集計するときのデフォルトの集計方法を示しています。最初は「合計」になっています。グラフで指標「売上」を利用する場合、売上の合計が表示されます。一方、**図3-23**のとおり、「合計」を「平均値」、「最大値」などに切り替えることができます。

▼図3-23：デフォルトの集計の切り替え画面

　基本的には合計のままで大丈夫な場合が多く、また3-3-5で解説した「レポートのフィールド編集」をONにしておけば、レポート作成時に集計方法を切り替えることができます。

　一方、例えば都道府県別の最低賃金について、数年分が格納されたデータがあったとします。この場合、最低賃金を合計して可視化することはまず考えられません（関東地方の最低賃金の合計と、関西地方の合計を比較して、意味のある値となることはない）。そうした場合には、デフォルトの集計方法をグラフで表現したい内容に応じて、「最大値」、「最小値」、「平均値」などにしておくのが望ましいです。

3-3-13 ｜ 説明

　説明には自由に文を追加できます。**図3-24**は「売上」フィールドに説明を加えた例です。「自社製品のみ。委託販売商品の売上は含みません。」と記述しています。データソースを自分だけが利用するのではない場合、「説明」欄にデータの性質を記述しておくと親切です。ほかのユーザーが同じデータソースを利用する際にデータへの理解が深まりやすく、また、データについての問い合わせを減らすことができます。

▼図3-24：売上フィールドに説明を加えた状態

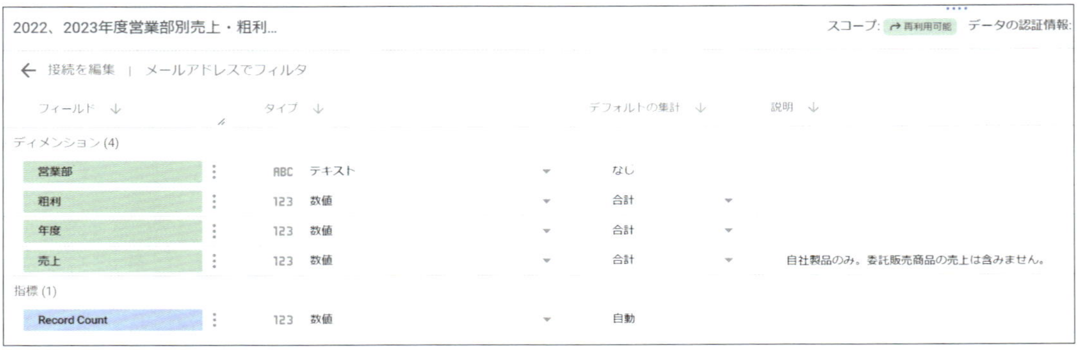

グラフ作成の基本

第4章

4-1 レポート全体の設定

　Looker Studioでレポートを作成するとき、データ接続の次に行うことになるのが本節で取り上げるレポート全体の設定です。具体的な設定項目としては「テーマとレイアウト」と「レポート設定」とに大別されます。グラフを作成したあとに変更しても問題ない設定項目もありますが、影響範囲が比較的大きいので、基本的には最初に行ったほうが望ましいです。

4-1-1 テーマとそのカスタマイズ

　テーマとは、Looker Studioのレポートの基調となるデフォルトの背景色や、グラフ、テキストの色使いやフォントの種類などの組み合わせのことです。

　テーマで設定したデフォルトの色やフォントなどは、作成するグラフごとに指定しなおすことができますが、テーマで設定した内容がまずはすべてのグラフやフィルタなどのコンポーネントに適用されます。

　何もテーマを設定しないときには、初期値である「デフォルト」という名前のテーマが選択されています。**図4-1**の枠で囲んだ「テーマとレイアウト」をクリックするか、メニューから「ファイル」>「テーマとレイアウト」をクリックすることで、テーマを変更することができます。

▼図4-1：「テーマとレイアウト」設定開始メニュー

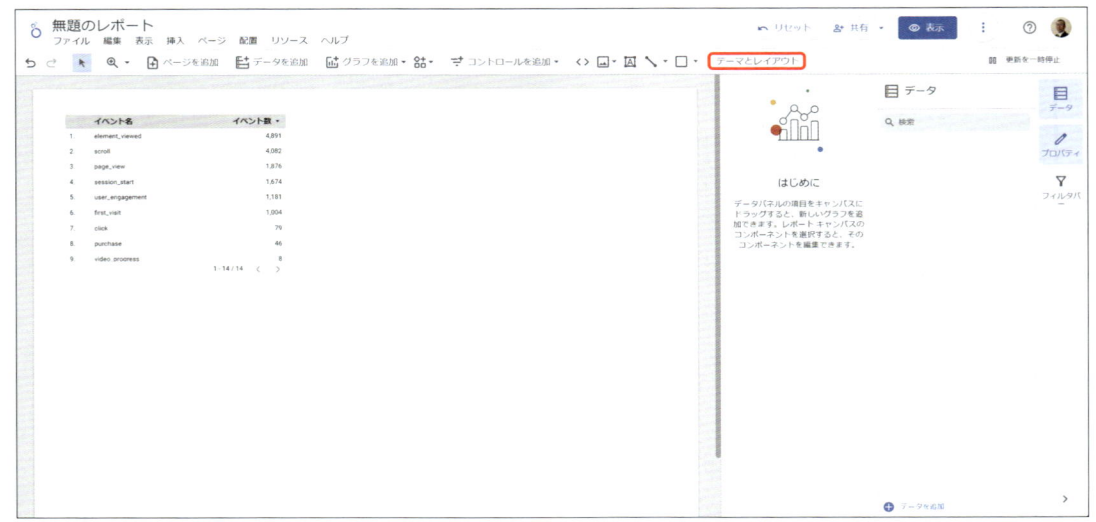

クリックすると、**図4-2**の①で示した列（プロパティ列）に「テーマ」タブと「レイアウト」タブが表示され、「テーマ」タブにある「エッジ」や「星座」を選び取ることで、「デフォルト」以外のテーマを選択することができます。

▼図4-2：「テーマとレイアウト」の設定画面

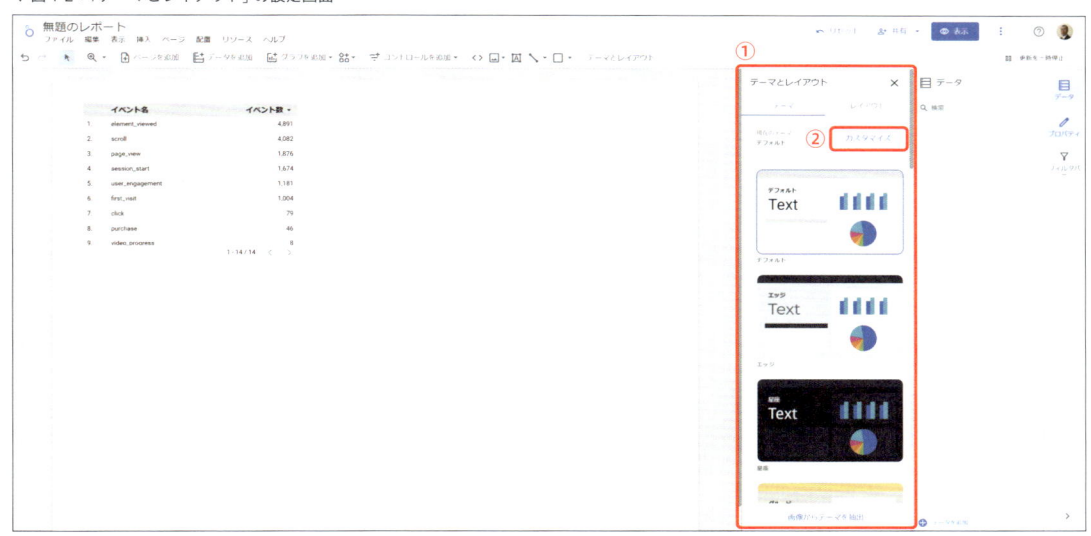

また、1つのテーマを選んだときでも、テーマの中の「背景色だけ変えたい」、「フォント種類だけを変えたい」といったように、部分的に変更したい場合は②の「カスタマイズ」をクリックすると可能です。「カスタマイズ」できる設定項目は多数ありますが、その中でも比較的よく利用されると思われる「メインのスタイル」の設定項目について解説します。

図4-3を参照してください。

① レポートのキャンバスの背景色を設定します。グラフの背景色ではないので、注意してください。
② グラフを塗り分けた場合に、どの項目にどの色を当てはめるかのルール設定です。「配色の順序」は、並べ替えたときに、1番最初に来るものが青、2番目に来るものがターコイズグリーン……など、あらかじめ決まっている順序によって色を当てはめます。「ディメンションの値」は、レポート作成者が自由に色の当てはめを制御できます。
③ グラフのタイトルの色とフォント種類を設定します。
④ コンポーネント（グラフやフィルタやテキスト）のヘッダー以外の部分について、次の項目を設定します。

● テキストの色
● フォントの種類

- 背景の色
- 枠線の色
- 枠線の太さ
- 枠線の線種
- 枠線の角の丸み
- 枠線の影の有無

▼図4-3：テーマのカスタマイズ画面（一部）

　図4-4、**図4-5**を参照してください。2つの「表」が示している内容はまったく同じですが、テーマのカスタマイズを行う前後の比較をしています。**図4-4**がカスタマイズ前、**図4-5**がカスタマイズ後です。カスタマイズは、次の項目を実施しました。

- 背景色を水色に指定
- コンポーネントの枠線を緑色、サイズ5、角を10で丸めを指定
- コンポーネントの背景色をピンクで指定

▼図4-4：カスタマイズ前のテーマに従った表

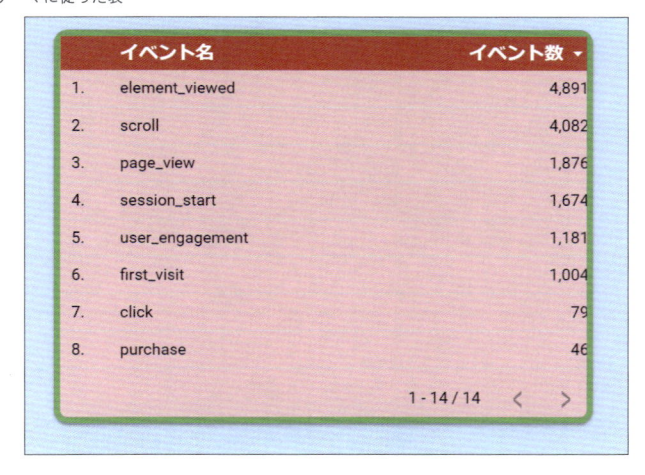

▼図4-5：カスタマイズ後のテーマに従った表

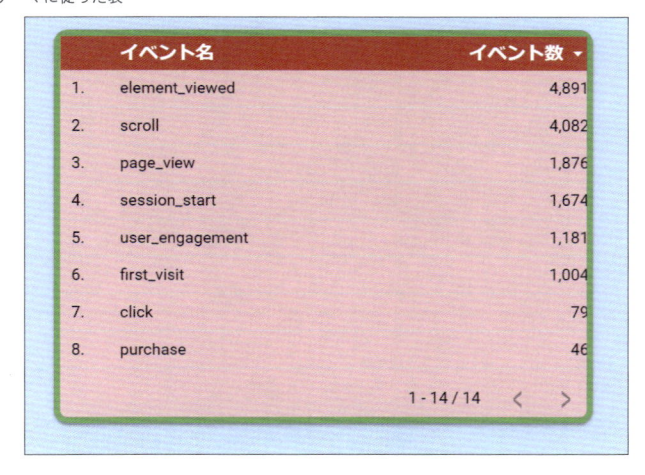

49

　また、「テーマ」タブの最下部に「画像からテーマを抽出」というボタンがあります。オマケのような実験的な機能ですが、Looker Studioでレポートを作る対象データを象徴するような画像がある場合利用すると、雰囲気に合ったテーマが作れる可能性があります。

　図4-6は北海道のワカサギ釣りの湖の写真です。その画像をアップロードしたところ、**図4-7**のテーマが作成されました。

▼図4-6：Looker Studioのテーマを作成するために利用した北海道のワカサギ釣り湖

▼図4-7：画像から生成されたテーマ

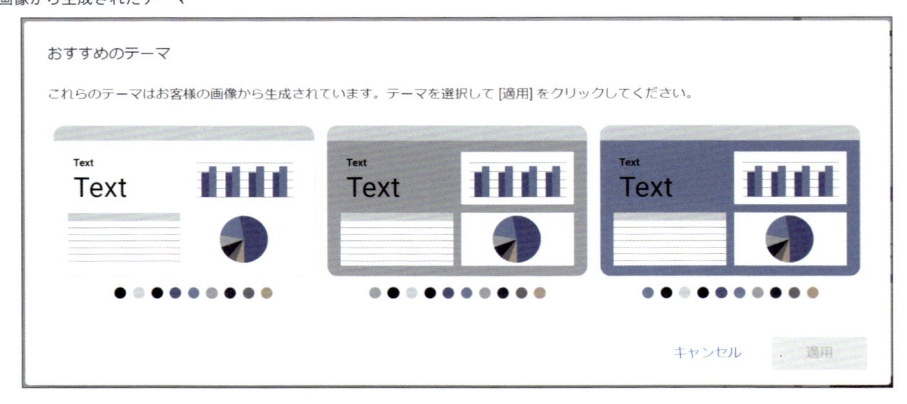

4-1-2 | レイアウトの設定

「レイアウト」とはキャンバスの大きさや、キャンバスへのコンポーネントの配置方法を指定する項目です。レポートの見かけや操作性に影響を与えます。

次でひとつずつ見ていきましょう。

▼図4-8：「レイアウト」設定項目

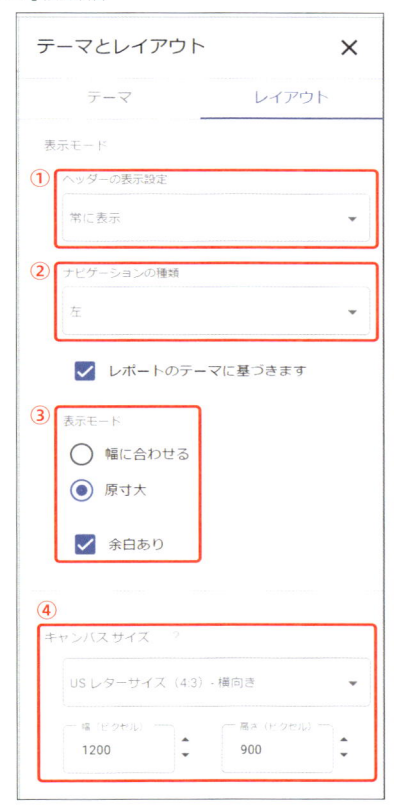

ヘッダーの表示設定

Looker Studioのレポート作成画面で**図4-9**の枠で囲んだ部分を「ヘッダー」と呼びます。**図4-8①**の「ヘッダーの表示設定」では、ドロップダウンメニューから「常に表示」、「自動非表示」、「最初は非表示」のいずれかを選ぶことができます。次がそれぞれを選んだ場合のヘッダー表示の挙動です。

- 常に表示しておきたい場合は「常に表示」
- レポート上部をマウスオーバーした時にだけ表示しそれ以外のときには非表示にしておきたい場合は「自動非表示」
- 最初は非表示だが、レポート上部をマウスオーバーした時に表示され、以降ずっと表示させたい場合には「最初は非表示」

▼図4-9：レポートのヘッダー

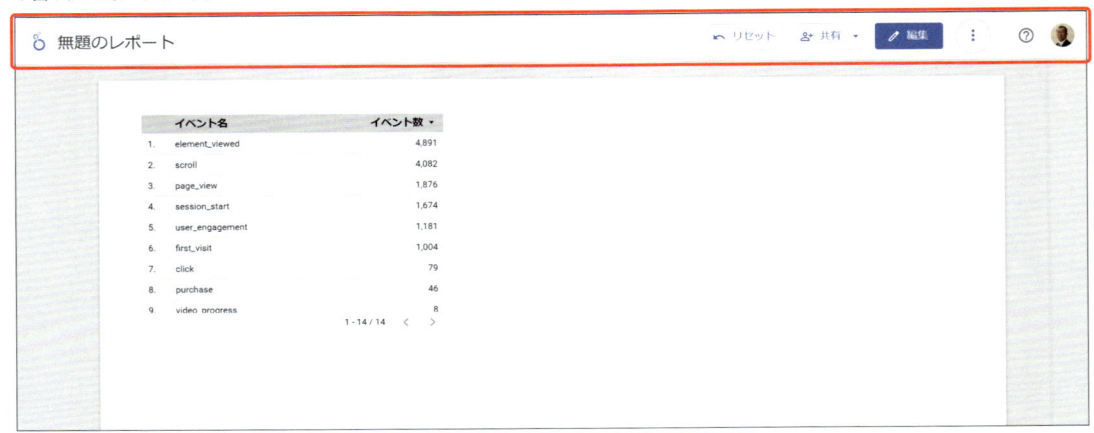

ナビゲーションの種類

　詳しくは10-2で解説しますが、Looker Studioのレポートは複数ページで構成することができます。そして、レポートのページが2ページ以上になった場合、ページ間を遷移するナビゲーションを表示することができます。

　そのナビゲーションの種類を指定するのが**図4-8②**の「ナビゲーションの種類」で行う設定です。選択肢は「左」、「タブ」、「左上」、「非表示」の4つです。チェックボックス「レポートのテーマに基づきます」にチェックを入れた場合、ナビゲーションの背景色やフォントが「テーマ」で設定した内容に従います。

表示モード

　図4-8③の「表示モード」では、レポートのサイズを、ブラウザに合わせてどのように調整するかを設定できます。

　「幅に合わせる」を選択した場合、ブラウザのウインドウの幅いっぱいに表示されます。「原寸大」を選択した場合、次の項目の「キャンバスサイズ」で指定した大きさで表示されます。「余白あり」は、キャンバスの周囲の余白が薄い灰色で示されます。

キャンバスサイズ

図4-8④の「キャンバスサイズ」の設定を行うと、あらかじめ用意してある次の4つのサイズから選択してキャンバスの大きさを定めることができます。また、あらかじめ用意してあるサイズを利用せず、幅と高さをピクセル単位で入力して指定することもできます。

- USレターサイズ（4:3）：縦向き
- USレターサイズ（4:3）：横向き
- スクリーン（16:9）：縦向き
- スクリーン（16:9）：横向き

配置先

キャンバスにグラフやテキストなどのコンポーネントを配置するとき、位置を揃えたいことがあります。**図4-8**⑤の「配置先」では、その揃え方を指定します。

「スマートガイド」を選択した場合は、ほかのコンポーネントと上端、下端、上下方向中央、左端、右端、左右方向中央が揃った場合に、赤いガイドラインが表示されます。ガイドラインに沿って配置したり、グラフのサイズを伸縮させたりすることで、コンポーネント同士の位置をずれなく配置できます。

「グリッド」を選択した場合には、次項の「グリッドの設定」にしたがって、キャンバス上にグリッドがドットで表示されます。グリッドに合わせることで、複数コンポーネントの位置をずれなく配置できます。

グリッドの設定

図4-8⑥の「グリッドの設定」は、**図4-8**⑤の「配置先」でグリッドを選択したときに有効になる設定項目です。「サイズ（ピクセル）」では、キャンバス上に配置するグリッドの間隔を設定できます。キャンバスに比較的多くのコンポーネントを配置する場合には間隔を狭く、少ない数のコンポーネントを配置する場合には間隔を広くすると配置しやすいです。「パディング（ピクセル）」は、配置するコンポーネントをグリッドである1個1個の点に対して、どのくらいずらして配置するかを設定します。

図4-10は、サイズを50、パディングを10で設定し、レポートに表と長方形を配置したところです。グリッドから内側に、縦横ともずれて配置されているのがわかります。

一方、パディングを0にしたのが**図4-11**です。2つのコンポーネントの配置が窮屈なのがわかります。コンポーネント間に余白をもっと配置したい場合、パディングの項目をより大きな値で設定してください。

▼図4-10：サイズ50、パディング10で2つのコンポーネントを配置

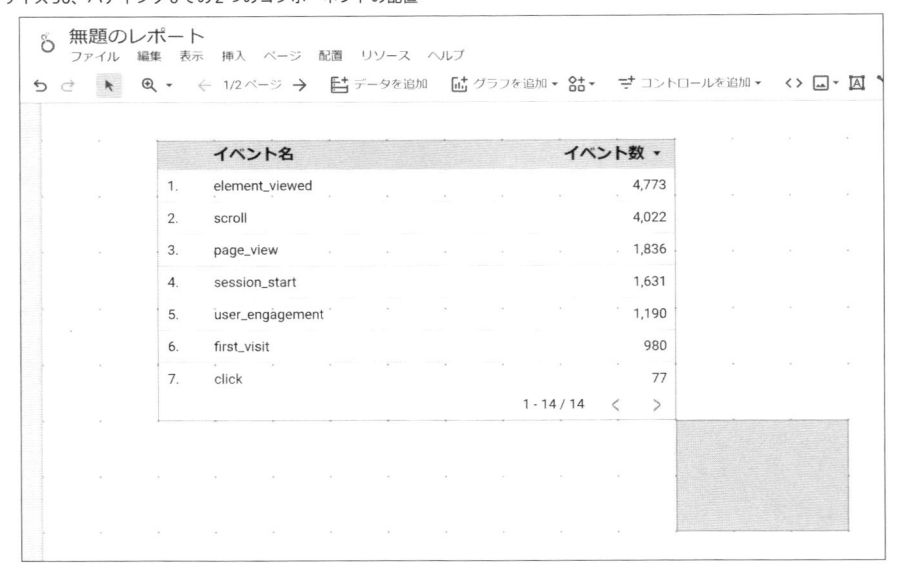

▼図4-11：サイズ50、パディング0での2つのコンポーネントの配置

「水平オフセット（ピクセル）」、「垂直オフセット（ピクセル）」は、グリッドから何ピクセル離してコンポーネントを配置するかの設定です。デフォルトでは両方とも0になっています。

図4-12では、デフォルトのまま「表」をグリッドに合わせて表示しています。表の左上の角が

グリッドに重なって配置されます。そのため、表の左辺がキャンバスの縁にくっつく形となり、窮屈です。

▼図4-12：水平、垂直オフセットとも0のグリッドに合わせた表

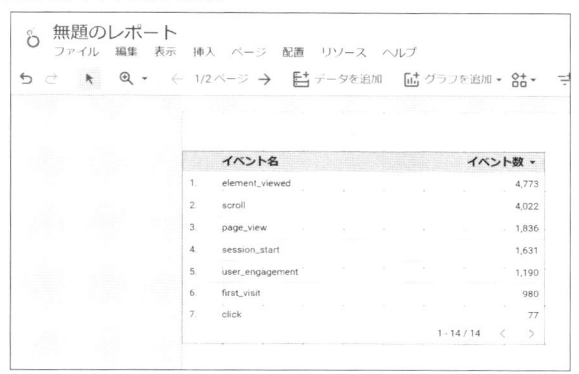

一方、**図4-13**は水平オフセットだけ20で設定しています。グリッド自体がキャバスの左端から20ピクセルずれたところにあるのが確認できます。そのため、「表」の左上の角をグリッドに合わせて配置しても、外側に20ピクセルの余裕がでました。こちらのほうが見かけ上、望ましいといえます。

▼図4-13：水平オフセットを20に設定し、表を配置

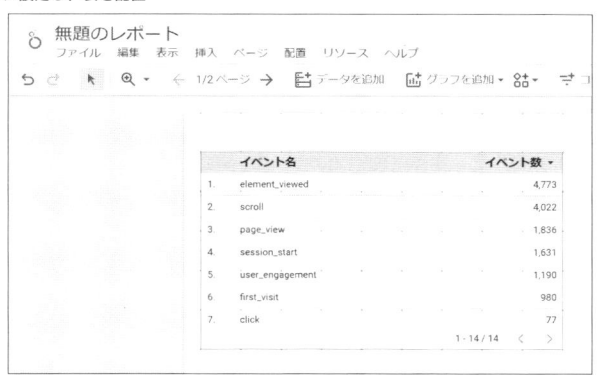

レポートレベルのコンポーネントの位置

複数ページで構成するレポートの場合、ページに配置するコンポーネントは、A) 単一のページにだけ掲載する、B) 全ページに掲載する、どちらかの属性を持たせる必要があります。

　A）の属性をもたせたコンポーネントは「ページレベル」、B）の属性をもたせたコンポーネントは「レポートレベル」と呼びます。デフォルトはA）のページレベルです。一方、例えば複数ページで構成される**図4-14**のようなレポートを作成した場合、レポートのタイトルについては、全ページに掲載するのが一般的です。そのような場合には、タイトルと背景をレポートレベルに変更することで、全ページに掲載することができます。「ページレベル」と「レポートレベル」の切り替えは、コンポーネントを右クリックして「レポートレベルに変更」、あるいは「ページレベルに変更」をクリックすることで行います。

▼図4-14：複数ページレポートのレポートタイトル

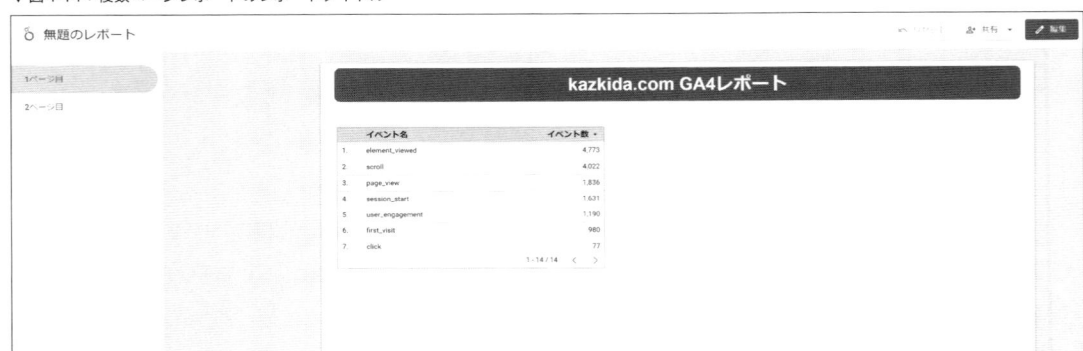

　1つのページにページレベルのコンポーネントと、レポートレベルのコンポーネントが混在するとき、コンポーネント同士が重なる場合があります。コンポーネントが重なったとき、どちらを奥に、どちらを手前に掲載するかを決めるのが**図4-8**⑦の「レポートレベルのコンポーネントの位置」です。

　「下」がデフォルトで「背面」を、「上」が「前面」を示します。通常、デフォルトのままで問題ありません。

4-1-3 ┃ レポート設定

　図4-15に図示したとおり、メニューの「ファイル」配下の「レポート設定」をクリックするとレポート全体に対する設定を行うメニューを開くことができます。

　「レポート設定」メニューは**図4-16**のとおりです。

▼図4-15：「ファイル」から「レポート設定」をクリックする

▼図4-16：「レポート設定」メニュー

期間のディメンション

　図4-16の①の「期間のディメンション」は、後述する②の「デフォルトの日付範囲」を設定する基準となる日付と時刻型のフィールドを指定します。「デフォルトの日付範囲」は、ここに設定した項目を基準に行われます。

　データソースによっては、「受注日」と「出荷日」や、「予約実行日」と「宿泊日」のように、日付と時刻型のフィールドが複数ある場合があります。そのような場合に、どのフィールドを対象にデフォルトの日付期間を設定するかを指定するのがこの項目です。

　日付と時刻型フィールドが1つしかない場合は自動的に設定されますが、複数ある場合には留意してください。

デフォルトの日付範囲

　「デフォルトの日付範囲」とは、データに日付型の項目があった場合、いつからいつまでをグラフの対象期間とするかの指定です。「デフォルトの」とついているように、レポートにどのようなグラフを作成する場合でも、最初はここで設定した期間がグラフに反映されます。

　何も設定しない場合には、データソースによって決まっている「デフォルトの日付範囲」が適用されます。Googleアナリティクスは直近の28日間、GoogleスプレッドシートやBigQueryのカスタムSQLはデータに記録されている全期間です。

　実際にLooker Studioのレポートを作成するとき、作成者はデータソースがGoogleアナリティクスであっても直近の90日をグラフ対象期間としたかったり、Googleスプレッドシートであっても直近の1ヵ月だけをグラフ対象期間としたかったりする場合が多いので、希望の期間に合わせて「デフォルトの日付範囲」を設定するのが一般的です。

　デフォルトの日付範囲は、影響範囲の広い順に次の3つのレベルで設定できます。「レポート設定」で指定しているのは、そのうちの「1. レポート全体」です。

1. **レポート全体**
2. **特定のページ**
3. **特定のグラフ**

　「レポート全体」、「特定のページ」、「特定のグラフ」で異なった「デフォルトの日付範囲」を指定した場合、適用される優先順位は3が一番高く、次に2、最後が1です。その優先順位のルールを利用すると、次のような設定ができます。

- レポート全体では、直近の1ヵ月をデフォルトの日付範囲とするが、3ページあるうちの最後のページだけは、直近の1年間を日付範囲とするグラフを掲載する
- ページに配置するグラフのデフォルトの日付範囲を直近28日とするが、特定のグラフだけは、直近の90日を日付範囲とする

「レポート全体」の「デフォルトの日付範囲」の具体的な設定方法は次のとおりです。「特定のページ」、「特定のグラフ」でも設定方法は同じです。

設定を開始する前は、ラジオボタンの「自動」が選択されています。「自動」とは、先に解説したデータソース種別に応じてあらかじめ決められている日付範囲のことです。今接続しているデータソース種別はGoogleスプレッドシートなので、「デフォルトの日付範囲」は全期間です。**図4-16**でも「All available dates（すべての利用可能な日）」とあることから確認できます。それを2023年1月1日～2023年12月31日に設定する例を示します。固定的な日を基準に日付範囲を設定するには設定方法として「絶対指定」を利用します。**図4-16**の「デフォルトの日付範囲」にある「カスタム」をクリックすると、ドロップダウンに「昨日」や「過去7日間」などの相対的な日付範囲の指定方法と並んで「絶対指定」があります。「絶対指定」を選択すると、**図4-17**のとおりの画面になります。左側のカレンダーで開始日の日付をクリック、右側のカレンダーで終了日の日付をクリックし、「適用」ボタンをクリックすることで、指定した期間を確定させます。

カレンダーを1ヵ月単位で変更するには、〈　〉ボタンをクリックします。1月、2月、3月……とカレンダーが切り替わります。大きくカレンダーを切り替えるには、年月のボタンをクリックすると、年単位でカレンダーを切り替えることができます。

▼図4-17：「デフォルトの日付範囲」の「絶対指定」での設定画面

これで、レポートレベルの「デフォルトの日付範囲」が2023年1月1日～2023年12月31日に設定されました。そのため、レポートに追加するすべてのグラフの日付範囲が2023年になります。

Googleアナリティクスの測定ID

Googleアナリティクスを利用して、レポートの利用状況を定量的に把握することができます。**図4-16**の③に必要な情報を入力する必要があります。詳しくは10-3を参照してください。

フィルタ

図4-16の④「フィルタ」を利用すると、**レポートに掲載するすべてのグラフに共通するフィルタを適用することができます。**特定の地域や、特定の製品についてのレポートを作成するときに、すべてのグラフに同じフィルタを適用するのは手間です。レポート全体に対するフィルタを利用することで効率をあげることができます。

フィルタについては、4-3-7で個別のグラフに対するフィルタ適用を例にして解説しています。フィルタ設定方法は個別のグラフに対する場合とレポート全体に対する場合でまったく同じです。具体的な設定方法については4-3-7を参照してください。

4-2　グラフ作成前の基礎知識

グラフ作成に入るまえに、Looker Studioでのグラフ作成をスムーズに行うための基礎知識を紹介します。

4-2-1　データ型

ExcelやGoogleスプレッドシートで自由に表を作成する場合、**図4-18**のとおり、1つの列にさまざまな値が入ることがあるでしょう。

▼図4-18：1つの列にさまざまな値が入ったデータ

	A	B	C	D
1	氏名	山田　太郎	高橋　花子	田中　賢治
2	出身県	東京都	北海道	千葉県
3	生年月日	2000年8月6日	2001年10月11日	2001年4月3日
4	入社テスト点数	86	89	79
5	データ更新日時	2024年8月1日 9:11:10	2024年7月13日 17:56:22	2024年7月21日 13:00:09
6	入社ガイダンス送付済フラグ	TRUE	FALSE	TRUE

B列に注目すると、「山田　太郎」と「東京都」はテキスト、「2000年8月6日」は日付、「86」は数値、「2024年8月1日9:11:10」は日時です。一方、Looker Studioに接続するデータは、ひとつ

の列に1種類の値しか格納できません。つまり、この列はテキストだけ、この列は日付だけ……という制限があります。

そうしたテキスト、数値、日付など、データの種類のことを「データ型」と呼びます。Looker Studioのデータ型についての公式ヘルプ[注1]ページもあります。サポートされているデータ型（サポートページでは「データの種類」と表現されている）は本書執筆時点の2024年11月末現在、「数値」、「パーセント」、「期間」、「通貨」など全部で12種類あります。

次のとおり、データ型によってできることが変わってきます。今後グラフを作成するとき、思ったとおりに操作できない場合は、データ型が適切に認識されているかどうかを確認するクセをつけましょう。データ型の変更にはデータソースエディタを利用します。3-3-11を参照してください。

- 「数値型」は四則演算できる（が、テキスト型はできない）
- 「地域型」はマップチャートで認識される（が、テキスト型では認識されない）
- 「日付と時刻型」は年単位、年四半期単位、年月単位などさまざまな粒度で表現できる（が、ほかのデータ型には粒度という概念すら存在しない）

4-2-2 ディメンションと指標

Looker Studioのグラフを作成するうえで、**もっとも重要な設定項目として「ディメンション」と「指標」があります**。ディメンションと指標を解説するにあたり、データソースとしては、**図4-19**に示したGoogleスプレッドシートのファイル「ホームセンターの売上と利益」にある3つのシートのうち、「Small」を利用します。本書の第6章では、さまざまなグラフの作成方法を解説しますが、ことわりのない限り、「Small」のシートでグラフを作成しています。そのため、再現したい読者の方はGoogleスプレッドシート「ホームセンターの売上と利益」のシート「Small」に接続してください。

さて、グラフ作成には（一部の例外はありますが）基本的な形があります。それは**項目の要素ごとにグループを作り、そのグループごとに指標を集計する**という形です。そして、グループ化する項目のことを「ディメンション」と呼びます。集計される項目のことを「指標」と呼びます。ディメンションごとに指標が集計される様子を平易な言葉で表現すると、**ディメンション別に集計された指標**となります。

例えば、「都道府県別の売上の合計」、「カテゴリー別の利益の平均」「年月別の利益の最大値」は、それぞれ「都道府県」、「カテゴリー」、「年月」がディメンション、「売上」、「利益」が指標になっています。

注1 https://support.google.com/looker-studio/answer/9514333?hl=ja

▼図4-19：本節でグラフを作成するデータソース「ホームセンター - Small」

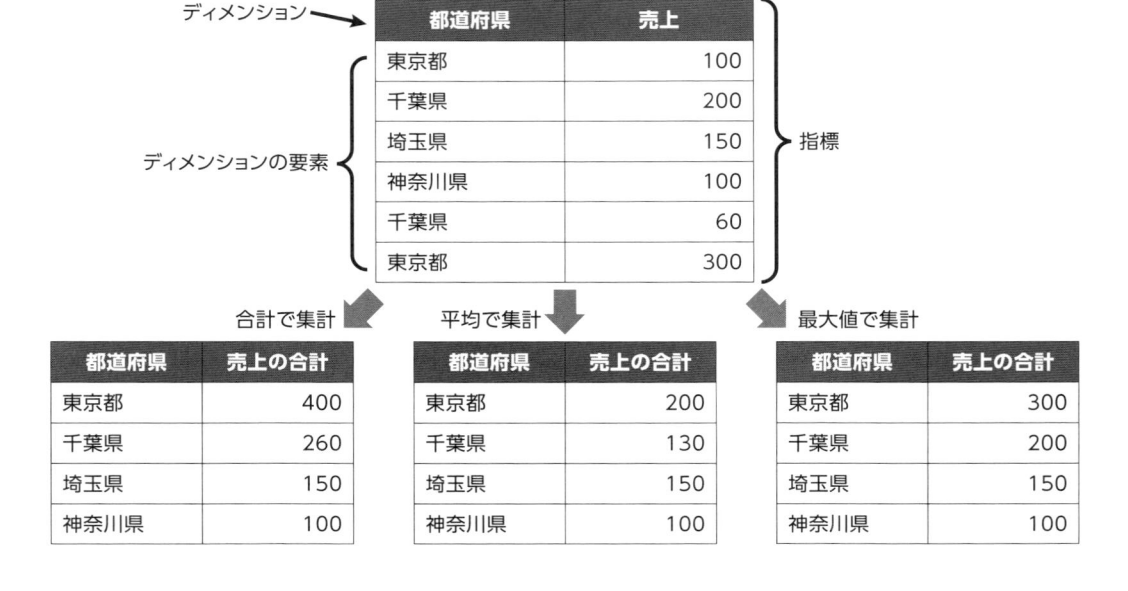

また、集計方法としては「合計」が最も一般的ではありますが、「平均」で集計したり、「最大値」で集計したりすることもあります。ディメンション、ディメンションの要素、指標、集計を模式図で示したのが**図4-20**です。

▼図4-20：ディメンション、ディメンションの要素、指標、集計の模式図

　我々が一般的にデータと呼んでいる行、列形式の表の中には、グループ化をする「ディメンション」になりうる項目と、集計されるべき「指標」が混じっていると理解してください。例えば、「ホームセンター - Small」では、次のとおりとなります。

ディメンションとなりうる項目 (カッコ内はデータ型)

- **注文管理番号 (テキスト型)**
- **都道府県 (テキスト型)**
- **カテゴリー(テキスト型)**
- **注文日 (日付型)**

指標となりうる項目

- **売上 (数値型)**
- **利益 (数値型)**

　データ型の観点から要約すると、数値型が指標となり、それ以外がディメンションとなります。混乱してしまうようでしたら本節を参照し、次のことを思い出してください。

- **「●●別の」で表現できる項目がディメンション**
- **集計される数値型項目が指標**

4-2-3 ｜ 2つのペインと2つのタブ

　Looker Studioでグラフを作成すると、画面右側に非常に大事な2つの列が表示されます。**図4-21**の真ん中の枠で囲んだ部分は「データペイン」と呼び、データに含まれている項目が一覧で確認できます。左の枠は「プロパティペイン」と呼び、グラフの各種設定ができます。両方のペインとも右の枠の「データ」、「プロパティ」をクリックすることで表示、非表示を切り替えることができます。

▼図4-21：「プロパティペイン」と「データペイン」

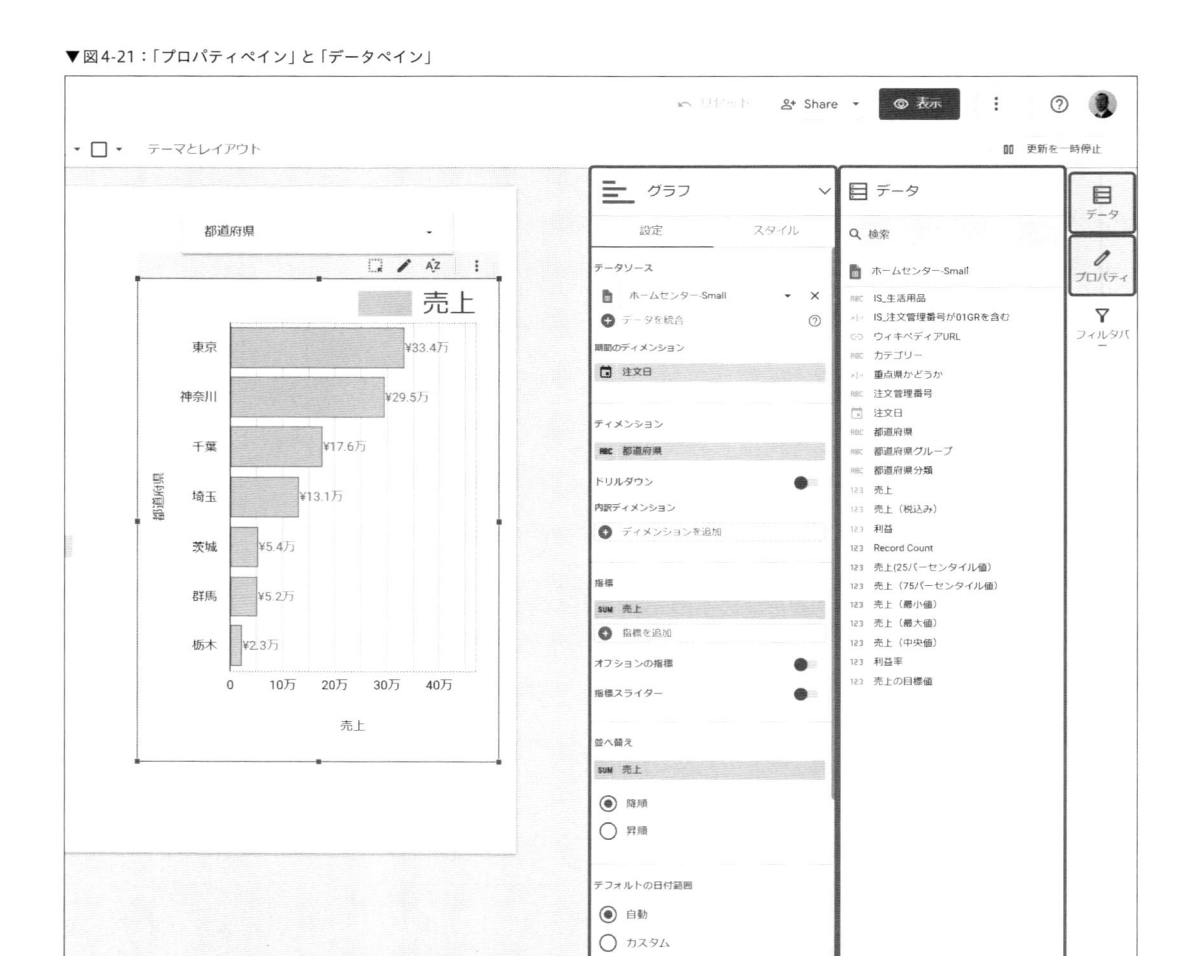

　また、グラフの各種の設定を司るプロパティペインには、大きく分けて「設定」タブと「スタイル」タブという2種類の設定項目があります。それぞれのタブで設定できる内容は次のとおりです。

- 「設定」タブは、主にグラフで表現される本質的な内容の設定
- 「スタイル」タブは、主にグラフの見かけの調整

　図4-22はある棒グラフについての「設定」タブです。前項で解説した「ディメンション」と「指標」は、グラフの根幹を指定する本質的な内容なので、いずれも「設定」タブにその設定項目があるのが確認できます。

▼図4-22：「ディメンション」や「指標」といったグラフの根幹を指定する「設定」タブ

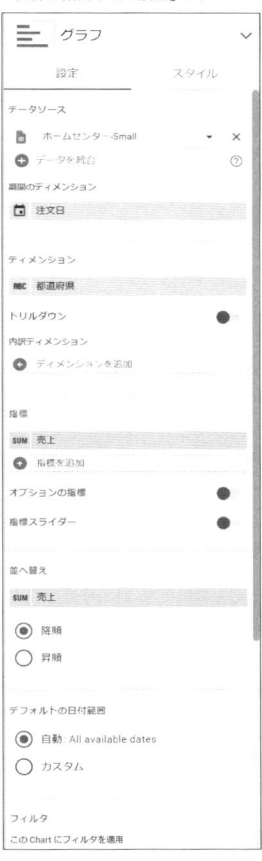

　図4-23は、同じグラフの「スタイル」タブです。グラフのタイトル表示の有無、棒の数の指定、データラベルの表示の有無など、見かけにかかわる設定を行うことができます。

▼図4-23：グラフタイトルの有無や、棒の数といった見かけを調整する「スタイル」タブ

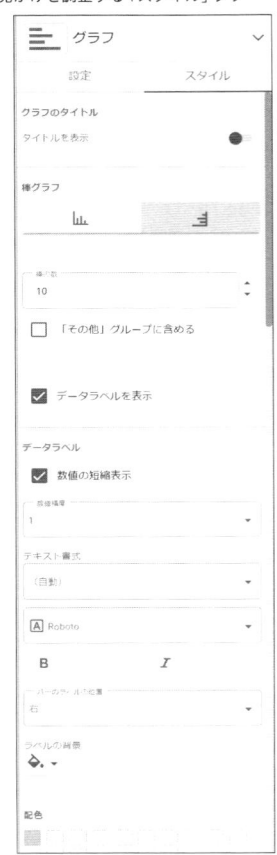

　グラフの根幹を指定する「設定」タブ、見かけを制御する「スタイル」タブの2つのタブは Looker Studioのすべてのグラフにあります。一方、**「設定」タブ、「スタイル」タブで設定できる内容は、多くのグラフに共通する設定項目と各グラフで固有の設定項目に大別することができます**。それらをまとめて模式図にし、どの章や節で解説しているかを整理したのが**図4-24**です。

▼図4-24：多くのグラフ共通、あるいは各グラフ固有の設定項目の整理

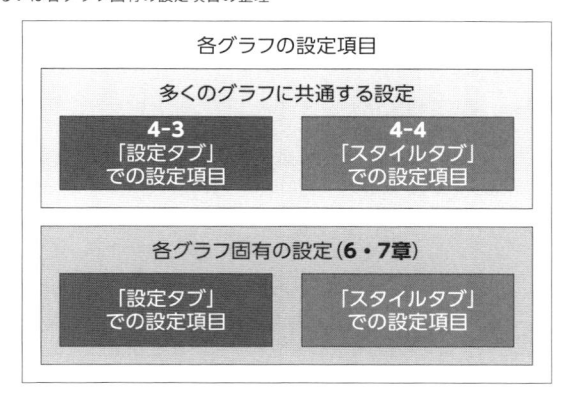

　次節では、グラフ作成の手順として、多くのグラフに共通する「設定」タブ配下の設定項目について解説します。また、多くのグラフに共通する「スタイル」タブ配下の設定は、4-4で解説します。

　各グラフ固有の設定については第6章、第7章で解説します。そのため、多くのグラフで共通する設定項目については、第6章、第7章では省きます。特定のグラフを作成したい読者は4-3、4-4に目を通したあと、第6章あるいは第7章の目的のグラフの節に進むとよいでしょう。

　では、次節で、多くのグラフに共通する作成手順を学びましょう。

4-3　グラフの作成手順

　グラフ作成の手順は、次のとおりです。一見、複雑な手順のように見えますが、ひとつひとつの手順はシンプルです。

グラフ作成の手順

1. デフォルトの日付範囲を設定する
2. 「グラフを追加」ボタンをクリックする
3. 追加したいグラフ種別をクリックする
4. キャンバスの、グラフを配置したい位置をクリックし、角をつまんで大きさを調整する（あるいは配置時にドラッグ＆ドロップ）
5. ディメンションを選択する
6. 指標を選択する

7. 並べ替えを行う項目を選択する
8. 必要に応じて比較期間を設定する
9. 必要に応じてフィルタを設定する
10.必要に応じてグラフインタラクションを設定する

代表的なグラフの1つである折れ線グラフを作成しながら、手順ごとに学んでいきます。
本節で解説するすべての設定は「設定」タブ配下で行います。

4-3-1 | 手順1：デフォルトの日付範囲を設定

レポート全体の「デフォルトの日付範囲」を「絶対指定」で設定する方法については、4-1-3で解説しました。絶対指定とは、●年●月●日から▲年▲月▲日まで、という静的な指定でした。

ここでは、「特定のページ」について「レポート全体」と異なった動的な「デフォルトの日付範囲」を設定する方法を解説します。動的とは、ユーザーがレポートを見ている日を基準として、表示される期間が移り変わっていくという意味です。例えば、あらかじめ用意されている日付範囲に「昨日」があります。その設定を行った場合、4月1日にレポートを閲覧したユーザーには3月31日のデータにもとづくレポートが、4月2日にレポートを閲覧したユーザーには4月1日のデータにもとづくレポートがそれぞれ表示されます。

▼図4-25：「現在のページ設定」を利用した特定ページだけの日付範囲設定

設定方法としては、次の2つの方法があります。

- あらかじめ用意されている日付範囲を利用する方法
- 自由に期間設定をする方法

　設定方法は次のとおりです。メニューの「ページ」＞「現在のページ設定」に進みます。そのうえで、**図4-25**のとおり「現在のページ設定」配下の「デフォルトの日付範囲」設定で「カスタム」を選択します。

あらかじめ用意されている日付範囲の利用

　図4-26のとおり、ドロップダウンリストにあるあらかじめ用意された期間の中から、ページに設定したい日付範囲を設定することができます。

▼図4-26：あらかじめ用意された期間の例

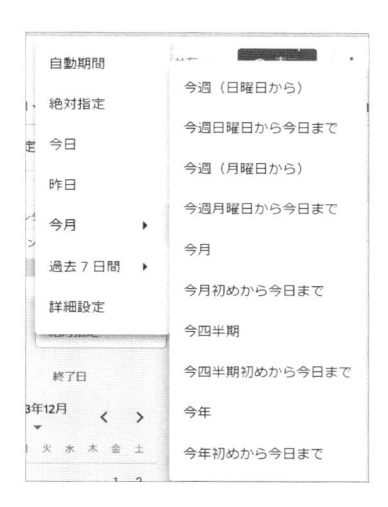

　あらかじめ用意されている期間は、**表4-A**を参照してください。

▼表4-A：あらかじめ用意されている期間の一覧

過去●日	単一日	週	月	四半期・年
過去7日間	今日	今週（日曜日から）	今月	今四半期
過去14日間	昨日	今週（月曜日から）	今月初めから今日まで	今四半期初めから今日まで
過去28日間		今週日曜日から今日まで 今週月曜日から今日まで	先月	前四半期
過去30日間		先週（日曜日から）		今年
		先週（月曜日から）		今年初めから今日まで
				前年

詳細設定の利用

　期間を指定するドロップダウンの中には**図4-27**のとおり「詳細設定」があります。

▼図4-27：「日付範囲」設定の1つの方法として「詳細設定」がある

　「詳細設定」をクリックすると、**図4-28**のとおりになります。開始日、終了日ともドロップダウンが4つあります。それらのドロップダウンで指定した内容によって、非常に柔軟に期間を指定できます。

▼図4-28：あらかじめ用意されていない期間を指定できる「詳細設定」

　ドロップダウンと値で選択できる項目は、**表4-B**のとおりです。数値の部分には正の整数しか入力できないので、注意してください。

▼表4-B：詳細設定のドロップダウンで選択可能な項目のリスト

デフォルトの値	選択可能なオプション
今日	今日 絶対指定
負	負 正
数値	正の整数
日	日 週（日曜日から） 週（月曜日から） 月 四半期 年

　期間を柔軟に設定できる例として、「直近の21日間」を設定する例をあげます。「直近の21日間」は、あらかじめ用意されている期間には存在しません。そうした場合に「詳細設定」を**表4-C**のとおりに指定すると、「今日を基準として、21をマイナスした日」から、「今日を基準として1をマイナスした日」までを期間として設定できます。

▼表4-C：詳細設定を利用した「直近の21日間」の期間設定

開始日	終了日
今日	今日
負	負
21	1
日	日

　以上はいずれも、レポートを作成するユーザーが行う設定です。一方、Looker Studioにはレポートを利用するユーザーが日付範囲を自由に切り替えることを可能にする機能があります。その機能は8-6で解説しています。

4-3-2 ｜ 手順2〜4：グラフ種別を選択して配置

　手順1の「デフォルトの日付範囲」の設定が完了したら、次に手順2以降に進みます。

　手順2にしたがって、メニューバーの「グラフを追加」をクリックします。

　手順3にしたがって、折れ線グラフ（画面上の表示は「期間」）をクリックします。

　手順4にしたがって、キャンバスをクリック、あるいは範囲を確保するようにドラッグ＆ドロップします。

　すると、**図4-29**のとおりの画面が完成します。

▼図4-29：折れ線グラフの完成

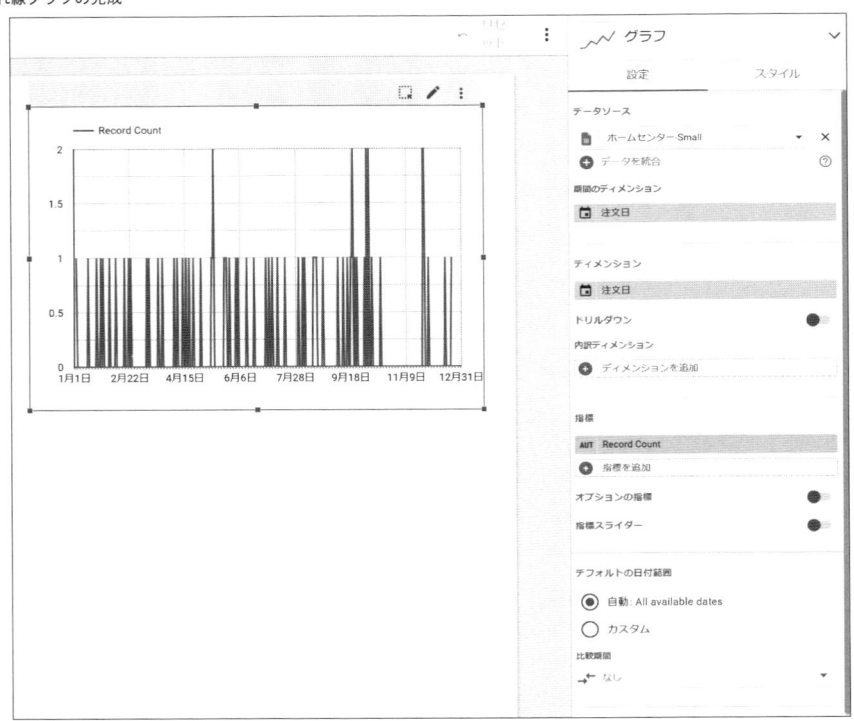

　見てわかるとおり、Looker Studio側で自動的にディメンションとして「注文日」が、指標として「Record Count」が選択されています。また、レポート期間は4-1-3でレポートレベルでの「デフォルトの日付範囲」として設定したとおりの2023年1月1日〜2023年12月31日となっていることも確認できます。

　第5章で解説しますが、折れ線グラフは時系列トレンドを示すために作成しますので、ディメンションはかならず日付と時刻型でなければなりません。本データソース「ホームセンター -Small」では、日付と時刻型の項目は「注文日」しか存在しないため、自動的に選ばれています。

　指標に使われている「Record Count」は行数のことです。Looker Studioが自動で作成する指標です。変更することができますので、気にする必要はありません。

4-3-3　手順5：ディメンションを選択する

　折れ線グラフの場合、ディメンションは日付と時刻型である必要があります。**図4-29**では日付と時刻型の「注文日」が設定されており、切り替える必要はありません。

　一方、日付と時刻型データには「粒度」という概念があります。**図4-29**では、ディメンションである「注文日」が、最小粒度である「日」単位で表されています。指標の「Record Count」は行数、つまり注文数を表していますので、日によって0件、1件、あるいは2件の注文があったことがわかります。しかし、「何月に何件の注文があったのか」といった全体像が把握できません。そこで、「注文日」の粒度を「日」から「月」に変更します。

▼図4-30：ディメンション注文日の日の粒度の切り替え

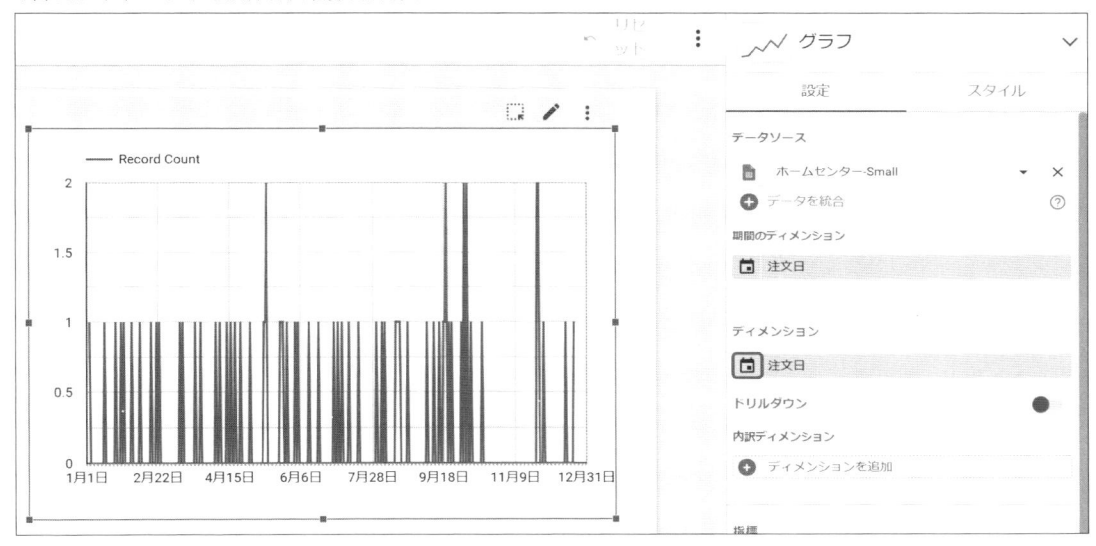

　操作方法は、**図4-30**の枠で囲った「注文日」の横のカレンダーのアイコンをクリックします。すると、**図4-31**のとおり、「注文日」の粒度をどのように設定するかの選択肢が現れますので、「月」を選択します。

▼図4-31：日の粒度の切り替え

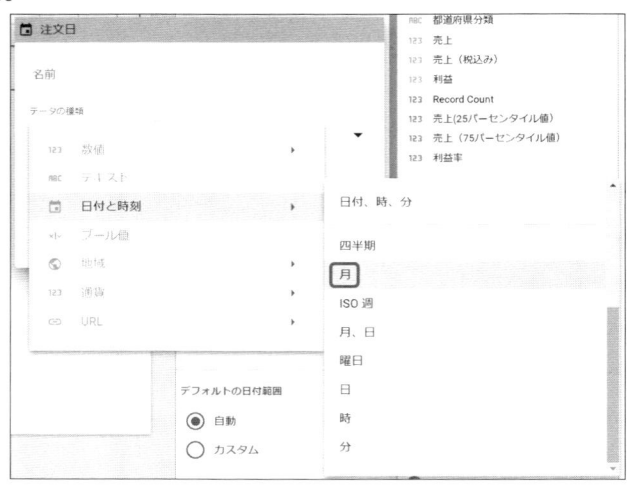

　すると、**図4-32**のとおり日の粒度が月に切り替わり、月単位で「Record Count」が集計されている折れ線グラフ、見やすい折れ線グラフに変化しました。

▼図4-32：日の粒度を「月」に切り替えた折れ線グラフ

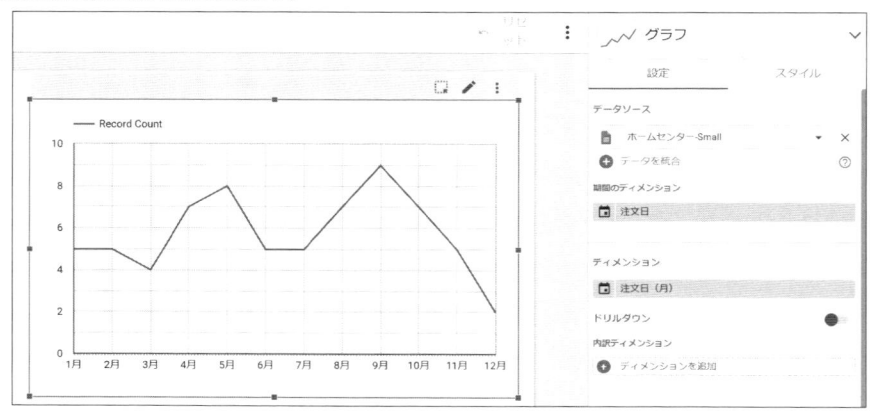

　日付と時刻型の値としてデータソースに「2024年1月23日4時56分07秒」があった場合、**図4-31**が示す「データの種類」を切り替えることによって、グラフ上でどのように表現されるかの例を**表4-D**に示します。

▼表4-D：「データの種類」による日の粒度の切り替えとグラフで利用できる値

選択できる項目	グラフで表現される日時の粒度	例
日付	日時フィールドの年月日部分	2024/01/23
日時	日時フィールド	2024/01/23 4:56:07
年	日時フィールドの「年」部分	2024年
年、四半期	日時フィールドの「年、四半期」部分	Q1 2024
年、月	日時フィールドの「年、月」部分	2024年1月
ISOの年と週	年の最初の木曜日が属する週をその年の第1週とし、週のはじめの曜日を月曜日とするISO-8601で定義された週の期間（最初の日と最後の日）と週番号	2024/1/22〜2024年/01/28（4週目）
日付、時	日時フィールドの年月日部分と、1桁、あるいは2桁の時	2024/1/23 4
日付、時、分	日時フィールドの年月日部分と、1桁、あるいは2桁の時と2桁の分	2024/1/23 4:56
四半期	日付フィールドから四半期部分を抜き出したもの 年は問わない	Q1
月	日付フィールドから月部分を抜き出したもの 年は問わない	1月
ISO週	年の最初の木曜日が属する週をその年の第1週とし、週のはじめの曜日を月曜日とするISO-8601で定義された週番号	1週目
月、日	日付フィールドから「月、日」部分を抜き出したもの 年は問わない	1月23日
曜日	日付フィールドから「曜日」を抜き出したもの 年、月は問わない	火曜日
日	日付フィールドから「日」の部分を抜き出したもの 年、月は問わない	23日
時	日付フィールドから「時」の部分を抜き出したもの 年、月、日は問わない	4
分	日付フィールドから「分」の部分を抜き出したもの 年、月、日、時は問わない	56

また、データソースにある「2024年1月23日4時56分07秒」の粒度を「日付」で設定した場合、**図4-33**の「表示フォーマット」を切り替えることによって、グラフにおける表示方法を切り替えることができます。

▼図4-33：「表示フォーマット」オプションで選択できる表現方法

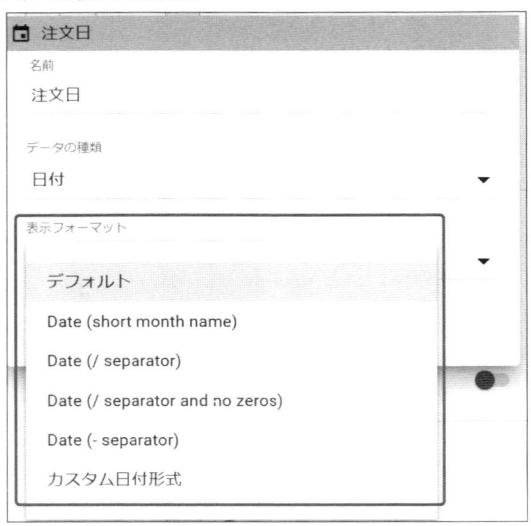

　「日付」の粒度で表した「2024年1月23日4時56分07秒」をグラフで用いたときに、どのような表示フォーマットが利用できるのかを**表4-E**にまとめました。「注文日」の粒度を「日付」から「四半期」や「年、月」に変えれば、利用できる表示フォーマットも変化します。

▼表4-E：「表示フォーマット」とグラフで利用できる値

表示フォーマット	グラフで利用できる値
デフォルト	2024/01/23
Date (short month name)	1月 23, 2024
Date (/ separator)	01/23/2024
Date (/ separator and no zeros)	1/23/24

　「カスタム日付形式」を選択すると、さらに柔軟にグラフで利用できる日付時刻型データの表現方法を調整できます。**図4-34**が「カスタム日付形式」の設定画面です。「例」を見ると、yy（2桁の年）やyyyy（4桁の年）などを自由に組み合わせて柔軟な表現ができることがわかります。

▼図4-34：「カスタム日付形式」の設定画面と「例」

ディメンションに対するオプションとして「ドリルダウン」があります。ドリルダウンとは、「深堀り」のことです。ディメンションの単位を細かくして、月単位でまとめられている指標をもっと細かい単位で見たい場合に利用します。

　今、利用者にドリルダウンの機能を提供し、月から週に深堀りできるようにしたいと考えたとします。操作は次のとおりになります。

1. ドリルダウンのトグルをクリックしてオンにする
2. ディメンションとして「注文日」を追加する
3. 追加した「注文日」の日の粒度を「ISO週」に切り替える

　操作を完了するとディメンションが2つ並んでいるのが、**図4-35**の①で確認できます。また、**図4-35**の②には下向き矢印が現れました。この矢印がドリルダウンの操作をするボタンです。その左隣の上向き矢印は、ドリルダウンした状態のグラフをもとに戻す、ドリルアップを行うボタンです。今はドリルダウン前の状態なので、灰色にグレーアウトされています。

▼図4-35：ドリルダウン項目として、注文日（ISO週）を設定

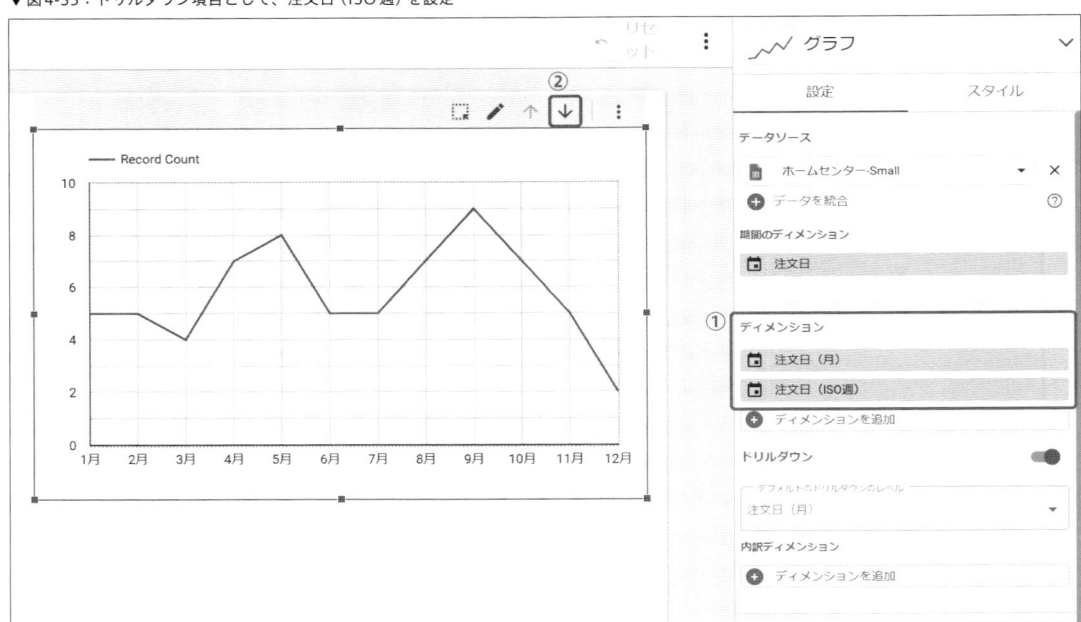

　図4-36は、**図4-35**の②の下向き矢印をクリックした状態です。①ディメンション「注文日」の粒度がISO週に変更になっていること、②ドリルアップの矢印が黒くアクティベートされ、ドリルダウンの矢印がグレーアウトされていることがわかります。

　また、③「デフォルトのドリルダウンレベル」は「注文日（月）」に設定しています。「デフォルトのドリルダウンレベル」とは、利用者がドリルダウンの操作を行う前の初期状態のことです。グラフの利用方法として、概要を確認してから詳細の確認へと進むのが一般的です。したがって、設定上は「注文日（ISO週）」に変更することもできますが、「注文日（月）」のままに設定しておくことが望ましいです。

　ユーザーが、④のリセットボタンをクリックすると、日の粒度が、デフォルトのドリルダウンレベルにリセットされます。

▼図4-36：ISO週にドリルダウンした状態の折れ線グラフ

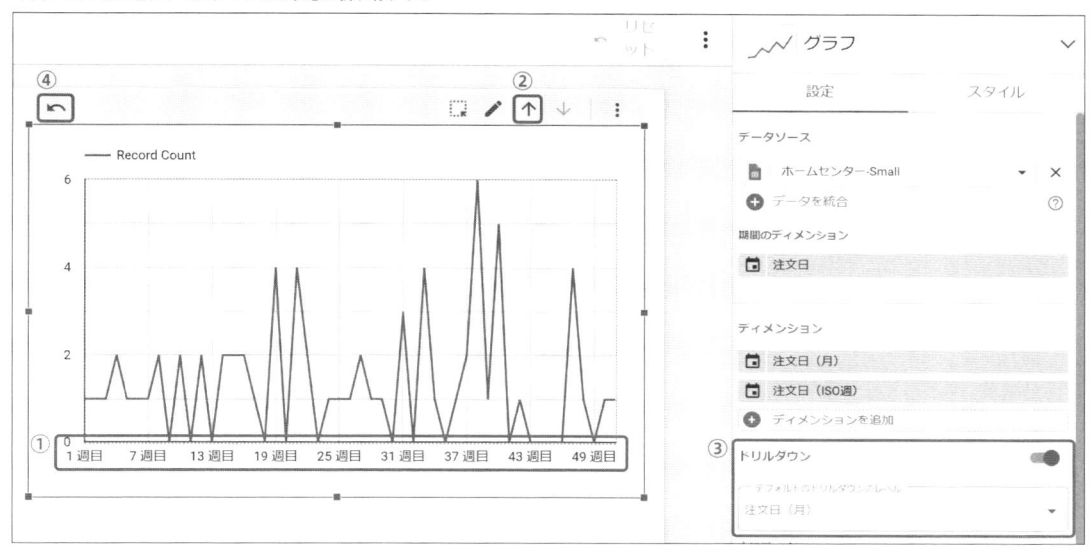

ディメンションに関する次の設定項目は、「内訳ディメンション」です。内訳ディメンションを適用した場合の効果はグラフの種類によって、次のとおり異なって現れます。

● 折れ線グラフや面グラフ：線が複数に分かれる
● 棒グラフ：単一の棒が複数の棒になる
● 積み上げ棒グラフや100％積み上げ棒グラフ：棒の内訳が色分けで表現される

効果として共通しているのは、線や棒や棒の内側が「分かれる」という点です。つまり、内訳ディメンションを適用するとは、指定したディメンション項目で「分ける」ことだと理解してください。

図4-37は、内訳ディメンションに「都道府県分類」を利用しました。都道府県分類は計算フィールドで作成した「東京」、「東京近隣三県」、「非一都三県」の3つの値を持つディメンションです。図4-37で、1本だった折れ線グラフの線が3本に分かれていることが確認できます。計算フィールドについては、4-6を参照してください。

▼図4-37：内訳ディメンションに「都道府県分類」を指定したため、3本に分かれた折れ線グラフ

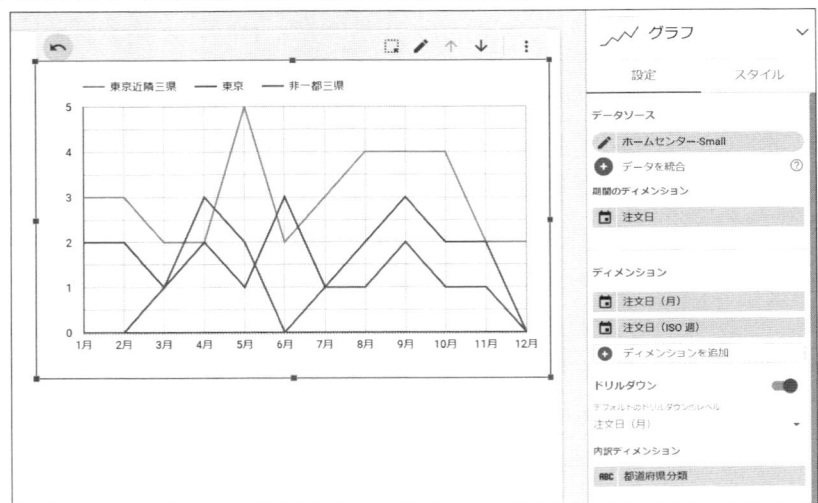

4-3-4 ｜ 手順6：指標を選択する

　図4-36、**図4-37**で示した折れ線グラフにおいて、指標はデータの行数を示す「Record Count」が選ばれています。データソース「ホームセンター - Small」においてはデータの1行が1注文となっているため、行数は注文数という意味のある値になっています。しかし、例えば、1年分の月ごとの売上のデータのように行数が意味のないデータもあります。そうした場合には自分が表現したい指標に切り替える必要があります。切り替えは、今利用されている「Record Count」をクリックすると表示されるドロップダウンリストから、選びたい項目をクリックします。

　「Record Count」の代わりに「売上」を選択すると、**図4-38**のとおりとなります。

▼図4-38：指標を「Record Count」から「売上」に変更した折れ線グラフ

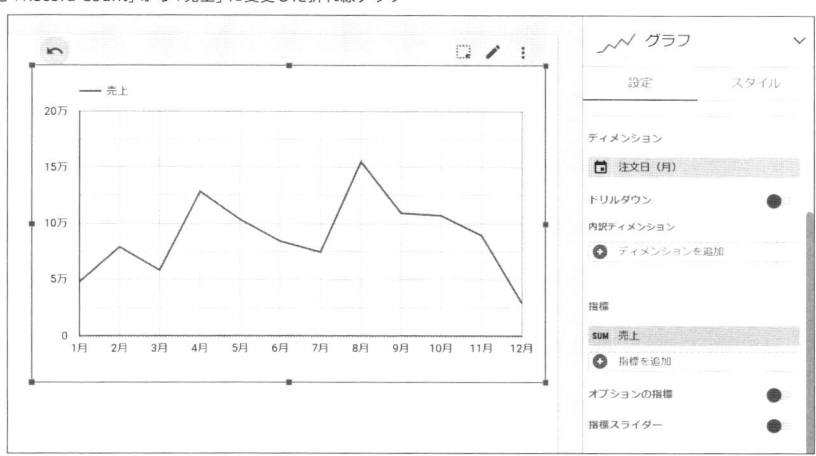

　さらに、このグラフに別の指標、例えば「利益」も加えたい場合、「指標を追加」欄に「利益」を設定すると実現します。**図4-39**を確認してください。

▼図4-39：折れ線グラフに「指標」を追加

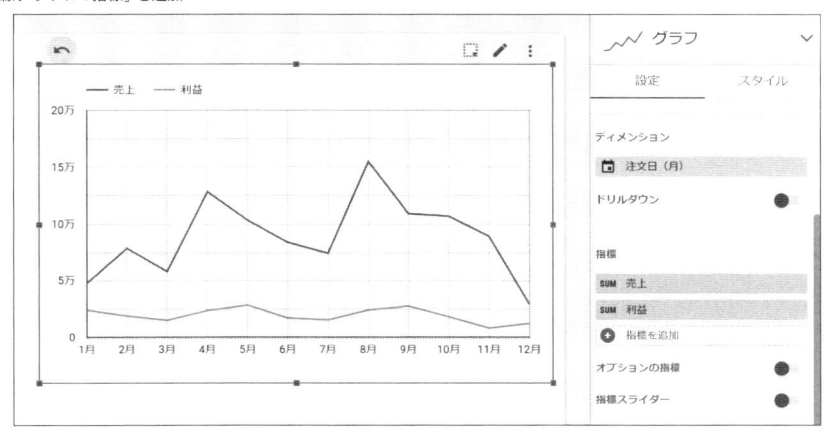

　「オプションの指標」は、指標を追加するのではなく、同じグラフ（この場合は折れ線グラフ）のまま、指標を切り替えることができる機能です。例えば、「オプションの指標」のトグルをオンにし、指標「利益率」を設定すると、**図4-40**のとおり、指標を切り替えることができるようになります。

▼図4-40：オプションの指標に「利益率」を設定したため、切り替えが可能になった折れ線棒グラフ

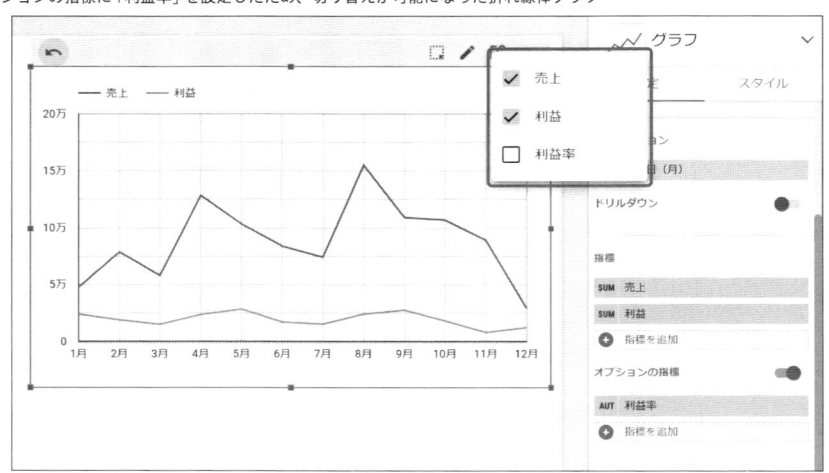

　指標に関する設定の最後は、「指標スライダー」についてです。「指標スライダー」は、特定範囲の値だけをグラフに残す機能です。**図4-41**のとおりにオンにすると、レポートを利用するユーザーは、スライダーの操作で特定の範囲のみグラフに残すことができます。「オプションの指標」と「指標スライダー」は同時には利用できません。

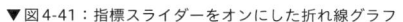

▼図4-41：指標スライダーをオンにした折れ線グラフ

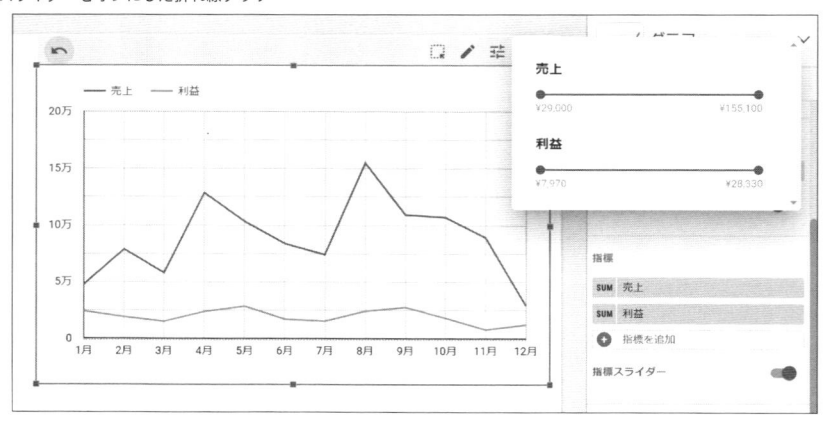

　図4-42は、**図4-41**の折れ線グラフにおいて、「売上」の「指標スライダー」を「¥50,000」と「¥100,000」の間が有効になるように設定したものです。

▼図4-42：「指標スライダー」を設定した折れ線グラフ

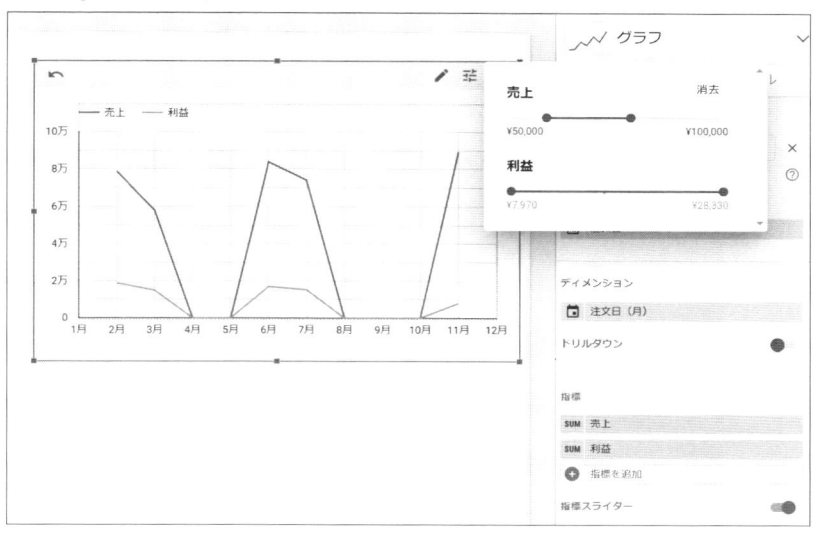

4-3-5 ┃ 手順7：並べ替えを行う項目を選択する

　次の手順は並べ替えです。折れ線グラフには並べ替えはないので、この設定項目の解説については、棒グラフを利用します。

　図4-43はディメンションが「都道府県」、指標が「売上の合計（SUM）」の棒グラフです。並び替えは「売上の合計（SUM）」の降順となっています。降順とは大きい順のことです。そのため、東京、神奈川、千葉……と売上の大きい順に棒が並んでいます。昇順（小さい順）にも並べ替えできますが、一般的には売上は大きいほうが重要なので、今のままでよいでしょう。もし、訴求したい内容が「売上」の「小さい」都道府県であれば、並べ替えを「昇順」に切り替えます。

▼図4-43：棒の並べ替えを制御する項目

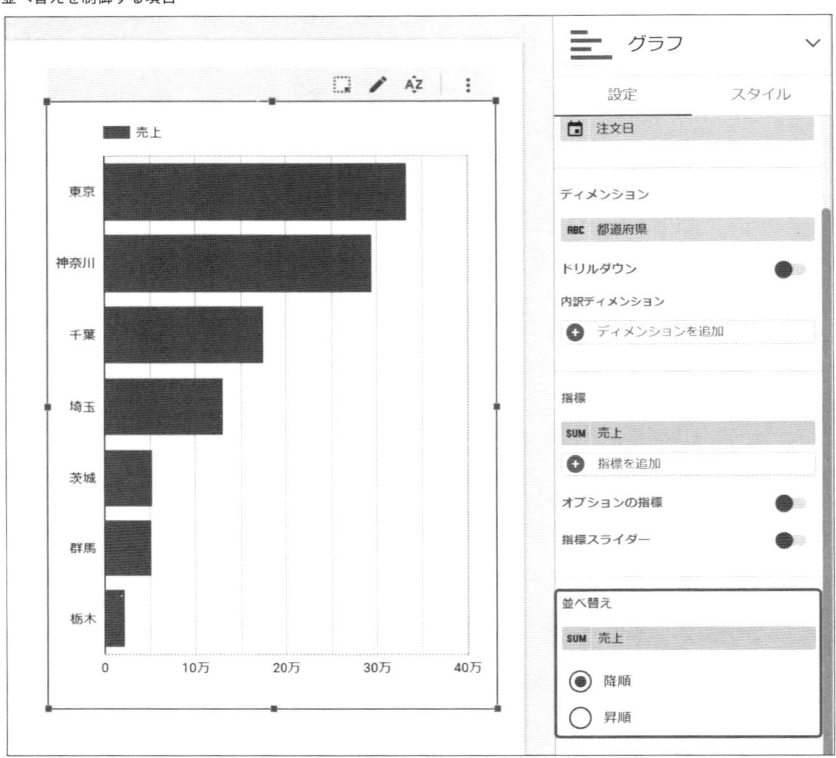

4-3-6 手順8：必要に応じて比較期間を設定する

　ここで紹介する手順は「比較期間」の設定です。オプションとしての位置づけですので、必ず使わなければいけないわけではありませんが、比較的多用される設定ですので、しっかり学んでおきましょう。

　比較期間を表示するには、**図4-44**の枠で囲んだプルダウンをクリックします。

▼図4-44：「設定」タブ配下で「比較期間」を設定する

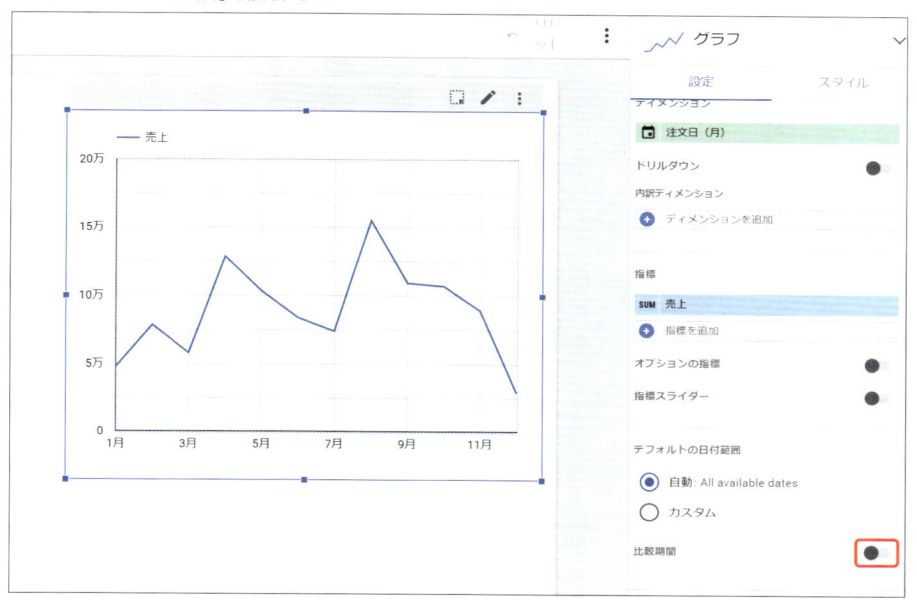

　クリックすると、「今グラフで表示されている期間（レポート設定で指定している2023年1月1日〜20023年12月31日）をいつの期間と比較するか」の選択肢が現れます。選択肢と設定の紐づきは次のとおりです。

- ● **絶対指定：固定的な期間**
  開始日と終了日を指定して比較対象を設定する
- ● **前の期間：「デフォルトの日付範囲」の前の期間**
  デフォルトの日付範囲が直近28日間であれば、その前の28日間となる
- ● **前年：「デフォルトの日付期間」の前年の同期間**
- ● **詳細設定：「今日」を起点とした相対的な期間**

ここでは**図4-45**の枠で囲んだとおり「前年」を選択します。

▼図4-45：比較期間として「前年」を選択する

　すると、**図4-46**のとおり前年である2023年1月1日〜2023年12月31日の月別の売上が表示されます。

▼図4-46：「比較期間」として前年が表示された折れ線グラフ

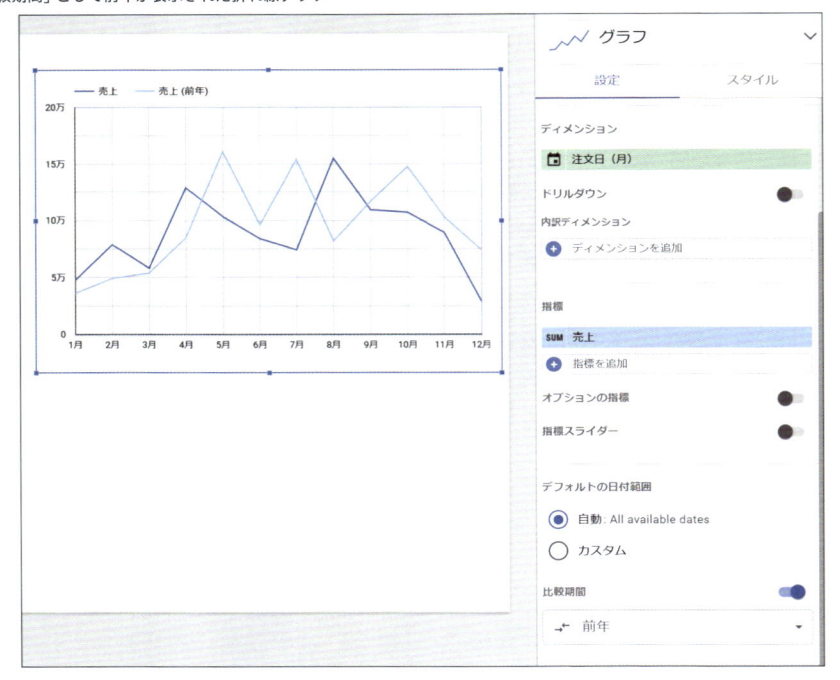

4-3-7 | 手順９：必要に応じてフィルタを設定する

　次の手順はフィルタの適用です。ただし、必ず必要な作業ではなく、必要に応じて実施する設定項目です。「デフォルトの日付範囲」と同様に、レポート全体、特定ページ、特定グラフを対象に指定できます。設定に入るメニューは次のとおり異なっていますが、設定方法はすべて同じです。

- **レポート全体**：「ファイル」>「レポート設定」
- **特定ページ**：「ページ」>「現在のページの設定」
- **特定のグラフ**：「設定」タブ>「フィルタを追加」

　ここでは、特定グラフを対象とした例として、折れ線グラフに「都道府県が東京に一致」というフィルタを適用する手順を紹介します。
　図4-47に示されているとおり、「設定」タブの下部から「フィルタを追加」をクリックします。

▼図4-47：「設定」タブ下部にある「フィルタを追加」ボタン

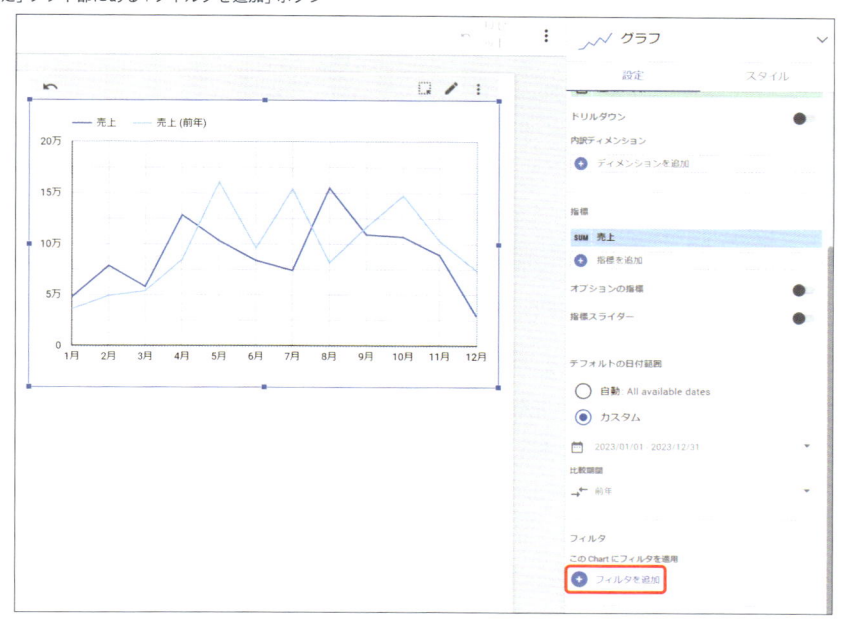

　すると、画面下部にフィルタの作成画面が開きます。設定項目は次のとおりです。**図4-48**を参照しながら理解を深めてください。

① 名前欄には、あとから別のグラフにも適用する可能性があるので、わかりやすい名前をつけます。ここでは「都道府県が東京に一致」としています。

② 一致条件か除外条件かを選びます。ここでは「一致条件」としています。

③ クリックすると項目のリストが現れますので、フィルタの対象とする項目を選びます。ここでは「都道府県」を選択しています。

④ マッチタイプを選びます。ここでは「次に等しい (=)」を選んでいますが、ほかにも「含む」、「次で始まる」など、7つのマッチタイプから選択できます。

⑤ このオプションをオンにし、かつ④のマッチタイプとして「次に等しい」、もしくは「次に含まれる」を選ぶと、データにある要素が候補として⑥の欄にリストアップされます[注2]。

⑥ ③で選んだディメンション項目が一致する内容を記述します。ここでは「東京」としています。

⑦ 画面では設定していませんが、例えばフィルタを「都道府県が東京、あるいは神奈川に一致」という条件にしたい場合には「OR」ボタンをクリックして、条件を追加します。

⑧ 画面では設定していませんが、例えばフィルタを「都道府県が東京に一致、かつカテゴリーがインテリアに一致」のような条件としたい場合には、「AND」ボタンをクリックして、条件を追加します。

⑨ 設定内容を確認して「保存」をクリックすることで、フィルタが完成します。

▼ 図4-48：フィルタの設定画面

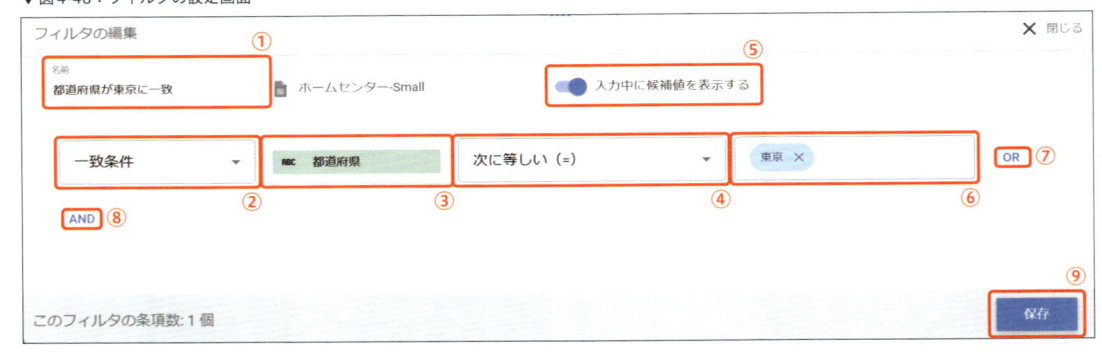

　フィルタを保存すると**図4-49**のとおり、作成したフィルタが折れ線グラフに適用されます。フィルタの適用をやめる場合には、枠で囲んだフィルタにマウスオーバーすると、バツ印が表示されますので、そのバツ印をクリックします。

注2　手入力では誤記する可能性があるので、このオプションはオンにしておくことが望ましい。デフォルトではオンになっている。

▼図4-49：折れ線グラフに「都道府県が東京に一致」フィルタが適用された

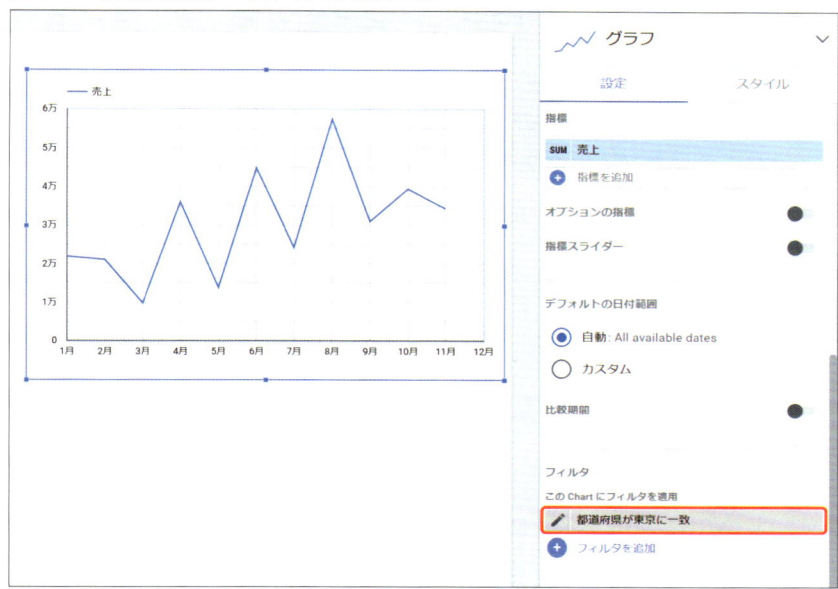

同様の手順を繰り返すことで、複数のフィルタを適用することもできます。複数のフィルタを適用した場合には、AND条件で適用されますので、注意してください。

なお、作成しているグラフにレポートレベル、あるいはページレベルのフィルタが適用されている場合、**図4-50**のとおりその適用状況が表示されます。もし、それらのフィルタの影響を与えたくない場合には、デフォルトでオンになっている「フィルタを継承」をオフにすることで実現できます。

▼図4-50　レポートレベル、ページレベルのフィルタの適用状況

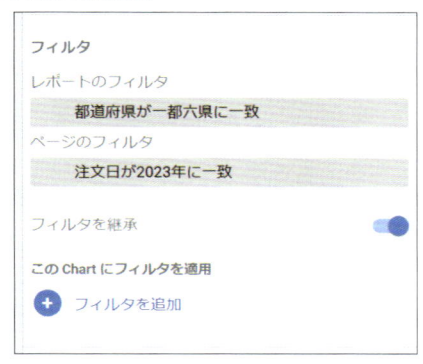

4-3-8 │ 手順 10：必要に応じてグラフインタラクションを設定する

手順 10 の「グラフインタラクションの設定」とは、グラフをクリックしたり、ドラッグ＆ドロップしたりするとグラフが変化する機能の設定です。

ここでは、次の 2 つのグラフインタラクションを紹介します。

- クロスフィルタリング
- ズーム

クロスフィルタリング

「クロスフィルタリング」をオンにすると、そのグラフでクリックした項目がフィルタとしてページ上のほかのグラフに作用します。

グラフが複数ないと効果がわからないので、レポートに折れ線グラフと棒グラフ、2 つのグラフを配置します。そのうえで、具体的な例として折れ線グラフの 2023 年 7 月をクリックし、「2023 年 7 月に一致する」という条件を棒グラフに適用してみます。

図 4-51 が「クロスフィルタリング」を設定しておらず、折れ線グラフも、棒グラフも 2023 年の全部の売上がグラフに反映されている状態です。

▼図4-51：クロスフィルタリング未適用状態の2つのレポート

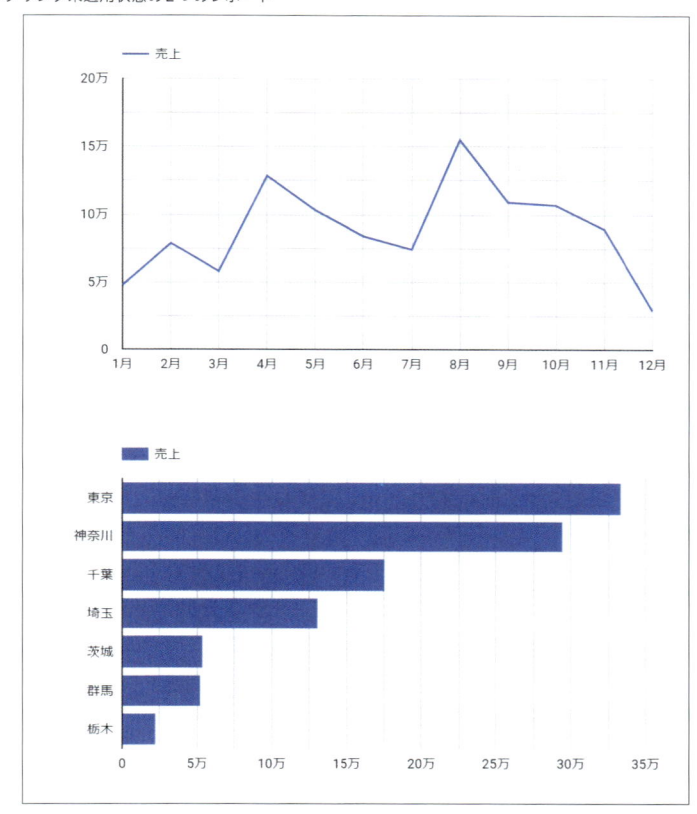

　次に、折れ線グラフ上の2023年7月をクリックします。**図4-52**のとおり棒グラフが当該月だけのデータに絞り込まれます。クロスフィルタリングを解除し、グラフをもとの**図4-51**の状態に戻すには、グラフの何もないところをクリックするか、枠で囲んだグラフのリセットボタンをクリックします。

▼図4-52：折れ線グラフの2023年7月のクリックで棒グラフにフィルタが適用

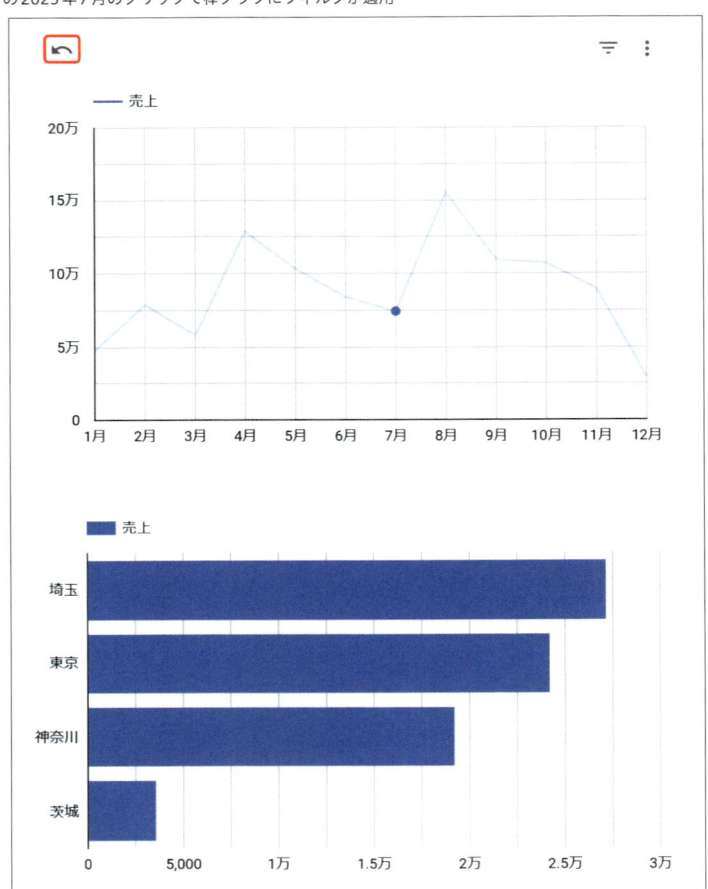

ズーム

　「ズーム」は、グラフ上でドラッグ＆ドロップをすると、その範囲が拡大されるインタラクションです。「ズーム」をオンにすると、「クロスフィルタリング」は自動的にオフになります。したがって「ズーム」と「クロスフィルタリング」は同時には利用できません。ズームはグラフ右上の「ズームをリセット」ボタンをクリックすることで解除することができます（**図4-53**）。

▼図4-53：「ズーム」をオンにしてグラフの4月から9月をドラッグ＆ドロップすると拡大された

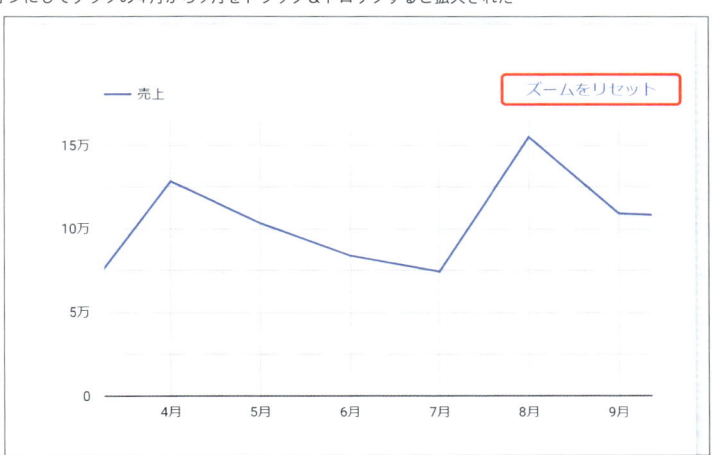

4-4 グラフのスタイル設定手順

　前節では、グラフの本質的な設定であるプロパティペインの「設定」タブ配下の設定を学びました。取り扱ったディメンションや指標は「グラフで何を表現するのか」にかかわる根幹部分です。

　一方、本節ではグラフのタイトルや、グラフの軸のフォントの種類や色や大きさ、枠線や背景色など、「グラフをどのように表現するのか」を制御する「スタイル」の設定について解説します。もちろん、グラフによって細かな設定は異なりますので、本節では多くのグラフで共通するスタイルの設定項目を解説します。

　本節の設定内容を再現したい読者の方は、前節で作成した棒グラフと折れ線グラフをそのまま利用できます。スタイルを調整するには、プロパティペイン（右から二番目の列）で「スタイル」タブをクリックします（**図4-54**）。

▼図4-54：「プロパティペイン」の「スタイル」タブ

4-4-1 　グラフのタイトル

　各グラフ共通の「スタイル」タブの設定として、グラフのタイトルがあります。次の項目が設定できます。**図4-55**を参照してください。

① トグルが最初はオフでグレーアウトされているが、オンにするとグラフのタイトルのテキスト、およびフォントの大きさと種類を設定できる

② タイトルをテキストで入力するとグラフに反映される

③ フォントサイズを指定する

④ フォント種類を指定する

⑤ 太字を指定する（指定されていると濃いグレーになる）

⑥ フォントの色を指定する

⑦ イタリックを指定する（指定されていると濃いグレーになる）

⑧ 下線を指定する（指定されていると濃いグレーになる）

⑨ 左右の位置を指定する（指定されていると濃いグレーになる）

⑩ 上下の位置を指定する（指定されていると濃いグレーになる）

▼図4-55：「スタイル」タブ配下の「グラフのタイトル」設定

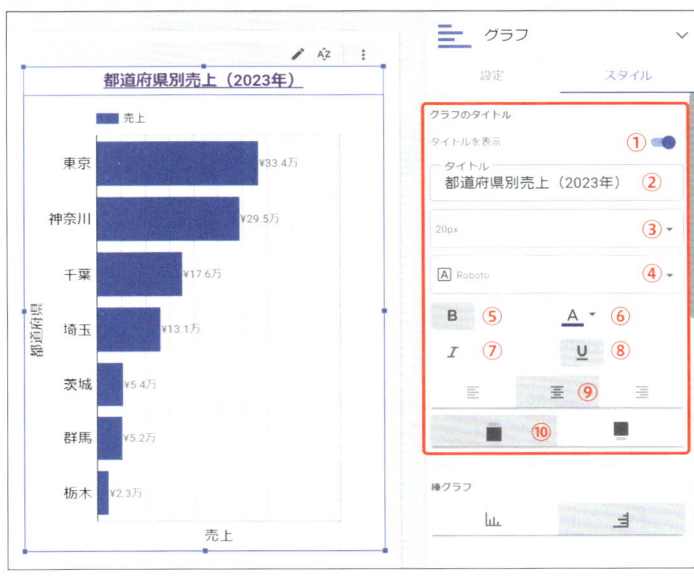

4-4-2　データラベルを表示

　「データラベルを表示」をクリックすると、グラフに値が表示されます。**図4-56**の棒グラフの
例は、都道府県ごとの売上の合計を表示していますので、各棒に対して売上の合計金額が表示さ
れます。

　それと同時に、データラベルを制御するオプションの設定項目が登場します。各項目では次の
ことを変更できます。

① チェックを入れると数値を短縮表示する
② 小数点以下の桁数を設定する
③ フォントの大きさを指定する
④ フォント種類を指定する
⑤ 太字にしたいときクリックしてオンにする
⑥ イタリックにしたいときクリックしてオンにする
⑦ ラベルの位置を右か、左から選択する
⑧ ラベルの背景色を指定する

▼図4-56：「データラベル」の制御項目

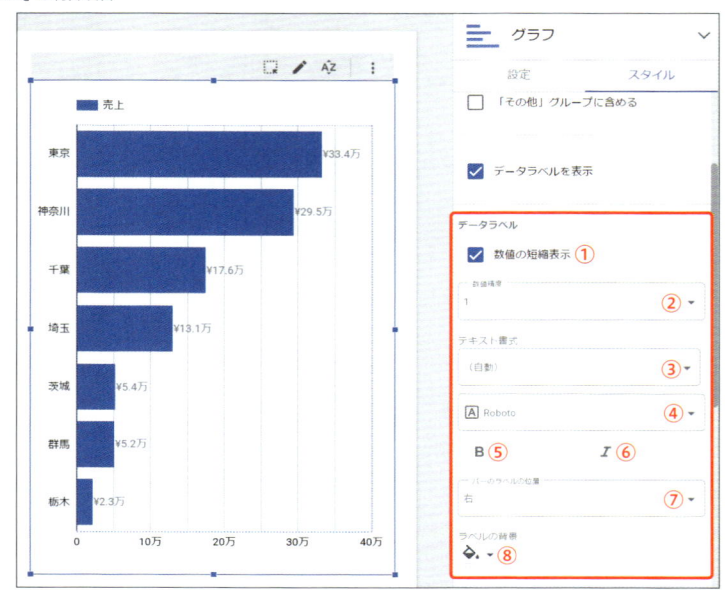

4-4-3 配色

　配色では、グラフの色を制御します。**図4-57**は、もともと青だった棒を黄色に変更し、枠線をエンジ色にしたところです。

▼図4-57：配色を変更して棒を黄色、枠線をエンジ色に変更

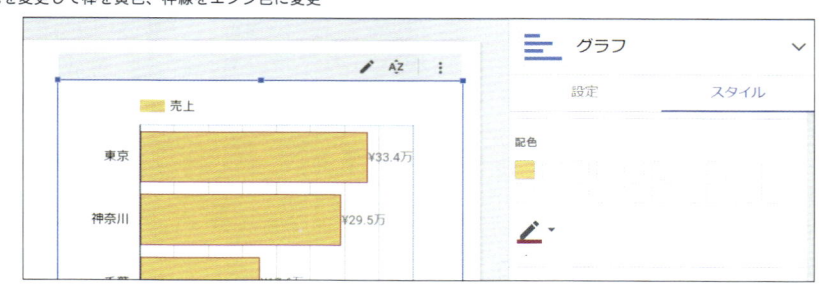

　棒グラフの配色は、単純に色を切り替えるだけでしたが、グラフによっては、複数の選択肢の中から配色を選択できる場合があります。**図4-58**は円グラフの「スタイル」タブの「配色」設定です。「単一色」、「円グラフでの順序」、「ディメンションの値」という選択肢が用意されています。

図4-58：「円グラフ」などで設定できる「配色」設定

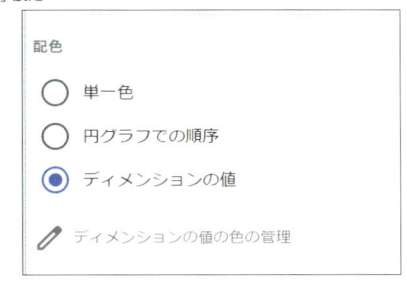

4-4-4 リファレンス行

リファレンス行とは、グラフに基準となる線（基準線）、あるいは帯（基準帯域）を付与し、グラフに意味を付与する設定です。例えば、「どの都道府県でも最低10万円の売上をあげてほしい」という社内基準がある場合、棒グラフの10万円のところに線があれば、10万円を超えたかどうかがわかります。

基準線、基準帯域ともに、次の3つのいずれかにもとづいて設定できます。

- 定数値：固定の値にもとづく
  先ほど例に上げた「社内基準の売上が10万円」をグラフに追加したい場合には、このオプションを選択する
- 指標：グラフに使われている指標（例えば売上）の集計値にもとづく
  集計値としては、平均値、中央値、最大値、最小値、合計値、パーセンタイルが利用できる
- パラメータ：「パラメータ」にもとづく
  パラメータ（10-6で解説）はユーザーが手動でLooker Studioに値をわたす機能
  ユーザーがパラメータに10万円を設定すれば10万円が、20万円を設定すれば20万円がLooker Studioにわたり、その値どおりの基準線、あるいは基準帯域がグラフに付与される（基準帯域の場合には、初期値と終了値の2つの値をわたす必要がある）

ここでは「基準線」を「定数値」、および「指標」（「売上」の平均値）で付与する例で、「リファレンス行」の機能を学びましょう。

図4-59の基準線と設定の紐づきは次のとおりです。

① 種類が「定数値」、値が「100000」で設定してあるため、グラフのX軸の10万円のところに線が引かれています。
②「ラベルを表示」にチェックが入っているため、ラベルに指定してある「基準線#」が表示されています。

③「ラベルに参照値を表示」にチェックが入っているため、値として10万円の値が表示されています。

④ 線の色が「黒」、太さが「2」、線の種類が「破線」で指定してあるため、そのとおりの線が引かれています。

▼図4-59：「リファレンス行」>「基準線」の「定数値」での設定

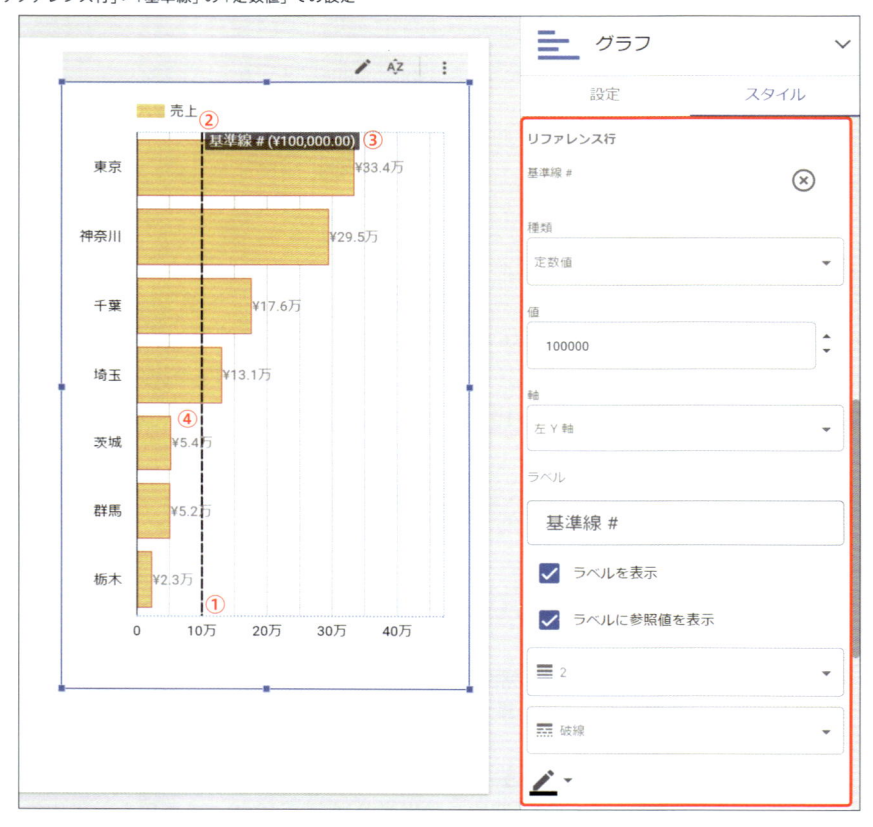

　　種類を「指標」に変更し、具体的な値を「平均値」に設定し、線の表現などを変えたのが**図4-60**です。**図4-59**と比較すると、線の種類、線の色など、設定内容に応じて変更できることが理解できます。

　　詳細は、個別のグラフにおけるスタイル設定を解説している6-4-3、6-5-6、6-6-6を参照してください。

▼図4-60：指標「売上」の平均値で「基準線」を設定

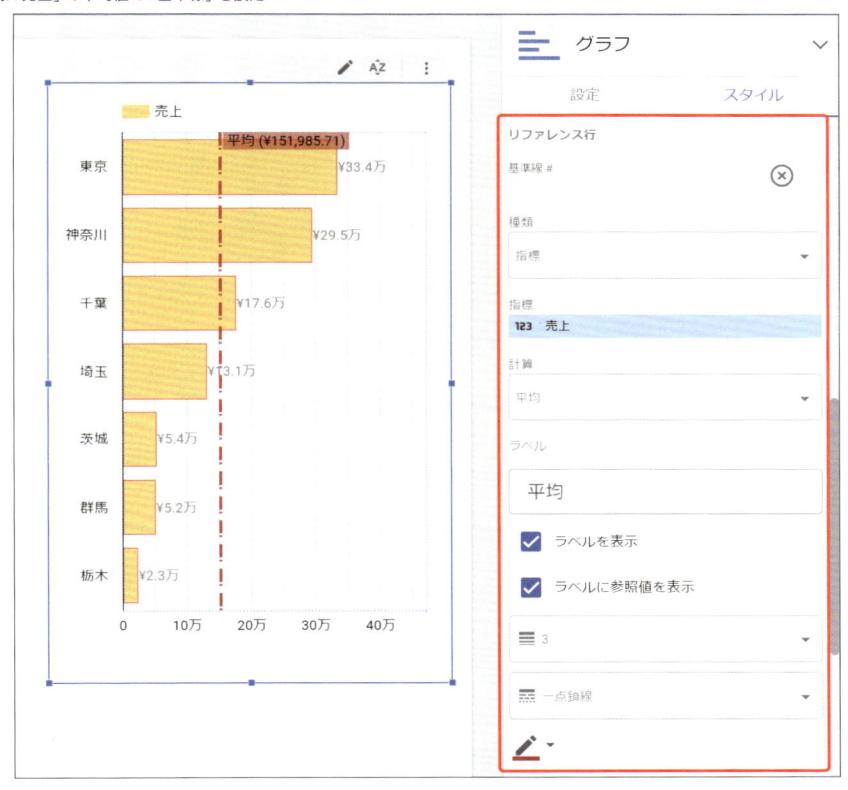

　1点だけ注意が必要なのは、「指標」を対象に基準線を描く場合、平均値や中央値は、データ全体についてのそれではなく、ディメンション（この場合、都道府県）で一旦集計された値を対象としているということです。

　例えば、データ「ホームセンター - Small」の「売上」のデータ全体の平均値は、**図4-61**のGoogleスプレッドシートが示すとおり1.5万円強ですが、**図4-60**では約15.2万円となっています。この値は、次のとおりに計算されています。

```
平均値：
151,986円 =（333,700円（東京の売上）
       +  229,500円（神奈川の売上）
       +  175,900円（千葉の売上）
       +  130,900円（埼玉の売上）
       +  53,500円（茨城の売上）
       +  52,100円（群馬の売上）
       +  22,800円（群馬の売上）
       ）÷ 7
```

▼図4-61：データ全体の売上の平均は1.5万円強

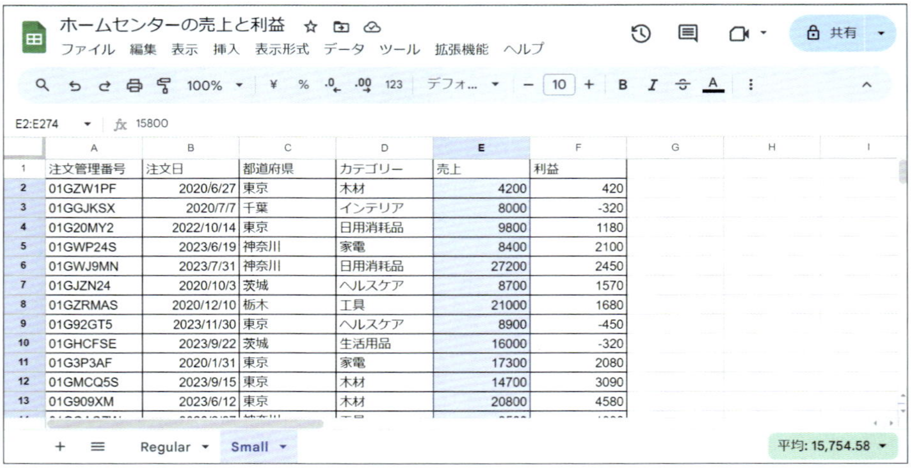

	A	B	C	D	E	F
1	注文管理番号	注文日	都道府県	カテゴリー	売上	利益
2	01GZW1PF	2020/6/27	東京	木材	4200	420
3	01GGJKSX	2020/7/7	千葉	インテリア	8000	-320
4	01G20MY2	2022/10/14	東京	日用消耗品	9800	1180
5	01GWP24S	2023/6/19	神奈川	家電	8400	2100
6	01GWJ9MN	2023/7/31	神奈川	日用消耗品	27200	2450
7	01GJZN24	2020/10/3	茨城	ヘルスケア	8700	1570
8	01GZRMAS	2020/12/10	栃木	工具	21000	1680
9	01G92GT5	2023/11/30	東京	ヘルスケア	8900	-450
10	01GHCFSE	2023/9/22	茨城	生活用品	16000	-320
11	01G3P3AF	2020/1/31	東京	家電	17300	2080
12	01GMCQ5S	2023/9/15	東京	木材	14700	3090
13	01G909XM	2023/6/12	東京	木材	20800	4580

4-4-5　軸

スタイルでは「軸」についての設定があります。**図4-62**は棒グラフのデフォルトの軸の設定です。多くの場合、このデフォルトの設定から変更する必要はありません。

- **軸を表示する：チェックを外すと、東京、神奈川……といった「都道府県」をラベルとして表示している軸がラベルとともに非表示になる**
- **Y軸を逆方向にする：棒の並びが昇順（値の小さいほうから大きいほうに）に並べ替えられる**
- **X軸を逆方向にする：軸が右側に移動し、棒が左に伸びる**
- **両軸を0に揃える：2つ以上の指標をグラフで表示していて、かつその2つの指標とも、プラスマイナスが入り混じっているという特殊な場合に、両方の指標の0レベルを合わせることで、グラフを見やすくするオプション**

▼図4-62：「スタイル」タブの「軸」設定

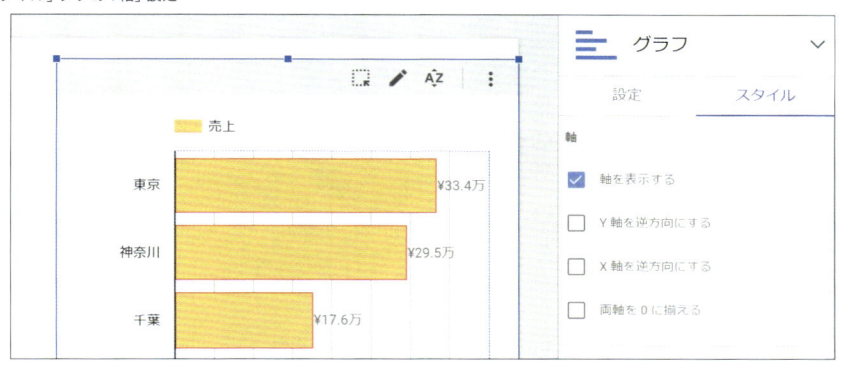

4-4-6 ｜ X軸・Y軸

　図4-62では、「軸を表示する」にチェックを入れて、X軸、Y軸を表示させています。軸を表示させていれば個別の軸、つまりX軸、Y軸のそれぞれについて「軸タイトルを表示」ができるようになります。**図4-63**では、X軸もY軸も「軸タイトルを表示」にチェックを入れているため、X軸には「売上」が、Y軸には「都道府県」が表示されています。また、X軸で表現されている「売上」は数値型のデータですので、軸の最小値、最大値を設定することができます。「カスタムメモリ間隔」は、自動的に5万円ごとに縦の灰色の線が入っている目盛線について、5万円以外の間隔に変更したい場合に利用します。

▼図4-63：「軸タイトルを表示」にチェックを入れたX軸とY軸の設定

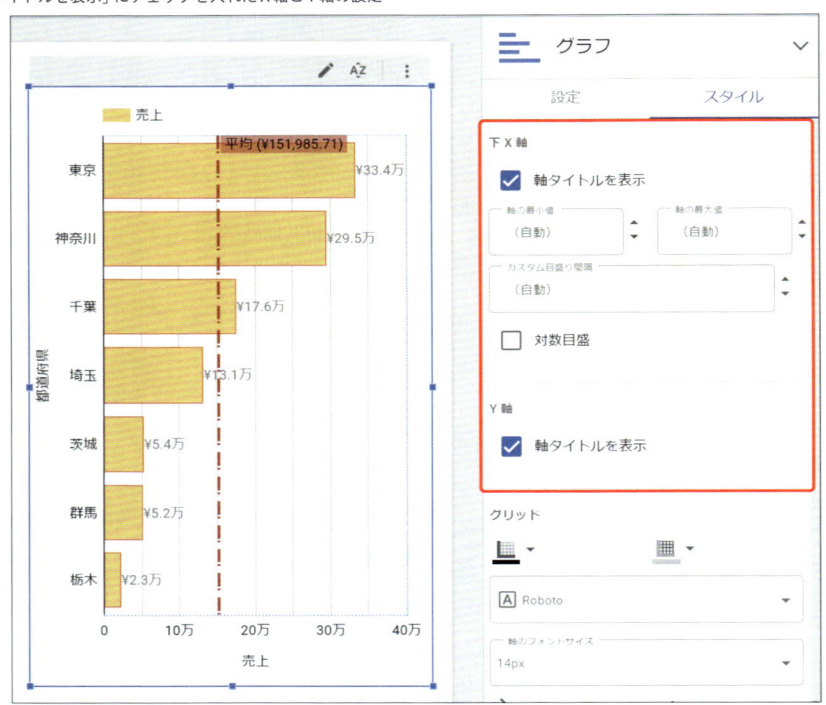

4-4-7 ｜ グリッド

　「グリッド」で設定できるのは、グラフの軸の色、軸のディメンション項目や軸ラベルのフォント、目盛線の色やデータラベルのフォントの大きさ、グラフエリアの背景色など多岐にわたります。

　実際にはこれほどカラフルにすることはないと思いますが、設定内容とそれが反映される場所がわかるよう**図4-64**を作成しました。Y軸のラベルである「都道府県」の文字と、各都道府県名は緑色の18pxのフォントで表示されています。Y軸の値0の線は緑色、目盛線は紺色、グラフの背景色は水色、グラフエリアを囲む枠はえんじ色になっています。

▼図4-64：「グリッド」で調整した棒グラフ

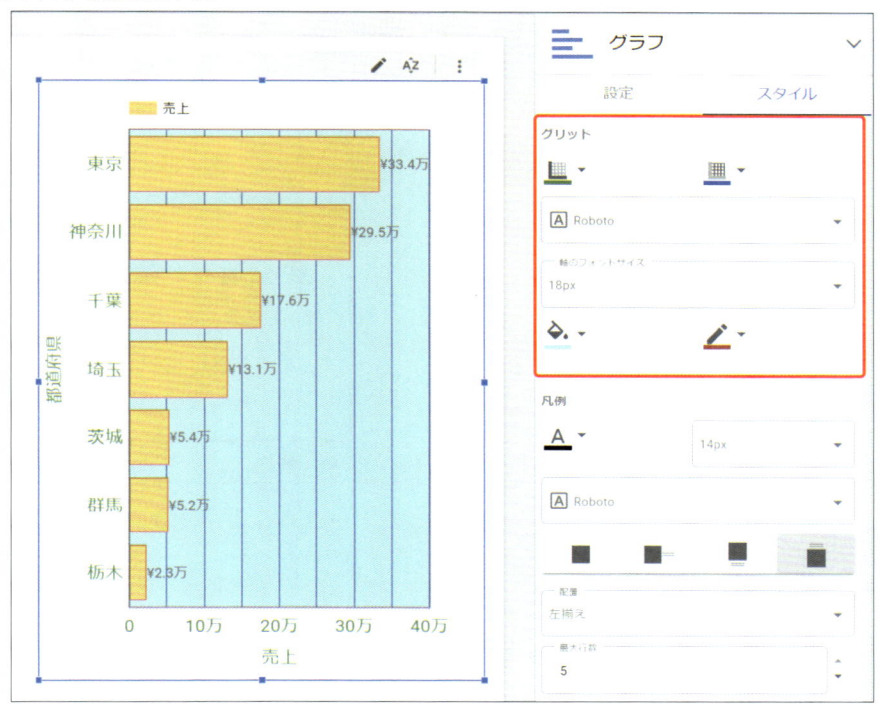

4-4-8 　凡例

　「凡例」では、フォント（凡例を示す文字）の色、サイズ、種類、表示場所と最大行数が指定できます。**図4-65**では、フォントの大きさを30px、色を紫色、配置を右揃えにしています。「凡例」が不要なときは、4種類ある凡例表示位置のうち最も左側のアイコンを選択してください。

▼図4-65：「凡例」の調整

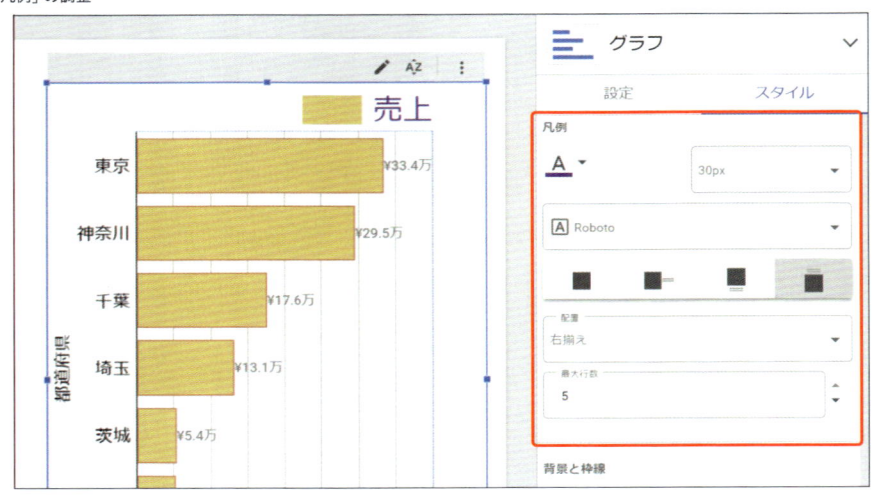

4-4-9 ｜ 背景と枠線

「背景と枠線」は、グラフエリア全体についての設定です。

わかりやすいように、次の設定を行った状態の**図4-66**を確認してください。

- **背景色：黄緑**
- **角の丸み：20**
- **透明度：100**
- **枠線の色：濃い緑**
- **枠線のサイズ：3**
- **線の種類：点線**
- **枠線に影をつける：チェック**

▼図4-66：「背景と枠線」の設定

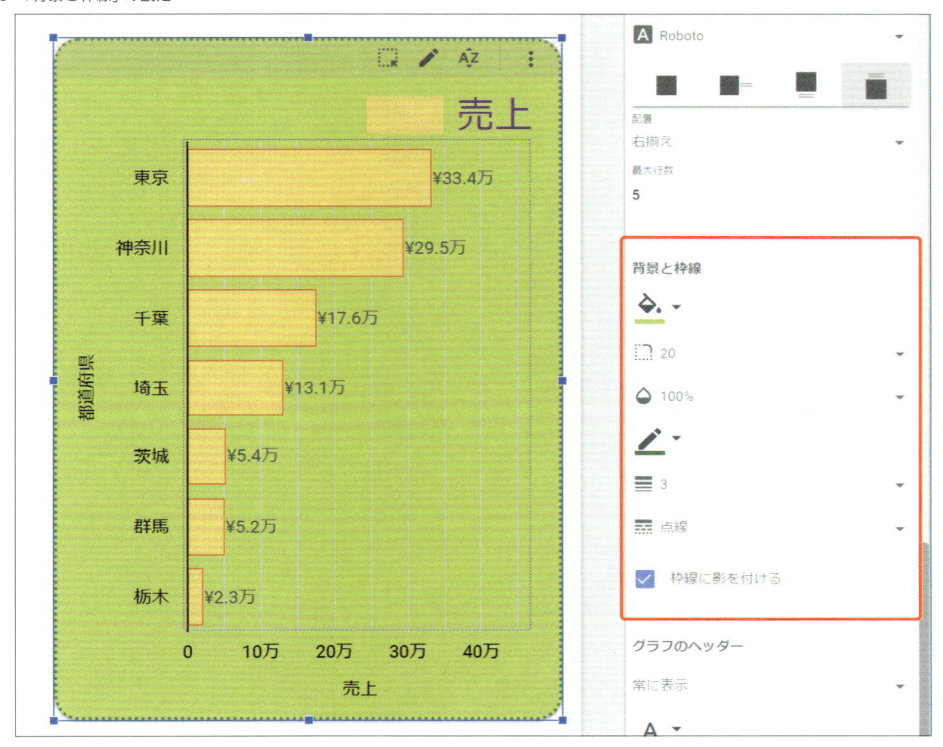

4-4-10 グラフのヘッダー

　図4-67の枠で囲んだ部分を「グラフのヘッダー」と呼びます。ヘッダー部分に表示されるアイコンをクリックすると、レポートを利用するユーザーがグラフに対して操作を加えることができます。例えば、**図4-67**で表示されている「AZ」というボタンは棒の並べ替えをするボタンです。

▼図4-67：「グラフのヘッダー」の場所を図示

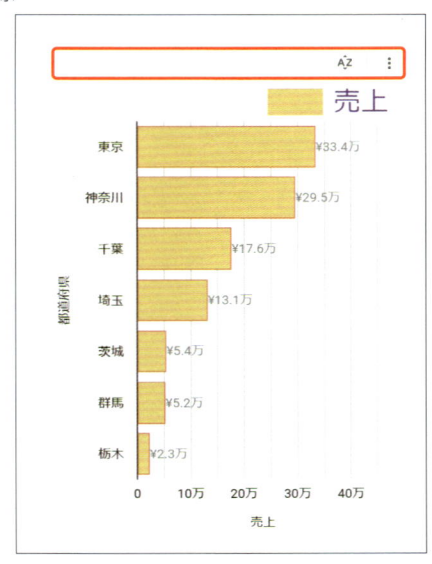

図4-68の設定項目①はヘッダーの表示についてです。次の選択肢から1つを選びます。

- **「常に表示」：常に表示される**
- **「表示しない」：表示しない**
- **「カーソルを合わせて表示」：ユーザーがグラフにマウスオーバーすると表示される**

②はヘッダーのフォントの色の設定です。

▼図4-68：「グラフのヘッダー」の設定項目

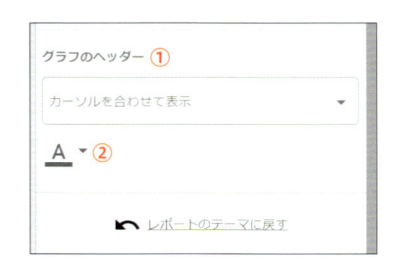

4-5　計算フィールドの追加

4-2、4-3で、グラフの根幹をなす設定項目がディメンションと指標であることが理解できたと思います。Looker Studioでは、データソースに記録されているオリジナルのディメンションと指標に加え、**計算式を利用して新しいディメンションや指標を作成する**ことができます。

計算式によって作るディメンションや指標を計算フィールドと呼びます。計算フィールドを利用すると、データソースに記録されているもとのデータの変換、分類、計算を行うことができます。**図4-69**の模式図で示したように、計算フィールドはもとのデータに存在するフィールド同様にグラフ作成上利用できます。

▼図4-69：元データ、計算フィールド、グラフ作成に利用できるフィールドの関係性の模式図

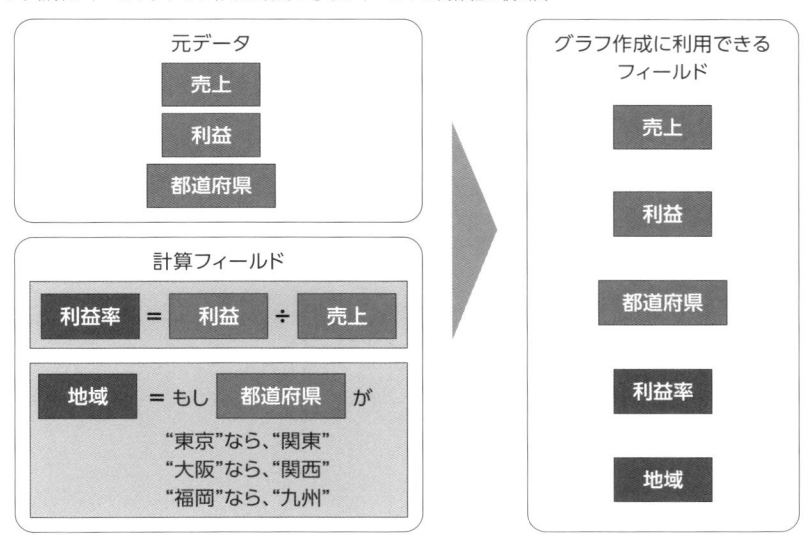

本節では計算フィールドで新しいディメンションや指標を作成する方法、また、作成した計算フィールドを削除する方法を解説します。

4-5-1　計算フィールドの追加手順

計算フィールドの追加手順は次のとおりです。どんな内容の計算フィールドを追加する場合でも、その手順は変わりません。

　次の手順のうち、5までは必須です。追加した計算フィールドをパーセンテージ表示、あるいは通貨記号付きにしたいなど、数値表現を変更したい場合、6、7の手順に進んでください。そうでない場合には、手順5の次に「完了」ボタンをクリックすると、レポートの編集画面に戻ります。

1. 画面一番右側にある「データ」ペインの下部にある「+フィールドを追加」をクリック（図4-70の①）
2. 「計算フィールドを追加」、「グループを追加」、「ビンを追加」の選択肢のうち「計算フィールドを追加」をクリック（図4-70の②）し、計算フィールドを追加するダイアログを開く
3. フィールド名を入力（図4-71の③）
4. 「数式」欄に計算式や関数（4-6で解説）を記述、そのときフィールド名は直接記述することができる
　また、左列のフィールドリストからドラッグ＆ドロップやクリックすることでも利用できる（図4-71の④）
5. 「保存」をクリック（図4-71の⑤）
6. 「すべてのフィールド」（図4-71の⑥）をクリックし、フィールド一覧を表示
7. 必要に応じ「タイプ」を修正（図4-72の⑦ではタイプを「通貨」に変更）

▼図4-70：計算フィールド追加手順①と②

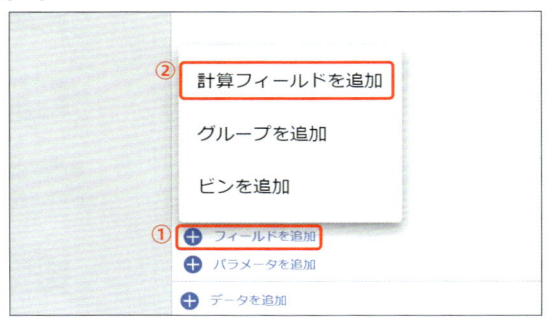

▼図4-71：計算フィールド追加手順③〜⑥

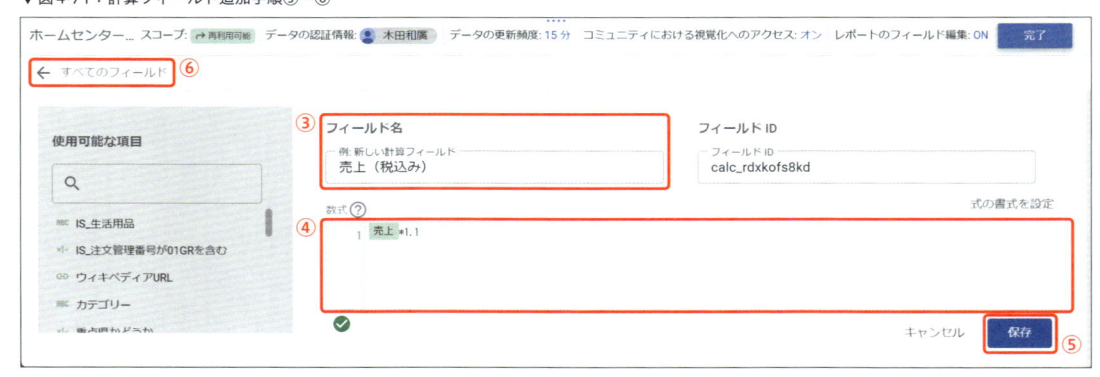

▼図4-72：フィールド追加手順⑦

　作成が完了した計算フィールドは、**図4-73**のとおりもともとデータソースに存在したフィールドと同様、画面右列の「データペイン」にリストとして並びます。

▼図4-73：追加の完了した計算フィールド

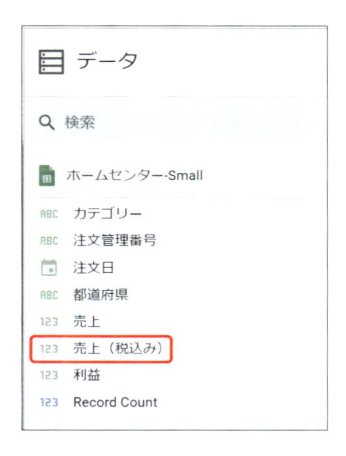

4-5-2 ｜ 計算フィールドの削除手順

　作成した計算フィールドがまちがっていた、あるいは、利用しないこととなった場合、削除してください。まちがった、あるいは利用しないフィールドを放置することは、特に複数のユーザーで共同編集する場合に、作業効率の低下やミスの温床になります。ほかのユーザーに編集権限を付与する方法については、9-3を参照してください。

　計算フィールド削除の手順は次のとおりです。

1. フィールド一覧を表示
2. 削除したい計算フィールドの3点アイコンから「削除」を実行

　手順1のフィールド一覧の表示は複数の方法がありますが、最も簡単なのは「データソース」に表示されているGoogleスプレッドシートのアイコンをクリックすることです。

▼図4-74：フィールド一覧を表示させる鉛筆アイコン

　フィールド一覧の画面は**図4-75**のとおりです。削除したい計算フィールドの右隣にある縦三点アイコンをクリックすると「削除」オプションが現れますので、クリックします。

▼図4-75：作成した計算フィールドの削除

4-5-3 定数と四則演算を利用した計算フィールド

最も単純な計算フィールドが、定数と四則演算を利用した計算フィールドです。

例えば、あるデータに「売上」項目があり、消費税を含んでいない金額だとします。もし、グラフで「消費税込み売上」を表示したい場合、売上フィールドに1.1をかけることで作成することができます。項目の名前は自由につけることができます。**図4-76**では、「売上（税込み）」としています。

「フィールドID」は自動採番されます。編集可能ですが、いじる必要はありません。

▼図4-76：定数と四則演算を利用した計算フィールドの追加

4-5-4 | 計算フィールドの検算方法

　計算フィールドを作成すると、その正しさを確認したくなります。計算フィールドに慣れないうちは、あるいは次節で解説する関数を初めて利用するような場合には、計算フィールドを作成するたびに検算するのは望ましい態度です。

　検算方法は、実際に表（グラフの一種）を作って、そこに作成した計算フィールドを適用するのが最も早く、確実です。いきなり本番の大きなデータに適用し、正誤がしっかり確認できない場合には、10行程度の小さなデータで検証するとよいでしょう。

　表の作成方法の詳細は6-2で解説しますが、作成した計算フィールドの検証目的であれば難しく考えることはなく、次の手順にしたがってください。

1. メニューから「グラフを追加」をクリック
2. 「表」をクリック
3. キャンバスをクリック（あるは、希望のサイズとなるようドラッグ＆ドロップ）
4. ディメンション、あるいは指標に検算したい計算フィールドをドラッグ＆ドロップ

　例えば、「売上」に1.1をかけて、計算フィールド「売上（税込み）」を作成した場合、検算するには**図4-77**のような表を作ります。

▼図4-77：「表」を利用した計算フィールドの検算

	注文管理番号	売上 ▼	売上（税込み）
1.	01GKR48F	¥29,800	¥32,780
2.	01GHV2ET	¥29,100	¥32,010
3.	01GVRM3K	¥28,500	¥31,350
4.	01GR1JE8	¥28,100	¥30,910
5.	01G3NXDK	¥27,600	¥30,360
6.	01GPS0TM	¥27,200	¥29,920
7.	01GANC4H	¥27,200	¥29,920
8.	01GFBKT2	¥24,700	¥27,170
9.	01GJYEMB	¥24,200	¥26,620

1 - 69 / 69　〈　　〉

4-6 関数を使った計算フィールドの作成

　前節では、データソースに存在するフィールドと四則演算を「売上×1.1」のように利用し、「売上（税込み）」という新しい計算フィールドを作成できるという解説をしました。本節では、実務での利用頻度の高い**関数を使った計算フィールド**の作成について解説します。関数についてはExcelなどで馴染みのある読者も多いと思いますが、本節では、あらためてLooker Studioでの関数の概要と、関数を利用した計算フィールドの作成例を解説します。

　Looker Studioで利用できる関数は、本書執筆時点の2024年11月末で84種類あり、公式ヘルプ[注3]にリストが掲載されています。種類が多いため、本書ではそのすべてを紹介することはできませんが、本節で取り上げた関数を含めてビジネスマンがよく利用する関数を巻末の「頻出関数一覧表」にまとめました。同一覧表を利用することで、本節で紹介していない関数についても使えるようになることと思います。

4-6-1 関数の概要

　計算フィールドで関数を利用するにあたり、関数には次の要素があることをまず理解してください。

- 役割と書式
- 引数（入力）
- アウトプット（出力）

　関数には名前があり、それぞれ役割と書式を持っています。例えば、CONCATという関数は、「テキストを連結する」という役割を持っています。**図4-78**は、CONCAT関数を例に引数（入力）とアウトプット（出力）の関係性を示した模式図です。

　引数として、フィールド「氏名」と、テキスト「様」を規定の書式にしたがってCONCAT関数に入力すると、関数の機能によって「氏名」と「様」が連結された出力が得られることを示しています。作成された計算フィールドは「敬称付氏名」という名前です。具体的には、引数として関数にインプットする氏名の値が「山田　太郎」であった場合、アウトプット（出力）としては「山田　太郎様」が取得できます。

注3　https://support.google.com/looker-studio/table/6379764?hl=ja

▼図4-78：CONCAT関数の書式、引数、アウトプット模式図

　また、関数に引数をわたすには、あらかじめ定まっている書式に従う必要があります。CONCAT関数では、次の書式に従う必要があります。

```
CONCAT(テキスト OR フィールド, テキスト OR フィールド)
```

　つまり、連結させたいテキストやテキスト型のフィールドをカンマで区切ってカッコの中に並べるのが書式ということになります。カンマであるべきところをハイフンやセミコロンを使うと、エラーとなって計算フィールドが成立しません。

　CONCAT関数以外の関数を利用する場合にも、ここで紹介した**どのような引数をどのような書式で、どの関数に入力すれば、どのようなアウトプットを得られるのか**を1つの枠組みとして考えると、関数を上手に利用できるようになります。

　次項からは、いくつかの関数の実例を学ぶことで、計算フィールドで関数を利用する方法についての理解を深めましょう。

4-6-2　特定のテキストが含まれているかを判別するための関数

　仮に、「ホームセンター - Small」にある「注文管理番号」が「01GS」を含む場合、特別な注意をもって管理したいという注文だとします。特別な注文だけの売上と利益を知りたいとき、注文管理番号に「01GS」が含まれていればtrue、含まれていなければfalseを示すフィールドがあれば、trueだけに絞り込むことで、目的を果たすことができます。

　このようなシーンで「フィールドに特定のテキストが含まれているかどうか」を判別する関数が、CONTAINS_TEXT関数です。引数、書式、アウトプットは次のとおりとなります。

関数：CONTAINS_TEXT
引数：判別対象のフィールド、含まれているかどうかを判別したいテキスト
出力：ブール値（true、あるいはfalse）

この場合、判別対象のフィールドは「注文管理番号」、含まれているかどうかを判別したいテキストは「01GS」ですので、作成する計算フィールドは**図4-79**のとおりになります。

▼図4-79：「01GSを含むかどうか」の計算フィールド

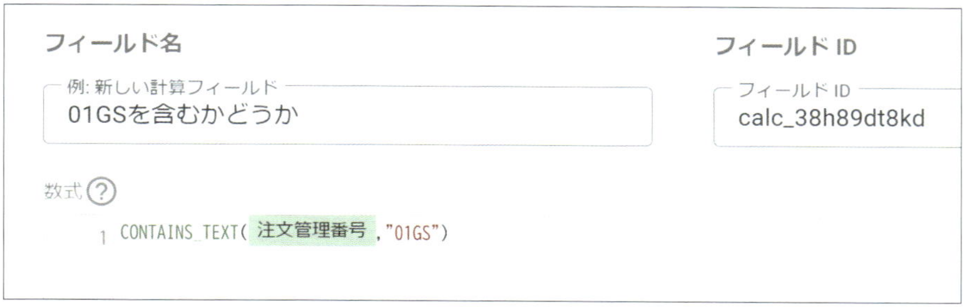

フィールド名		フィールド ID
例: 新しい計算フィールド		フィールド ID
01GSを含むかどうか		calc_38h89dt8kd

数式 ⑦
1 CONTAINS_TEXT(注文管理番号 ,"01GS")

実際にLooker Studioの「表」で確認すると、見事に判別できています（**図4-80**）。

▼図4-80：判別された注文管理番号

	注文管理番号 ▲	01GSを含むかどうか	売上
207.	01GRJHR0	false	¥7,400
208.	01GRSQGE	false	¥10,900
209.	01GRTQK1	false	¥23,200
210.	01GS4DFD	true	¥13,400
211.	01GS5ANV	true	¥14,900
212.	01GSB9WJ	true	¥24,300
213.	01GSBSB7	true	¥11,600
214.	01GSG39M	true	¥29,800
215.	01GT23PZ	false	¥3,200
216.	01GT2ZBE	false	¥26,900

この関数は、Googleサーチコンソールをデータソースとした場合に、検索クエリにブランドキーワードが含まれているかの判別や、Googleアナリティクスをデータソースとした場合に、ランディングページのURLがブログ記事かどうかの判別などに利用できます。

4-6-3 ｜ 条件付き関数を利用した分類のための関数

　「日本の47の都道府県を北海道、東北、関東、中部……など8地域に分類したい」や、「Webサイトのページをトップページ、商品カテゴリーページ、商品詳細ページなどに分類したい」など、既存のフィールドを条件に照らして分類したいことはままあります。

　そこで利用するのが、本項で紹介するCASE文です。CASE文は、CONTAINS_TEXT関数で学んだような引数を入力するとアウトプットされるという単純な関数ではなく、複数行で構成される文と考えてください。

　次のとおり、少し複雑な書式をしています。

```
CASE
WHEN 対象フィールドを含む条件1 THEN アウトプット
WHEN 対象フィールドを含む条件2 THEN アウトプット
WHEN 対象フィールドを含む条件3 THEN アウトプット
・・・
ELSE どの条件にも合致しなかった場合のアウトプット
END
```

　例として、都道府県が東京だったらそのまま「東京」、神奈川、千葉、あるいは埼玉だったら「東京近隣三県」、それ以外だったら「非一都三県」に分類したい場合には、**図4-81**のとおりに計算フィールドを記述します。

▼図4-81：CASE文を使った都道府県を分類する計算フィールド

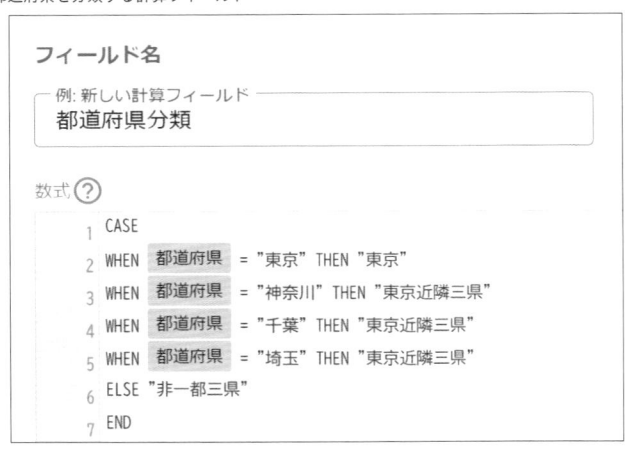

　7行もあり一見複雑なようですが、2〜5行目は「●●だったときは▲▲」という人間の言葉そっ

くりの構造で難しくありません。6行目のELSEは英語で「それ以外」という意味ですので、この行も人間の言葉どおりです。

4-6-2で取り上げたCONTAINS_TEXT関数では、特定テキストを含むか、含まないかで、trueかfalseかの2つに分類しましたが、CASE文を使うと3つ以上のグループに分類できます。

4-6-4 | 2つの日付の差から経過日数を取得する関数

Looker Studioの関数には、日付と時刻型のフィールドを扱えるものがあります。本項では、2つの日付の差から「経過日数」を取得するDATE_DIFF関数を紹介します。

関数：DATE_DIFF
引数：終了日, 開始日
出力：整数値

データセット「ホームセンター-Large」には、「注文日」と「出荷日」という2つの日付型フィールドがあります。その2つの日付の差を、「出荷リードタイム」という計算フィールドとして取得してみます。計算フィールドの内容は**図4-82**のとおりです。

▼図4-82：計算フィールド「出荷リードタイム」の内容

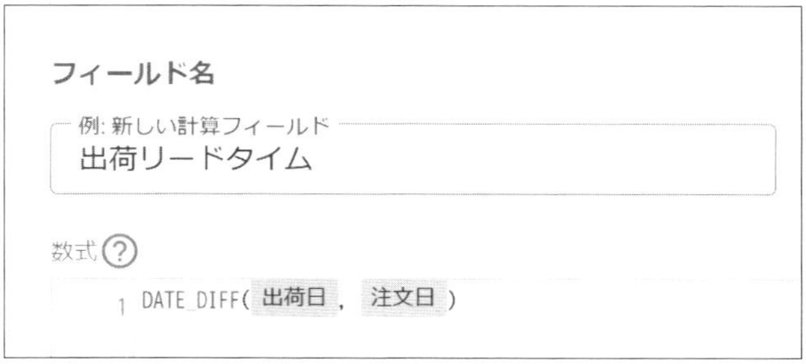

フィールド名

例: 新しい計算フィールド
出荷リードタイム

数式 ?

1 DATE_DIFF(出荷日 , 注文日)

注文管理番号、注文日、出荷日と並べて「出荷リードタイム」を検算したのが**図4-83**です。同日は「0」、翌日は「1」、6日後は「6」と、きちんと計算できているのがわかります。カッコの中にカンマで区切って並べる2つの日付の順番は、新しい日、古い日の順です。逆にすると値がマイナスとなりますので、ご注意ください。

この関数は、例えばユーザーの初回訪問日から初回購入日までの日数をとって「初回購入が発生するまでに要した日数」や、最も新しい購入日と最も古い購入日の差をとって「お客様でいて

「くださる期間」などを取得するときに利用します。

　また、TODAY関数を利用すると、今日の日付を「日付と時刻型」のデータとして取得できます。DATE_DIFF関数でTODAY関数を利用することで、例えば最終購入日から今日までの差を取得することで、最終購入日からの経過日数を取得できます。そうして得た計算フィールドはRFM分析[注4]のRECENCYを可視化する指標となり得ます。DATE_DIFF関数を含め、日付と時刻型のフィールドを扱う関数では、TODAY関数が利用できることを覚えておきましょう。日本時間の「今日」を取得するTODAY関数の書式は、以下のとおりです。

```
TODAY("Asia/Tokyo")
```

▼図4-83：計算フィールド「出荷リードタイム」の検算

	注文管理番号 ▾	注文日	出荷日	出荷リードタイム
1.	01GZZ7XN	2022/01/05	2022/01/05	0
2.	01GZY6FZ	2022/08/02	2022/08/02	0
3.	01GZXHGN	2023/07/25	2023/07/25	0
4.	01GZWQFY	2020/01/09	2020/01/09	0
5.	01GZW1PF	2020/06/27	2020/06/27	0
6.	01GZV8A8	2020/03/01	2020/03/02	1
7.	01GZRMAS	2020/12/10	2020/12/16	6
8.	01GZPMHJ	2022/05/13	2022/05/13	0

1 - 100 / 1000　〈　〉

4-6-5　文字列型の値を日付型に変換する関数

　図4-84のカスタムSQLで、2024年1月～6月までの売上のデータに接続したとします。

注4　Customer Relationship Management（CRM、日本語では「顧客関係管理」）において顧客を分析する手法の1つ。顧客ごとに「R」（Recency、最近の購入日）、「F」（Frequency、購入頻度）、「M」（Monetary、購入金額）の値を算出し、それらの値に応じてグループをつくる。グループごとに、購入促進策や、離脱防止策など異なる施策を実施するための分析。

▼図4-84：カスタムSQLで接続した月別の売上

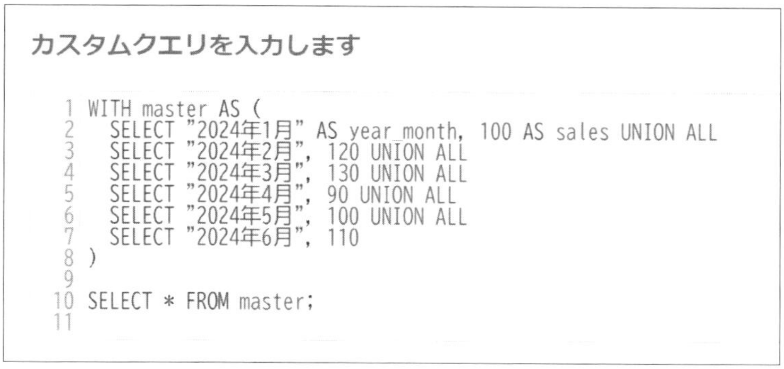

カスタムクエリを入力します

```
 1 WITH master AS (
 2   SELECT "2024年1月" AS year_month, 100 AS sales UNION ALL
 3   SELECT "2024年2月", 120 UNION ALL
 4   SELECT "2024年3月", 130 UNION ALL
 5   SELECT "2024年4月", 90 UNION ALL
 6   SELECT "2024年5月", 100 UNION ALL
 7   SELECT "2024年6月", 110
 8 )
 9
10 SELECT * FROM master;
11
```

　折れ線グラフを作成したいので、フィールド「year_month」は日付と時刻型として認識されてほしいところですが、実際には**図4-85**のとおりに「テキスト」として認識されてしまいます。

▼図4-85：テキストとして認識されてしまった「year_month」フィールド

←	BigQuery カスタム SQL-PARSE_DATE…						
← 接続を編集　|　メールアドレスでフィルタ							
フィールド ↓			タイプ ↓		デフォルトの集計 ↓		説明 ↓
ディメンション (2)							
sales	:	123	数値	▼	合計	▼	
year_month	:	RBC	テキスト	▼	なし		
指標 (1)							
Record Count	:	123	数値	▼	自動		

　そこで、テキストとして認識されたフィールドを日付と時刻型に変換する関数の出番となります。その関数と書式は次のとおりです。

PARSE_DATE(フォーマット文字列, テキスト)

　フォーマット文字列は、テキストの中に年月日時分秒がどのような形で含まれているかを示すものです。多数の種類がありますので、詳細は**表4-F**のリストを参照してください。

▼表4-F：フォーマット文字列と取得できる値

フォーマット文字列	表示形式	例
%A	完全な曜日名	Monday
%a	省略された曜日名	Mon
%B	完全な月の名前	January
%b	省略された月の名前	Jan
%c	日付および時刻の表記	Thu Jan 18 05:11:10 2024
%d	10進数として表示される月内の日付	09（一桁台の場合は先頭に「0」）
%e	10進数として表示される月内の日付	9（一桁台の場合は先頭にスペース）
%F	「%Y-%m-%d」形式の日付	2024-01-18
%H	10進数として表示される時間	09
%M	10進数として表示される分	55
%m	10進数として表示される月	7
%S	10進数として表示される秒	21
%T, %X	「%H:%M:%S」形式の時刻	05:11:10
%Y	10進数として表示される世紀を含む年	2024

　データ中の「year_month」フィールドの値として記録されている「2024年1月」、「2024年2月」は、最初の4桁が年を示す整数、そのあと文字列の「年」、そのあと頭に0のつかない月の整数、そのあと文字列の「月」で構成されています。したがって、フォーマット文字列は、"%Y年%m月"と表すことができます。

　PARSE_DATE関数にすると、次のようになります。

```
PARSE_DATE("%Y年%m月", year_month)
```

　計算フィールドで、テキスト型のフィールド「year_month」を日付と時刻型の「年月」に変換しているのが**図4-86**です。

▼図4-86：PARSE_DATE関数を利用してテキストの「year_month」を日付と時刻型に変換

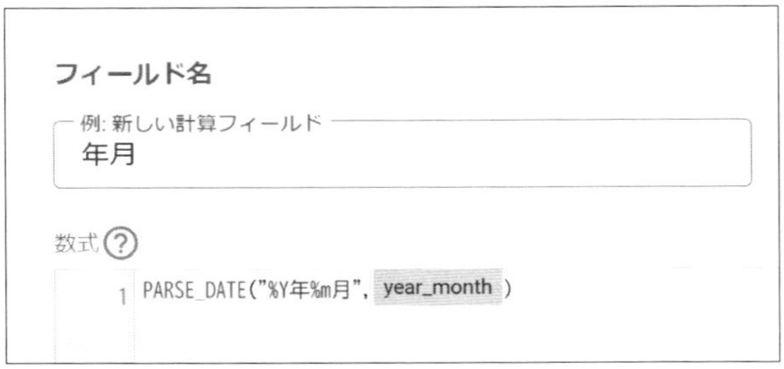

　作成した計算フィールド「年月」は日付と時刻型ですので、**図4-87**のとおり折れ線グラフのディメンションとして利用でき、時系列で売上を確認できます。

▼図4-87：フィールド「年月」を利用した折れ線グラフ

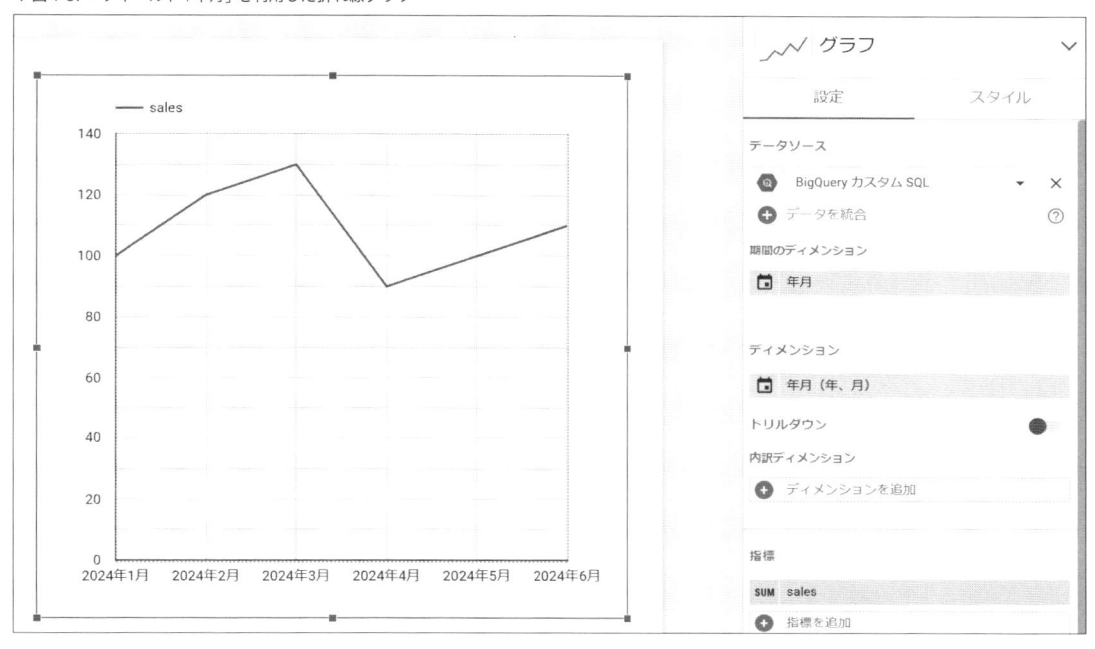

4-6-6　項目同士のわり算の計算フィールド

　作成する機会が非常に多いのが、データソースに含まれる項目同士のわり算の計算フィールドです。例えば、次の利益率、高齢化率、コンバージョン率はすべて項目同士のわり算で追加する計算フィールドです。

- **利益率：離職者数を社員数でわる**
- **高齢化率：65歳以上人口を全人口でわる**
- **コンバージョン率：コンバージョンの発生したセッションを全セッションでわる**

　項目同士のわり算の指標を追加するときに留意する必要があるのが、「行単位」で計算するか「集計した単位」で計算するかのちがいです。2つの計算方法のちがいについて、**図4-88**のデータで「利益率」のフィールドを作成する例で確認します。

　2つの計算式は次のとおりです。

- ●「行単位」で計算する利益率：利益 / 売上
- ●「集計した単位」で計算する利益率：SUM（利益） / SUM（売上）

▼図4-88：わり算の指標を確認する

	A	B	C	D
1	営業部	年度	売上	粗利
2	営業1部	2022	3200	420
3	営業2部	2022	1800	360
4	営業3部	2022	600	150
5	営業1部	2023	3300	390
6	営業2部	2023	2700	160
7	営業3部	2023	500	100

行単位で計算する指標同士のわり算の指標

まず、**図4-89**のとおり行単位で計算フィールド「利益率（行）」を作成します。

▼図4-89：計算フィールド「利益率（行）」の作成

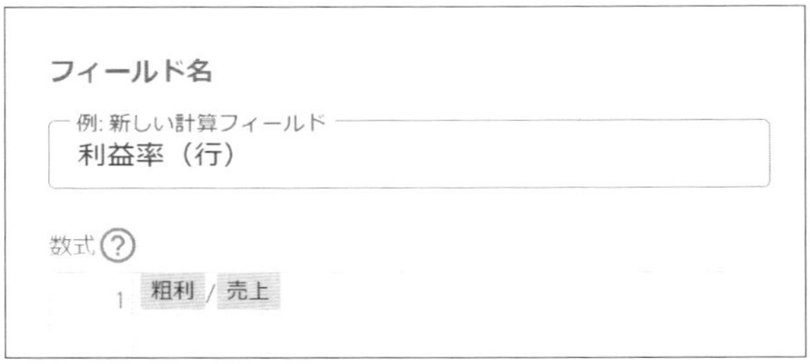

検算をするために、「利益率（行）」について、ディメンションとして「営業部」と「年度」を、指標として「売上」、「利益」を使った表で確認すると、**図4-90**のとおりとなります。設定をしていないので、利益率が小数で表示されていますが、計算自体にはまったく問題なく、正しく計算されています。

▼図4-90：Looker Studioの「表」で「利益率（行）」の値を検算

	営業部 ❷ …	年度 ❶ …	売上	粗利	利益率（行）
1.	営業1部	2022	3,200	420	0.13
2.	営業2部	2022	1,800	360	0.2
3.	営業3部	2022	600	150	0.25
4.	営業1部	2023	3,300	390	0.12
5.	営業2部	2023	2,700	160	0.06
6.	営業3部	2023	500	100	0.2

1 - 6 / 6　〈　〉

一方、ディメンションを「年度」だけにしてみましょう。「各年度でどれだけの売上、粗利を生み出すことができたのか」、「利益率はどれだけだったか」を確認したいという意図です。

▼図4-91：ディメンションを「年度」だけにしたときの「利益率（行）」

	年度 ❶ …	売上	粗利	利益率（行）
1.	2022	5,600	930	0.58
2.	2023	6,500	650	0.38

1 - 2 / 2　〈　〉

2022年度の粗利率は、0.166=930/5600となるはずです。しかし、**図4-91**では、「0.58」となっており正しくありません。この「0.58」という数字は、**図4-90**の最初の三行の「0.13」、「0.2」、「0.25」の和となっています。つまり、行単位で利益率が計算され、各行の和が表示されています。

図4-92のとおり、和で計算されている「利益率（行）」を平均に変更することもできますが、それでも、(0.13+0.2+0.25) / 3 ≒ 0.194となり、正しい値「0.166」とはなりません。

▼図4-92：利益率（行）を平均で計算しても正しい値とはならない

	年度 ▲	売上	粗利	平均-利益率（行）
1.	2022	5,600	930	0.194
2.	2023	6,500	650	0.126

1 - 2 / 2　　〈　　〉

集計した単位で計算する指標同士のわり算の指標

次に、集計した単位での計算フィールド追加を見ていきます。実際の計算式は**図4-93**のとおりとなります。特徴としては、分子のわられる指標である粗利も、分母のわる指標である売上も、ともにSUM関数を利用して合計されていることです。

▼図4-93：集計する単位で作成した粗利率（集計）

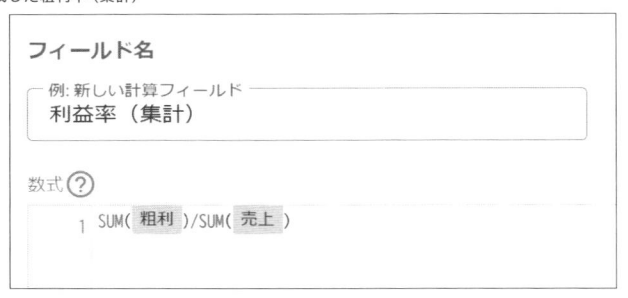

この指標の妥当性を「表」を使って検証してみます。まずは、ディメンションに「営業部」と「年度」を使います。**図4-94**のとおりとなりました。指標として、「利益率（行）」を表に使った**図4-90**と同じ値となっており、「利益率（集計）」は正確に表示されています。

▼図4-94：「表」で行う「利益率（集計）」の検証

	営業部 ▲	年度	売上	粗利	利益率（集計）
1.	営業1部	2022	3,200	420	0.13
2.	営業1部	2023	3,300	390	0.12
3.	営業2部	2022	1,800	360	0.2
4.	営業2部	2023	2,700	160	0.06
5.	営業3部	2023	500	100	0.2
6.	営業3部	2022	600	150	0.25

1 - 6 / 6　< 　>

　次に、ディメンションの「営業部」を取り去って、「年度」だけを残したのが**図4-95**です。指標「利益率（行）」とちがい、「利益率（集計）」には正しい数値が計算されています。考えてみると、Excelで利益率を求める場合にも、「粗利」を合計した値を「売上」を合計した値で求めます。Looker Studioでも、指標同士のわり算の指標は、対象となる指標をSUM（）でくくり、集計した単位で計算するのが基本となります。

　そのうえで、何らかの特別な事情で、年別に3つの営業部の利益率の平均を確認したい、あるいは最大値を確認したいという場合には、行単位の指標同士のわり算を利用することが妥当、という整理をしてください。

▼図4-95：「年度」だけをディメンションとして利用しても正確な「利益率（集計）」

	年度 ▲	売上	粗利	利益率（集計）
1.	2022	5,600	930	0.17
2.	2023	6,500	650	0.1

1 - 2 / 2　< 　>

4-7 カスタムグループ・カスタムビンの作成

　前節では、関数を利用した計算フィールドの作成方法について解説しました。Looker Studioではほかに、「カスタムグループ」と「カスタムビン」を利用して計算フィールドを作成する方法が用意されています。本節ではそれらの作成方法を解説します。

4-7-1 カスタムグループの作成

　4-6-3で紹介したCASE文を使った分類を、CASE文を使わずに行うことができるのが、カスタムグループによる分類です。この機能は関数を簡易的に実現する方法です。CASE文と同じ結果が得られますので、CASE文を使ってもカスタムグループを使ってもかまいません。

　カスタムグループの作成には**図4-96**のとおり、①の「フィールドを追加」をクリックすると現れるオプションから②の「グループを追加」をクリックします。

▼図4-96：カスタムグループを作成するには「グループを追加」をクリック

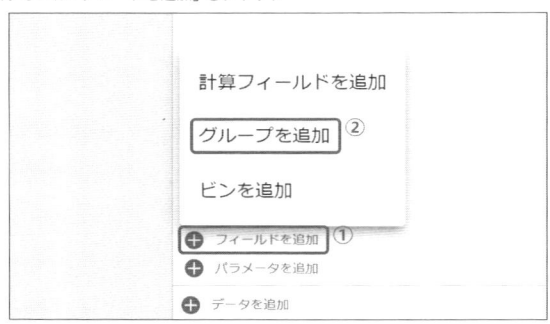

　CASE文で作成したのと同様に、都道府県が東京だったらそのまま「東京」、神奈川、千葉、あるいは埼玉だったらそれらをグループ化して「東京近隣三県」とします。それ以外だったら「非一都三県」にグループ化します。設定は**図4-97**のとおりです。CASE文と似た構成の設定であることがわかります。

▼図4-97：カスタムグループを使った分類

CASE文で作成した分類（フィールド名「都道府県分類」）と、カスタムグループで作成した分類（フィールド名「都道府県グループ」）を比べてみたのが**図4-98**です。完全に同じだということが確認できます。

▼図4-98：「都道府県分類」と「都道府県グループ」のフィールドを比較

	都道府県	都道府県分類	都道府県グループ	売上 ▾
1.	神奈川	東京近隣三県	東京近隣三県	¥1,309,400
2.	東京	東京	東京	¥1,292,200
3.	千葉	東京近隣三県	東京近隣三県	¥620,900
4.	埼玉	東京近隣三県	東京近隣三県	¥421,500
5.	茨城	非一都三県	非一都三県	¥278,200
6.	群馬	非一都三県	非一都三県	¥214,200
7.	栃木	非一都三県	非一都三県	¥164,600

1 - 7 / 7 　 〈　 〉

▼図4-99：「都道府県」をグループ化した「都道府県グループ」のディメンションとしての利用

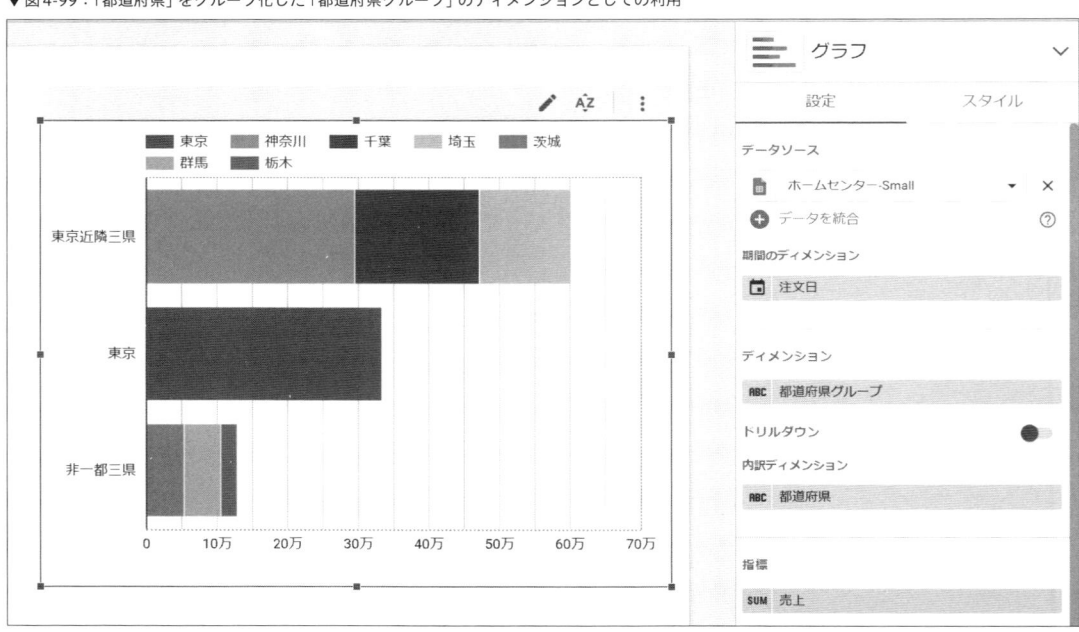

4-7-2 カスタムビンの作成

　4-7-1は、カスタムグループとしてテキスト型データをグループ化しましたが、Looker Studioでは数値を対象にグループを作成することができます。利用するのは、**図4-100**の②で示している「ビンを追加」です。①の「フィールドを追加」をクリックすると選択できます。

▼図4-100：「フィールドを追加」をクリックすると選択できる「ビンを追加」

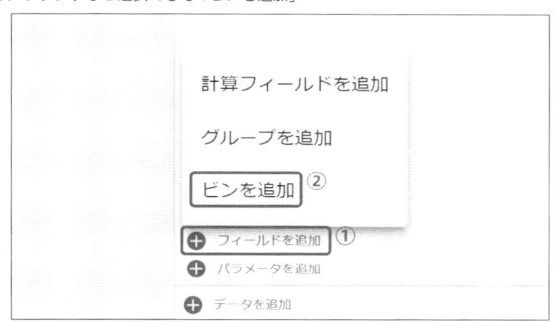

　「ビン」とは、複数の値をグループ化したものです。たとえば、注文が5件あり、それぞれの売上が3,000円、5,000円、5,500円、6,500円、7,000円だったとします。3,000円刻みでグループ化すると次のとおりに分類することができます。

- 0円以上3,000円未満：1件
- 3,000円以上6,000円未満：2件
- 6,000円以上9,000円未満：2件

　このグループ化と分類により、注文額の全体像が把握しやすくなります。

　「ホームセンター - Small」の「売上」を対象に、5,000円刻みの「ビン」を作成したのが**図4-101**です。

① 値をグループ化したフィールドに名前をつけます。図4-101では「売上（ビン）」という名前をつけています。

② グループ化の対象フィールド（数値型）をドロップダウンから指定します。データ型が「通貨型」など「数値型」以外になっているとドロップダウンに現れないので注意してください。

③ 指定した指標について、最小値、最大値が取得されます。⑥の「ビンのサイズ」、⑦の「ビンの最小値」、⑧の「ビンの最大値」を指定するときに参考にします。

④ ビンの幅を設定する方法を指定します。「区間」、「整数」、「関係演算子」から一つを選択します、「区間」と「関係演算子」は同じ結果になるためどちらを利用しても構いません。「区間」の記号「[」は「以上」を、「)」

は「未満」を示します。

⑤ 「均等サイズ」は同じ幅（サイズ）のビンを作ります。「カスタムサイズ」は幅を自由に設定できます。図4-101は「均等サイズ」の例です。

⑥ ビンの幅を設定します。ここでは「5000」で設定しています。

⑦ ビンの最小値を設置します。

⑧ ビンの最大値を設定します。

⑨ 「ビンの最小値」より小さな値、あるいは「ビンの最大値」より大きな値がデータに存在した場合、ビンを明示的に指定していなくても、該当の値を含むビンを自動的に作成します。チェックを入れないと非常に大きな（小さな）値がグラフに反映されない可能性がでてきます。チェックを入れることを推奨します。

▼図4-101：「売上」を対象に5000円の「均等サイズ」で作成するビン

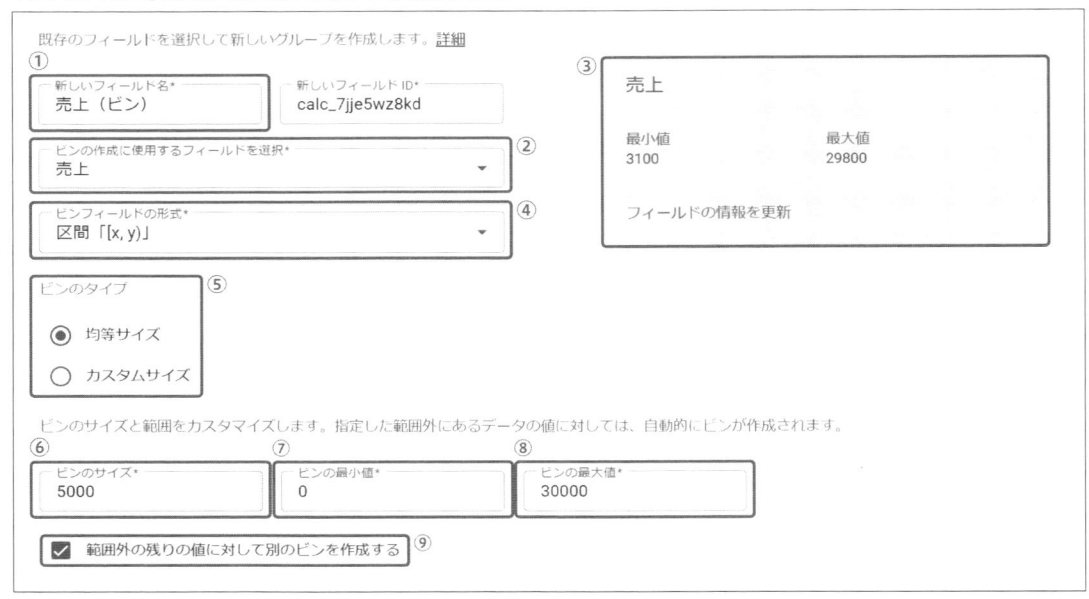

　作成した「売上（ビン）」ごとに注文件数を棒グラフで表現したのが、**図4-102**です。棒グラフの作成方法は6-6で解説しますが、ここでは、「カスタムビン」によって作成した「売上（ビン）」がディメンションとしてグラフで利用できることは理解しておきましょう。

▼図4-102：「売上（ビン）」ごとの注文件数

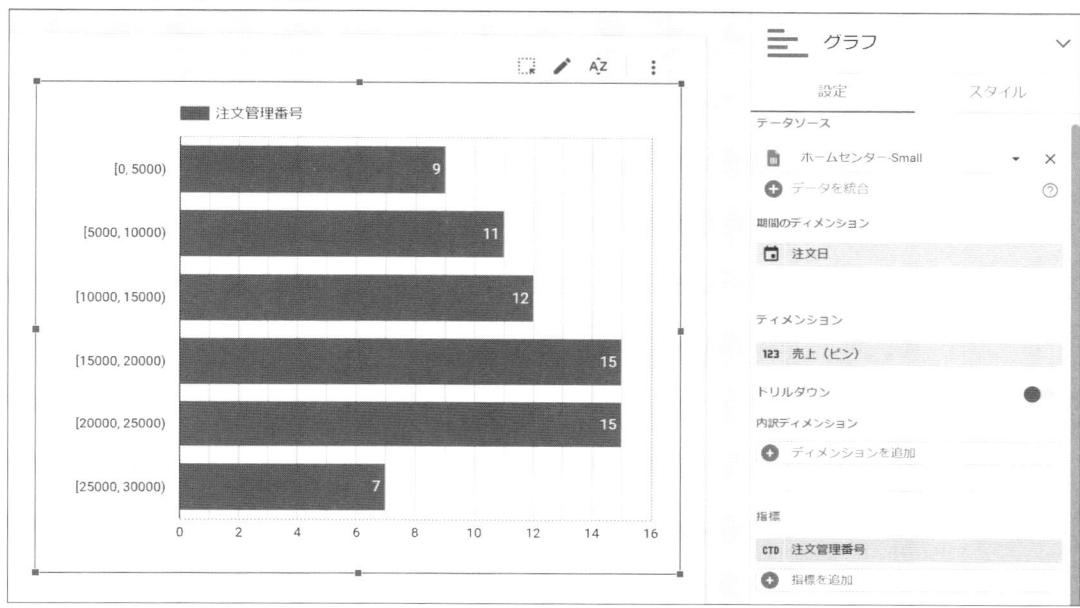

図4-101では、「ビンのタイプ」として「均等サイズ」を選択しました。一方、図4-103では「カスタムサイズ」を示しています。比較的少額な2万円未満の注文については0円以上2万円未満の幅の広いビンにまとめてしまい、2万円以上の注文金額を持つ注文については2,500円刻みの幅でその件数を把握したいという意図にもとづく設定です。「ビンのブレークポイント」にカンマ区切りで数字を入力すると図4-103のとおりとなります。

▼図4-103：「カスタムサイズ」による「ビン」の作成

　「売上（ビン）」ごとの注文件数を棒グラフで示したのが、**図4-104**です。意図どおり2万円未満の注文が1つのビンにまとめられるとともに、2万円以上の注文の件数が細かく把握できていることがわかります。

▼図4-104：「カスタムサイズ」にもとづく「売上（ビン）」ごとの注文件数

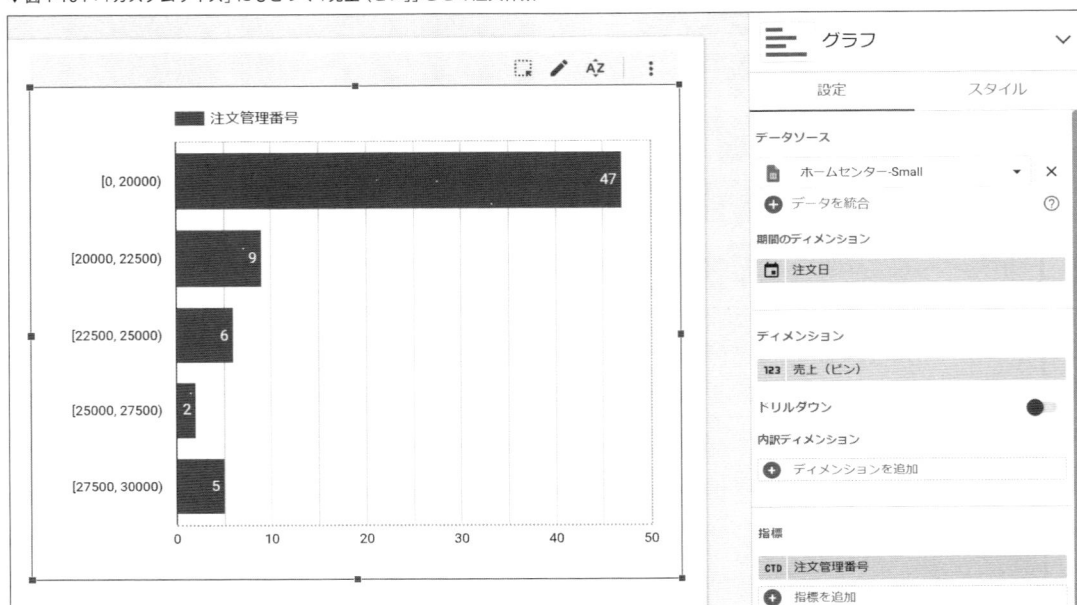

目的別グラフの選択

第5章

5-1 汎用的に利用されるグラフ

　Looker Studioは、大分類で18種類、細かく分類すれば50種類近くのグラフを作成することができます。グラフの種類がたくさんあるのは利用者である我々には嬉しいことでもありますが、どのグラフを使えばよいか悩んでしまうというデメリットもあります。

　グラフの選択については、次の原則があります。

- 訴求したい内容に応じて、どのグラフを使うかについてゆるやかながらルールがある
- 汎用的で頻度高く利用できるグラフと、単一の目的に特化しているため利用頻度が低いグラフがある

　したがって、Looker Studioにはグラフの種類がたくさんあるから好きに使ってよいというわけではありません。また、限られた時間の中でLooker Studioの使いこなしを効率よく身につけるためには、汎用的で頻度高く利用されるグラフを作成するスキルは必ず身につける必要があります。同時に、特定目的のために作成されるあまり高い頻度では利用されないグラフについてはその存在だけを知っておき、必要に応じて本書のような書籍を参照しながらグラフを作成することで実際には問題ありません。

　本章では、まずは汎用的で高頻度で使われるグラフ群について、何を訴求するときに利用すべきかを解説します。訴求したい内容に適したグラフ種別を確認したら、第6章でグラフの作成方法を学んでいきましょう。

　表5-Aが、汎用的、高頻度で使われるグラフについて、訴求内容をまとめたものです。

▼表5-A：訴求したい内容と利用できるグラフの紐づけ

項番	訴求内容	グラフ種別
1	大型フォントでの主要なKPI	スコアカード
2	ディメンション別に集計された指標	表・ピボットテーブル
3	時系列トレンド	折れ線グラフ・面グラフ
4	ディメンション別に集計された指標の大小比較	棒グラフ・集合棒グラフ
5	構成比	円グラフ・ドーナツチャート 積み上げ棒グラフ・100%積み上げ棒グラフ ツリーマップ 100%積み上げ面グラフ
6	2つの指標の相関	散布図・バブルチャート
7	分布の詳細	箱ひげ図

　すでに見慣れている、あるいは使い慣れているグラフもあるかもしれませんが、Looker Studioでどのように表現できるのかを確認していきましょう。

5-1-1 大型フォントでの主要なKPI：スコアカード

Looker StudioでKPIを大型フォントで掲示するグラフは「スコアカード」と呼ばれます。EC サイトでの売上、利益、販売数量、B2Bサイト（リードジェネレーションサイト）でのお問い合わせ数、コンバージョン率、ブログサイトでのページビュー数、スクロール率などの重要指標を、レポートを利用する全員にわかりやすく伝えたいとき、スコアカードを利用することになります。

スコアカードは、**図5-1**のような見かけをしています。過去の数値との変化を示したり、指標を切り替えたり……といったオプションがあります。本グラフの作成テクニックについては**6-1**を参照してください。

▼図5-1：スコアカード

スコアカード		
売上	利益	利益率
¥1,063,900	¥231,280	21.74%

5-1-2 集計された指標：表・ピボットテーブル

ディメンション別に集計された指標を一覧で表示するには、「表」や「ピボットテーブル」を利用します。図5-2では、表も、ピボットテーブルも、次のディメンションと指標を示しています。

● ディメンション：「都道府県」と「カテゴリー」
● 指標：「売上（合計）」と「利益（合計）」

また、表もピボットテーブルも合計値を表示する「集計行」や「総計」を表示したり、デフォルトの並び順を何によって行うかのオプションが選択できます。

表とピボットテーブルで異なるのは、ディメンションを配置できる場所です。表は行方向にしかディメンションを配置できません。一方、ピボットテーブルは行方向にも列方向にも配置できます。**図5-2**を確認してください。左側の表のディメンションが「都道府県」も「カテゴリー」も行方向に並んでいるのに対し、右側のピボットテーブルでは「都道府県」は行方向、「カテゴリー」は列方向に配置されているのが確認できます。このようなディメンションが行方向にも列方向にも配置されている表のことをクロス集計表と呼びます。つまり、ピボットテーブルを利用すると、クロス集計表を作成することができます。

　表の作成手順については**6-2**を、ピボットテーブルの作成手順については**6-3**を参照してください。

▼図5-2：表（左）とピボットテーブル（右）

	都道府県	カテゴリー	売上 ▾	利益
1.	東京	ヘルスケア	¥104,300	¥15,020
2.	神奈川	日用消耗品	¥100,700	¥15,830
3.	千葉	生活用品	¥71,900	¥7,020
4.	東京	工具	¥65,200	¥6,210
5.	神奈川	生活用品	¥52,500	¥12,940
6.	東京	木材	¥46,700	¥13,040
7.	埼玉	工具	¥45,700	¥8,830
8.	神奈川	家電	¥37,400	¥17,510
9.	神奈川	工具	¥36,500	¥5,280

1 - 34 / 34 〈　〉

ピボットテーブル

		カテゴリー / 売上 / 利益			
		生活用品		日用消耗品	工具
都道府県	売上	利益	売上	利益	売上
東京	¥29,800	¥1,560	¥4,200	¥2,200	¥65,200
神奈川	¥52,500	¥12,940	¥100,700	¥15,830	¥36,500
千葉	¥71,900	¥7,020	¥15,900	¥3,560	-
埼玉	¥27,200	¥1,140	¥34,800	¥4,670	¥45,700
茨城	¥26,200	¥-1,350	-	-	¥4,400
群馬	¥15,100	¥7,060	-	-	-
栃木	-	-	¥22,800	¥19,300	-

5-1-3　時系列トレンド：折れ線グラフ・面グラフ

　時系列のトレンドを表現するには、折れ線グラフ、あるいは面グラフを利用します。時系列のトレンドを表すのに棒グラフを使っているのを散見しますが、グラフ種別選択の原則上は望ましくありません。

　時系列トレンドを表現するため、ディメンションには必ず日付と時刻型を利用します。日付と時刻型のデータには粒度があります。粒度は大きい順に年、四半期、月、週、日、時間、分、秒です。**図5-3**は「年」と「月」を組み合わせた「年月」の粒度でグラフを描いています。

　図5-3の一番左の折れ線グラフは最もシンプルなもので、年月別に売上の合計値の変化がわかります。真ん中は、左の折れ線グラフに「内訳ディメンション」として「都道府県分類」を加えたものです。1本だった線が、東京近隣三県、東京、非一都三県をそれぞれ表す3本の線に分かれているのが確認できます。売上の時系列トレンドを内訳ディメンションごとに確認することができる、と理解してください。

　右側の面グラフは、真ん中の内訳ディメンションを適用した折れ線グラフに近いですが、①グラフの下側が塗りつぶされていること、②内訳ディメンションごとの売上が積み上がっていることが折れ線グラフとは異なっています。

　②の特徴により、山の稜線にあたるラインは、それぞれの年月ごとの売上の合計になっています。そのため、内訳ごとの売上も、売上合計も同時に確認できるグラフです。一方、内訳（この

場合、都道府県分類）ごとの売上の多寡の比較は難しいのが欠点です。例えば、2023年6月の「東京」と「東京近隣三県」の売上の多寡について、面グラフから読み取るのは少し難しいでしょう。一方、内訳ディメンションありの折れ線グラフからは、若干ですが「東京」のほうが、売上が大きいことが簡単に読み取れます。

　折れ線グラフの作成手順については **6-4** を、面グラフの作成手順については **6-5** を参照してください。

▼図5-3：折れ線グラフと面グラフ

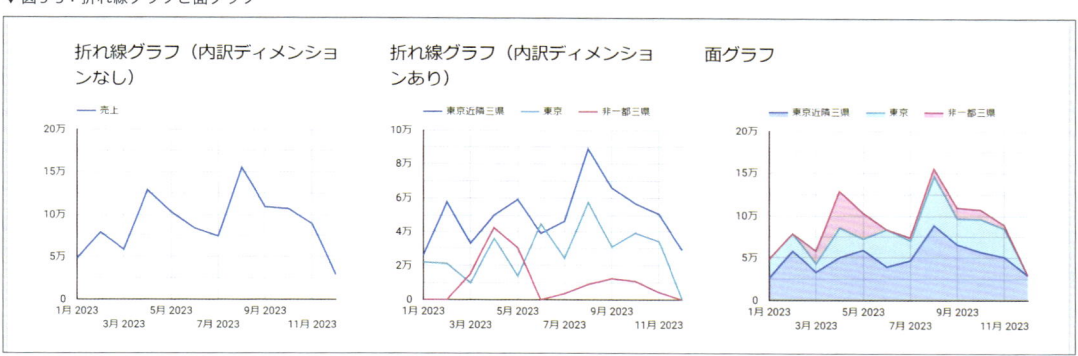

5-1-4　集計された指標の大小比較：棒グラフ・集合棒グラフ

　ディメンション別に集計された指標の大小比較を行う場合には、棒グラフ、あるいは集合棒グラフを利用します。 図**5-4** の左のような棒グラフは、最もポピュラーなグラフです。これまでも数多く目にしたことがあるでしょう。ディメンションである「都道府県」別に「売上」の合計値が示されています。左の棒グラフを基本形とし、指標として「利益」を追加したのが真ん中の集合棒グラフ、ディメンションとして「カテゴリー」を追加したのが右の集合棒グラフです。

　真ん中のグラフは、「都道府県」ごとに「売上」と「利益」を同時に確認できます。そのため、例えば神奈川は東京よりも売上が少ない一方、利益は多いということや、茨城県は売上のわりには利益がほとんどないことなどがわかります。

　右のグラフは、カテゴリーがたくさんあるためにすぐには理解しづらい集合棒グラフとなっています。慎重に見ることによって、東京はヘルスケアの売上が最も大きく、神奈川は日用消耗品の売上がもっとも大きいことがわかります。

　しかし、グラフ化を行う目的が、受け取り手に認知負荷をかけずにデータの内容を示すことである以上、値の種類が多いディメンションを追加するのは望ましくないことがわかります。

▼図5-4：棒グラフ（左）と集合棒グラフ（中、右）

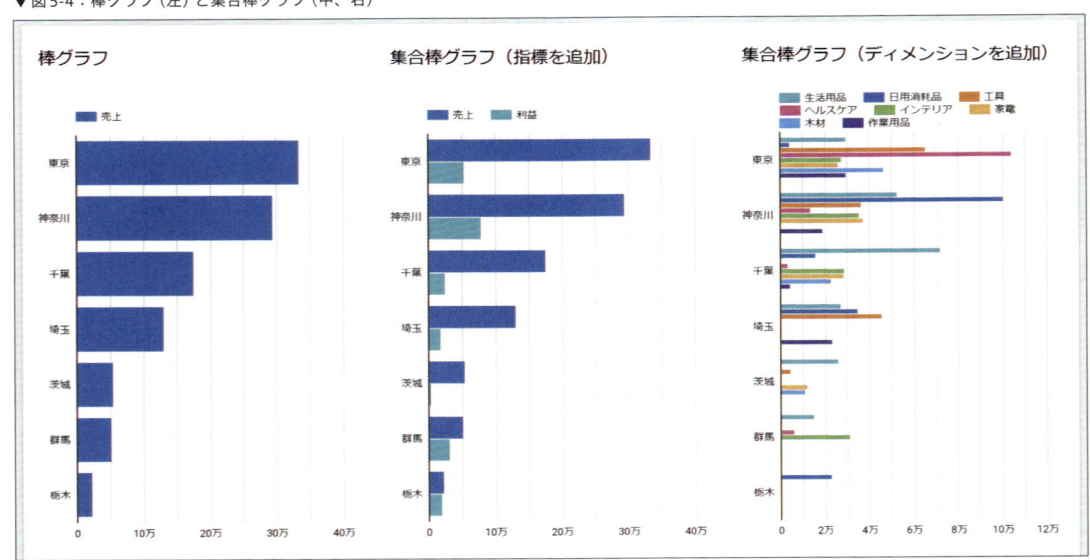

　図5-4を使って横棒グラフで解説しましたが、縦棒グラフでもまったく同じ表現ができます。棒グラフ、集合棒グラフの作成テクニックについては**6-6**で解説します。

5-1-5 　構成比：円グラフ・ドーナツチャート

　構成比を訴求したいときに最も一般的に利用されるチャートは、円グラフや、円グラフの中心部分に穴の空いたドーナツチャートです。**図5-5**は、ディメンションに「カテゴリー」を、指標に「売上」を配置した円グラフとドーナツチャートになっています。ドーナツチャートの中心に白い円がある以外は、2つのグラフが提示する内容はまったく同じです。

　円グラフとドーナツチャートをはじめ、構成比を示すグラフは、正の値しか取り扱えないので注意が必要です。売上の合計は最低値が0円ですが、利益の合計は最低値が負の値になることがありますので、負の値が混ざる場合には構成比を示すこと自体を避け、棒グラフを利用することが望ましいです。

　円グラフ、ドーナツチャートの作成方法は**6-7**で解説します。

▼図5-5：円グラフ（左）とドーナツチャート（右）

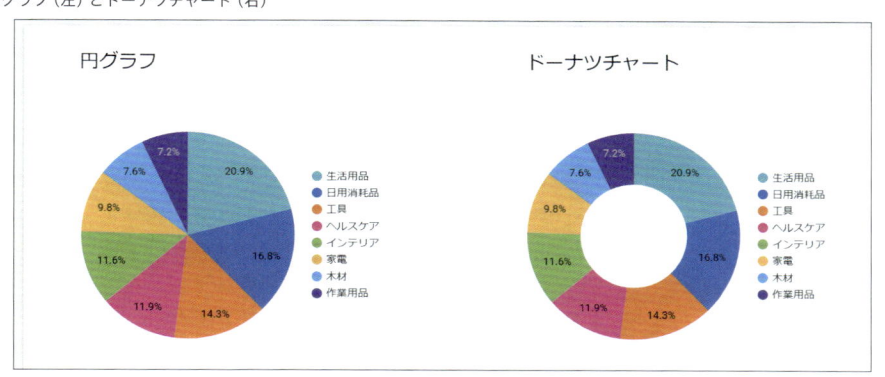

5-1-6 構成比：積み上げ棒グラフ・100%積み上げ棒グラフ

　構成比を棒グラフで示すことができるのが、**積み上げ棒グラフと100%積み上げ棒グラフです。**
図5-6の左側が積み上げ棒グラフ、右側が100%積み上げ棒グラフです。円グラフと異なるところは、利用できるディメンションが1つではなく2つである点です。円グラフでは利用していたディメンションは「カテゴリー」だけでした。積み上げ棒グラフ、100%積み上げ棒グラフでは、ディメンションとして「カテゴリー」、内訳ディメンションとして「都道府県」、合計2つのディメンションを利用しています。**図5-6**の2つのグラフは両方とも指標として「売上」を設定してあります。左側の積み上げ棒グラフの単位は円、右側の100%積み上げ棒グラフの単位は%です。

　積み上げ棒グラフ・100%積み上げ棒グラフ作成のテクニックについては、**6-6**で解説します。

▼図5-6：積み上げ棒グラフ（左）と100%積み上げ棒グラフ（右）

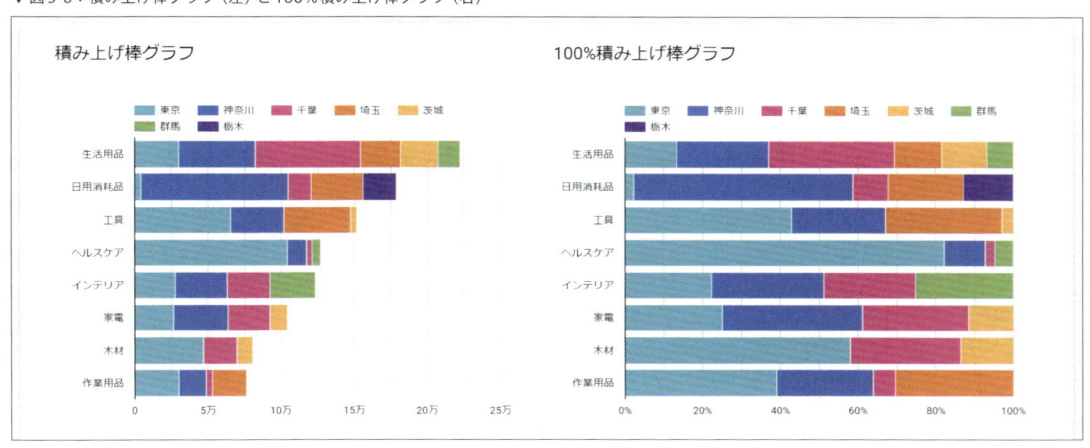

　また、**図5-7**のようにディメンションに日付と時刻型のフィールドを用いれば、時間の経過ごとの構成比の変化を示すことができます。

▼図5-7：ディメンションに「年月」を用いた100％積み上げグラフ

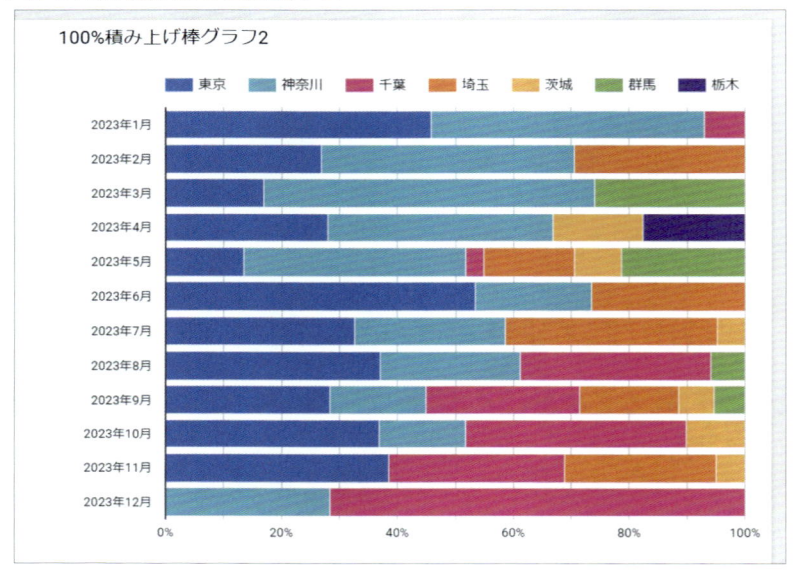

5-1-7 　構成比：100%積み上げ面グラフ

　時系列に沿った構成比の変化を訴求したいときに利用できるグラフとして、**100％積み上げ面グラフがあります**。**図5-8**を参照してください。100％積み上げでない、通常の面グラフについては、**図5-3**で示した3つのグラフの内、一番右のグラフを参照してください。100％積み上げ面グラフは、**図5-3**の一番右のグラフのY軸が常に100％で表示されたもので、各要素の構成比率が読み取れます。時系列に沿って各内訳ディメンションの構成比が示されています。

　100％積み上げ面グラフの作成の詳細は**6-5**で取り上げます。

▼図5-8：100%積み上げ面グラフ

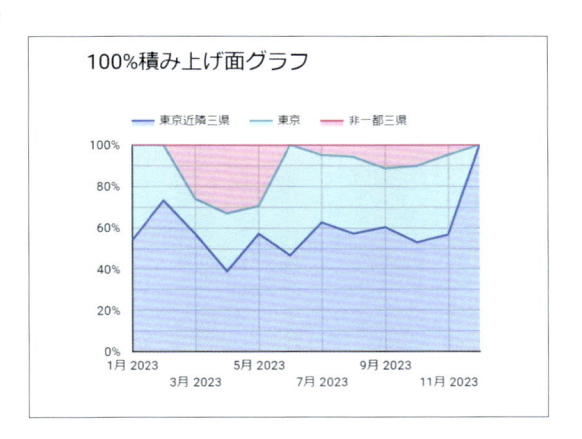

5-1-8　構成比：ツリーマップ

　要素ごとの構成比をモザイク状に仕切った矩形の面積で示すのがツリーマップです。日本では
あまり馴染みがありませんが、海外の人が作成したグラフではときどき見かけます。**図5-9**はディ
メンションを「カテゴリー」、指標を「売上の合計」としたものです。パッチワーク状になったひ
とつひとつの区画の面積が売上の大きさを示しています。生活用品の売上合計が最大であること、
木材と作業用品の売上合計がほぼ同額であることなどが読み取れます。

　ちなみにツリーマップでは、色も売上の合計を表しています。濃いほうが大きな値、薄いほう
が小さな値です。各区画を容易にクリックできるため、グラフのクリックした要素をほかのグラ
フに対するフィルタとして利用する「クロスフィルタリング」が容易だという特徴もあります。

　クロスフィルタリングについては、4-3-8を参照してください。

　ツリーマップについては、その作成方法、調整方法を**6-8**で解説します。

▼図5-9：「カテゴリー」別の売上の構成比を面積と色で示すツリーマップ

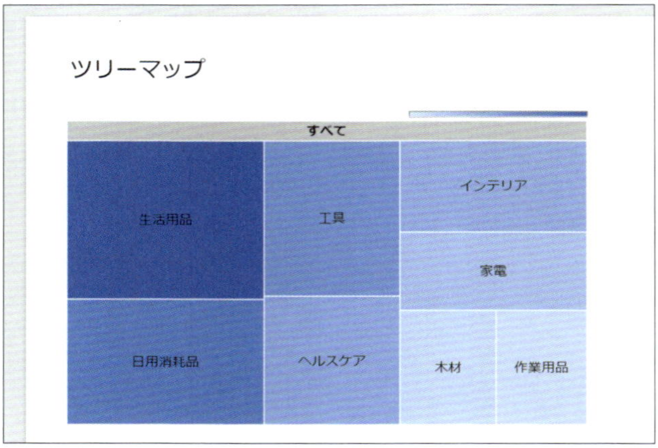

5-1-9 　2つの指標の相関：散布図・バブルチャート

　2つの指標の相関について示すことができるのが、散布図や、その派生形であるバブルチャートです。相関とは、2つの指標について、一方の指標が変われば他方もそれに連れて変わるという関係のことです。

　相関には、強さと方向があります。強さについては「相関が強い（あるいは弱い、ない）」、方向については「正の相関（あるいは負の相関）がある」と表現します。1つの指標が増えるともう1つの指標も増えるのが正の相関、1つの指標が増えるともう一つの指標が減るのが負の相関です。**図5-10**の左側は「カテゴリー」ごとの「売上の合計」（X軸）と、「利益の合計」（Y軸）を示す散布図です。この場合、全体としてはゆるやかに正の相関があることが読み取れます。また、ターコイズブルーの円が示すカテゴリーは「生活用品」ですが、売上が大きいわりには利益が小さいということがわかります。

　右側はバブルチャートです。カテゴリーを示すひとつひとつの円の大きさに「利益率」を割り当てました。散布図で売上のわりには利益が小さいことを見つけた「生活用品」カテゴリーについては、円の大きさが小さく、やはり利益率が低いということがわかります。

　散布図・バブルチャートの作成については、**6-9**で解説します。

▼図5-10：散布図（左）とバブルチャート（右）

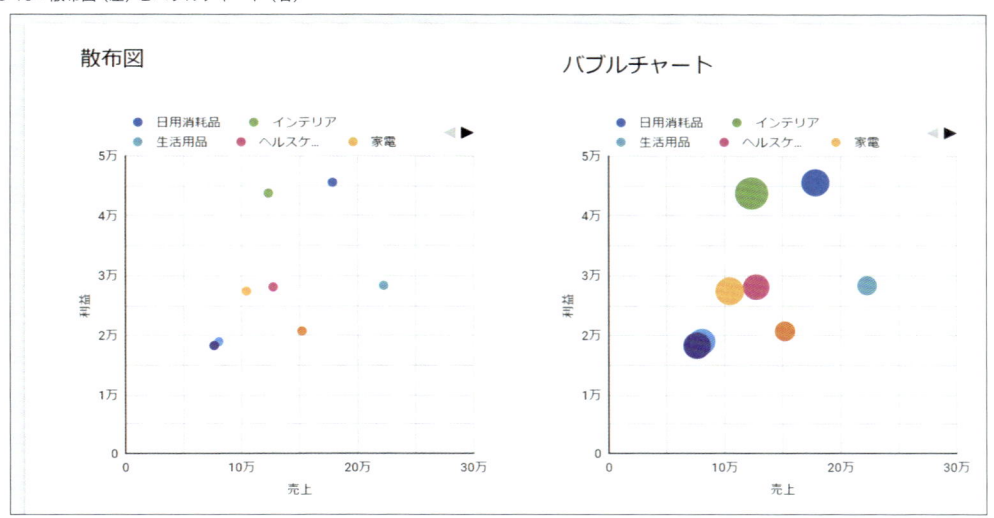

5-1-10 | 分布の詳細：箱ひげ図

　分布の詳細を確認するために利用するのが箱ひげ図です。「分布」というのはデータのばらつきのことです。例えば、とある1週間の日別の売上金額が**表5-B**のとおりだったとします。平均値に集計してしまえば、平均する前の各曜日の売上はわからなくなってしまいます。**表5-B**のA、Bどちらの例でも平均値は10万円です。しかし、各曜日の売上金額のばらつきは相当に異なることがわかります。

▼表5-B：売上金額の平均がどちらも10万円となる曜日別売上金額の2つの例

例	月曜日	火曜日	水曜日	木曜日	金曜日	土曜日	日曜日	平均
A	9	10	10	10	10	10	11	10
B	1	4	7	10	13	16	19	10

　そうした「集計することによってわからなくなってしまう」データのばらつきを分布で示すことができるのが箱ひげ図です。箱ひげ図の作成方法については、**6-10**で詳述します。

箱やヒゲの読み取り

箱ひげ図に描かれている箱やヒゲの読み取り方を解説します。

- **箱：箱の下端は25パーセンタイル値[注1]、箱の上端は75%パーセンタイル値を表す（したがって、個別データの個数の半分は箱の中に入る）箱の中にある水平線が中央値を示す**
- **ヒゲ：ヒゲの下端が最小値、上端が最大値を示す**

グラフの解釈

次に、グラフの解釈のしかたを解説します。**図5-11**は「ホームセンター - Small」にもとづき、カテゴリー別の日別の売上金額の分布について箱ひげ図を作成しています。

家電については、箱が縦方向に短いことがわかります。箱にはデータの半分が含まれますので、日別の売上の半数はかなり中央値近くに集まっていることがわかります。一方、ヒゲが下方、上方にも長く伸びているので、特定の日には、とても売上の大きい日、とても売上の小さい日が混在していることも読み取れます。

▼図5-11：カテゴリー別の売上のばらつきを示す箱ひげ図

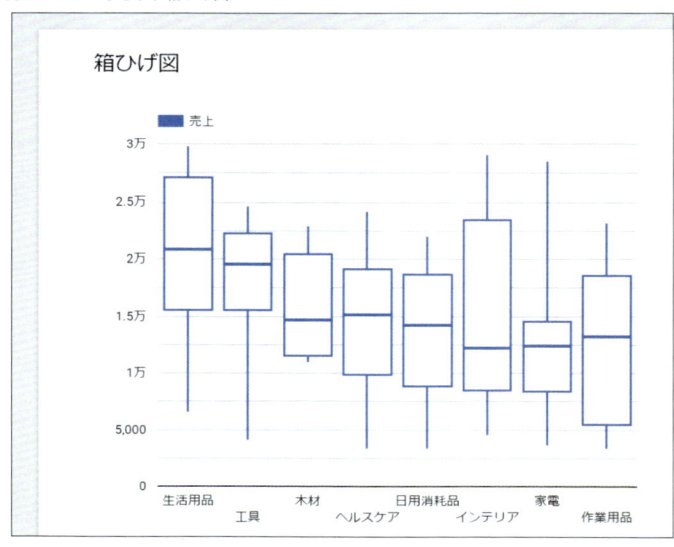

注1　パーセンタイル値とは、ばらつき（分布）のあるデータの特徴を示す値。例えば、25パーセンタイルの場合、値の小さい順にデータを並べたときに25%の位置にあるデータの値を指す。

5-2 特定の目的に利用されるグラフ

　本節では、特定の目的に利用されるグラフについて、訴求したい内容とグラフ種別の紐づけを解説します。前節の汎用的に利用されるグラフ群については、サンプルのグラフを作成するために用いたデータはすべて、「ホームセンター - Small」でした。

　一方、本節で取り上げる特定の目的に利用されるグラフ群については、「ホームセンター - Small」のデータでは表現できない場合があります。**グラフが特定目的ということは、データもそのグラフを実現するために特定のディメンション、指標を持っている必要がある**ということも合わせて理解してください。例えば、「ホームセンター - Small」のデータではサンキーチャートやローソク足チャートを描くことはできません。

　本節で紹介するグラフ群は**表5-C**のとおりです。

▼表5-C：訴求したい内容とグラフ種別の紐づけ

項番	訴求内容	グラフ種別
5-2-1	地理的な位置ごとの値の表現	Googleマップ・マップチャート
5-2-2	ある地点から別地点への移動量	サンキーチャート
5-2-3	基準値と現実値の比較	ブレットグラフ・ゲージ
5-2-4	株価の変動	ローソク足チャート
5-2-5	総計に対する要素別の貢献分析	ウォーターフォールチャート
5-2-6	イベントの発生した期間と順序	タイムライングラフ
5-2-7	段階的に減少する値の可視化	ファネルグラフ

5-2-1 地理的な位置ごとの値の表現：Googleマップ・マップチャート

　データが地理的なディメンション、例えば国、州、都道府県などを持つ場合、グラフ種別としてGoogleマップ、あるいはマップチャートが利用できます。**それらのグラフを利用すると、地理的な位置ごとに値の大小を表現できます**。Googleマップはその名のとおり、Googleマップの地図描画機能をLooker Studioで利用してマップを描画するものです。拡大、縮小、移動ができます。また、マップの種類として**図5-12**の上段のように、「バブルマップ」、「塗り分けマップ」、「ヒートマップ」などの種別を選ぶことができます（ほかに、「ラインマップ」、「接続マップ」、「複合地図」もありますが、かなり特殊なデータだけに対応しますので、本書では割愛します）。

　マップチャートは、Looker Studio独自のマップを描きます。**図5-12**の下段のように、塗り分けグラフしか選択できず、また拡大、縮小にも対応していません。一方、設定がシンプルだというメリットもあります。利用者に拡大、縮小などのインタラクションを提供する場合や、塗り分

けマップ以外の表現をしたい場合には、Googleマップ、そうでない場合にはマップチャートを利用するとよいでしょう。

　Googleマップ、マップチャートの作成、調整方法については**7-1**で取り上げます。

▼図5-12：Googleマップ、マップチャート

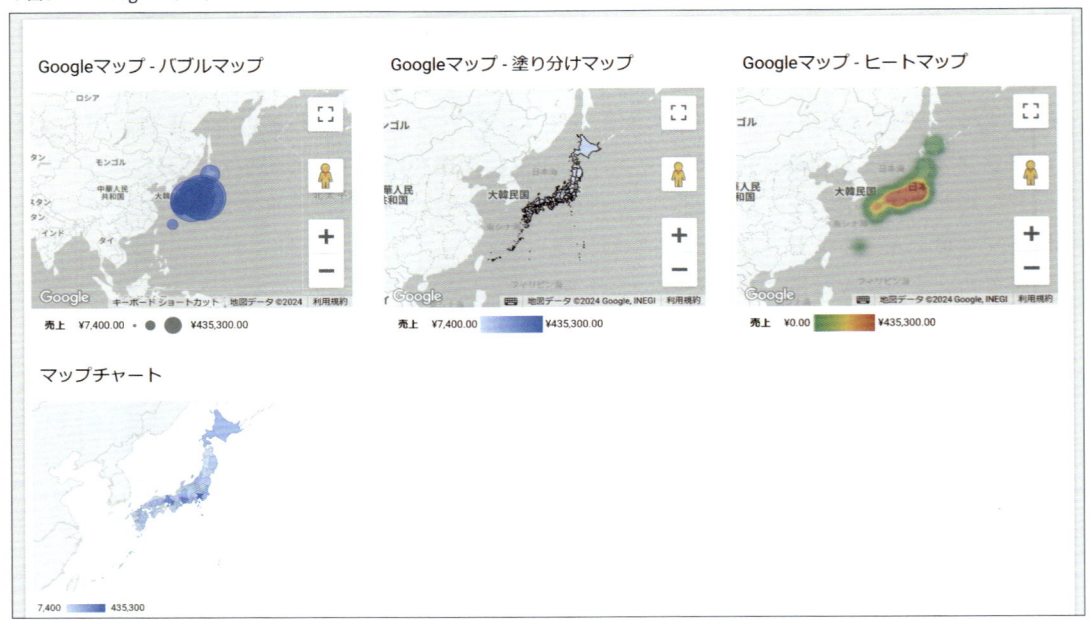

5-2-2 ある地点から別地点への移動量：サンキーチャート

　ある地点から別地点への移動量を表現するために利用するのがサンキーチャートです。シグモイドカーブといわれる滑らかなカーブで移動した量が表現できます。**図5-13**に、もととなったデータとともにグラフの例を示します。

　サンキーチャートの作成方法については、**7-2**で紹介します。

▼図5-13：サンキーチャートと元データ

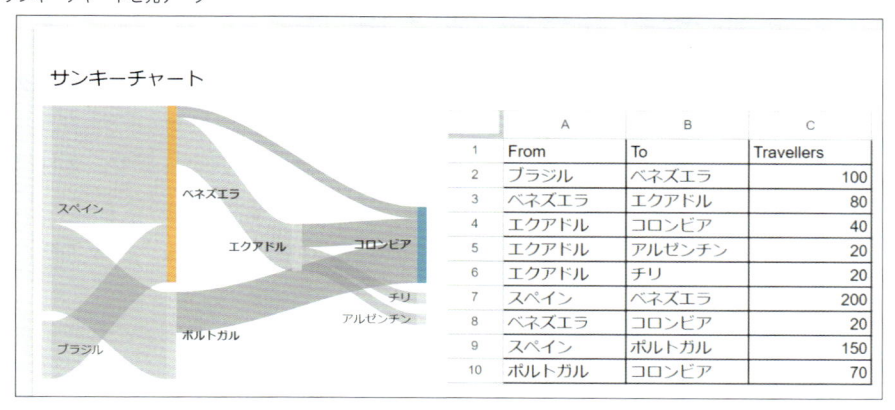

5-2-3 | 基準値と現実値の比較：ブレットグラフ・ゲージ

　基準値と現実値を比較する用途として利用するのがブレットグラフやゲージです。 例えば**図5-14** では、予算上の目標売上金額のような基準値として420万円を設定したうえで、現実値として2023年の売上を採用しています。基準値に対して、現実値がどの程度の大きさだったかを示しています。

　基準額は両グラフとも黒い線で、現実値は青の棒で表されています。また、濃い灰色は300万円以下、薄い灰色は、300万円から400万円を示しています。青い棒がどこまで伸びているのかを背景の灰色と比較することで、現実値が一定の基準を超えたことがわかるようになっています。

　ブレットグラフとゲージについては、**7-3** で作り方を解説しています。

▼図5-14：ブレットグラフ（左）、とゲージ（右）

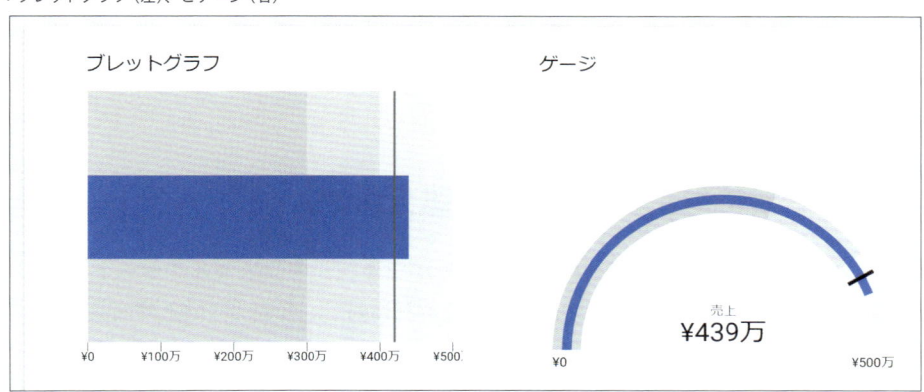

5-2-4 　株価の変動：ローソク足チャート

株価の変動を示す目的で使われるのがローソク足チャートです。図5-15に、ローソク足チャートとそのグラフを構成しているデータを示しています。データの内容はダミーです。

日付をディメンションとして、日単位でローソク足チャートを描いています。各日のヒゲの下端、上端は、それぞれその日の最安値、最高値を示しています。また、箱の塗りつぶしの有無は、その日の終値が始値より高かった場合塗りつぶし、逆にその日の終値が始まり値よりも低かった場合には白抜きです。

箱の下端、上端はそれぞれの日の初値と終値の関係で変わります。初値よりも終値が高かった場合は下端が始値、上端が終値、初値よりも終値が低かった場合には下端が終値、上端が始値となります。

一般的なローソク足では、値上がりが白抜き、値下がりが塗りつぶしで表現されます。一方、**図5-15**ではGoogleの推奨方法どおりの設定を行っていますが、値上がりが塗りつぶし、値下がりが白抜きと、逆になっています。修正方法を含めたローソク足チャートの作成方法は、**7-4**で解説します。

▼図5-15：ローソク足チャートと元データ

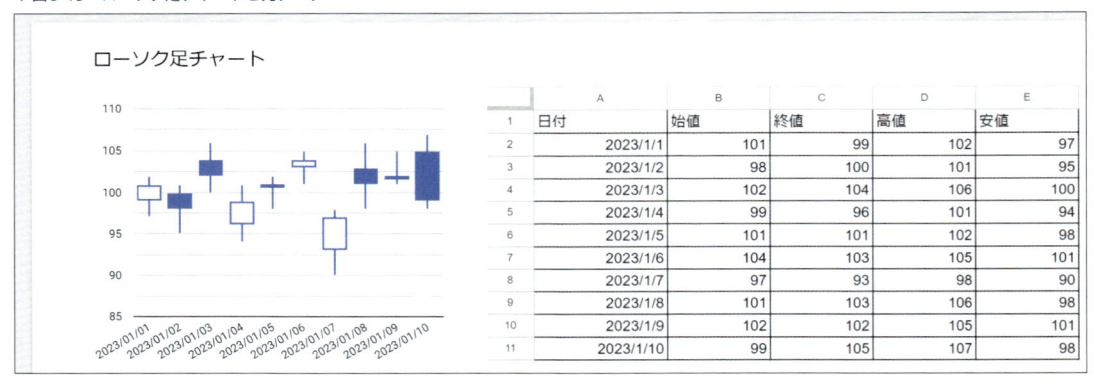

5-2-5 　総計に対する要素別の貢献分析：ウォーターフォールチャート

総計の値に対する要素ごとの貢献を視覚化するのがウォーターフォールチャートです。例えば、総計された値として今期の利益があったとします。それに対し、各要素（例えば商品カテゴリーや、都道府県）がどの程度の貢献、あるいは足を引っ張ったのかを示す場合に利用されます。

図5-16のとおり、完成したグラフの見かけが滝（英語でウォーターフォール）のように見える

のでこの名前がついています。日本語では滝グラフと呼びます。**図5-16**は、地域別の利益合計を表しています。紫色は利益総額を表しています。利益総額を地域別に見てみると、関東、北海道、近畿などがプラスの利益をもたらしている一方、東北、中国地方が赤字で足を引っ張っていることが一目でわかります。

　ウォーターフォールチャートの作成方法は、**7-5**で解説します。

▼図5-16：ウォーターフォールチャートと元データ

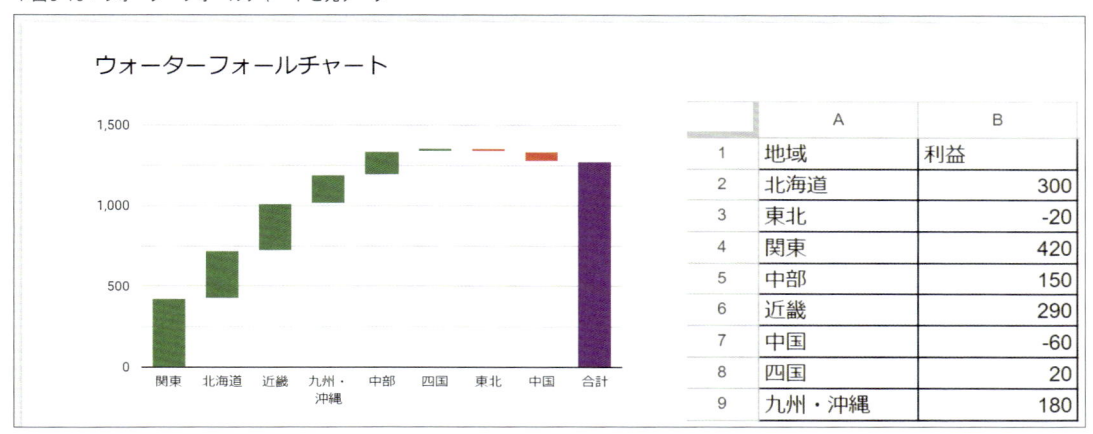

5-2-6　イベントの発生した順序と期間：タイムライングラフ

　発生したイベントの順序と期間をグラフとして表すのがタイムライングラフです。**図5-17**は、あるマンションの101号室から103号室の内装工事というイベントについて、順序と期間を表したタイムライングラフです。どの部屋で、どんな作業が、どんな順番で、どんな期間に発生したかがとてもよくわかります。

　タイムライングラフは、一般的にはガントチャートとも呼ばれます。このグラフの作成方法は、**7-6**で解説します。

▼図5-17：発生したイベントの順序と期間を示すタイムライングラフ

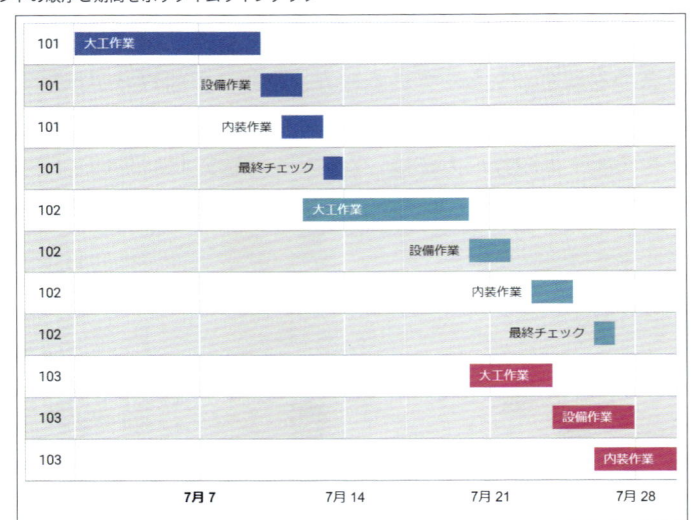

5-2-7　段階的に減少する値の可視化：ファネルグラフ

　段階的に減少していく値の可視化を行うのがファネルグラフです。例えば、ECサイトでは、訪問者が全員商品詳細ページを閲覧する訳ではありません。商品詳細ページを閲覧したユーザーが全員商品をカートに入れる訳ではありません。カートに商品を入れたユーザーが全員購入する訳ではありません。そのため、必ず「訪問者数」、「商品詳細ページ表示ユーザー数」、「カートに商品を追加したユーザー数」、「購入を完了したユーザー数」の順番に小さな値になっていきます。

　そうした場合、どの段階で、どの程度のユーザーが減ってしまっているのかを効果的に可視化するのがファネルグラフです。ファネル（Funnel）とは英語で「漏斗」のことです。グラフの形が、上部は大きく下部は小さく、漏斗のような形をしているためにこの名前がつきました。

　図5-18は、Webサイトのあるページにおける、スクロール率のファネルグラフです。「ページの表示」を「スクロール0%」（scroll-0）として、「90%までスクロール」（scroll-90）するのはおよそ9.2%ということが分かります。ファネルグラフの作成方法は、7-7で解説しています。

▼図5-18：ファネルグラフ

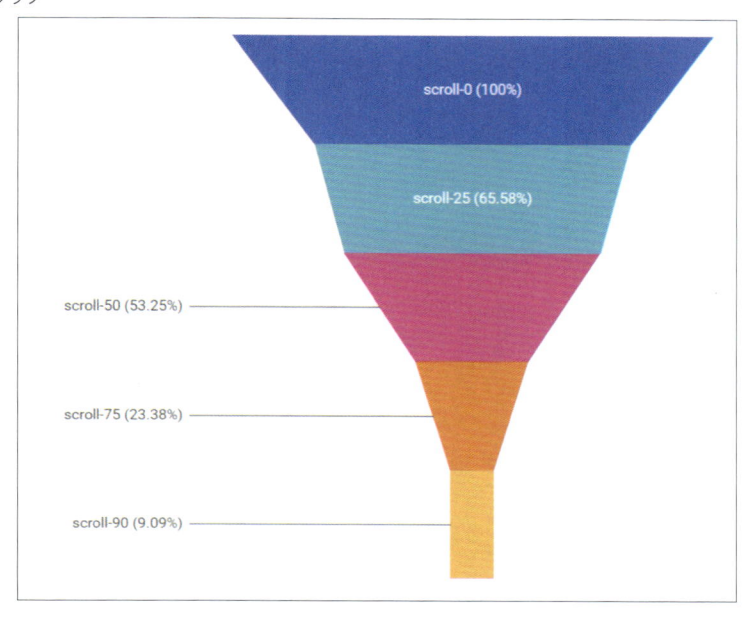

「汎用的なグラフ」の作成手順

第6章

6-1 グラフ作成手順：スコアカード

　「スコアカード」を作成する手順のうち、すべてのグラフに共通する項目は4-3、および4-4にまとめていますので、本節では「スコアカード」固有の作成手順を紹介します。

　「スコアカード」をレポートに追加するには、メニューの「グラフを追加」から「スコアカード」を選択します。**図6-1**のとおり、スコアカードについては次の2種類あります。

① **スコアカード**
② **数字が短縮表示されたスコアカード**

▼図6-1：スコアカードの追加手順

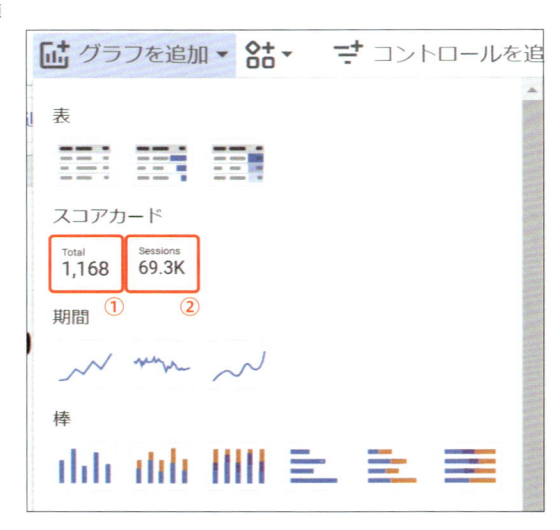

　図6-1の2つのスコアカードは表示する指標の桁の丸め方が異なるだけですので、どちらを選んでもかまいません。桁の丸め方は、あとから「スタイル」タブを通じて変更可能です。本節での解説は、①を選択した場合を想定して進めます。

　まず、スコアカードでどのような訴求やグラフ表現ができるのかを網羅的に理解し、そのあと、それらを実現するための設定を解説します。

　図6-2のスコアカードは、すべて「売上」を指標として表示しています。「設定」タブと「スタイル」タブで設定を行うことで、スコアカードはさまざまな表現ができます。それらの設定と、それを解説している項の紐づきは次のとおりです。

① **6-1-1 設定タブ：指標**

② **6-1-2 設定タブ：スパークライン**

③ **6-1-3 設定タブ：その他の比較オプション**

④ **6-1-4 スタイルタブ：条件付き書式**

⑤ **6-1-5 スタイルタブ：メインの指標**

▼図6-2：さまざまな表現を加えたスコアカードの例

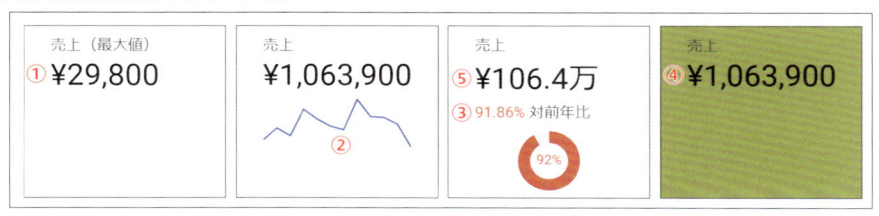

次項から、それぞれの設定方法を学んでいきましょう。

6-1-1 ｜ 設定タブ：指標

指標で設定できるのは次の2点です。

● **指標の集計方法の変更**

● **「オプションの指標」の利用**

　「売上」のデフォルトの集計方法は「合計」で設定してありますが、**図6-3**は集計方法として、最大値が選ばれていることを示しています。つまり、デフォルトの**合計以外で集計された指標も****スコアカードとして表示できます**。

▼図6-3：スコアカードの売上を最大値で表現する

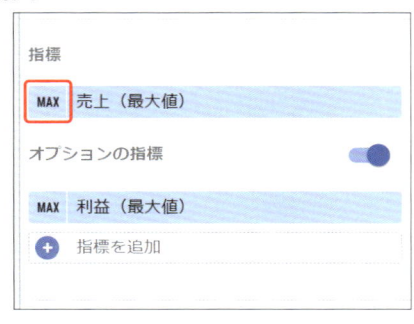

合計から最大値や平均値などに切り替えるには、**図6-3**の枠で囲んだ「MAX」のところをクリックします。選択できる指標の集計方法は**図6-4**のとおりです。

▼図6-4：グラフに表示する指標の名前や集計方法などを変更できる

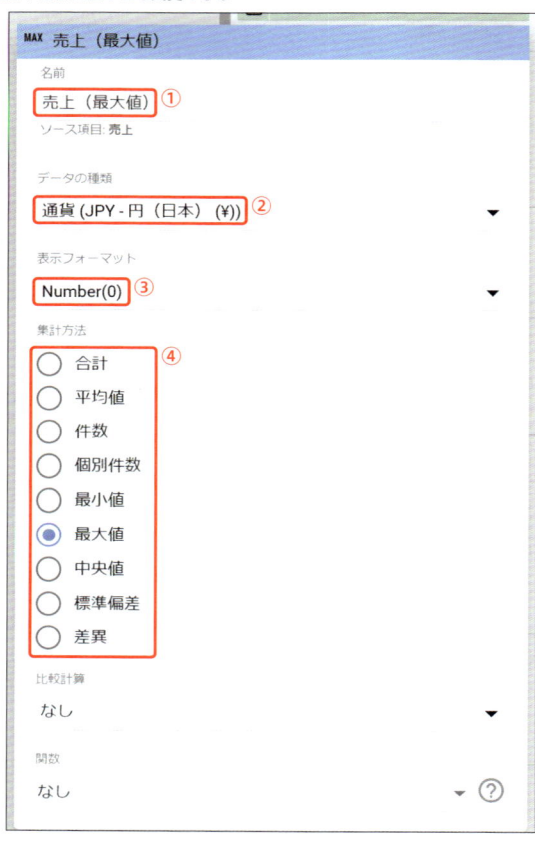

① もとデータの項目名は「売上」でしたが、ここで自由に名前を変更できます。図6-4では、「売上（最大値）」としています。

② 単位を設定できます。

③ 小数点以下の桁数など、指標の表示形式を調整できます。図6-4では小数点以下なしで設定しています。

④ 指標の集計方法を選択できます。図6-4では、最大値で設定しています。

「オプションの指標」をオンにすると、別の指標を追加することができるようになります。**図6-3**では、別の指標として「利益」がオプションの指標として設定されています。結果として、Looker

Studioのレポートを利用するユーザーは、**図6-5**のとおりに指標を切り替えて利用することができます。ただし、「スコアカード」の目的に照らすと、指標を切り替えて使うのは望ましくありません。もし、「売上」も「利益」も表示したいのであれば、2つのスコアカードを利用することを推奨します。

▼図6-5：「オプションの指標」を設定したスコアカード

6-1-2 設定タブ：スパークライン

図6-6のとおり、「設定」タブにある「スパークライン」の設定場所に、時系列のディメンションを設定することによりスパークラインが利用できます。スパークラインとは、縦軸も横軸もない小さな折れ線グラフだと理解してください。**スコアカードが表示している指標について、期間中の変化を表示する目的で利用**します。

▼図6-6：設定項目「スパークライン」には時系列を示す項目を設定する

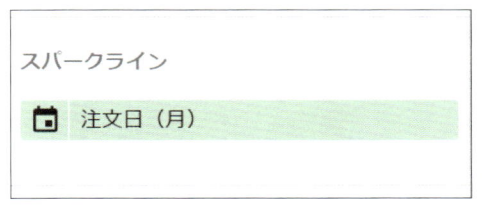

図6-7は、左から、指標を「売上」の合計、「利益」の合計、計算フィールドとして追加した「利益率」で設定したスコアカードです。3つのスコアカードすべてに時系列のディメンションを「注文日」としたスパークラインを設定しています。

▼図6-7：スパークラインを追加したスコアカード

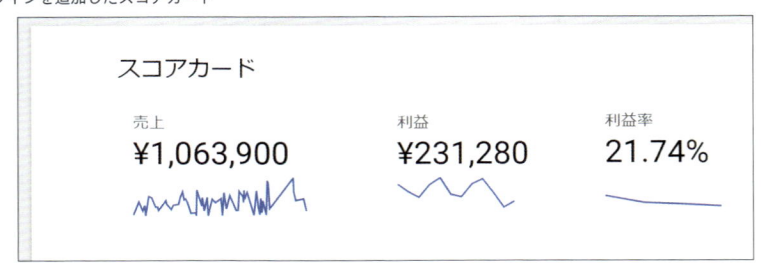

　図6-7は、ディメンションとして設定してある「注文日」について、左からそれぞれ日の粒度を「日」、「月」、「四半期」で設定しています。スパークラインのジグザグ度合いを見ると、細かさが変わっているのが確認できます。「注文日」の粒度の変更は、**図6-8**の枠で囲んだアイコンをクリックすることで行います。実際の操作については4-3-3を参照してください。

▼図6-8：スパークラインの日の粒度切り替えボタン

6-1-3 設定タブ：その他の比較オプション

「その他の比較オプション」を利用すると、スコアカードで示した指標について基準となる値と比較し、その大小を追加することができます。比較対象としては次の3つが選択できます。

- 期間：4-3-6で紹介した比較期間ができます。スコアカードのデフォルトの日付範囲を2023年1月1日～12月31日としておき、期間を比較する対象を「前年」とすれば、前年の指標との比較ができます。ほかの例では、デフォルトの日付範囲をある月（仮に23年4月）とした場合、比較対象を「前の値」を設定することで23年3月との比較期間が、「前年」とすることで1年前である22年4月との比較期間を設定できます。
- 値：定数値と比較ができます。例えばスコアカードで売上の合計を表示しておき、その値を定数値である100万円と比較することができます。
- 指標：別の指標と比較することができます。例えばスコアカードで売上の合計を表示している場合で、データソース上の別項目として「売上目標額」があれば、目標売上額と目標を比較することができます。

この3つの比較方法の中で、よく利用されるのは「期間」と「値」です。

比較期間

図6-9は、2023年の売上合計を「前年」と比較する設定です。①の「比較タイプ」を「期間」としておき、②の「比較期間」を前年としています。

▼図6-9：期間を比較する

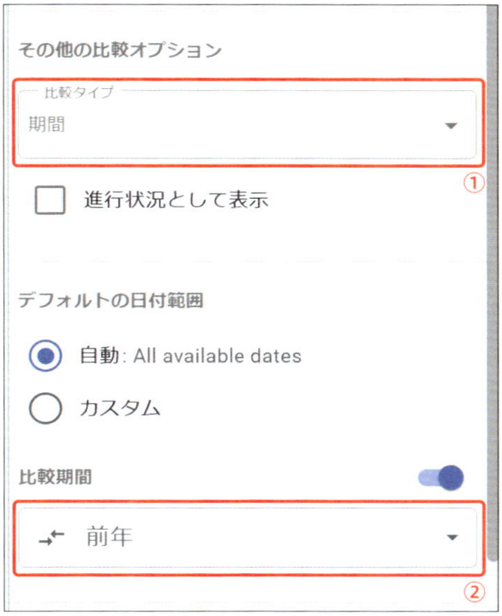

6

　結果として、スコアカードには**図6-10**のとおりの比較した値「-8.1%」が追加されました。2023年の売上の合計は、2022年の売上合計よりも8.1%少なかったことがわかります。

▼図6-10：「前年」と比較した売上を示すスコアカード

定数値との比較

　定数値と比較する設定は、**図6-11**のとおりです。利益の合計を、定数値である、「200,000」と比較しています。

▼図6-11：「その他の比較オプション」を値で設定

　すると、「利益」の231,280円は、比較対象の定数値20万円に対して15.6%上回っているということが緑のフォントと上向き矢印で表示されます（**図6-12**）。

▼図6-12：値20万円と比較した利益の合計のスコアカード

進行状況として表示

　図6-9の「進行状況として表示」にチェックを入れると、**図6-13**のとおり進捗が表示されます。左側の売上は円グラフ状、右側の利益は棒グラフ状に進捗が表示されているのが確認できます。それらは、「スタイル」タブで変更できます。具体的な設定方法については6-1-8を参照してください。なお、「進行状況として表示」オプションとスパークラインは、両方同時には利用できません。

▼図6-13：進行状況を示す2つのビジュアル表現

6-1-4　スタイルタブ：条件付き書式

6

　条件付き書式とは、スコアカードが表現している指標の値の大きさに応じて、フォントサイズと背景色を自動的に変化させる設定のことです。特定の値を超えている（下回っている）かどうかや、基準となる範囲を定義したうえで、実際の値がその範囲のどこに位置しているかをフォントや色で示すときに利用します。

　設定を行うには、スコアカードを選択した状態でプロパティパネルの「スタイル」タブから、**図6-14**の「＋追加」ボタンをクリックします。

▼図6-14：「条件付き書式」を追加するボタン

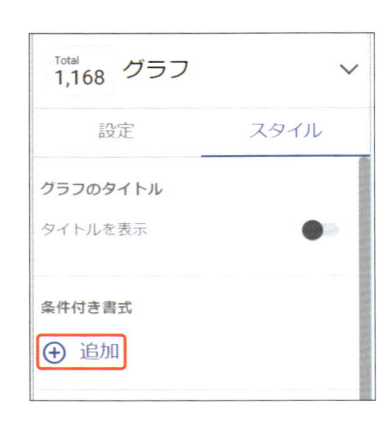

すると、**図6-15**の「ルールの作成」が開きますので、この画面で条件付き書式を設定します。設定項目は次の3つです。**図6-16**と合わせて、どの項目で何が設定できるのかを理解してください。

① **色のタイプ**：「単一色」か「カラースケール」を選択します。単一色を選択すると、実績値がある定数値を超えれば緑の背景色、未達の場合は赤の背景色といった設定ができます。しきい値を超える、超えないを条件付き書式で表現したい場合に適しています。カラースケールは色のグラデーションで、特定の範囲の値との比較や、目標値の達成割合を表現します。

② **書式ルール**：条件付き書式の条件を設定する項目です。「等しい」、「等しくない」、「上回る」、「以上」などの条件を選択することができます。「または」をクリックするとOR条件で、「および」をクリックするとAND条件で複数の条件を指定することができます。

③ **色とスタイル**：条件が合致した場合のフォントカラーと背景色について設定する項目です。

▼図6-15：条件付き書式の設定画面

単一色での条件付き書式設定

図6-16は、売上を表現したスコアカードについて、値が「1,000,000」を上回った場合、フォントカラーは白、背景色は緑とする、単一色での条件付き書式の設定です。

▼図6-16：単一色での条件付き書式設定

カラースケールでの条件付き書式設定

図6-17は、指標を表現したスコアカードについて「カラースケール」で条件付き書式を設定した例です。赤から緑のグラデーションで、15万円であれば真っ赤、20万円であれば黄色、25万円であれば真緑を設定します。

▼図6-17：カラースケールでの条件付き書式設定の例

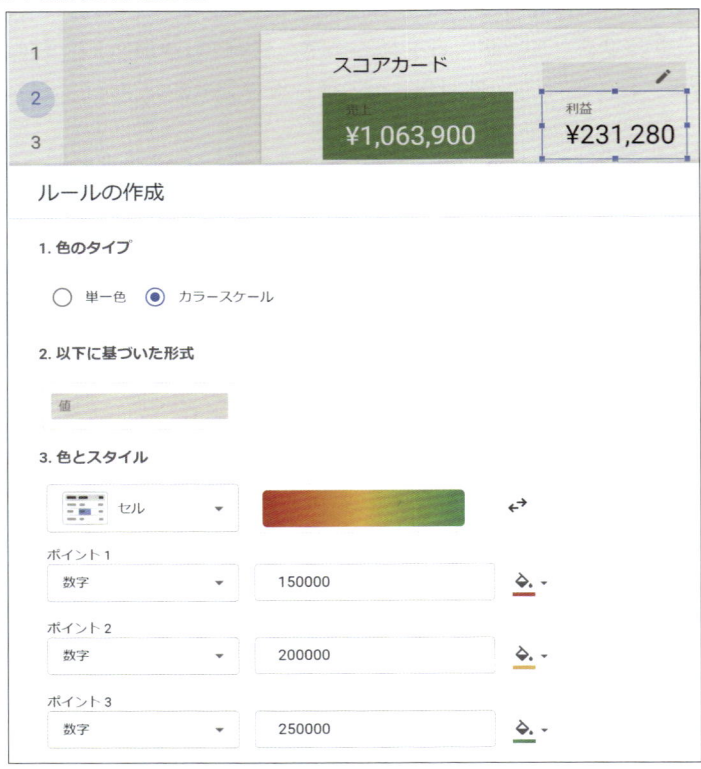

図6-16のとおりに「売上」に条件付き書式を設定したスコアカード、および図6-17のとおりに「利益」に条件付き書式を設定したスコアカードは図6-18のとおりになります。「売上」は100万円を超えているのでフォントが白で背景が緑となっています。「利益」は20万円を超えていて、25万円にはいたっていないので、黄色から緑の間の色になっています。

▼図6-18：条件付き書式を設定したスコアカード

6-1-5 | スタイルタブ：メインの指標

図6-19「スタイル」タブ「メインの指標」では、表示する指標の見かけの調整ができます。具体的には、スコアカードで表示する値の短縮表示の有無と、小数点以下の桁数の指定ができます。

▼図6-19：メインの指標の設定

図6-20は、両方とも「売上」のスコアカードですが、左は短縮表示なしで小数点以下0桁、右は短縮表示ありで、小数点以下2桁で設定したものです。値が大きい場合には、短縮表示を使うのが原則です。

▼図6-20：「メインの指標」の設定によって異なった表現ができるスコアカード

売上	売上
¥1,063,900	¥106.39万

6-1-6 | スタイルタブ：スパークライン

スパークラインをオンにした場合に設定できるのがこの項目です（**図6-21**）。スパークラインの色はデフォルトが青ですが、変更することができます。また、「全画面」オプションをオンにすると、スパークラインの下側が塗りつぶされます。「平滑線」オプションをオンにすると滑らかなグラフになります。

▼図6-21：スパークラインのスタイル設定

図6-22は、スパークラインの日の粒度を月にしたうえで、色を紫、「全画面」、「平滑線」の両オプションをオンにした状態のスコアカードです。

▼図6-22：色を紫、「全画面」、「平滑線」をオンにしたスパークライン

6-1-7 | スタイルタブ：比較フィールド

「設定」タブで「その他の比較オプション」をオンにした場合に、「スタイル」タブに現れる設定項目です。図6-23のとおり、「矢印の色」、「数値の短縮表示と数値精度」、「変化を絶対量で表示」、「比較ラベルを隠す」の4つの設定項目があります。

▼図6-23：「比較フィールド」で設定できる項目

　矢印の色は基準値と実績値を比較したとき、上回っていた場合、下回っていた場合の色を設定します。大きいほど望ましい値であれば、デフォルトのままにしておくのがよいでしょう。直帰率、退職率、不良品発生率など小さいほうが望ましい指標の場合には、赤と緑を逆にするのが妥当です。

　数値の短縮表示については、「変化を絶対量で表示」と関連しています。デフォルトではこのオプションがオフになっていますので、差の割合がパーセンテージで表示されていますが、絶対量で表示した場合には、●万円などと額が表示されます。その場合、額が大きいときには、短縮表示を使うのが妥当なことがあります。

　「比較ラベルを隠す」は、デフォルトではオンになっています。オフにすることで、「前年から」のように何と比較しているのかが表示されます。グラフを見たユーザーに親切ですので、このオプションについてはオフにすることを推奨します。また、このオプションをオフにすると、「比較ラベル」に自由な文字列を表示させることができます。

　図6-24は、売上について、「変化を絶対量で表示」はオン、「比較ラベルを隠す」はオフ、短縮表示をオンにし、小数点以下の桁数を2とした状態です。比較ラベルは手動で「対前年比」としています。

▼図6-24：比較フィールドのスタイルを設定ずみのスコアカード

売上
¥1,063,900
↓ ¥-9.43万 対前年比

6-1-8　スタイルタブ：進行状況のビジュアル

　「進行状況として表示」オプションをオンにしたときに現れる設定項目です（**図6-25**）。設定できる内容は、進行状況を示すグラフ種別を棒グラフ状にするか、円グラフ状にするかです。棒グラフ状の表示を選択した場合には、「ターゲット行のラベル表示」オプションのオンオフを選ぶことができます。「ターゲット行のラベル」とは基準となる値（前年の値や定数）のことです。

▼図6-25：「進行状況のビジュアル」で「棒グラフ」を選択し「ターゲット行のラベルを表示」をオン

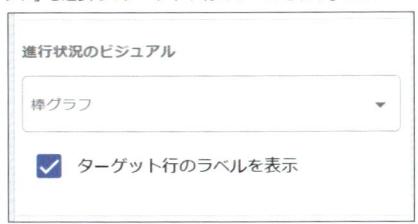

6-2　グラフ作成手順：表

　「表」を作成する手順のうち、すべてのグラフに共通する項目は4-3、および4-4にまとめていますので、本節では「表」に固有の作成手順を紹介します。

　「表」をレポートに追加するには、メニューの「グラフを追加」から「表」を選択します。**図6-26**のとおり「表」は3種類あります

　① 表
　② 棒付きデータ表
　③ ヒートマップ付きデータ表

▼図6-26：表の追加

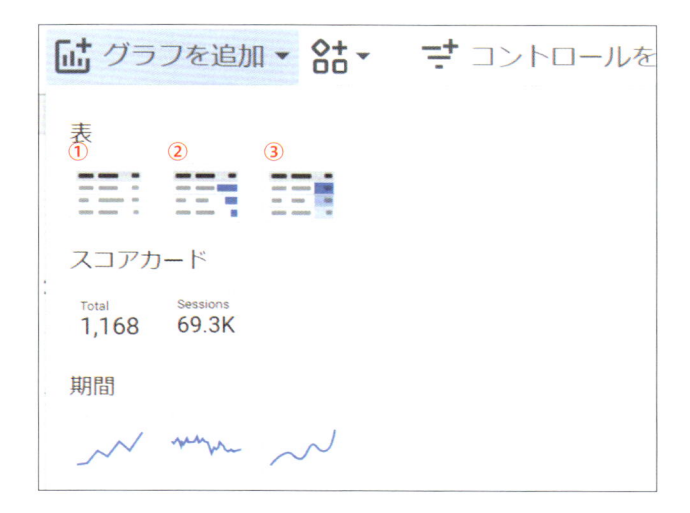

①はシンプルな表、②はセルに棒グラフ状のバーを表示する表、③はヒートマップとして色の濃淡をつけた表といった違いがあります。オプション項目が異なるだけですので、どれを選んでもかまいません。それらはあとから「スタイル」タブを通じて変更可能です。

次からの解説は、**図6-26**の一番左の①の「表」を選択した前提で進めます。**図6-27**では、「表」でどのような表現ができるかをビジュアルに示しています。それらの表現を実現している次の項目について、順番に解説します。

① **6-2-1 設定タブ：ドリルダウン**
② **6-2-2 設定タブ：ページあたりの行数**
③ **6-2-3 設定タブ：集計行**
④ **6-2-4 設定タブ：並べ替え**
⑤ **6-2-5 スタイルタブ：条件付き書式**
⑥ **6-2-6 スタイルタブ：表のヘッダー**
⑦ **6-2-7 スタイルタブ：表の色**
⑧ **6-2-8 スタイルタブ：表の本体**
⑨ **6-2-9 スタイルタブ：表のフッター**
⑩ **6-2-10 スタイルタブ：指標**

6

▼図6-27：「表」で設定できる内容

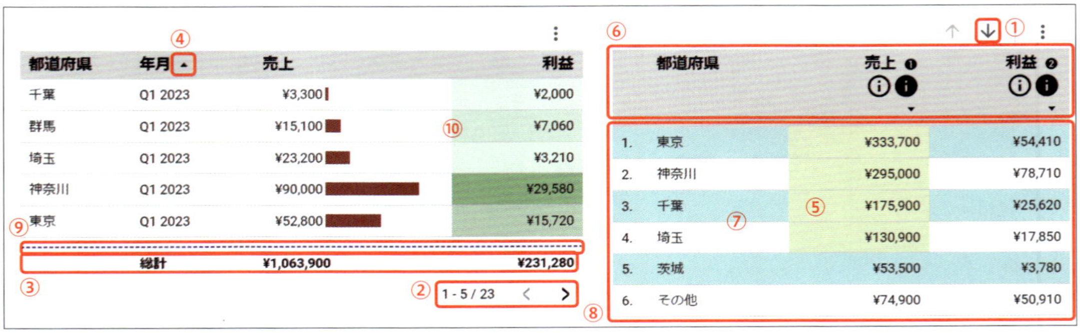

6-2-1　設定タブ：ドリルダウン

　図6-27に掲載した2つの「表」は、両方ともディメンションに2つのフィールド「都道府県」と「四半期」を設定しています。しかし、右の表には「四半期」は表示されていません。ドリルダウン設定しているためです。ドリルダウンを設定していると、最初は下位のディメンションが隠された状態で表が表示されます。①で示した下向き矢印をクリックすると、下位のディメンションが現れます。そのとき、上位ディメンションの要素をクリックしてからドリルダウンの下向き矢印をクリックすると、上位ディメンションの要素に絞り込まれた下位ディメンションが表示されます。ドリルダウンとは、データの詳細レベルを掘り下げて詳細な情報を見ることができる機能です。本例では、都道府県レベルから、該当都道府県における四半期別の売上を掘り下げることができます。

　ドリルダウンの設定は、**図6-28**で示した「設定」タブの「ドリルダウン」をオンにすることで行います。ディメンションを複数設定していないと、そもそもドリルダウンが不要ですので、複数設定の場合にのみ機能します。

　「デフォルトのドリルダウンのレベル」で設定しているのは、グラフの初期状態の設定です。通常は、ドリルダウンする前の上位階層を指定しておきます。**図6-28**は、**図6-27**の右側の「表」の設定です。「都道府県」と設定しているので、「表」のディメンションが「都道府県」になっています。

▼図6-28：ドリルダウンの設定

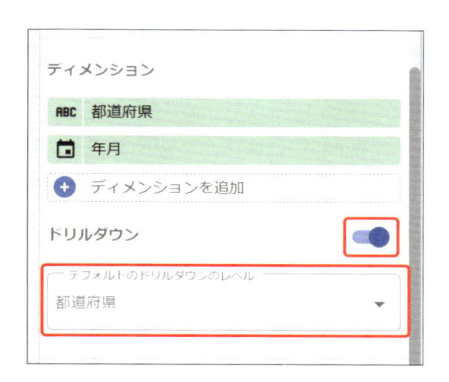

図6-29、図6-30はドリルダウン操作による画面の変化を表しています。図6-29の初期状態から、①「東京」を選択し、②ドリルダウンボタン（下向き矢印）をクリックすると、図6-30のとおり東京だけの四半期ごとの売上が確認できます。

▼図6-29：ドリルダウン操作の順序

▼図6-30：ドリルダウンされ東京の四半期ごとの売上が表示された

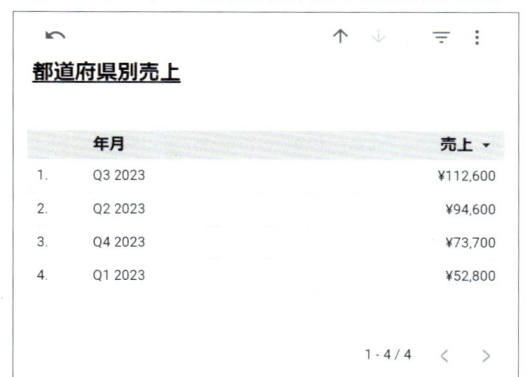

6-2-2 | 設定タブ：行数

「設定」タブの「行数」の設定では、一度に表示する行数について制御することができます。データが何行あっても、ここで設定した行数だけ「表」に反映されます。図6-27の左側の表では全部で23行ある「表」について、一度に表示する5行に制限しています。右側の表では全部で7行ある「表」について6行だけを表示しています。この制御により、「表」の縦方向の大きさを十分に取れない場合でも、途中で見切れてしまうのを避けることができます。

「行数」には、「ページネーション^{注1}」と「上位N行」の2つのうちどちらかを指定できます。**図6-31**は**図6-27**の左側の表の「設定」です。「ページネーション」を選択し、「ページあたりの行数」を5行に指定しています。**図6-27**の②で示した部分の「>」ボタンで6行目以降を表示することができます。

▼図6-31：「行数」を「ページネーション」で設定

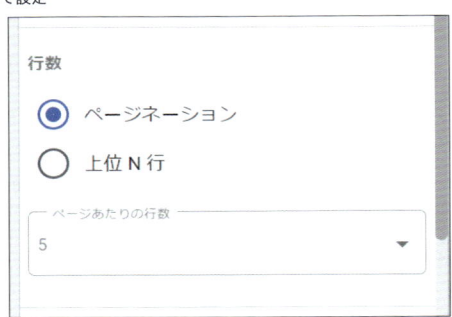

図6-32は**図6-27**の右側の表の設定です。「上位N行」を選択し、「上位の行数」を6行で指定しています。なお、このとき「その他グループに含める」にチェックを入れているため、上位5位までの都道府県は個別に表示されていますが、残りの2つの都道府県は「その他」にまとめられています。

▼図6-32：「行数」を「上位N行」で設定

注1 表に多数の行があった場合、すべての行を同時には表示できない。例えば表が1行目から5行目を表示していた場合、6行目から10行目を表示するナビゲーションのことをページネーション、あるいはページ送りと呼ぶ。

6-2-3 | 設定タブ：集計行の表示

「設定」タブの「集計行」で集計行の表示の有無を切り替えることができます（**図6-33**）。デフォルトでは表示なしですが、表示ありにすると、**図6-27**の左側の表のように、集計が表示されます。

▼図6-33：集計行の設定

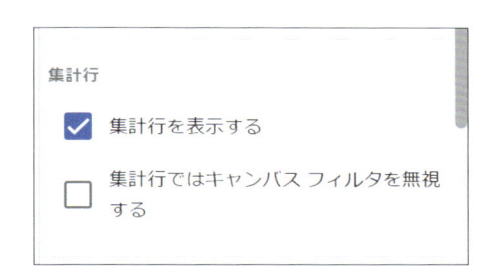

「集計行ではキャンバスフィルタを無視する」は、グラフに一時的なフィルタが適用された場合でも必ずフィルタのかかっていない総計を表示するオプションです。一時的なフィルタとは、ほかのグラフによるクロスフィルタリングや、第8章で学ぶ「コントロール」によって適用されたフィルタのことです。**図6-34**は、「集計行ではキャンバスフィルタを無視する」のオプションをオンにしています。都道府県は全部で7つありますが、第8章で学ぶコントロールを利用して「東京」だけに絞り込んでいます。「東京」の売上「333,700円」と同時に総計の「1,063,900円」が同時に確認できます。東京の売上の重要度が確認できます。「集計行ではキャンバスフィルタを無視する」をオフにしておくと、総計は「333,700円」となり、東京と全体を比較することはできません。

▼図6-34：「集計行ではキャンバスフィルタを無視する」をオンにして「東京」に絞り込んだ「表」

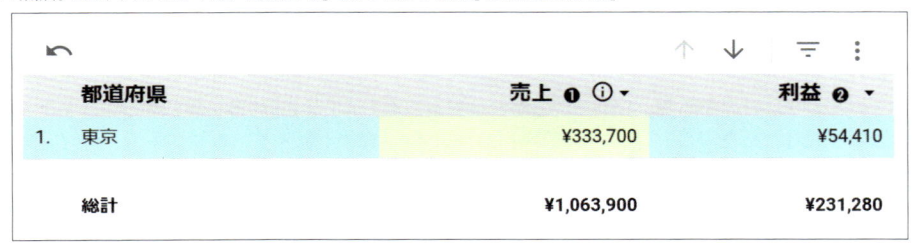

6-2-4 | 設定タブ：並べ替え

「設定」タブの「並べ替え」で並び順を制御することができます。**図6-27**の左側の表は年月の昇順で並べ替えを設定しています。**図6-35**は、**図6-27**の右側の表の並べ替え設定です。「並べ替え」、「サブの並べ替え」の2つの項目で並べ替えの対象を指定します。また、それぞれ降順昇順の別を指定します。

▼図6-35：「並べ替え」と「サブの並べ替え」設定

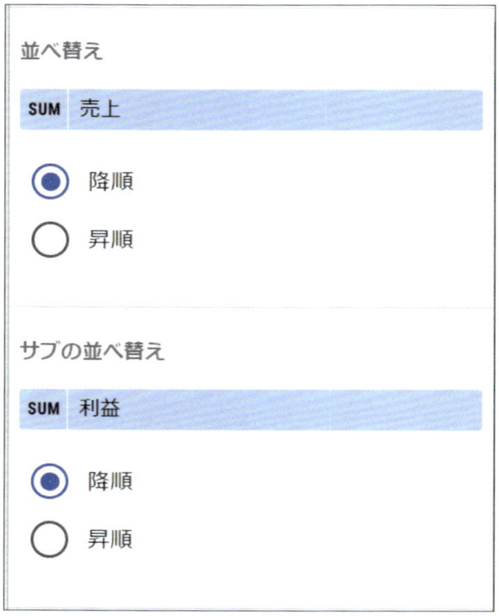

図6-36を例に、並べ替えについての3つの留意点を解説します。

- 図6-35のとおりに設定すると、項目（この場合は都道府県）は「売上」の多い順に並びます。と同時に、もし「売上」が同じだった場合、「利益」の降順に並びます。「売上」がメインの並べ替え、「利益」がサブの並べ替えで設定してあることは、図6-36のグラフのヘッダーにある❶、❷の表示で示されます。

- 図6-35の「売上」、「利益」ともよく見ると売上項目のアイコンに「SUM」が付与されているのがわかります。つまり、厳密にいうと、今の表の並べ替えは「売上の合計の降順」、「利益の合計の降順」となっています。「SUM」のところを「平均値」や「最大値」など、別の集計値にもとづいて並べ替えを行うことができます。

- ここで指定しているのはあくまでも初期値（デフォルト）の並べ替え順です。「表」を利用するユーザーは、表のヘッダーの項目をクリックすることで、どんな順にでも表の並び順を切り替えることができます（ただし、指標の集計方法の変更はできません）。図6-37、図6-38は、「東京」でドリルダウンし、ディメンションを「四半期」に切り替えたユーザーが、四半期の昇順、降順を切り替えているところです。並べ替えを行っている項目には「▲」（昇順）、あるいは「▼」（降順）アイコンが表示されます。

▼図6-36：並べ替えの優先順位の設定がわかるヘッダー

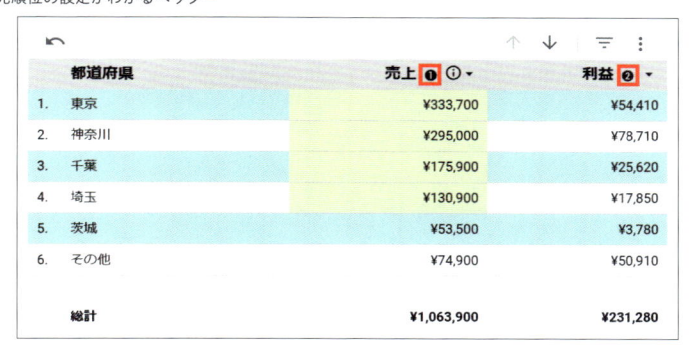

▼図6-37：年月（四半期）の昇順で並べ替え

▼図6-38：年月（四半期）の降順で並べ替え

6-2-5　スタイルタブ：条件付き書式

　前節の「スコアカード」で設定できたように、「表」でも条件付き書式設定を行うことができます（**図6-39**）。条件付き書式設定は「スタイル」タブから行います。**図6-27**の右側の表では、売上の合計が10万円を超える場合に、黄緑色の背景色を設定しています。

▼図6-39：条件付き書式設定

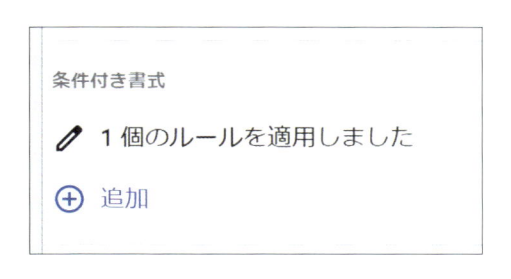

　図6-40が、「単一色」で売上が10万円を超える場合に黄緑色の背景色を設定している条件付き書式の設定画面です。

▼図6-40：売上が10万円を超える場合に黄緑の背景色を設定する条件付き書式設定

6-2-6　スタイルタブ：表のヘッダー

「スタイル」タブの「表のヘッダー」設定項目は**図6-41**のとおりです。

「ヘッダーを表示します」オプションは、通常はチェックを入れておいてください。チェックを外すと項目行が消えてしまい、ディメンションや指標が何を指すのかわからなくなります。

「テキストを折り返す」設定は、ヘッダーとなった項目名が例えば「令和6年主要製品売上（除く海外向け）」のような長く、列の中に収まらない場合、折り返しをするかどうかの設定です。

「フィールドの説明を表示する」は、データソースエディタで設定した項目の説明を吹き出しのように表示するオプションです。

▼図6-41：「表のヘッダー」設定

図6-42は、データソースエディタで、「都道府県」に、「日本の都道府県。全部で47あります。」という「説明」を付与した状態を示しています。

▼図6-42：データソースエディタで、「都道府県」に「説明」を付与

　「説明」に値を付与した状態で、「表のヘッダー」の「フィールドの説明を表示する」にチェックを入れると、表のヘッダーにマウスオーバーしたときに、**図6-43**のように吹き出し状に「説明」に記述しておいた文字列が表示されます。

▼図6-43：「都道府県」にマウスオーバーすると現れる「説明」

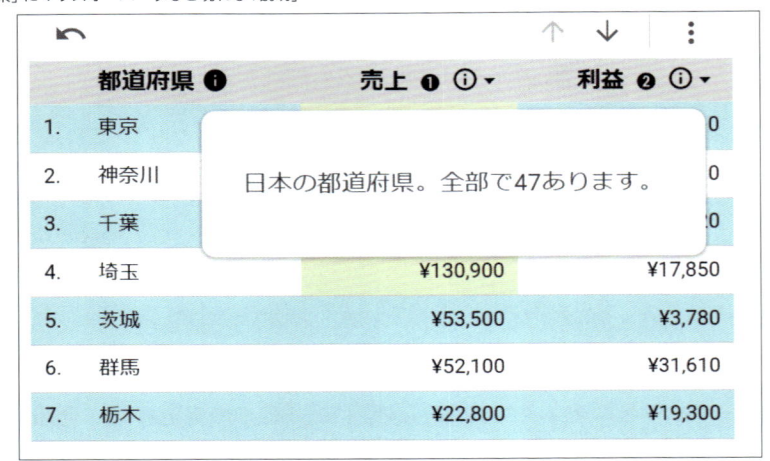

6-2-7　スタイルタブ：表の色

　「スタイル」タブの「表の色」という設定項目では、表における次の場所の色を変更できます。

① ヘッダーの背景色
② セルの枠線の色
③ 奇数行の色
④ 偶数行の色

　よく利用されるのは、列数や行数が多い場合に、行を横にたどりやすくする「縞模様」の設定です。**図6-44**の③で奇数行、④で偶数行の背景色を設定することができます。
　ちなみに、①はヘッダーの背景色、②はセルの枠線（行と行を仕切る線）の色の設定です。

▼図6-44：表の色の設定

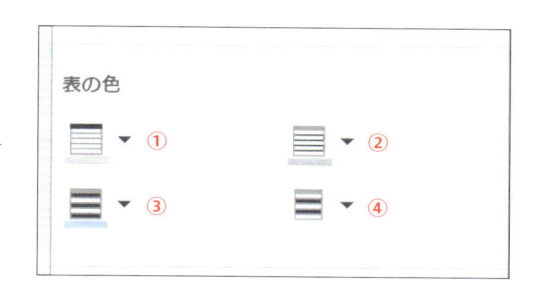

6-2-8 | スタイルタブ：表の本体

「スタイル」タブの「表の本体」では**図6-45**のとおりの設定ができます。

① 行番号の表示の有無を設定できます。デフォルトでは表示ありになっています。図6-27では左の「表」には行番号なしに、右の「表」には行番号ありにそれぞれ設定されています。

② チェックを入れると、行の高さをセルの文字が潰れないサイズに自動調整します

③ チェックを入れると、表のセル内の文字列を折り返して表示できます。WebサイトのURLなど長い文字列の場合に有効です。

④ 水平スクロールを許します。セルの幅を長くすることができますが、利用者に横スクロールという手間をかけさせてしまうこと、表の全体像が見えなくなることからあまり推奨できません。

⑤ 指定した列まで固定されます。

▼図6-45：「表の本体」の設定項目

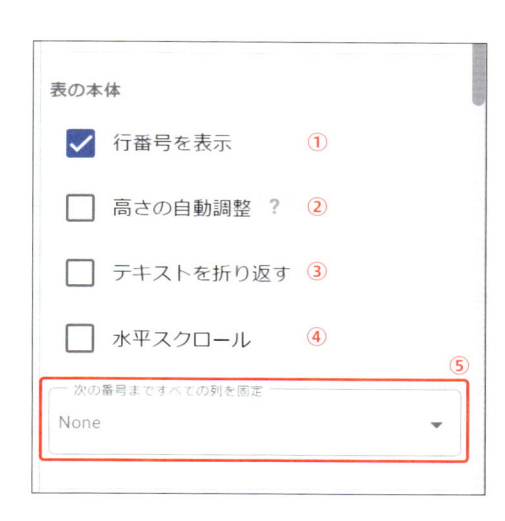

6

6-2-9 │ スタイルタブ：表のフッター

「表のフッター」では、フッターの設定を行います。フッターとは、**図6-27**の左側の表で、紫色の点線より下の部分を指します。**図6-46**がその設定です。表自体と表のフッタを区切る線の色と種類を設定できます。

「最小パディングページ設定」とは、フッターを最小面積で表示するオプションです。

▼図6-46：表のフッター設定

6-2-10 │ スタイルタブ：指標

「スタイル」タブの「指標」設定では、表に棒グラフやヒートマップを加えることができます。「ヒートマップ」とは、値の大きさに応じてセルに濃淡の異なる色で網かけし、値の大小を判断する助けとする表示モードです。もちろん、棒グラフもヒートマップも使わない設定とすることもできます。

図6-47が「スタイル」タブの「指標」の設定です。設定した結果は**図6-48**に示していますので、設定と、その結果である表の外観と合わせて確認してください。なお、**図6-47**の設定は表で使われている1つの指標（ここでは「売上」）についてのものです。表では複数の指標を利用できますので、ここで紹介している設定は、指標の個数だけ個別に行うことができます。例えば、表に「売上」と「利益」が使われていれば、「売上」、「利益」それぞれに対して行うことができます。

図6-47の枠で囲んだ設定が、すべて「指標1」の「売上」、水色枠は「指標2」の「利益」についての設定です。

① 「棒グラフ」と「ヒートマップ」のうち「棒グラフ」を選択する

② 棒グラフの棒の色はエンジ色を指定する

③ チェックを入れ、売上の値を表示する

④ セル内での位置は「左寄せ」、「右寄せ」、「センタリング」があるが、デフォルトのまま（左寄せ）とする

⑤ チェックを入れず、表示した売上金額は短縮表示しない

⑥ 表示している売上金額の小数点以下の値は自動設定とする

⑦ チェックを入れ、目標値の表示をオンにする

⑧ 具体的な目標金額を記述する

⑨ 目標の線の色をデフォルトのまま（黒）とする

⑩ チェックを入れ、棒グラフの軸を表示する

⑪ 軸目盛りのフォントの色をデフォルトのまま（黒）とする

⑫ 軸目盛りのフォントをデフォルトのまま（Roboto）とする

⑬ チェックを入れ、軸目盛りの値を短縮表示する

⑭ 軸目盛りの小数点以下の値は自動設定とする

6

▼図6-47：「スタイル」タブの「指標」の設定

▼図6-48：図6-47の「指標」の設定を行った「表」

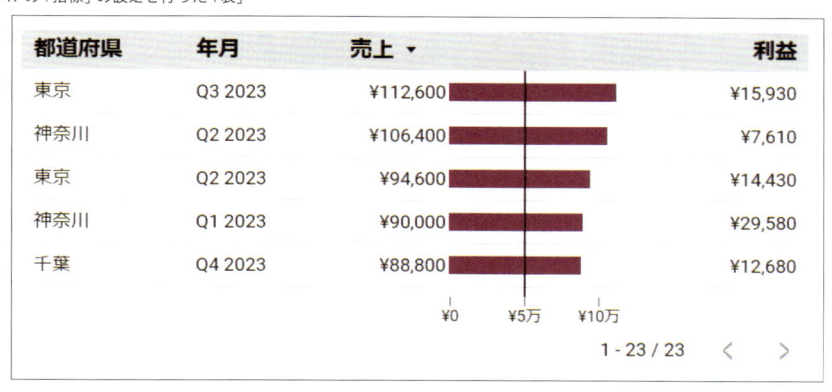

6-2-11 | その他：列幅の修正

　「表」に多数のディメンションや指標を加えていくと、列幅がきゅうくつになります。その際、「表」を右クリックすると、「列のサイズを変更」メニューが表示されます（**図6-49**）。列幅をデータが持つ文字や数字の長さに応じて調整する場合には「データに合わせる」、列幅を均等に表示したい場合には「均等に揃える」を選択してください。

▼図6-49：「表」の右クリックで表示される「列のサイズを変更」メニュー

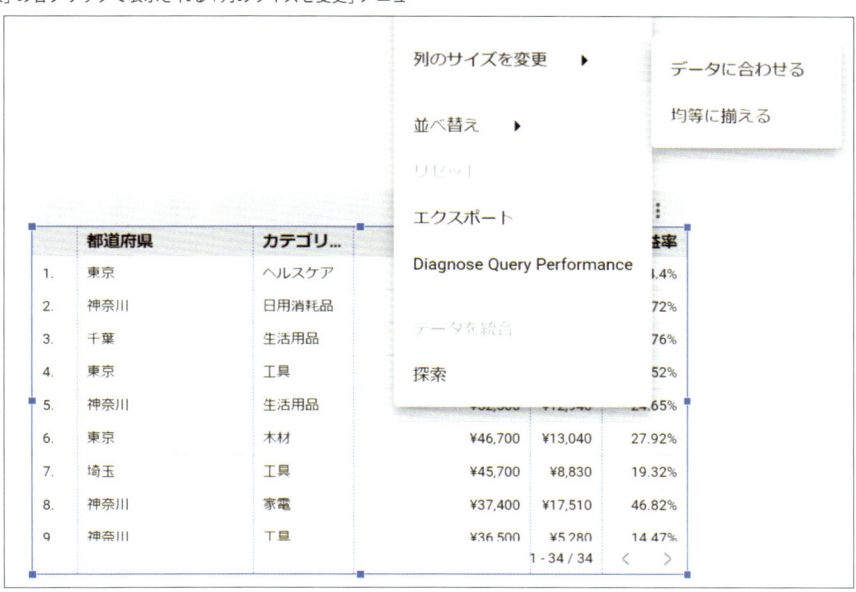

6

183

6-3 グラフ作成手順：ピボットテーブル

「ピボットテーブル」を作成する手順のうち、すべてのグラフに共通する項目は4-3、および4-4にまとめていますので、本節ではピボットテーブルに固有の作成手順を紹介します。

「ピボットテーブル」をレポートに追加するには、メニューの「グラフを追加」から「ピボットテーブル」を選択します。**図6-50**のとおりピボットテーブルは3種類あります。

① ピボットテーブル
② 棒付きピボットテーブル
③ ヒートマップ付きピボットテーブル

▼図6-50：「グラフを追加」から「ピボットテーブル」を選択

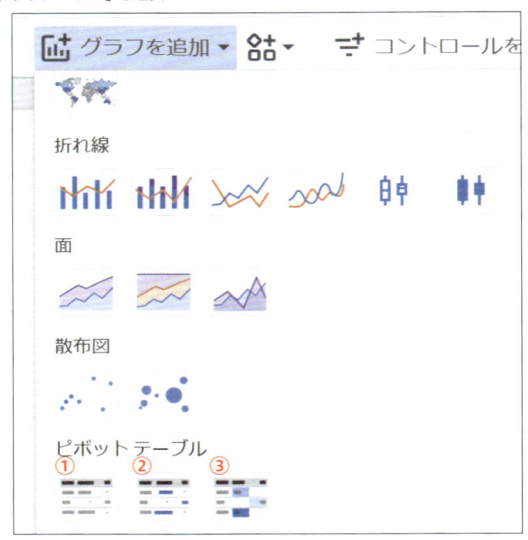

①がシンプルで基本的なピボットテーブルです。②はセルに棒グラフ状のバーを表示する、③はヒートマップとして値の大小に応じて色の濃淡をつけるといったオプション項目が異なるだけですので、どれを選んでもかまいません。それらはあとから「スタイル」タブを通じて変更可能です。

本節では、①のシンプルで基本的なヒートマップを選択した前提で解説を進めます。

設定できる項目は次のとおりです。行と列で構成されているという点では、ピボットテーブルは「表」と似ています。そのため、「表」の設定と実質的に同じ設定ができる場合があります。設定方法が同じ場合には、該当する項を参照する形で設定方法を解説します（**図6-51**）。

① **6-3-1 設定タブ：行・列のディメンション**

② **6-3-2 設定タブ：指標**

③ **6-3-3 設定タブ：合計**

④ **6-3-4 設定タブ：並べ替え**

⑤ **6-3-5 スタイルタブ：条件付き書式**

⑥ **6-3-6 スタイルタブ：表の色**

⑦ **6-3-7 スタイルタブ：指標**

▼図6-51：ピボットテーブルに加えることのできる設定

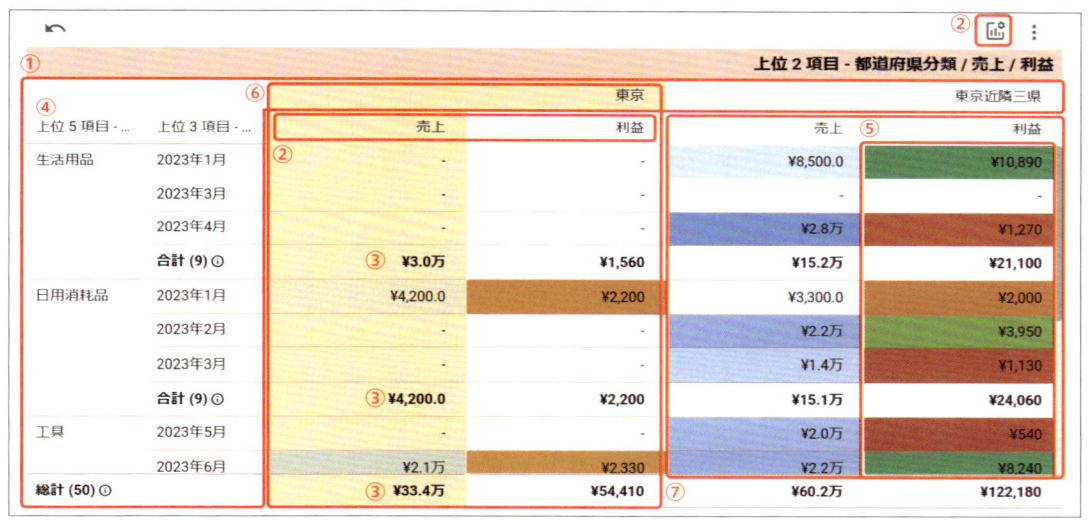

6-3-1 　設定タブ：行・列のディメンション

　ピボットテーブルは、行方向だけでなく、列方向にもディメンションを配置することができます。そのため、**図6-52**のとおり、設定としても、行のディメンションだけでなく列のディメンションも存在します。**行方向、列方向の両方にディメンションを配置した表はクロス集計表と呼ばれます。**

　多くのディメンションを配置すると、それだけ細かい粒度で指標や利益などの値を確認できますが、全体像はとらえにくくなります。レポート利用者の側に立って、適切な数のディメンションを配置するのがよいでしょう。

▼図6-52：行・列の指標

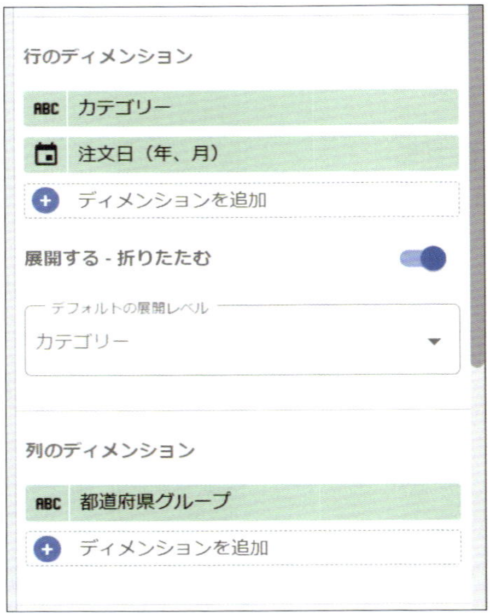

行のディメンションについては、「展開する - 折りたたむ」オプションが利用できます。オンにすると、**図6-53**のとおり下層のディメンションが折りたたまれた状態でピボットテーブルが表示されます。「+」記号をクリックすることで展開できます。

▼図6-53：「注文日（年、月）」ディメンションが折りたたまれた

	東京	
⊞ 上位 5 項目 ...	売上	利益
生活用品	¥3.0万	¥1,560
日用消耗品	¥4,200.0	¥2,200
工具	¥6.5万	¥6,210
ヘルスケア	¥10.4万	¥15,020
インテリア ⓘ	¥2.8万	¥1,450
総計 (8) ⓘ	**¥33.4万**	**¥54,410**

列を折りたたむことができるかどうかは、**図6-54**で示した行方向ディメンションに「-」記号

があることでわかります。

▼図6-54：下位のディメンションを折りたためることがわかる

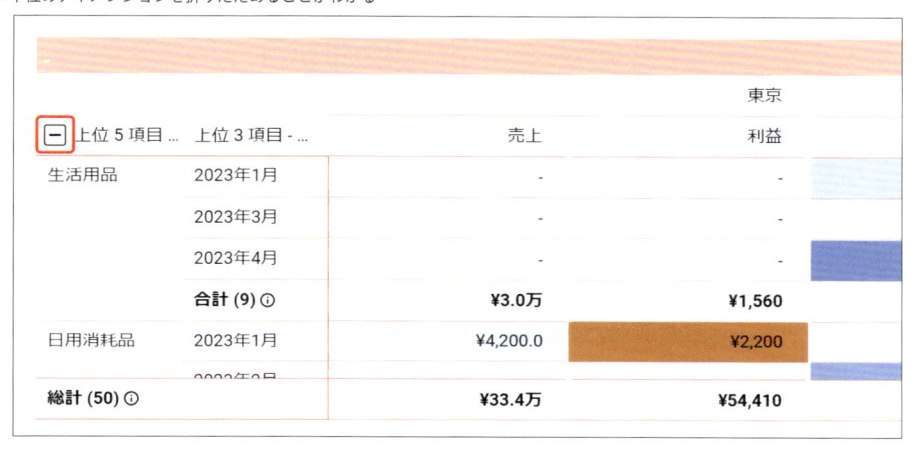

6-3-2 ｜ 設定タブ：指標

　図6-55のとおり、指標も複数配置することができます。また、「オプションの指標」も利用可能です。「オプションの指標」を設定すると、レポートを利用するユーザーにはどうみえるのか、6-1-1で解説していますので、参照してください。

▼図6-55：「指標」で設定できる項目

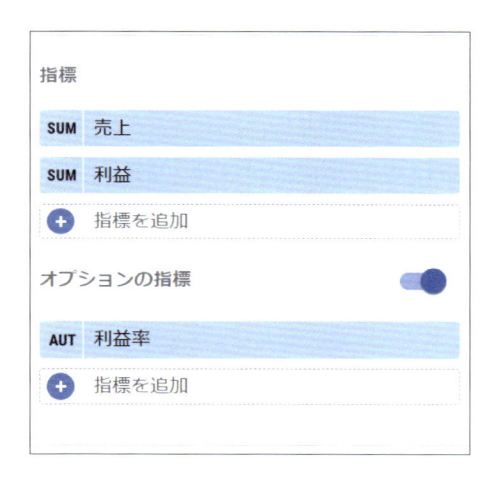

6-3-3 | 設定タブ：合計

図6-56で示しているとおり、「合計」では行方向、列方向の総計の表示をそれぞれ設定できます。例えば、図6-53で「東京」の「生活用品」の売上が「3.0万円」となっていますが、その金額が全体においてどれほどの大きさを占めているのかを知りたいことは多いものです。そのため、グラフが専有するスペースは増えてしまいますが、基本的には行、列とも「合計」を表示するほうが望ましいでしょう。

「小計を表示」の設定は、次の2つの条件が満たされたときに現れる設定項目です。

- 「行のディメンション」に複数の項目を配置していること
- 「行のディメンション」設定の「展開する - 折りたたむ」がオフであること

▼図6-56：「合計」の設定

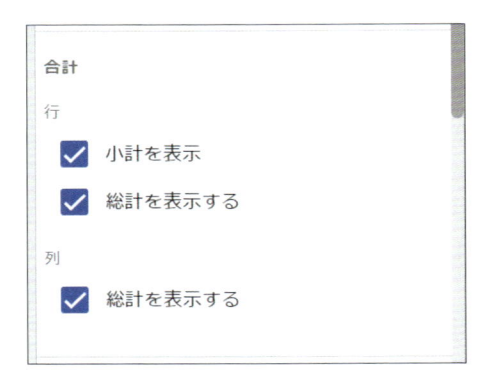

6-3-4 | 設定タブ：並べ替え

「並べ替え」には行、および列に配置したディメンションの数だけ設定項目が現れます。図6-51には、行方向に「カテゴリー」、「注文日（年、月）」、列方向に「都道府県分類」の3つのディメンションがありますので、行方向の並べ替えが2つ、列方向の並べ替えが1つ、合計3つの並べ替え設定があります。

図6-57は、図6-53のピボットテーブルの並べ替え設定です。図6-53では、行方向の最初のディメンションとして「カテゴリー」を利用していますので、図6-57の「行番号1」は「カテゴリー」を何にもとづいて並べるか、そして何行表示するかの設定を行っています。この場合、売上の降順に5行だけ表示する設定を行っています。ところが、東京の売上列を一見すると、カテゴリー

が売上の降順に並んでいないように見えます。ここで設定している「売上」の降順はカテゴリー別の売上合計金額を対象としていますので、注意が必要です。

▼図6-57：並べ替え設定

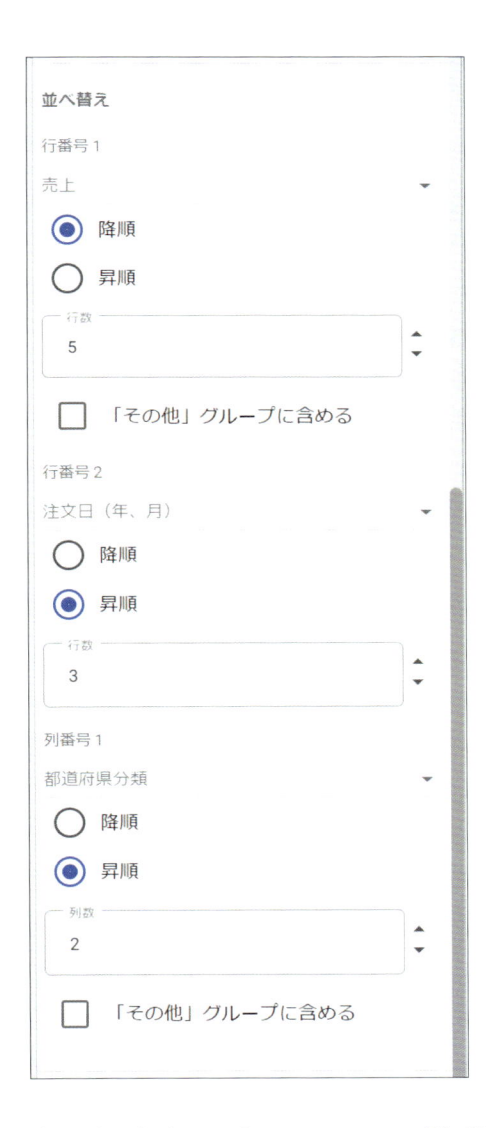

　列方向の並べ替えは、「列番号1」で指定します。**図6-57**では「都道府県分類」の「昇順」で2つの要素までを表示する設定をしています。漢字でできた文字列の並べ替えなのでわかりづらいですが、列方向に配置されている「都道府県分類」ディメンションには、「東京」、「東京近隣三県」、

「非一都三県」の3つの値が存在しています。そのうちの2つを昇順で表示しているため、前者2つだけがピボットテーブルに表示されています。

6-3-5 | スタイルタブ：条件付き書式

「スタイル」タブの「条件付き書式」はスコアカードや「表」で解説したものとまったく同じ機能です。条件に合致した場合、セルのフォントの色や背景色をあらかじめ設定した内容に自動的に変更します。基本的な設定手順は、「スコアカード」や「表」と同じですので、6-1-4や6-2-5を参照してください。

ただし、「ピボットテーブル」で「色のタイプ」として「単一色」を選択した場合、「スコアカード」や「表」にはない2つの設定ができます。

1つ目は**図6-58**の①にある「閉じた時に適用」です。6-3-1で解説したとおり、行に複数のディメンションを適用すると「展開する - 折りたたむ」ができる状態になります。すると、ピボットテーブル自体が最初のディメンションだけが表示されている「折りたたんだ状態」、あるいは複数のディメンションが表示されている「展開した状態」のどちらかになります。「閉じた時に適用」のチェックボックスにチェックを入れると、「折りたたんだ状態」のときだけ条件付き書式が有効になります。

「折りたたんだ状態」ではディメンションが1つしか適用されません。一方、「展開した状態」では複数のディメンションが適用されます。そのため、例えば、指標として「売上」を設定した場合、その金額は通常、展開したほうが小さな値になります。「展開した状態」の小さな値については条件付き書式を適用したくない場合、このオプションをオンにしてください。

2つ目は「書式ルール」に適用できる対象の種類が「スコアカード」や「表」とは異なります。**図6-58**の②は、「書式ルール」で適用する対象が4通り選べることを示しています。英語表記になっていますので、その意味合いを解説します。

- 「Metric」（指標）：ピボットテーブルで利用されている指標を選択し、指標の値をしきい値としてルールを設定する。例えば、ピボットテーブルに「売上」と「利益」を配置している場合、「売上」あるいは「利益」のいずれかを選択する必要がある。
- 「Row」（行）：行に配置しているディメンション項目を対象としてルールを設定することができる。
- 「Column」（列）：列に配置しているディメンション項目を対象としてルールを設定することができる。
- 「Any」（いずれかの指標）：ピボットテーブルに配置した指標すべてを対象としてルールを設定する。例えば、ピボットテーブルに「売上」と「利益」を配置している場合で、「5,000円を超える」という条件を「Any」で設定すると、5,000円を超える「売上」のセルにも「利益」のセルにも条件付き書式が適用される。

▼図6-58：4つの項目を対象に設定できるピボットテーブルの条件付き書式

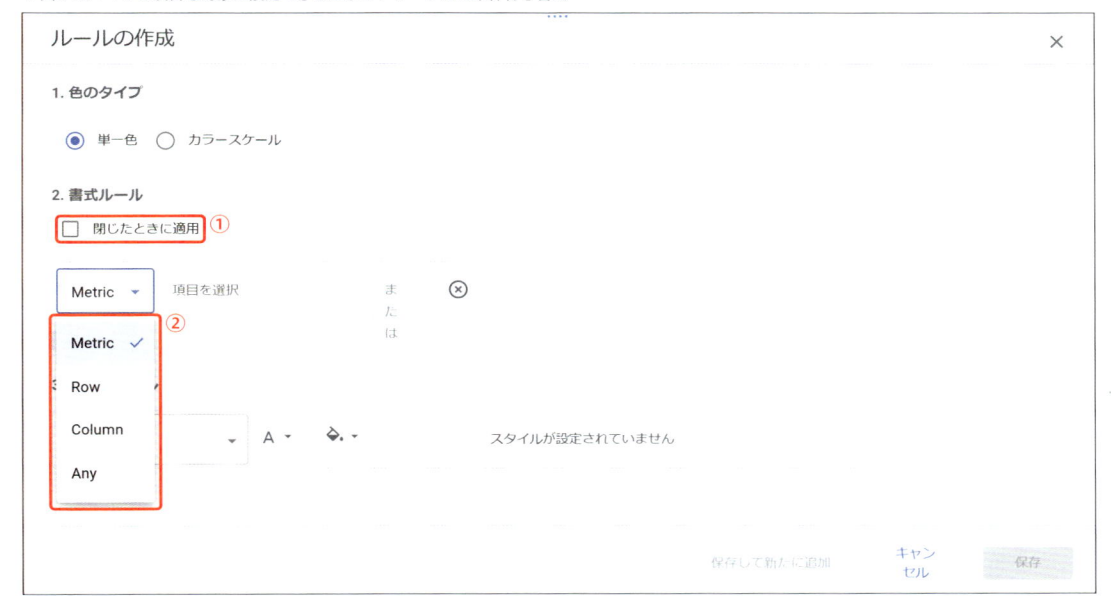

6-3-6 | スタイルタブ：表の色

「スタイル」タブの「表の色」で指定できるのは、次の5点です。**図6-59**と合わせて確認してください。④の奇数行の色、⑤の偶数行の色は6-3-7で解説している「ヒートマップ」と同時には利用できません。

① ヘッダーの背景色
② セルの枠線の色
③ ハイライトの色
④ 奇数行の色
⑤ 偶数行の色

▼図6-59：「表の色」の設定

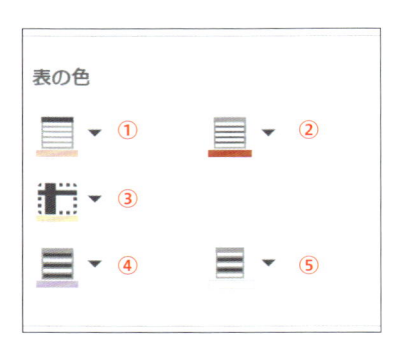

　図6-60のピボットテーブルは、①をベージュ、②をオレンジ、③を黄色、④を紫で設定し、東京の生活用品の売上にマウスオーバーしたときの状態が**図6-60**です。③の背景色はマウスオーバーをする場所を変えるごとにセル、行、列など、ハイライトする部分を変えていきます。

▼図6-60：「表の色」の設定結果

上位5項目 - ...	注文日（年、...	売上	利益	売上	利益
				東京	東京近隣三県
				上位2項目 - 都道府県分類 / 売上 / 利益	
生活用品	2023年1月	-	-	¥8,500.0	¥10,890
	2023年3月 ⓘ	-	-	-	-
	2023年4月	-	-	¥2.8万	¥1,270
	2023年7月 ⓘ	-	-	¥2.7万	¥1,140
	2023年8月	¥3.0万	¥1,560	-	-
	2023年9月	-	-	-	-
	2023年10月	-	-	¥4.0万	¥3,040
総計 (50) ⓘ		¥33.4万	¥54,410	¥60.2万	¥122,180

6-3-7 | スタイルタブ：指標

　「スタイル」タブの「指標」は、「表」で設定できる内容、操作手順ともまったく同じなので、6-2-10を参照してください。**図6-61**は、「指標 #1」、つまりピボットテーブルに使われている最初の指標である「売上」について、青のヒートマップ、さらに数値の短縮表示を適用している状態を示しています。「指標 #2」である「利益」には何の設定も加えていません。

▼図6-61：「指標#1」の「売上」の「ヒートマップ」の設定

6-4　グラフ作成手順：折れ線グラフ

　「折れ線グラフ」を作成する手順のうち、すべてのグラフに共通する項目は4-3、および4-4にまとめていますので、本節では「折れ線グラフ」に固有の作成手順を紹介します。

　「折れ線グラフ」をレポートに追加するには、メニューの「グラフを追加」から「期間」を選択します。**図6-62**のとおり「折れ線グラフ」は3種類あります。

① **期間グラフ**
② **スパークライングラフ**
③ **平滑時系列グラフ**

▼図6-62：3種類のスタイルから選択できる「期間」（折れ線）グラフ

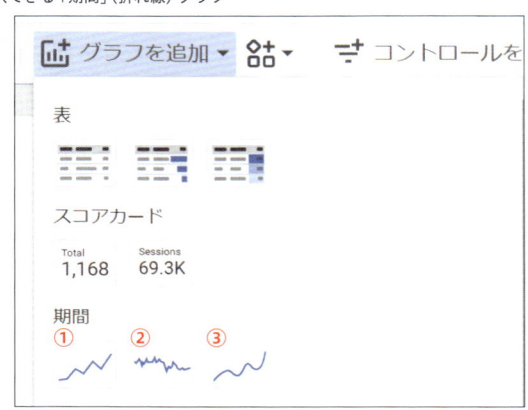

　①がシンプルな折れ線グラフ、②が軸を非表示にした折れ線グラフ、③が折れ線のギザギザを滑らかにした折れ線グラフというちがいがあります。しかし、オプション項目が異なるだけですので、どれを選んでもかまいません。それらはあとから「スタイル」タブを通じて変更可能です。

　本節では、①のシンプルな折れ線グラフを前提に話を進めます。「折れ線グラフ」固有の設定項目としては、次のようなものがあります。

　番号を付与した項目について、次で解説します（**図6-63**）。

① **6-4-1 設定タブ：ディメンション**
② **6-4-2 設定タブ：指標**
③ **6-4-3 スタイルタブ：配色**
④ **6-4-4 スタイルタブ：系列**
⑤ **6-4-5 スタイルタブ：間隔**
⑥ **6-4-6 スタイルタブ：リファレンス行**
⑦ **6-4-7 スタイルタブ：全般**
⑧ **6-4-8 スタイルタブ：軸・左（右）Y軸・X軸**

▼図6-63：多彩な訴求ができる折れ線グラフ

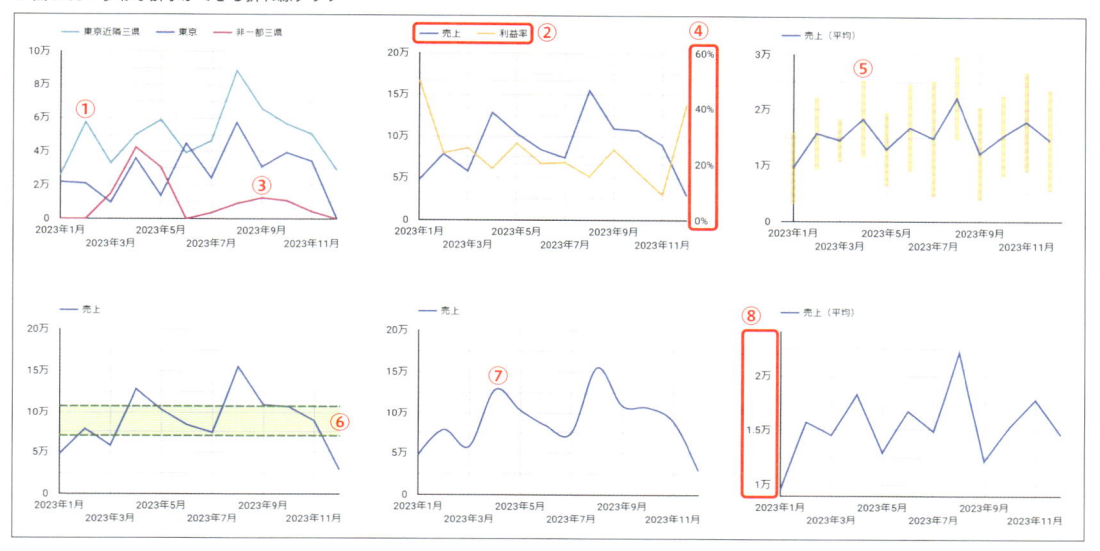

6-4-1 | 設定タブ：ディメンション

　ディメンションには、日付と時刻型の項目しか設定できません。ディメンションに日付と時刻型の項目を複数設定した場合には、ドリルダウンが適用できます。ドリルダウンの典型的な利用方法として、**図6-64**のとおり日付のディメンションを大きい順に並べるという使い方があります。

▼図6-64：日の粒度で構成したディメンションのドリルダウン

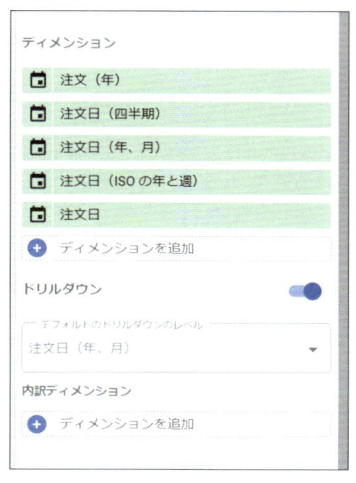

　図6-65は1つの折れ線グラフにおいて、ドリルダウン、ドリルアップを利用して注文日の「日の粒度」を変更したときの見かけのちがいを示しています。設定は**図6-64**のとおりです。「デフォルトのドリルダウンのレベル」を「注文日（年、月）」という一番程よい粒度にしておいて、最大は「年」までドリルアップが、最小は「日付」までドリルダウンができる設定です。

▼図6-65：日の粒度の変更を可能にするドリルダウン

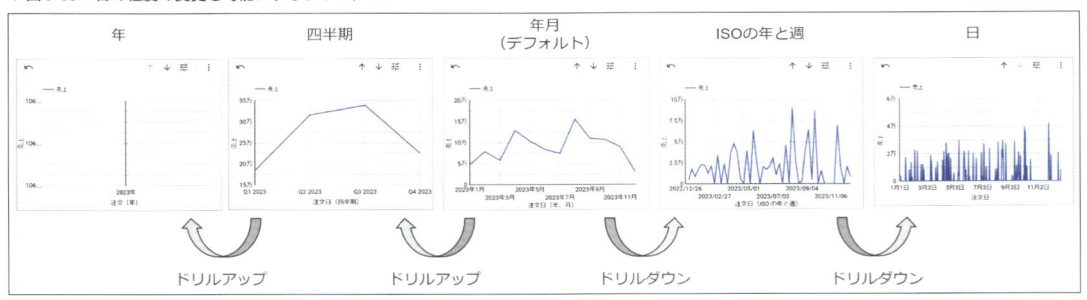

　また、「内訳ディメンション」に項目を追加すると、追加した項目で折れ線グラフの線が分かれます。**図6-66**のグラフは「内訳ディメンション」に「都道府県分類」を設定しています。そのため、「都道府県分類」が持つ「東京」、「東京近隣3県」、「非一都三県」の3つの値に応じて3本の線にグラフが分かれました。

▼図6-66：「内訳ディメンション」に「都道府県分類」を設定した折れ線グラフ

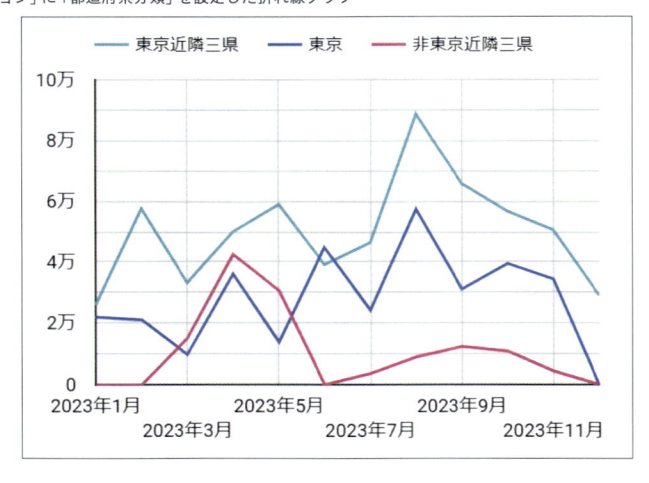

　なお、「内訳ディメンション」を設定すると**図6-67**のとおり「内訳ディメンションの並べ替え」が設定できるようになります。

▼図6-67：「内訳ディメンションの並べ替え」を売上合計の降順で設定

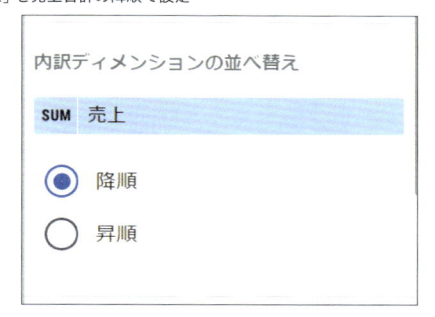

6-4-2 | 設定タブ：指標

図6-68が示すように複数の指標を折れ線グラフで表現できます。複数の指標を1つの折れ線グラフで利用するときに留意する必要があるのは次の2点です。

● 配置したい指標が、売上や利益（数万〜数十万）と利益率（1未満）のように桁が大きくちがう場合には、次の2つのうちのどちらかを利用する必要がある
　・桁のちがう指標は「指標」ではなく、「オプションの指標」に配置する（図6-68）
　・桁のちがう指標は左Y軸ではなく、右Y軸を利用する（6-4-4参照）

▼図6-68：指標に「売上」と「利益」、オプションの指標に「利益率」を設定

また、指標に設定できるオプションとして、**図6-69**のとおり「指標スライダー」があります。ただし、「指標スライダー」は「オプションの指標」と同時には利用できません。

▼図6-69：「指標スライダー」の設定

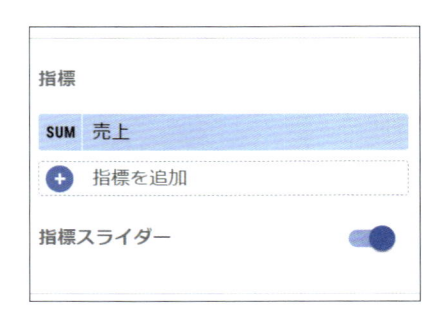

設定すると、一定の範囲の値だけグラフに反映することができるようになります。**図6-70**では、「指標スライダー」を利用して、10万円以上の売上についてだけグラフに反映するように設定しています。

折れ線グラフは本来、期間中のすべての値を表示し、線の傾きによって量の多寡の変化を表現するものです。その一部が見えなくなるこの機能の利用シーンはあまりありません。

▼図6-70：指標スライダーで10万円以上の売上だけをグラフに反映

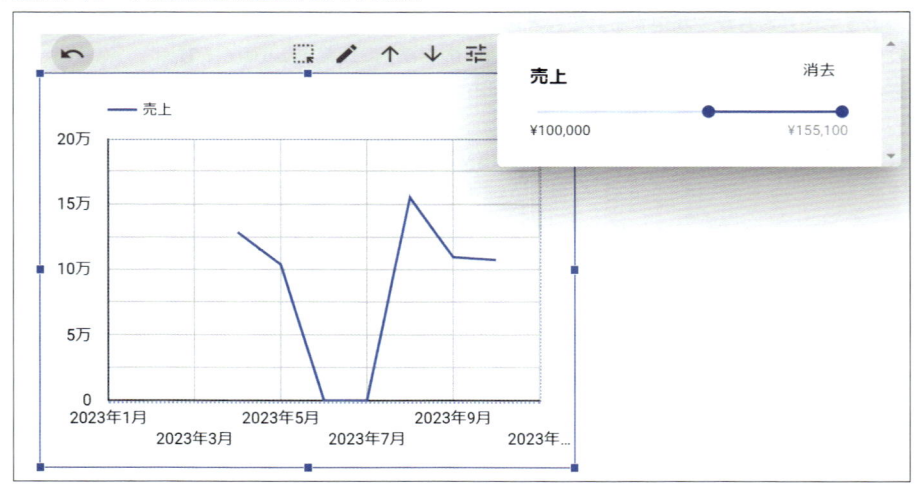

6-4-3 | スタイルタブ：配色

6-4-1で学んだ「内訳ディメンション」を設定すると登場する設定項目です。複数の線に分かれた折れ線グラフの色を変更することができます。

配色には、**図6-71**のとおり「配色の順序」と「ディメンションの値」の2つの選択肢があります。「配色の順序」を選択した場合には、4-1で解説したレポート全体の「テーマ」が定義する色が自動的に割り当てられます。テーマの「デフォルト」では、値が大きい順に、青、ターコイズブルー、ピンク……となります。「ディメンションの値」を選択すると、要素に対して個別に色を指定できます。項目と色の紐づけを変更したい場合は、**図6-71**の「ディメンションの値の色の管理」をクリックします。

▼図6-71：配色で「内訳ディメンション」ごとの線の色の配色ルールを指定する

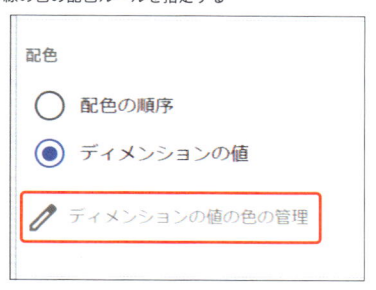

そのうえで、色を変更したいディメンション項目をクリックして配色を選択します。**図6-72**は変更前、**図6-73**は変更後です。

▼図6-72：ディメンションへの色の割当（変更前）

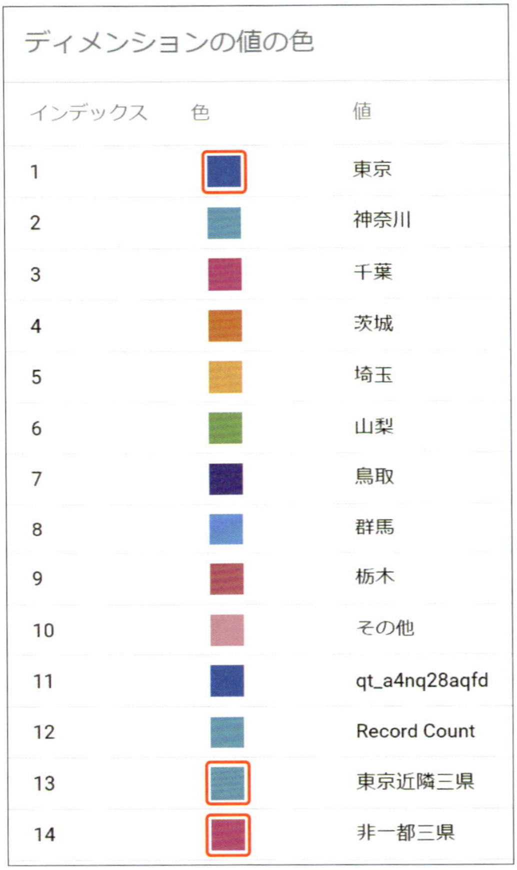
ディメンションの値の色
インデックス
色
値
1
東京
2
神奈川
3
千葉
4
茨城
5
埼玉
6
山梨
7
鳥取
8
群馬
9
栃木
10
その他
11
qt_a4nq28aqfd
12
Record Count
13
東京近隣三県
14
非一都三県

▼図6-73：ディメンションへの色の割当（変更後）

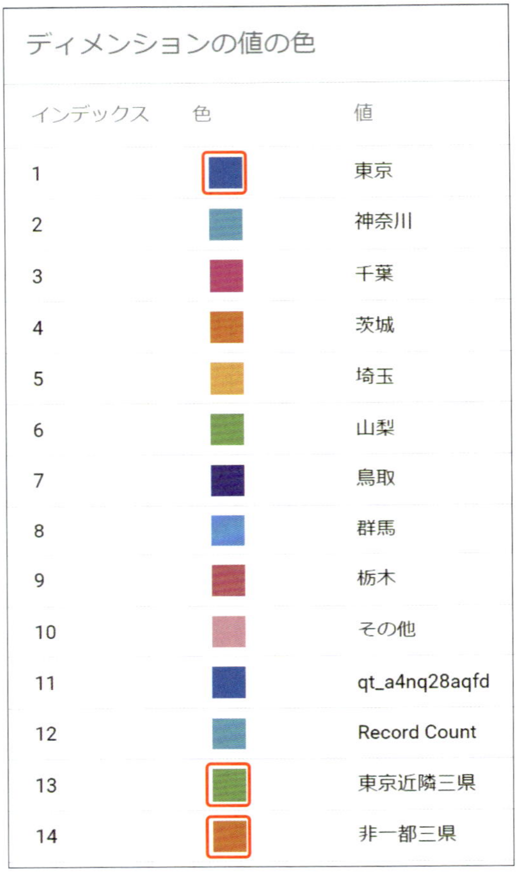
ディメンションの値の色
インデックス
色
値
1
東京
2
神奈川
3
千葉
4
茨城
5
埼玉
6
山梨
7
鳥取
8
群馬
9
栃木
10
その他
11
qt_a4nq28aqfd
12
Record Count
13
東京近隣三県
14
非一都三県

すると、**図6-74**の折れ線グラフの配色が**図6-75**のとおりに変わります。

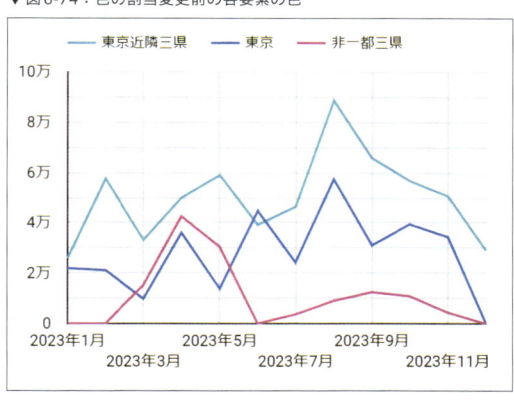

▼図6-74：色の割当変更前の各要素の色

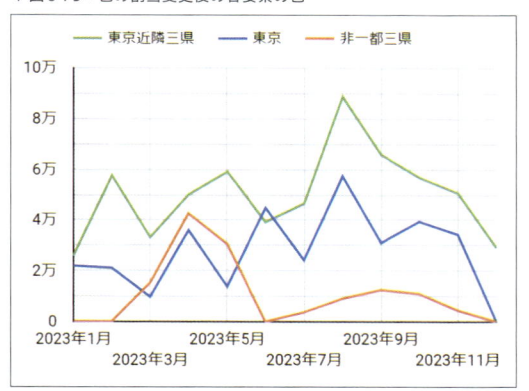

▼図6-75：色の割当変更後の各要素の色

6-4-4 | スタイルタブ：系列

「系列」で設定できる項目は**図6-76**のとおりです。「系列」は、「系列1」、「系列2」、「系列3」と、グラフに利用する「指標」の数だけ存在します。例えば、「設定」タブで、指標として「売上」と「利益率」を設定した場合、「系列1」は「売上」について、「系列2」は利益率についての設定になります。

① 折れ線グラフか棒グラフかを選ぶことができる。

② ①で「折れ線」を選択したときにのみ現れる設定項目。線の太さを指定する。

③ ①で「折れ線」を選択したときにのみ現れる設定項目。線の種類を指定する。

④ 線、あるいは棒の色を指定する（内訳ディメンションを適用していない場合のみ指定可能）。

⑤ 累計：指標を累計で表示するとき、チェックを入れる。

⑥ ①で「折れ線」を選択したときにのみ現れる設定項目。「月」のところにポイント（●）をつけて目立たせたい場合、チェックを入れる。

⑦ ①で「折れ線」を選択したときだけ有効になる設定項目。月ごとの値の変化を、斜めの線ではなく、垂直線と水平線で階段状に表現したい場合にチェックを入れる。

⑧ データラベルを表示：月ごとの値を表示する。オンにすると「データラベル」の設定項目が出現し、「数値の短縮表示」と桁数指定ができるようになる。

⑨ 左右どちらの軸を利用するかを指定する。例えば「売上」と「利益率」を同じグラフで表現したい場合、それらは桁がちがう値ですので、売上は左、利益率は右を使うよう指定する必要がある。結果、グラフにY軸が2つある、いわゆる二重軸を使った折れ線グラフになる。

▼図6-76：系列1に対して設定できる各種の項目

図6-77は、左軸に「売上」、右軸に「利益率」を割り当てた折れ線グラフです。「売上」は青の棒グラフで、「利益率」はピンクの折れ線グラフで表現しています。

▼図6-77：「売上」と「利益率」を同時に表現した折れ線グラフ

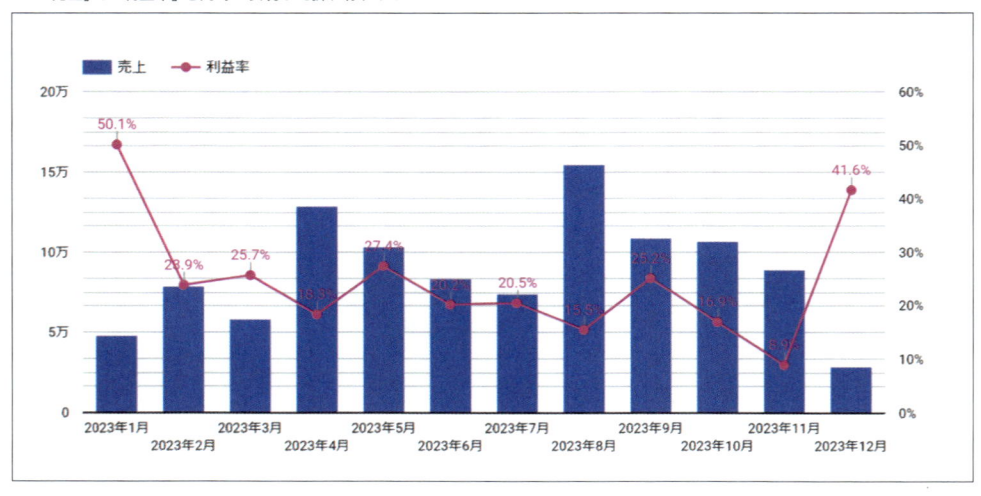

6-4-5 | スタイルタブ：トレンドライン

　図6-78で示した設定項目「トレンドライン」では、**グラフが示す傾向（トレンド）をグラフに表示する**ことができます。「トレンドライン」の種類は「線形」、「指数」、「多項式」、「移動平均」の4つの中から選択できます。もっとも利用頻度が高いのは「線形」と「移動平均」でしょう。

▼図6-78：「トレンドライン」の選択肢

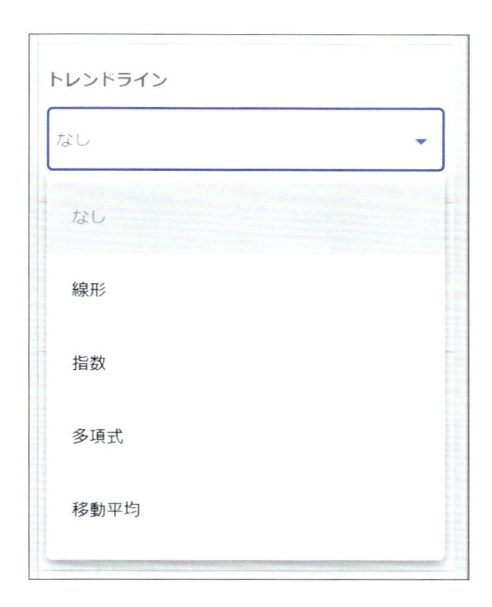

　「移動平均」を選択したときには、**図6-79**のとおり、移動平均を計算する対象期間を指定します。図では3ヵ月としています。また、トレンドラインの線の太さ、種類、色も指定することができます。

6

▼図6-79：「トレンドライン」として3ヵ月移動平均を設定した折れ線グラフ

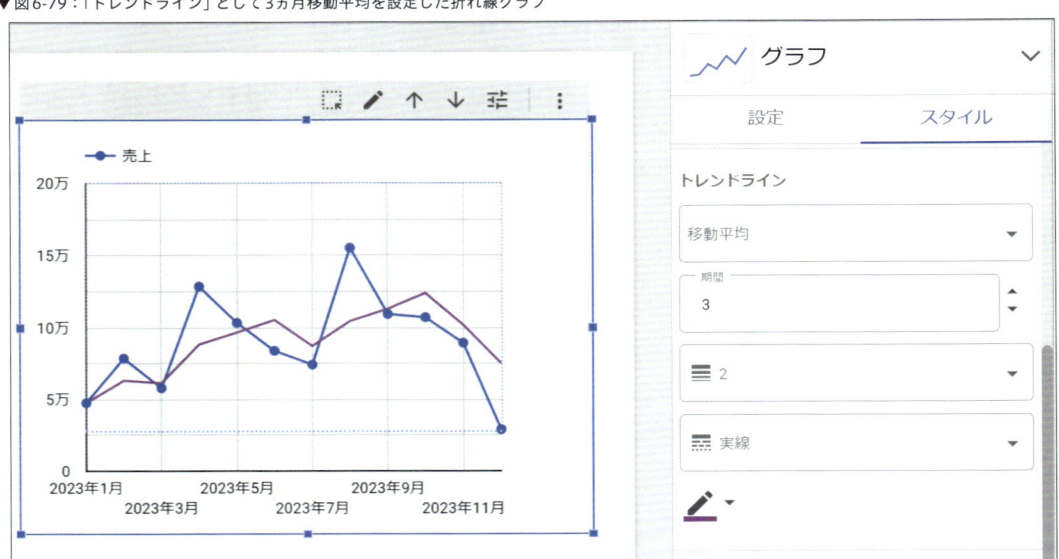

6-4-6 | スタイルタブ：間隔

　「スタイル」タブの「間隔」の設定画面は、**図6-80**のとおりです。この設定項目を利用すると、折れ線グラフに、グラフには表すことができなかったデータのばらつきを「幅」として重ね合わせて表示することができます。例えば、折れ線グラフで月別の売上の平均を表したとします。ある月の個別の取引の売上が5,000円、7000円、12,000円、16,000円の4件だったとき、平均は10,000円となります。「間隔」の設定を行わなければ、個別の取引の売上のばらつきはまったくわかりません。一方、「間隔」の1つのオプションである「範囲」を適用すれば、最小値の5,000円と最大値の16,000円の間が幅として重ね合われます。それにより、個別の取引の売上のばらつきの幅を知ることができます。

　ちなみにタイトルとなっている「間隔」は、Looker Studioを英語表記にすると「Interval」と表記されています。「区間」の誤訳だと思われます。

▼図6-80：「スタイル」タブ配下の「間隔」の設定

「タイプ」は、次の6つから1つ選択できます。いずれも「どのようなビジュアルで区間を表現するか」を指定します。

- **面の区間**
- **棒の区間**
- **ボックスの区間**
- **高低線の区間**
- **点の区間**
- **線の区間**

「区間ラベル」はグラフをマウスオーバーしたときの吹き出し（ツールチップと呼びます）に表示されるラベルです。

モードは「区間としてどのような値をグラフに付与するのか」の指定です。次の6つから1つ指

定できます。

- 上限と下限
- 中央と幅
- 範囲
- 信頼区間
- 標準誤差
- 標準偏差

比較的よく利用されるのが、「範囲[注2]」と「標準偏差[注3]」です。「ホームセンター - Small」の2023年3月と12月の売上を例にとって解説します。

3月も12月も、売上の平均は14,500円です。一方、3月と12月でデータのばらつき方は異なります。**図6-81**にそれぞれの月の売上の平均値、最大値、最小値、標準偏差をまとめました。3月のほうがばらつきが小さく、12月が大きいことがわかります。

▼図6-81：3月と12月の「売上」のばらつきのちがい

	注文日（年、月）…	売上（平均値）	売上（最大値）	売上（最小値）	売上（標準偏差）
1.	2023年3月	¥14,500	¥18,900	¥9,800	¥3,737.2
2.	2023年12月	¥14,500	¥20,800	¥8,200	¥8,909.55

1 - 2 / 2　＜　＞

図6-82の左図が「範囲」を「面の区間」で表現した折れ線グラフ、右図が「標準偏差」を「ボックスの区間」で表現した折れ線グラフです。

いずれも、3月の幅が狭く、12月の幅が広いため、データのばらつきがうまく表現できているといえます。

注2　最大値と最小値の差を指す、データのばらつきを示す基本的な指標。

注3　データが平均値からどれだけばらついているかを表す統計的な指標。データのばらつきを定量的に示し、数値が大きいほどデータのばらつきが大きいことを意味し、小さいほどデータが平均値の近くに集中していることを意味する。

▼図6-82：「間隔」でデータのばらつきを表現

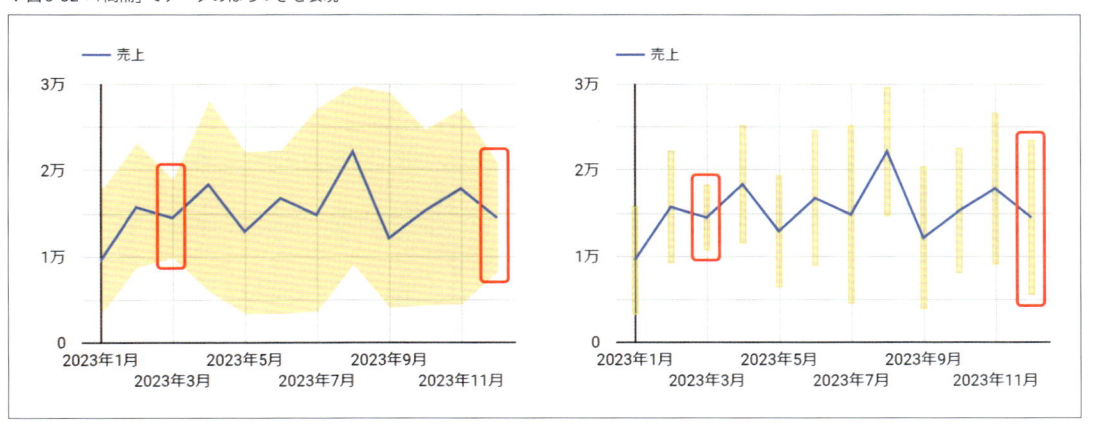

6-4-7　スタイルタブ：リファレンス行

　リファレンス行では、**図6-83**のとおり「基準線を追加」、「基準帯域を追加」の2つを行うことができます。基準線、帯域ともに「定数値」、「指標」、「パラメータ」のいずれかを指定して設定します。

　定数値は、文字どおり固定の数値なので、グラフのY軸の10万円のところに水平線を引きたい場合には、「100,000」を指定します。指標は、例えば「売上の平均値」や「売上の最大値」などを設定できます。パラメータは10-6で解説します。

▼図6-83：リファレンス行の2つの設定項目

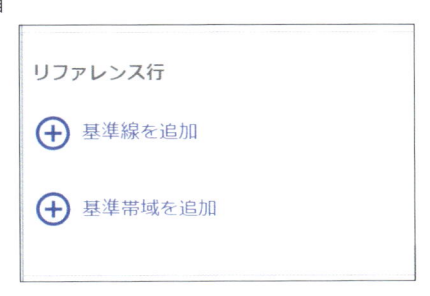

　図6-84の左図は、「基準線」を売上の平均で描画しています。右図は売上の75パーセンタイルと25パーセンタイルの「基準帯域」を描画しています。

▼図6-84：リファレンスラインを付加した折れ線グラフ

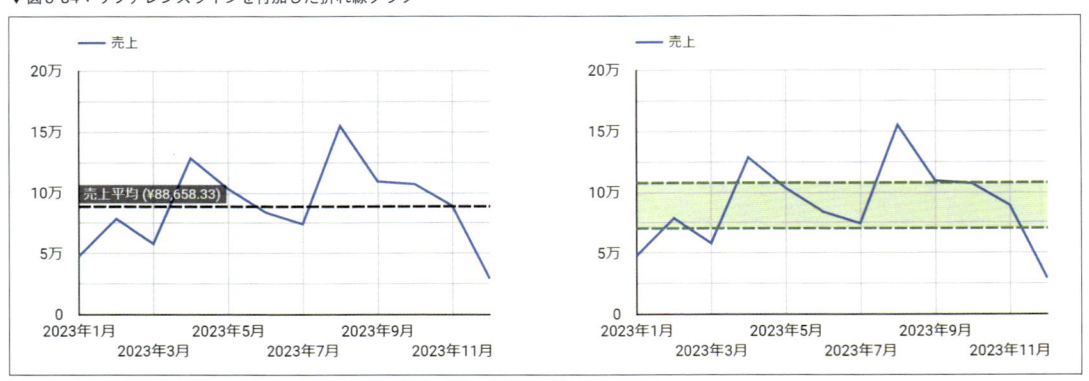

図6-85は、**図6-84**に2つある折れ線グラフのうち、左側のグラフの「基準線」設定です。

▼図6-85：売上の平均で描画した基準線（図6-84）の設定

　図6-86は、**図6-84**の右側の折れ線グラフの基準帯域の設定です。帯域を作るために、「初期値」と「終了値」の2つの値を指定する必要があります。

▼図6-86：「基準帯域」として25〜75パーセンタイルを指定している設定内容

6-4-8 スタイルタブ：全般

「全般」では、欠落データの取り扱い方法の指定と、「スムーズ」のオンオフを設定できます（**図 6-87**）。欠落データの取り扱いは、次の3通りがあります。

- **ゼロとして扱う（デフォルト）**
- **線を途切れさせる**
- **線形補間**

▼図6-87：「全般」で設定できる項目

「ホームセンター - Small」の2023年8月のデータだけ欠落していた場合、のオプション選択とグラフの見かけについてまとめましたので、ご確認ください。グラフ化に利用したデータは**図6-88**のとおりです。

▼図6-88：8月だけ欠損している売上データを用意

	A	B
1	注文日（年、月）	売上
2	2023年1月	47700
3	2023年2月	78700
4	2023年3月	58000
5	2023年4月	128500
6	2023年5月	103300
7	2023年6月	83900
8	2023年7月	74200
9	2023年8月	
10	2023年9月	109200
11	2023年10月	107000
12	2023年11月	89300
13	2023年12月	29000

　グラフ化した結果は**図6-89**のとおりです。左がデフォルトの「ゼロとして扱う」、真ん中が「線を途切れさせる」、右が「線形補完」をそれぞれ設定した折れ線グラフです。いずれも「スムーズ」のオプションはオフにしています。「値が存在しなかった」という事実を明示するために、一般的には真ん中の「線を途切れさせる」が妥当です。

▼図6-89：欠落データの取り扱いのちがいによるグラフのちがい

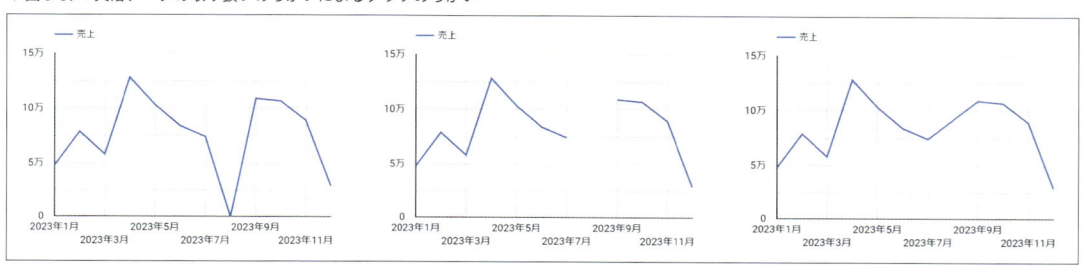

　「スムーズ」のオプションをオンにすると、**図6-90**のとおり滑らかなグラフになります。このオプションが最初からオンになっている折れ線グラフが、**図6-62**で選択できる「平滑時系列グラフ」です。

▼図6-90：「スムーズ」をオンにした折れ線グラフ

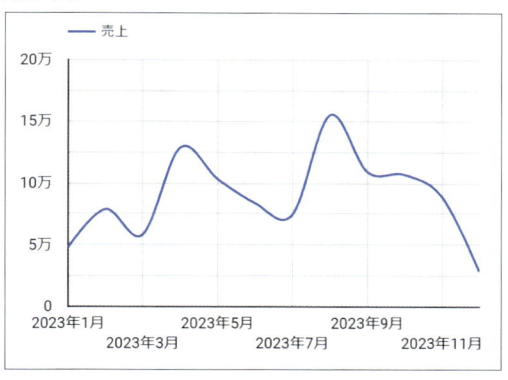

6

6-4-9 | スタイルタブ：軸・左（右）Y軸・X軸

　軸としては**図6-91**のとおり「軸」、「左Y軸」、「X軸」の3つの設定項目があります。また、6-4-4で解説した二重軸を利用している場合、それに加えて「右Y軸」も設定できるようになります。

▼図6-91：軸に関連する設定項目

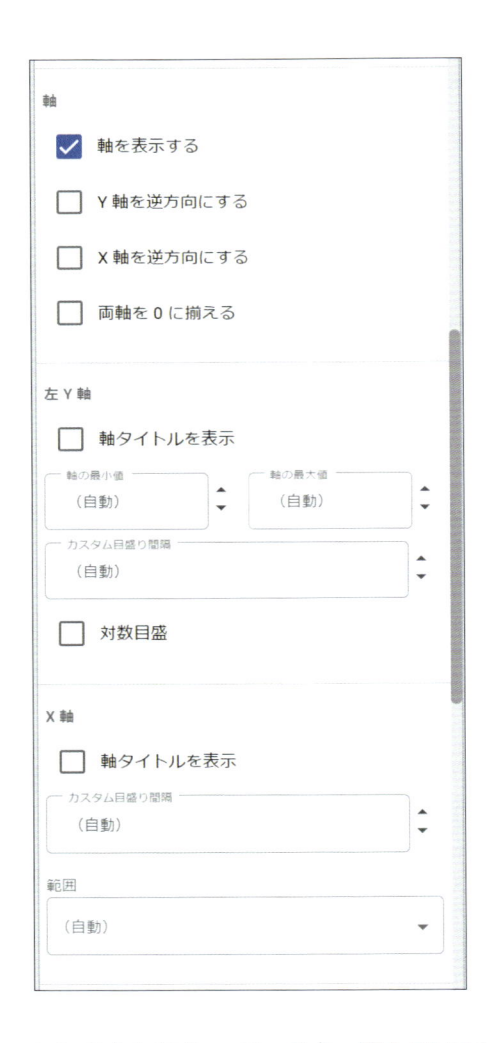

　「軸を表示する」はデフォルトでオンになっています。**図6-92**でオンの状態（左図）とオフの状態（右図）を比較してください。

▼図6-92：「軸を表示する（デフォルト）」のオン（左図）、とオフ（右図）

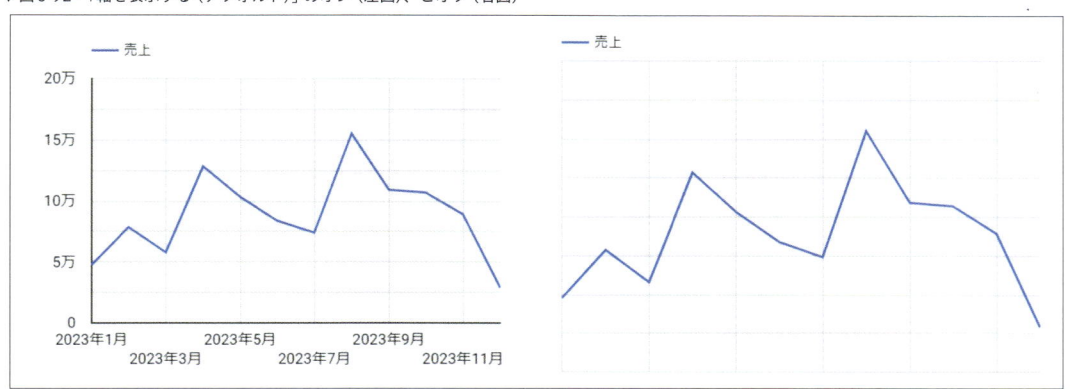

　図6-93は、年月別の「売上」の「平均」を折れ線グラフで示したものです。左図がデフォルトのまま操作しておらず、Y軸が「0」から「2.5万」の折れ線グラフです。右図はY軸の最小値を「9000」、最大値を「24000」で設定したものです。

　右図のほうが、売上の平均が月によってより大きく変動したような印象を与えます。印象を操作していると受け取られる懸念もあるため、この設定項目は慎重に利用してください。

▼図6-93：Y軸の範囲の設定で変わる印象

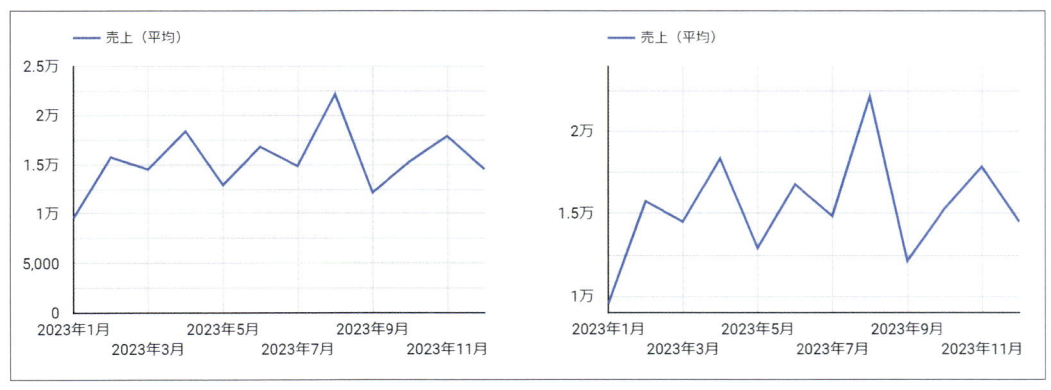

6-5　グラフ作成手順：面グラフ

　「面グラフ」を作成する手順のうち、すべてのグラフに共通する項目は4-3、および4-4にまとめています。また「面グラフ」は広い意味では「時系列グラフ」であって、「折れ線グラフ」の派生形とも考えられます。そのため、「設定」タブ、「スタイル」タブでの設定内容は、前節の「折れ線グラフ」と共通点も多いです。本節では「面グラフ」に固有の作成手順を紹介します。

　「面グラフ」をレポートに追加するには、メニューの「グラフを追加」から「面」を選択します。図6-94のとおり「面グラフ」は3種類あります。

① 積み上げ面グラフ
② 100％積み上げ面グラフ
③ 面グラフ

▼図6-94：3種類ある「面グラフ」

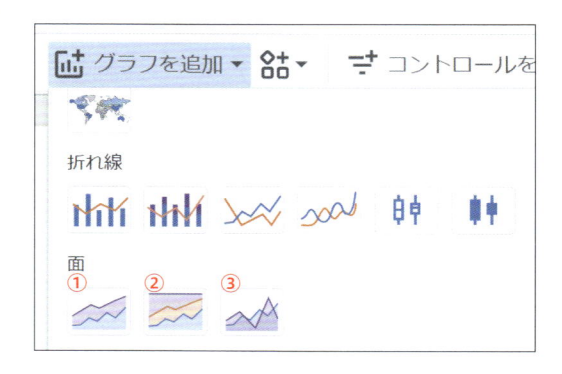

　①がもっともよく利用される面グラフです。「内訳ディメンション」ごとに分けられた指標が積み重なって表現されます。そのため、ディメンションごとの個別の指標の時系列での増減と、合計した指標の増減が同時にわかるというメリットがあります。

　②は構成比が時系列で確認できます。③の面グラフでわかることは折れ線グラフで表現したほうがわかりやすいので、あまり使われません。

　3つのどの面グラフを作成するにしても、最初はどれを選んでもかまいません。それらはあとから「スタイル」タブを通じて変更可能です。

　本節では、①の積み上げ面グラフを前提に話を進めます。

　「面グラフ」固有の設定項目としては、次のものがあります。

① **6-5-1 設定タブ：ディメンション**

② **6-5-2 設定タブ：指標**

③ **6-5-3 設定タブ：内訳ディメンションの並べ替え**

④ **6-5-4 スタイルタブ：面グラフ**

⑤ **6-5-5 スタイルタブ：リファレンス行**

⑥ **6-5-6 スタイルタブ：配色**

図6-95で番号を付与した項目について、次から解説します。

▼図6-95：本節で学ぶ面グラフの作成テクニック

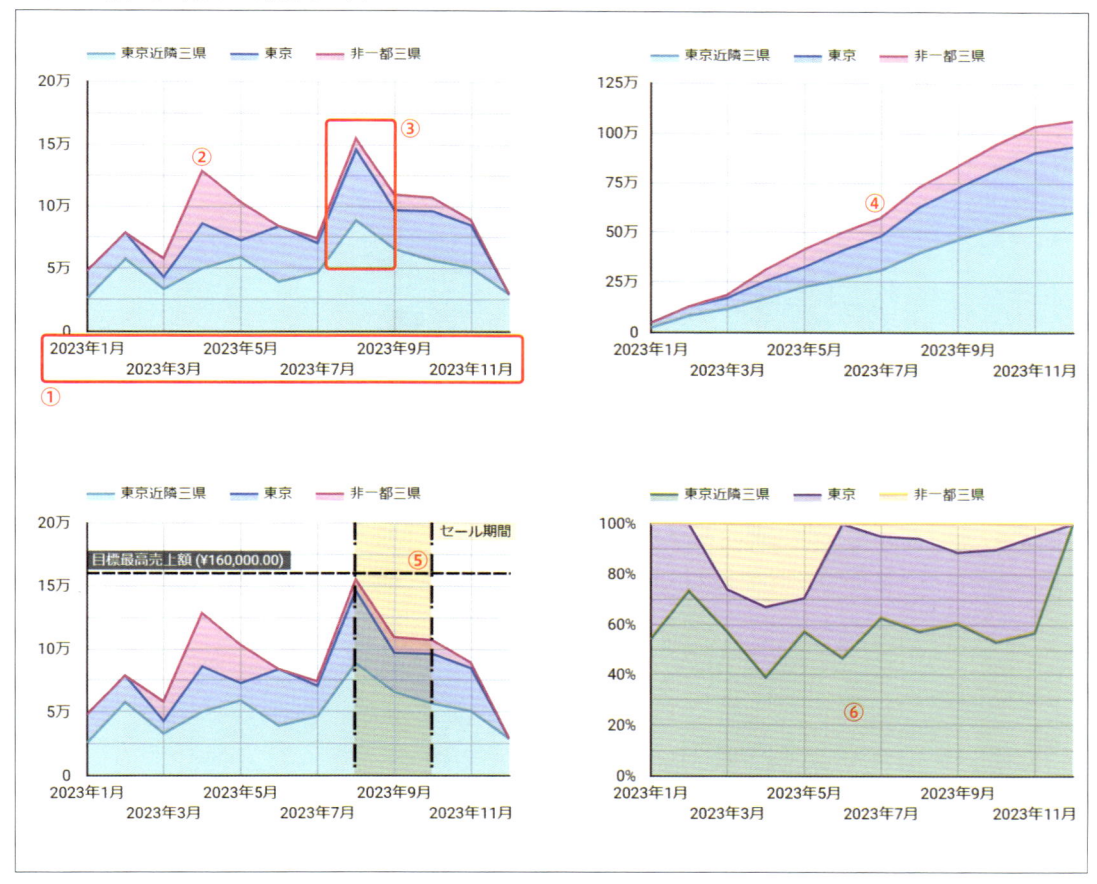

6-5-1　設定タブ：ディメンション

「設定」タブの「ディメンション」では、**図6-96**のとおりメインの「ディメンション」、「ドリルダウンの有無」、「内訳ディメンション」の3つの項目を設定できます。

面グラフの本質は時系列グラフなので、ディメンションには「折れ線グラフ」同様、日付と時刻型のフィールドしか設定できません。ドリルダウンを利用する場合は、最も大きい粒度を「年」とする日付と時刻型フィールドについて、異なる粒度で構成するのが一般的です。

折れ線グラフの場合、「内訳ディメンション」はオプションでした。適用しなくても成立するが、適用すると線の数が増えると学びました（6-4-1参照）。一方、面グラフの場合には、「内訳ディメンション」の適用が必須です。面グラフでは、「内訳ディメンション」はグラフ上で積み重なる「層」を規定します。

▼図6-96：ディメンションでの設定項目

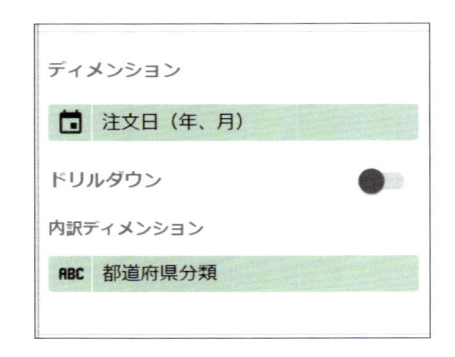

図6-97では、「内訳ディメンション」に「都道府県分類」を適用しています。「都道府県分類」には値が3種類あるので、面グラフが3層になっています。

▼図6-97：3つの値を持つ「都道府県分類」を「内訳ディメンション」に適用した面グラフ

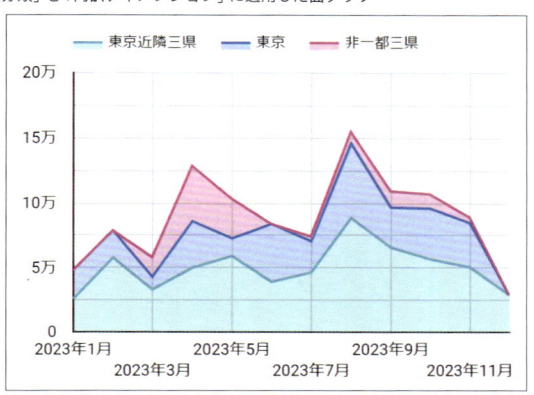

6-5-2 | 設定タブ：指標

「設定」タブの「指標」での注意点は、**率の指標を利用しないこと**です。**図6-98**は、指標にわざと誤って「利益率」を適用した状態の面グラフです。グラフの最高点が100%を超えており、まったく意味のないグラフになっています。

▼図6-98：率の指標である「利益率」を指標に適用した面グラフ（誤用）

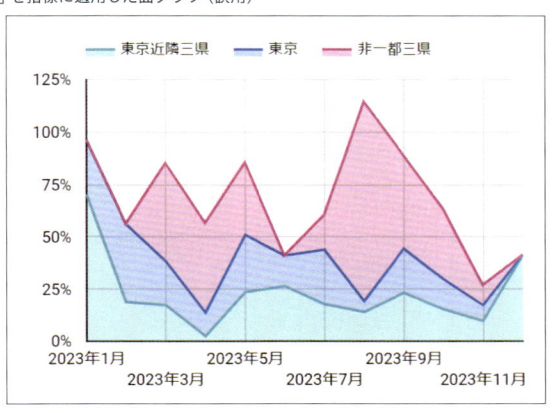

6-5-3 | 設定タブ：内訳ディメンションの並べ替え

内訳ディメンションの並べ替えは、「内訳ディメンション」が規定する「層」の並べ替え順を規定します。原則は、最も値の大きい「層」をX軸につけます。**図6-99**の左図は売上の降順、右図

は売上の昇順で設定しています。最も売上の大きい「東京近隣3県」がX軸についている左図が望ましいです。最も売上が大きい「東京近隣3県」をX軸につけることで、「東京近隣3県」については売上の金額の遷移がわかります。「東京」と「非一都三県」についてはX軸についていないため、金額はマウスオーバーしてみないとわかりません。

▼図6-99：内訳ディメンションの並べ替えを調整した2つの面グラフ

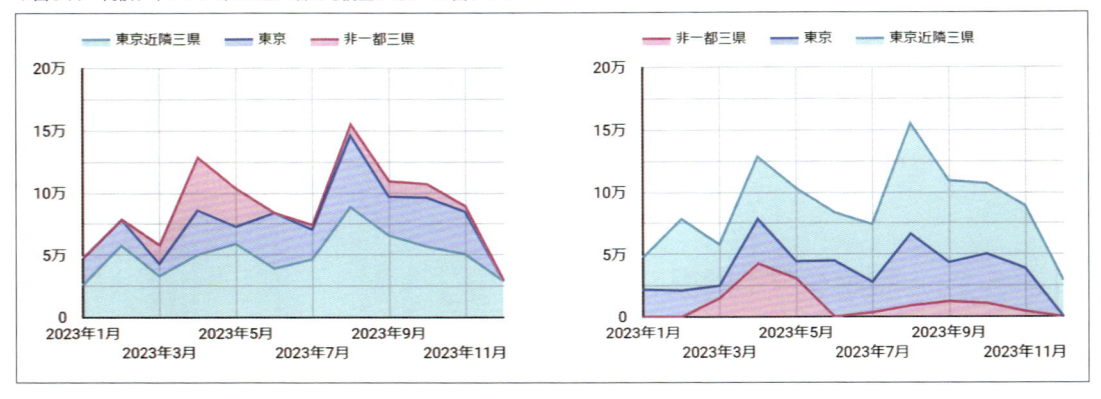

6-5-4 ｜ スタイルタブ：面グラフ

「スタイル」タブの「面グラフ」には、**図6-100**のとおり5つの設定項目があります。ただし、「積み上げ表示」にチェックを入れないと「割合による表示」オプションは現れません。

▼図6-100：「面グラフ」の設定項目

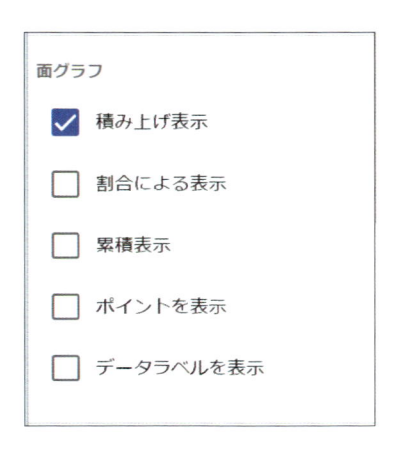

　図6-101の左図は「積み上げ表示」にチェックを入れたもの、右図はチェックを入れていないものです。右図は結果的に折れ線グラフの下側が塗りつぶされた状態になっています。面グラフを最初に作成するときに、**図6-94**の③から作成すると右図の状態になります。各要素の色が重なって見づらいため、基本的には利用することはないでしょう（同じ表現をしたいのであれば折れ線グラフの利用が望ましいです）。最初のオプションである「積み上げ表示」については、基本的にチェックを入れるようにしてください。

▼図6-101：「積み上げ表示」の設定有無による面グラフのちがい

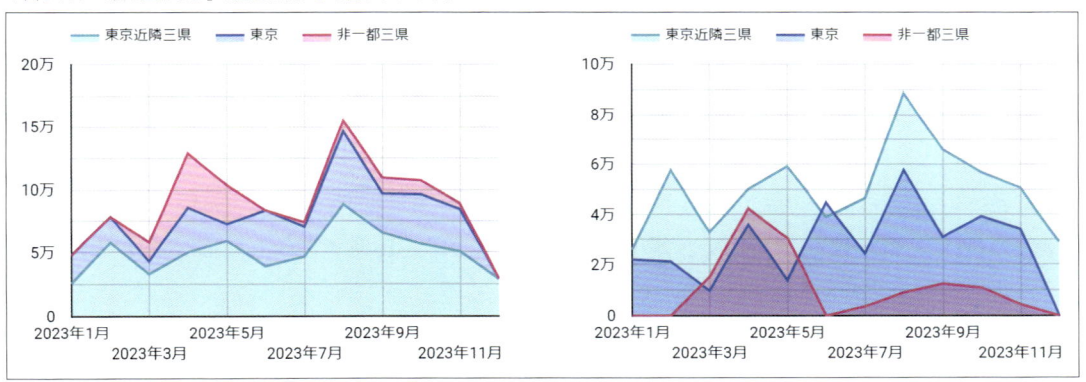

　図6-102の左図は「積み上げ表示」と「割合による表示」にチェックを入れた状態、右図は「積み上げ表示」と「累計表示」にチェックを入れた状態です。どちらとも面グラフの特徴が活きる設定ですので、訴求したい内容に応じてそれぞれのオプションを利用してください。

▼図6-102：積み上げ表示＋割合による表示（左図）と、積み上げ表示＋累積表示（右図）

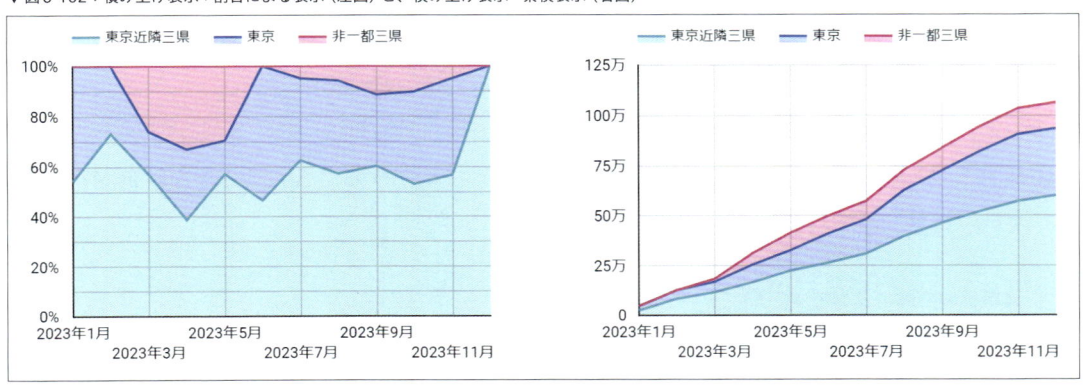

6-5-5 スタイルタブ：リファレンス行

「スタイル」タブの「リファレンス行」設定には、**図6-103**のとおり「基準線を追加」と「基準帯域を追加」の2つの設定があり、両方同時に利用することができます。

▼図6-103：リファレンス行の2つの設定

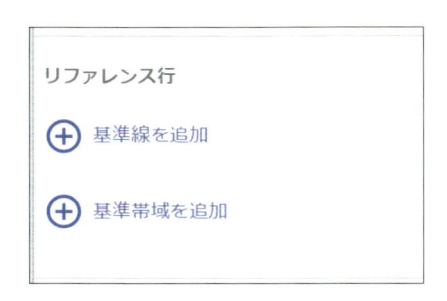

図6-104は、基準線を16万円で、基準帯域を2023年8月～10月で設定した面グラフです

▼図6-104：「基準線」、「基準帯域」の両方を適用した面グラフ

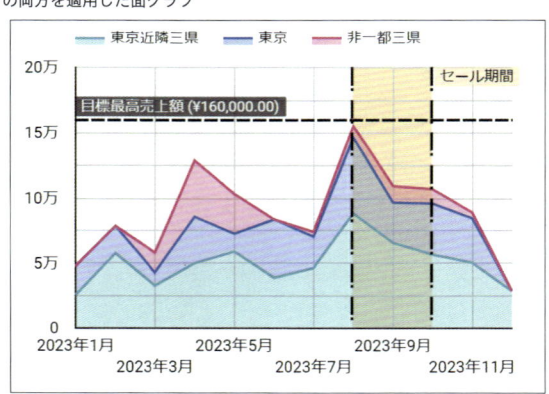

図6-105が「基準線」を「左Y軸」を対象に「160,000」で表示するときの具体的な設定内容です。それぞれの項目で何が設定できるかを次のとおりに示します。

① **基準線の削除ボタンです。**
② **「定数値」か、「パラメータ」から選択できます。パラメータについては10-6で解説します。**
③ **定数値の値の設定です。Y軸の値を設定する場合、「▲」、「▼」をクリックしても1円単位でしか値を変更できないため、通常は利用せず、直接数値を入力することになります。**

④ 値が準拠する軸を設定します。「左Y軸」、「右Y軸」、「X軸」が選択できます。「値（＝この場合は「売上」）」に対するリファレンスラインを引きたい場合には「左Y軸」を、「年月」に対するリファレンスラインを引きたい場合には「X軸」を利用します。

⑤ リファレンスラインの名前を明示的に表示したい場合に設定します。

⑥ 「ラベル」に設定した文字列を表示するかどうかの設定です。

⑦ グラフ上に「¥160,000」を表示するかどうかの設定です。

⑧ 基準線の太さの設定です。

⑨ 線種の設定です。

⑩ 線の色の設定です。

⑪ 別の基準線を追加する場合にはここをクリックします。

▼図6-105：「リファレンス行」の設定項目

　図6-106は、基準帯域を「X軸の2023年8月～10月」に設定したときの内容です。何を設定できる項目なのかを示した次の①～⑮と合わせて確認してください。

① 基準帯域の削除ボタンです。

② 初期値を「定数値」か、「パラメータ」から選択できます。パラメータについては10-6で解説します。

③ 定数値の値の設定です。X軸を対象にするか、Y軸を対象にするかは⑭で選択します。⑭でY軸を指定すると、値を設定できるようになります。⑭の「軸」で「X軸」を設定するとカレンダーが出現し、年月日を設定できるようになります。

④ リファレンスラインの名前を「ラベル」として明示的に表示したい場合に設定します。

⑤ 「ラベル」に設定した文字列を表示するかどうかの設定です。

⑥ グラフ上に「2023年8月～10月」を表示するかどうかの設定です。

⑦ 基準線の太さの設定です。

⑧ 基準線の線種の設定です。

⑨ 基準帯域を指定した線と線の間を塗りつぶす色の設定です。

⑩ リファレンスラインの線の色の設定です。

⑪ ⑨で指定した線と線との間を塗りつぶした色の透明度の設定です。

⑫ 終了値を「定数値」か、「パラメータ」から選択できます。パラメータについては10-6で解説します。

⑬ 終了値の設定です。

⑭ 値が準拠する軸を設定します。「左Y軸」、「右Y軸」、「X軸」が選択できます。

⑮ 別の基準帯域を追加する場合にはここをクリックします。

▼図6-106：「基準帯域」の設定項目

6-5-6 | スタイルタブ：配色

　「スタイル」タブの配色は、「配色の順序」と「ディメンションの値」のどちらかを選択できます。「ディメンションの値」については、折れ線グラフの6-4-3で詳しく解説していますので、そちらを参照してください。「配色の順序」は最初はレポートの「テーマ」によって決まりますが、手動で変更することもできます。**図6-107**は、X軸に近い順に緑、紫、黄色をマッピングしています。その結果、売上の最も大きい、X軸に近い「東京近隣三県」は緑、「東京」が紫、「非一都三県」に黄色が割り当てられています。色はクリックすることで変更可能です。

▼図6-107：配色の設定項目

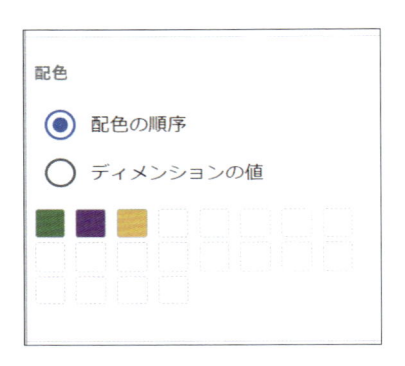

6-6 グラフ作成手順：棒グラフ

　「棒グラフ」を作成する手順のうち、すべてのグラフに共通する項目は4-1、および4-2にまとめています。本節では「棒グラフ」に固有の作成手順を紹介します。

　「棒グラフ」をレポートに追加するには、メニューの「グラフを追加」から「棒」を選択します。**図6-108**のとおり「棒グラフ」は6種類あります。①と④、②と⑤、③と⑥は、方向が縦横異なるだけで設定は同じです。①を②や③に変更する、あるいは④を⑤や⑥に変更するのはもちろん、棒の方向を変換して①を④にするのもすべて「スタイル」タブの設定から可能です。

　また、棒グラフの派生形として、1つのディメンション項目に複数の棒が立つ「集合棒グラフ」が存在しますが、その作成方法も本節で解説します。

① 縦棒グラフ

② 積み上げ縦棒グラフ

③ 100％積み上げ縦棒グラフ

④ 棒グラフ

⑤ 積み上げ横棒グラフ

⑥ 100％積み上げ横棒グラフ

▼図6-108：棒グラフの作成開始画面

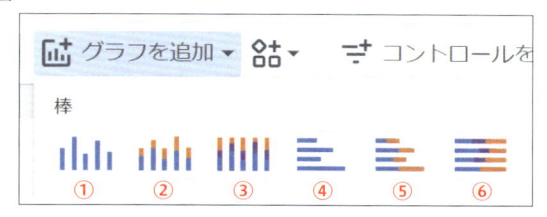

棒グラフで設定できる内容について、次のとおりにまとめました。**図6-109**と対応しています。

① **6-6-1 設定タブ：ディメンション**

② **6-6-2 設定タブ：指標**

③ **6-6-3 設定タブ：並べ替え・サブの並べ替え**

④ **6-6-4 設定タブ：グラフインタラクション（並べ替えを変更）**

⑤ **6-6-5 スタイルタブ：棒グラフ**

⑥ **6-6-6 スタイルタブ：配色**

⑦ **6-6-7 スタイルタブ：グラフのスペース**

▼図6-109：本節で学ぶ棒グラフの作成テクニック

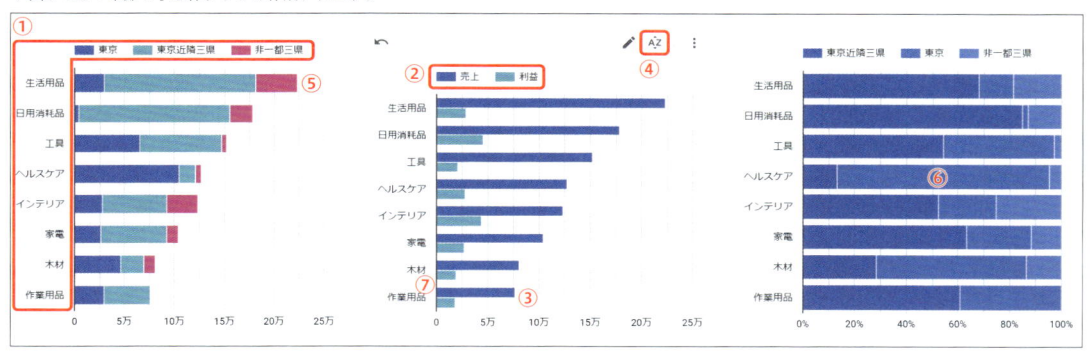

6-6-1　設定タブ：ディメンション

　「設定」タブのディメンションでは、棒自体を分けるメインの「ディメンション」と棒の中を塗り分ける「内訳ディメンション」が設定できます。**図6-110**は、**図6-109**の一番左の棒グラフの設定です。カテゴリーで棒を分け、1つの棒の中を「都道府県分類」で塗り分けているのがわかります。

　留意点としては、**図6-109**の真ん中の棒グラフのように指標を複数設定した場合には、「内訳ディメンション」は利用できないことです。

▼図6-110：ディメンション設定

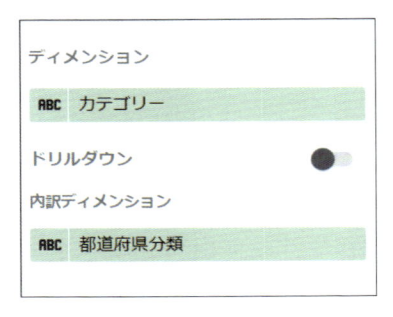

6-6-2　設定タブ：指標

　図6-111は、**図6-109**の真ん中の棒グラフの設定です。「売上」と「利益」のように複数設定することができます。ただし、6-6-1で解説した「内訳ディメンション」を設定すると、指標は1つしか利用できないので注意が必要です。

▼図6-111：「設定」タブの「指標」の設定

6-6-3 | 設定タブ：並べ替え・サブの並べ替え

「並べ替え」は棒グラフの棒を、何を基準として並べるかの設定です。**図6-112**では、売上の降順を指定しています。

一方、「サブの並べ替え」は、「内訳ディメンション」を設定して棒の中が塗り分けられているときに、その塗り分けの順序を指定する項目です。したがって、「内訳ディメンション」を使っていないときには、設定項目自体が現れないので注意が必要です。

▼図6-112：並べ替え・サブの並べ替え設定

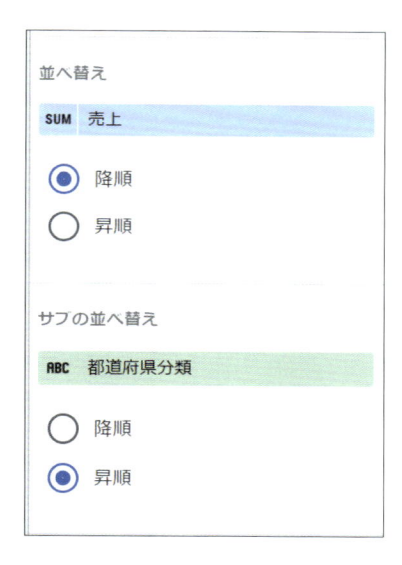

6-6-4 | 設定タブ：グラフインタラクション

棒グラフのグラフインタラクションには、**図6-113**のとおり「クロスフィルタリング」、「並べ替えを変更」、「ズーム」の3つのオプションがあります。「並べ替えを変更」以外は4-3-8で解説していますので、ここでは「並べ替えを変更」について解説します。

▼図6-113：グラフインタラクションの「並べ替えを変更」オプション

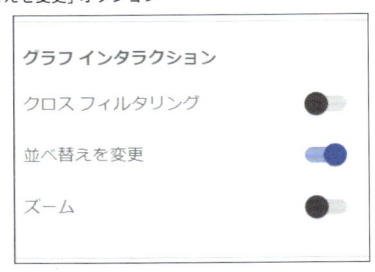

このオプションをオンにすると、グラフのヘッダーに**図6-114**の枠で囲んだマークが表示されるようになります。クリックすると、**図6-115**のとおりのメニューが開き、ユーザー側でグラフに利用されているディメンションや指標での並べ替えが可能になります。

▼図6-114：並べ替えマーク

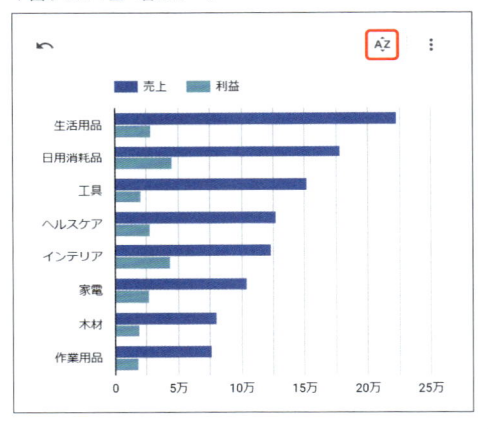

▼図6-115：ユーザー側で可能になる並べ替え

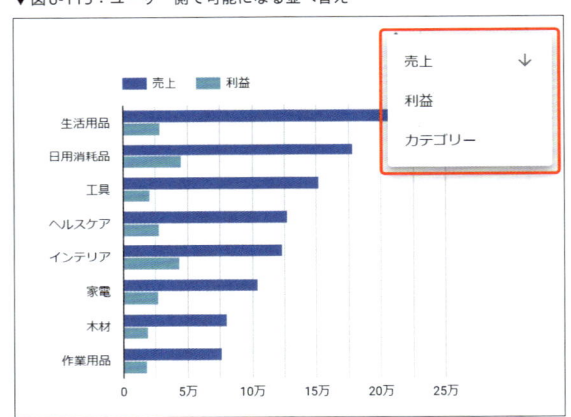

6-6-5 スタイルタブ：棒グラフ

「スタイル」タブの「棒グラフ」には、**図6-116**のとおり最大で9つの設定項目があります。「設定」タブの「ディメンション」の設定内容によって現れる設定項目が変わってきますので、注意が必要です。

▼図6-116：「スタイル」タブの「棒グラフ」設定

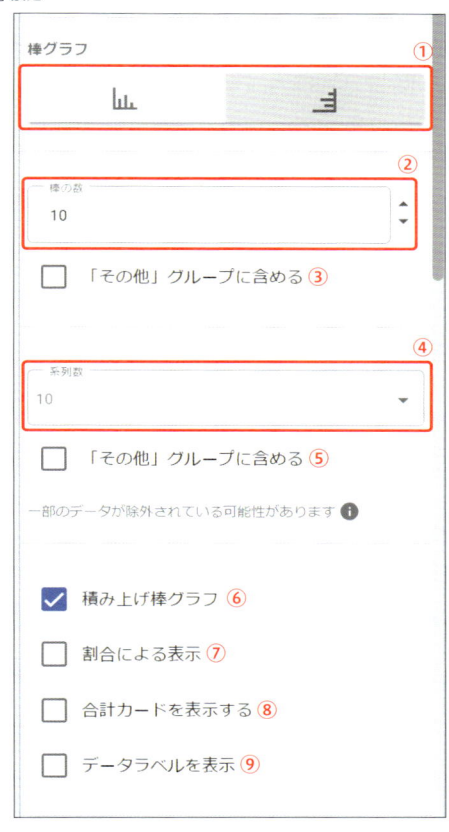

図6-116の①～⑨について順に解説しましょう。

①縦横の切り替え

縦棒グラフと横棒グラフを切り替えることができます。そのとき、6種類ある棒グラフの切り替え先は次のように対応しています。

- 棒グラフ←→縦棒グラフ
- 積み上げ横棒グラフ←→積み上げ縦棒グラフ
- 100％積み上げ横棒グラフ←→100％積み上げ縦棒グラフ

縦横を切り替えても、ほかの設定項目は変わりません。「縦横を切り替えると最初から設定をやりなおさなければいけないのでは」という心配は不要です。比較的気軽に切り替えながらページにおけるグラフの収まりを確認し、気に入らなければ戻すといった操作が可能です。

②棒の数の調整

棒の数を調整することができます。デフォルトは「10」です。ディメンションの項目が10以下であれば、全部の項目が表示されます。**図6-117**の左図は、「カテゴリー」をディメンションとして使っていますが、「生活用品」、「日用消耗品」などの項目数が8個であるため、全部の棒が表示されています。一方、棒の数を5まで減らした右図では、「設定」タブで指定した「並び順」が「売上」の「降順」であったため、売上の小さい「家電」、「木材」、「作業用品」の棒が消えています。

▼図6-117：「棒の数」の設定10（左図）と5（右図）

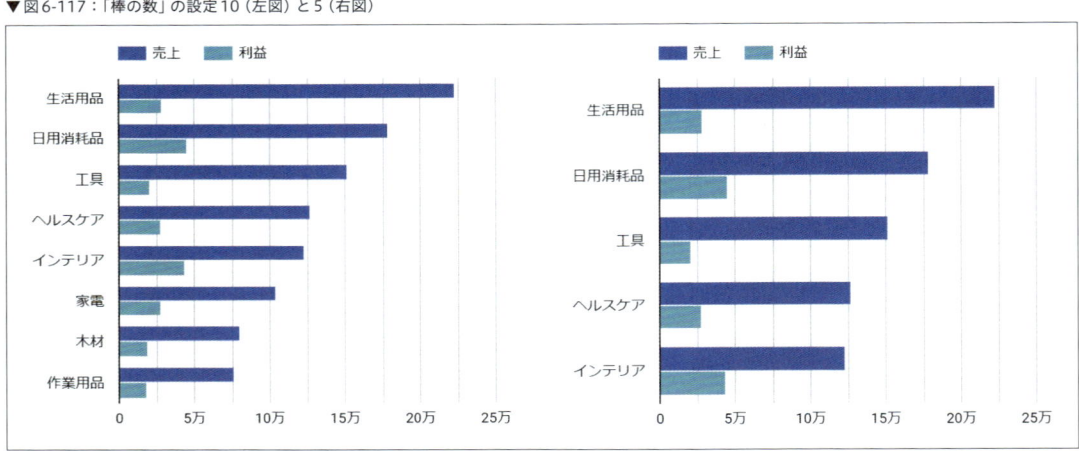

また、6-6-4で解説したとおり「グラフインタラクション」で「並べ替えを変更」をオンにしておくと、ユーザー側で並べ替えの基準を切り替えることができます。**図6-118**の左図は、**図6-117**と同様「売上」の「降順」で並べ替えをしていますが、基準を「利益」の「降順」に切り替えると、右図のとおりとなります。

留意点は、「棒の数」をカテゴリーの種類数より少ない「5」で設定しているため、登場するディメンション項目が変わることです。**図6-118**でも、並べ替え方法を変更した結果、「工具」がなくなり「家電」が登場しています。売上のトップ5が利益のトップ5とは異なるためです。

▼図6-118：並べ替えの基準を切り替えると変化するディメンション項目

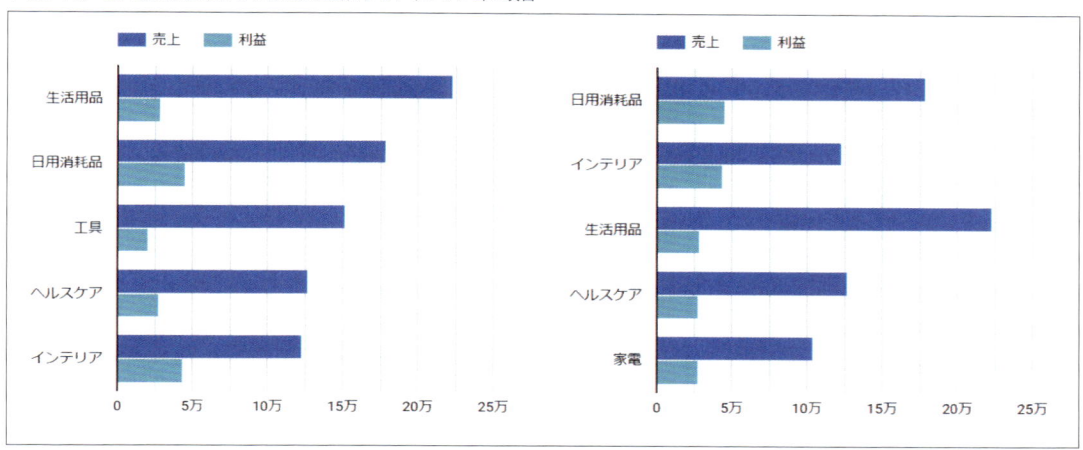

③「その他」グループに含める（棒の数）

　図6-118では「カテゴリー」が8個あるのに対して「棒の数」を「5」で設定すると3つのカテゴリー要素がグラフから漏れてしまうということがわかりました。一方、「その他グループに含める」のオプションをオンにすると、個別の棒が立たない要素についてはまとめられてグラフに反映されます。

　図6-119は、**図6-118**の2つの棒グラフについて、棒の数を「5」のままにして「その他グループに含める」オプションをオンにした状態です。

▼図6-119：「その他グループに含める」をオンにした棒グラフ

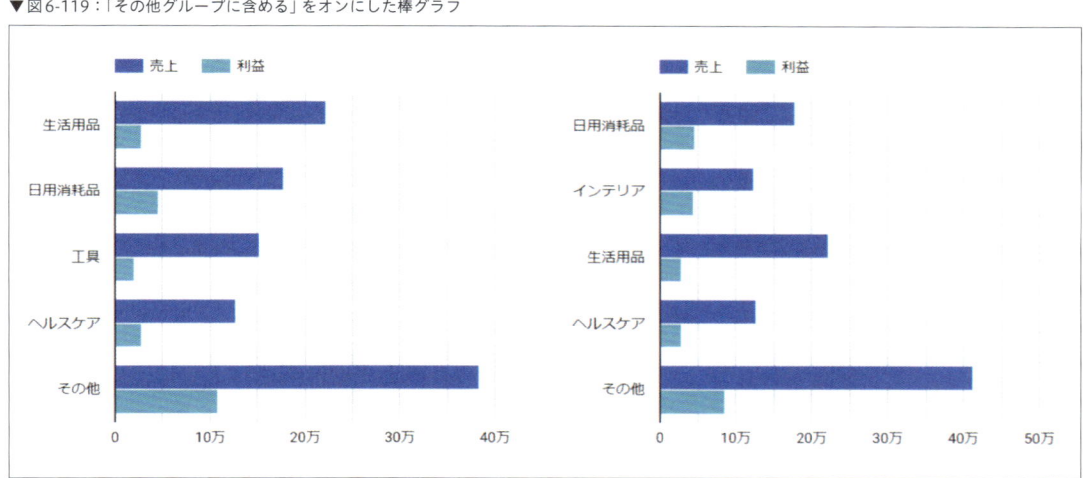

④系列数

「系列数」とは、「設定」タブの「内訳ディメンション」の要素をいくつまでグラフに反映するかの設定です。**図6-120**の棒グラフは「内訳ディメンション」に「都道府県」を指定しています。「系列数」は「5」に設定し、「その他グループに含める」をオンにしています。「都道府県」は7つありますが、「その他」を含め5つまでがグラフに反映されているのが確認できます。

▼図6-120：「系列数」を「5」に指定した棒グラフ

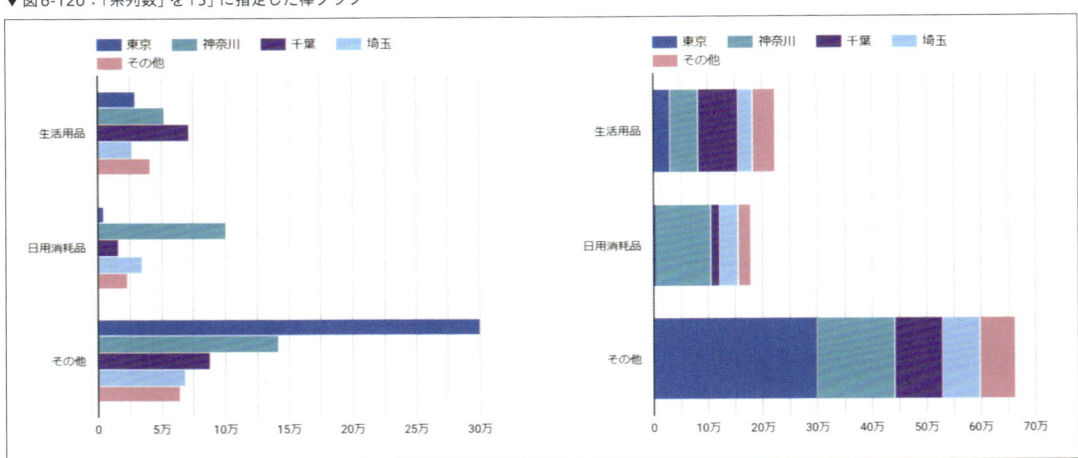

⑤「その他」グループに含める（系列数）

④で指定した「系列数」が「内訳ディメンション」の要素の数よりも少なく、すべての要素をグラフに含めることができない場合に利用するオプションです。オンにすると、「その他」としてまとめてグラフに反映されます。

⑥積み上げグラフ

「積み上げ棒グラフ」オプションは、「設定」タブで「内訳ディメンション」を設定している場合にだけ現れます。このオン・オフは「内訳ディメンション」で指定した項目を、軸に沿って並べ集合棒グラフにするか、それとも棒を色分けして示すかを制御します。**図6-121**は、左図が「積み上げ棒グラフ」のオプションにチェックを入れなかった場合、右図が入れた場合です。

最初に棒グラフを作成するときに選択できる6種類のオプションのうち、「積み上げ縦棒グラフ」、「積み上げ横棒グラフ」を選択すると、このオプションがオンになった状態から棒グラフの作成をスタートすることになります。

▼図6-121：「積み上げグラフ」オプションをオフ（左図）とオン（右図）

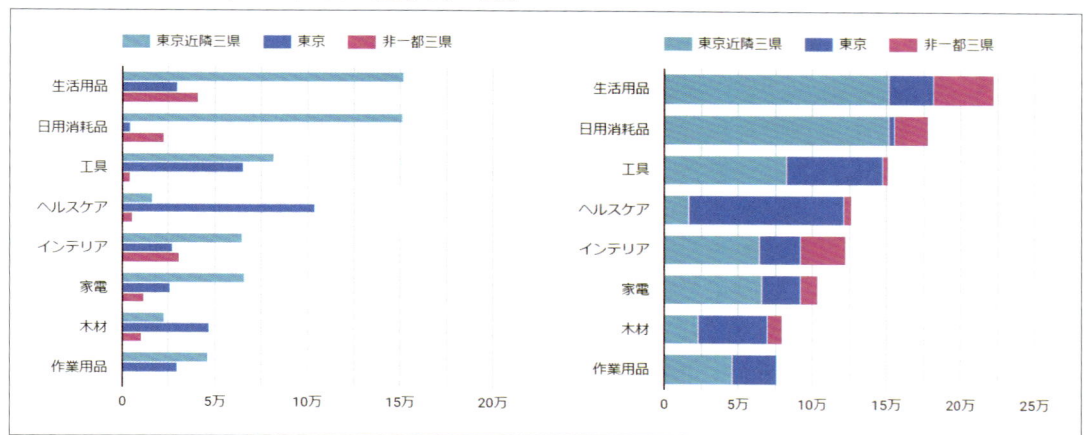

⑦割合による表示

　「割合による表示」オプションは「積み上げグラフ」にチェックを入れたときにだけ現れる設定項目です。オンにすると、各項目の全体を100％とし、内訳ディメンションによる割合を表示します。**図6-122**では色分けは「内訳ディメンション」に設定してある「都道府県分類」に沿って行われています。「積み上げグラフ」のオプションをオンにしているため、各カテゴリーにおける都道府県分類ごとの割合を示しています。

　最初に棒グラフを作成するときに選択する6種類のオプションのうち、「100％積み上げ縦棒グラフ」、「100％積み上げ横棒グラフ」を選択すると、このオプションがオンになった状態から棒グラフの作成をスタートすることになります。

▼図6-122：100％積み上げ横棒グラフ

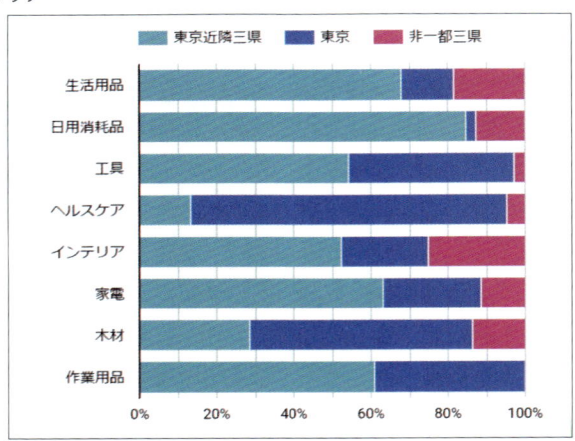

⑧合計カードを表示する

「合計カードを表示する」オプションも、「積み上げグラフ」、「割合による表示」と同様、「設定」タブで「内訳ディメンション」を設定しているときにだけ現れるオプションです。

図6-123は「合計カードを表示する」オプションがオフ、**図6-124**はオンの状態です。どちらも棒グラフの「生活用品」のバーの「東京近隣三県」にマウスオーバーをしたときの画面の状態です。オンにした場合、ツールチップに表示する情報が増えます。情報量が多くなり嬉しい面と、グラフを覆い隠してしまう面積が増えて、邪魔になる面の両方があります。それらのメリット・デメリットを理解したうえで利用しましょう。

▼図6-123：「合計カードを表示する」がオフ

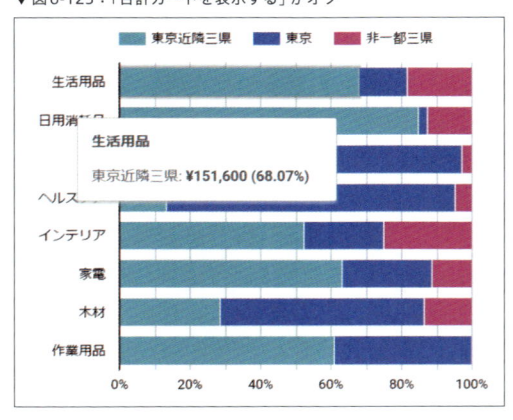

▼図6-124：「合計カードを表示する」がオン

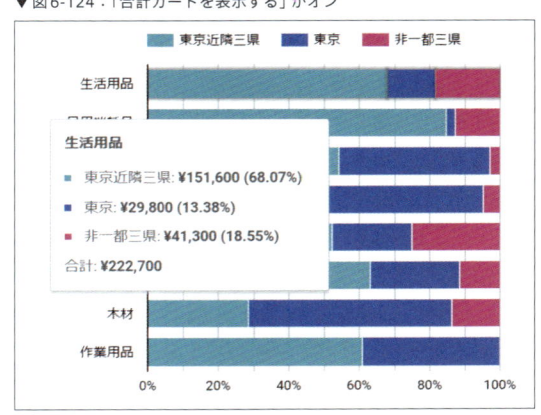

⑨データラベルを表示

「データラベルを表示」は、グラフに値を表示するオプションです。**図6-125**の左図はカテゴリー別の売上を示した棒グラフなので、売上の金額がグラフに表示されています。右図は指標に「売上」と「利益」を指定している状態です。

情報量が増えてわかりやすくなる側面と、特に右図で、情報量が多すぎてグラフを読み取るときに脳に余計な負担がかかる側面があります。棒にマウスオーバーすると、ツールチップで個別の値を確認することができます。そのため、特に**図6-125**の右のグラフのような指標を複数指定している場合には、「データラベルを表示」はオフが望ましいです。

▼図6-125：「データラベル」の表示をオンにした状態の棒グラフ

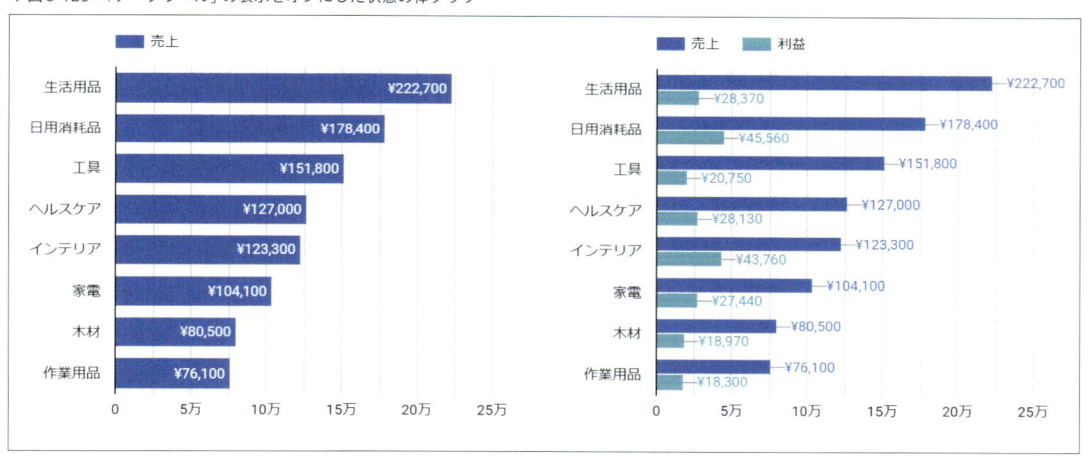

6-6-6 ｜ スタイルタブ：配色

「配色」は**図6-126**のとおり「単一色」、「棒グラフでの順序」、「ディメンションの値」の3つの指定方法があります。「単一色」は文字どおり1つの色の濃淡で内訳ディメンションを表します。「棒グラフでの順序」は、内訳ディメンションの各要素に自由に色を紐づけることができます。「ディメンションの値」は、レポート全体を通じて、「東京近隣三県はターコイズブルー、東京は青、非一都三県はピンク」とレポート全体で統一してディメンションの要素と色を紐づける配色の方法です。

▼図6-126：「スタイル」タブの「配色」の3つオプション

　図6-127の左は「単一色」で、真ん中は「棒グラフでの順序」で、右は「ディメンションの値」でそれぞれ配色を設定しています。利用者に与える印象が変わりますので、状況に合わせて利用してください。

　「単一色」は濃淡の差が少なく、内訳ディメンションの要素を視覚的に判別するのが困難です。そのため、レポート全体がデザイン重視で設計されていて、統一した色使いが求められているといった特殊な場合以外は基本的には利用しないほうが望ましいです。

　なお、左のグラフは「棒の枠線の色」にオレンジを指定しています。内訳ディメンションの区切りを目立たせたいときは、棒の色と大きく異なる色を利用するとよいでしょう。

▼図6-127：さまざまな配色オプションで色を調整した棒グラフ

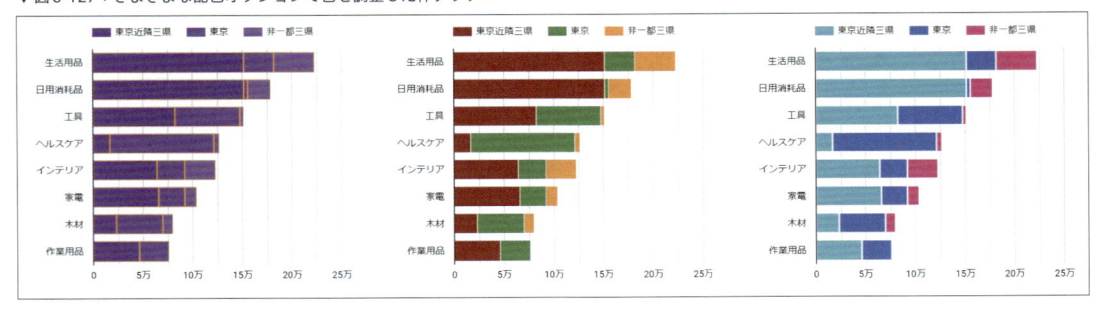

6-6-7 | スタイルタブ：グラフのスペース

　「**グラフのスペース**」は、**棒グラフの棒の太さを調整する、あるいはグループ間の隙間を制御する設定項目**です。1つの項目に棒が1本の場合と複数の場合で、設定できる内容が若干変化します。**図6-128**は1つの項目に棒が1本だけの場合の設定項目です。「グループ化の棒の幅」だけが調整可能です。**図6-129**は1つの項目に棒が2本以上ある場合の設定項目です。「棒の幅」と「グループ化の棒の幅」の2つが設定できるようになっています。

▼図6-128：棒が1本の場合の「グラフのスペース」の設定項目

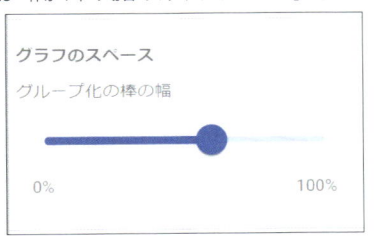

▼図6-129：棒が複数の場合の「グラフのスペース」の設定項目

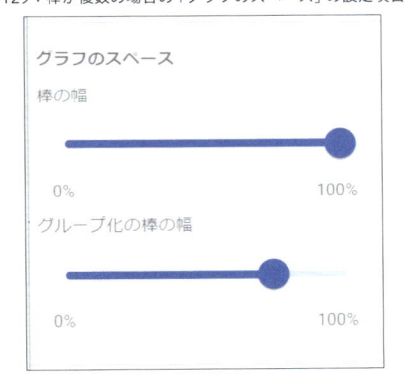

　棒が1本だった場合、「グループ化の棒の幅」の調整で次のような差が出ます。**図6-130**の左図は80%、右図は20%で設定しています。バランスのよい棒の幅に調整するとよいでしょう。

▼図6-130：「グループ化の棒の幅」のちがいによる棒グラフの見かけのちがい

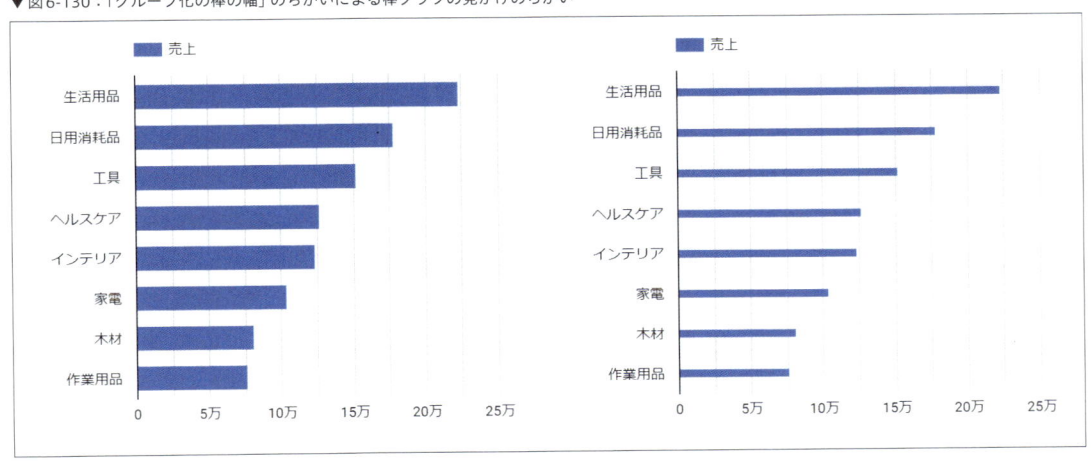

　図6-131は、1つのディメンション項目に「売上」、「利益」の2つの棒がある場合に、「グラフのスペース」を調整することでもたらした変化を示しています。左右どちらとも「棒の幅」を100％にしたうえで、左図は「グループ化の棒の幅」を75％、右は50％にしています。2本の棒があたかも1本であるかのようにみなして、その幅を調整しています。

　これらのパーセンテージにベストプラクティスはありません。したがって、レポートに配置したほかのグラフとのバランスを考えながら、試行錯誤的に、最も見やすい状態を探って設定してください。ただし、あまり値を大きくしすぎると棒がどのグループを反映しているのかわかりにくくなります。その点には注意をしてください。

▼図6-131：「グループ化の棒の幅」の設定のちがいによるグラフの見かけのちがい

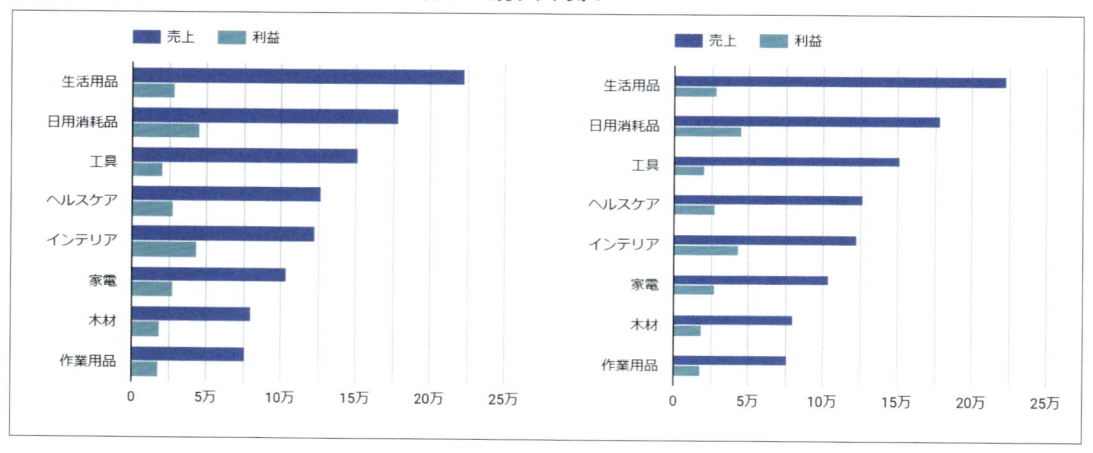

6-7　グラフ作成手順：円グラフ

　「円グラフ」を作成する手順のうち、すべてのグラフに共通する項目は4-3、および4-4にまとめています。本節では「円グラフ」に固有の作成手順を紹介します。

　「円グラフ」をレポートに追加するには、メニューの「グラフを追加」から「円」を選択します。**図6-132**のとおり「円グラフ」は2種類あります。1つは一般的な円グラフ、もう1つは真ん中に空白がある、一般的には「ドーナツチャート」と呼ばれるチャートです。両者は「スタイル」タブで簡単に切り替えられます。本節では、通常の円グラフの作成を前提に解説します。

▼図6-132：2種類作成できる円グラフ

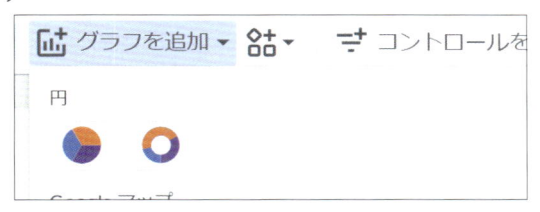

　図6-133が「円グラフ」固有の設定項目です。「設定」タブ配下では「ディメンション」、「指標」、「フィルタ」などが設定できますが、円グラフ固有の設定はなく、円グラフに固有の設定はすべて「スタイル」タブ配下にあります。

① **6-7-1 スタイルタブ：円グラフ**
② **6-7-2 スタイルタブ：配色**
③ **6-7-3 スタイルタブ：ラベル**

▼図6-133：円グラフで調整可能な項目

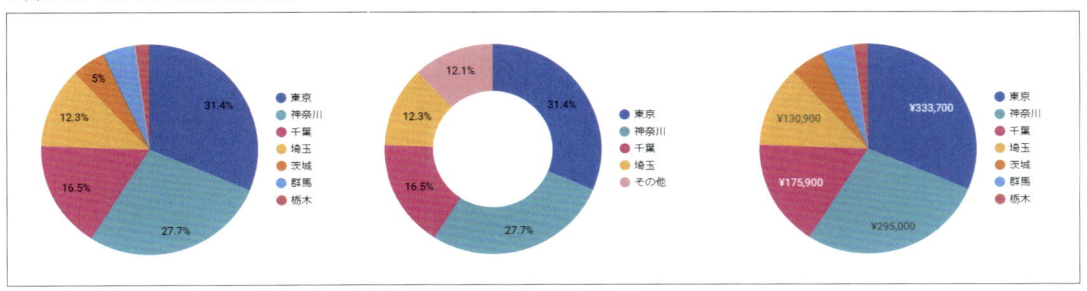

6-7-1　スタイルタブ：円グラフ

　「スタイル」タブの「円グラフ」では、「スライス数」の指定ができます。この設定は「円グラフをいくつの部分に分けるか」を指定します。**図6-133**の真ん中の図では、本来7種類ある都道府県を個別都道府県は4種類まで表示し、残りの都道府県を「その他」として1つにまとめ、合計5個のスライスで表示しています（**図6-134**）。

　このとき「その他グループに含める」のオプションを外すと、「その他」が消え、5番目の個別都道府県が現れます。ただし、その場合下位の2都道府県については集計から外れるため、円グラフが示す「全体における割合」の値が変わります。

　円グラフのスライス数は7個程度がスムーズに理解できる上限といわれていますので、「その

他グループに含める」をオンにしたうえでスライス数が7個程度になるよう調整するのが望ましいと考えます。

▼図6-134：「スタイル」タブの「円グラフ」での設定項目

6-7-2 │ スタイルタブ：配色

「スタイル」タブの「配色」で設定できる項目のうち「単一色」、「円グラフでの順序」、「ディメンションの値」は6-4-3、6-5-6、6-6-6でこれまで解説してきたとおりです。円グラフ固有の設定項目としては、**図6-135**で示した、真ん中の白い部分の大きさを決めるスライダーがあります。スライダーを左端に寄せれば円グラフ、少しでも右にずらすとドーナツチャートとなります。

▼図6-135：「スタイルタブ」の「配色」に用意されている真ん中の円の大きさを調整するスライダー

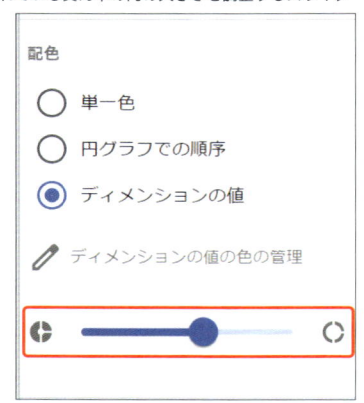

　円グラフとドーナツチャートの示す内容はまったく同じで、デザイン的な差しかありません。一方、ドーナツチャートでのみ実現可能な表現として、真ん中のスペースに6-1で学んだ「スコアカード」を配置することができます。**図6-136**のように円グラフで構成比を示しながら、総額（この場合は売上金額）を表示すると、スペース効率よく付加的な情報を付与することができます。

▼図6-136：ドーナツチャートの真ん中にスコアカードを配置

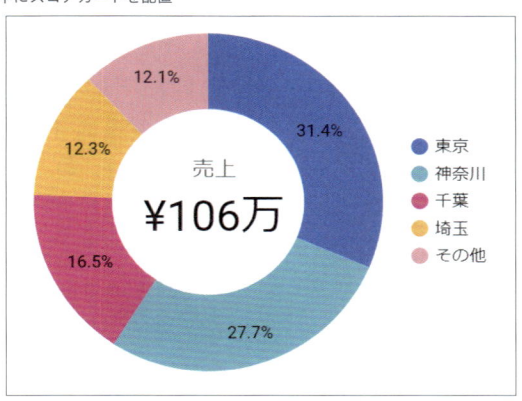

6-7-3 ｜ スタイルタブ：ラベル

「スタイル」タブのラベルでは、円グラフに表示するスタイルと内容を設定できます（**図6-137**）。

① **フォントの色**
② **フォントの大きさ**
③ **フォントの種類**
④ **表示する内容**
⑤ **ラベルの色とグラフの色の設定**

▼図6-137：「スタイル」タブの「ラベル」の設定項目

①はラベルのフォントの色、②はラベルのフォントの大きさ、③はラベルのフォントの種類です。②のラベルのフォントの大きさは、特にこだわりがない場合「自動」が推奨です。グラフ範囲を調節して、円グラフ自体のサイズを変更すると、自動でほどよいフォントサイズを選択してくれます。④の「値」は、デフォルトは「割合」ですが、「なし」、「ラベル」、「値」を選択することができます。「ラベル」というのはディメンション項目です。「値」は指標が「売上」なら売上金額、「利益」なら利益額です。

図6-138では、左図が「ラベル」、右図が「値」を選択しています。「ラベル」を選択した場合には、「ラベル」が凡例と同じ内容を表示しますので、凡例を非表示にできます。円グラフにおいて割合はグラフ自体からおおよその値を読み取れます。また、左図に示すとおり、吹き出しとして表示される「カード」から値と割合が正確にわかります。

▼図6-138：ラベルの値として「ラベル」（左図）、「値」（右図）を設定した円グラフ

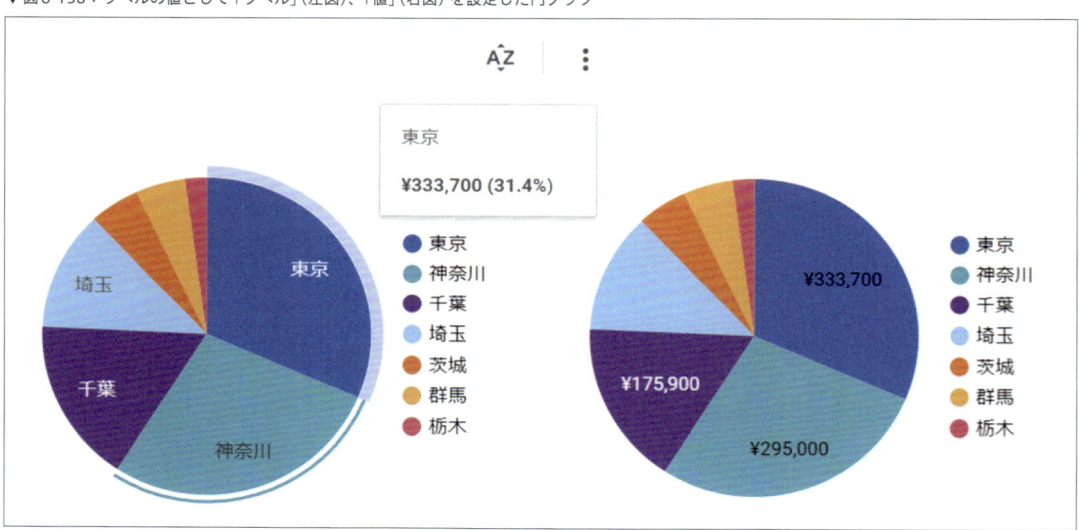

⑤の「テキストのコントラスト」はグラフの地の色と、ラベルの色の対比を調整できる項目です。**図6-138**では、2つの円グラフともに、ラベルの色を白に設定しています。そのうえで左図では、「テキストのコントラスト」を「中」、右図では「高」に設定しています。そのため、すべてのラベルが白にはなっていません。「テキストのコントラスト」を「なし」にすると、そうした自動調節機能がオフになり、フォントの色で調整したとおりになります。

6-8 グラフ作成手順：ツリーマップ

　「ツリーマップ」を作成する手順のうち、すべてのグラフに共通する項目は4-3、および4-4にまとめています。本節では「ツリーマップ」に固有の作成手順を紹介します。

　「ツリーマップ」をレポートに追加するには、メニューの「グラフを追加」から**図6-139**の矢印が示す先をクリックします。

▼図6-139：ツリーマップの追加

　図6-140が「ツリーマップ」固有の設定項目を調整したバリエーションを示しています。具体的な設定項目は次の4つです。

① **6-8-1 設定タブ：ディメンション**

② **6-8-2 設定タブ：合計行数**

③ **6-8-3 スタイルタブ：ツリーマップ**

④ **6-8-4 スタイルタブ：テキスト**

▼図6-140：ツリーマップで調整可能な項目

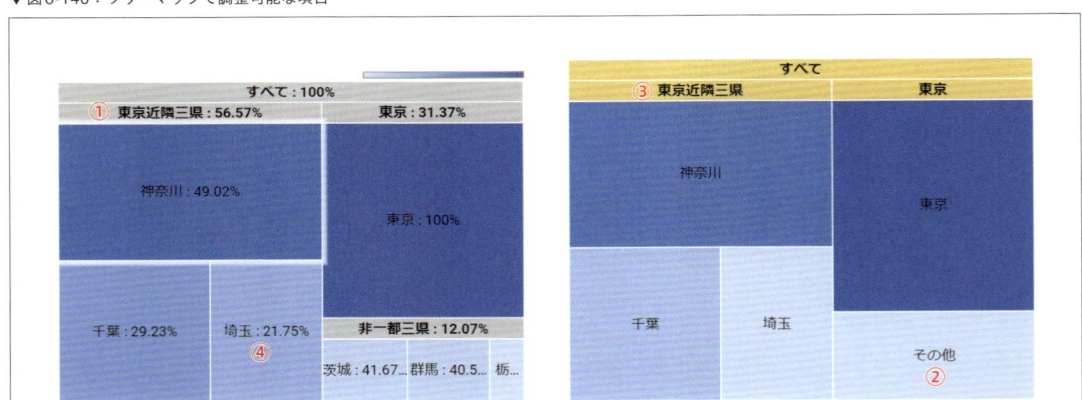

6-8-1 | 設定タブ：ディメンション

　図6-141は「ディメンション」の設定、**図6-142**はその設定を反映したツリーマップです。第1ディメンションである「都道府県分類」で枠が設置され、その配下に個別の都道府県が属している状態がよくわかります。指標としては「売上」が用いられていますので、「売上」の約半分を「東京近隣三県」が占めていることが読み取れます。また、「東京近隣三県」の中ではおよそ半分が「神奈川」の売上ということが読み取れます。ディメンションを複数適用すると、このように自動的に階層が作られることを覚えておきましょう。設定上、上に配置したディメンション項目が大分類、下に配置したディメンション項目が中分類……です。

▼図6-141：ディメンション設定

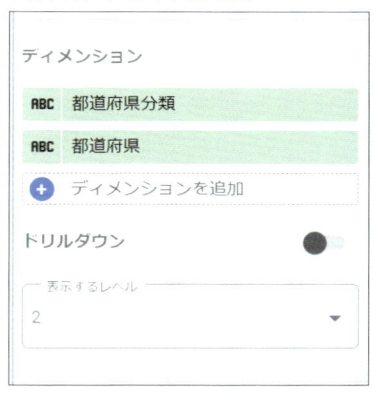

▼図6-142：ディメンションで階層化されたツリーマップ

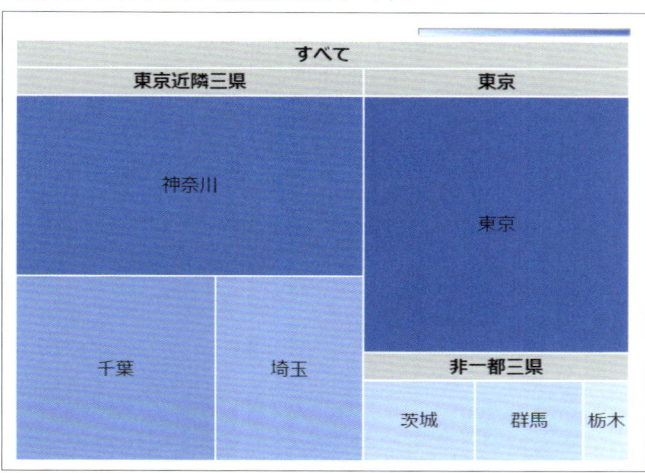

「ドリルダウン」オプションをオンにすると、次の手順でドリルダウンが可能になります

① 「東京近隣三県」をクリックする（図6-143のとおり、「東京近隣三県」配下の都道府県が青くなり、残りの都道府県がグレーアウトされる）

② ドリルダウンを示す「↓」をクリックする

③ 該当する都道府県だけがツリーマップに表示される（図6-144）

図6-143：ドリルダウンの操作

図6-144：ドリルダウンの完成

また、「ドリルダウン」オプションをオンにすると、**図6-145**のとおり、新たに「デフォルトのドリルダウンのレベル」オプションが登場します。「ドリルダウン」は、ディメンションを複数指

定することで作成した「階層」をユーザーの操作によって上下できるようにする設定です。そのため、最初に表示する階層のレベルを指定するのが「デフォルトのドリルダウンのレベル」オプションです（**図6-145**）。

▼図6-145：ドリルダウンをオンにすると現れる「デフォルトのドリルダウンのレベル」オプション

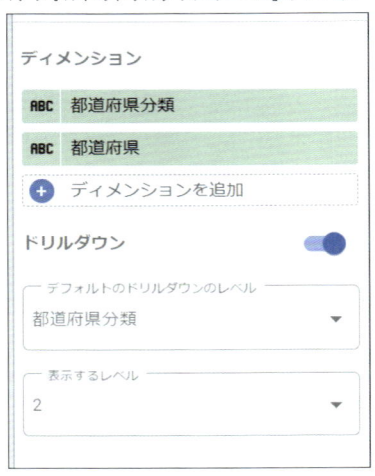

「都道府県分類」に指定すれば前掲の**図6-142**が、「都道府県」に指定すれば**図6-146**が最初の状態になります。

▼図6-146：「都道府県」を「デフォルトのドリルダウンのレベル」に指定したツリーマップ

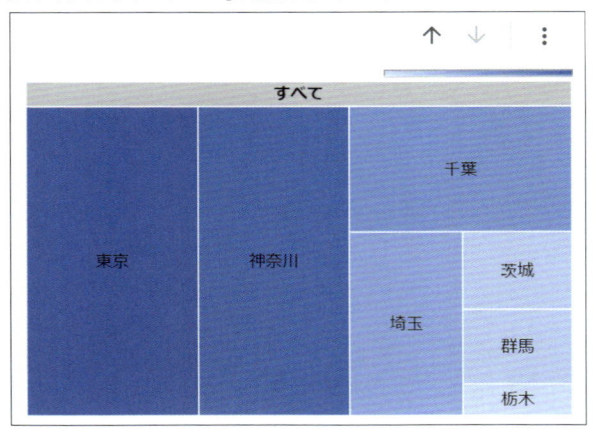

　「表示するレベル」オプションは、「ツリーマップに表示される「ラベル」をどのレベルまで行うか」を指定します。**図6-147**はディメンションを「都道府県分類」、「都道府県」、「カテゴリー」と3階層で設定したうえで、左図が「表示するレベル」を「2」、右図が「3」に指定しています。そのため、左図では第3階層である「カテゴリー」について「ラベル」の表示はなく、右図では表示されています。

▼図6-147：「表示するレベル」の設定を変えたツリーマップ

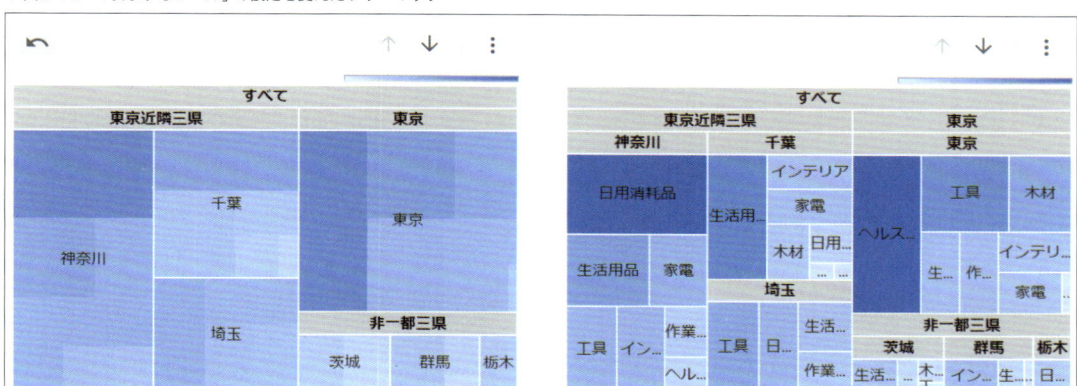

6-8-2　設定タブ：合計行数

　「設定」タブ配下に「合計行数」を設定できる場所があり、デフォルトでは「500」となっています（**図6-148**）。「合計行数」とは直感的に理解しづらい設定項目の名称ですが、規定するのは「ツリーマップの内部をいくつの区分に分けるか」です。最小設定は「5」、次に「10」、「20」、「50」、「100」……と選択でき、最大は「5000」です。

　そうした設定ができるのは柔軟性がある一方、ツリーマップを表示する面積にもよりますが、あまりにも細かく分類されたツリーマップでは、結局どの部分の売上や利益が大きいのかがわかりづらく、実務上の有益性については懸念があります。

▼図6-148：「設定」タブの「合計行数」設定

合計行数

500 ▼

☐ 「その他」グループに含める

　図6-149の左図は、「合計行数」の設定をデフォルトのままの「500」にしてあります。一方、右図は「合計行数」を最小の「5」で設定したうえで、「その他」グループに含めるオプションにチェックを入れています。そのため、本来は全部で7つの値がある「カテゴリー」が、全部で5つの区分に分けられており、その1つが「その他」になっています。

▼図6-149：「合計行数」を調整する前（左図）、調整したあと（右図）のツリーマップ

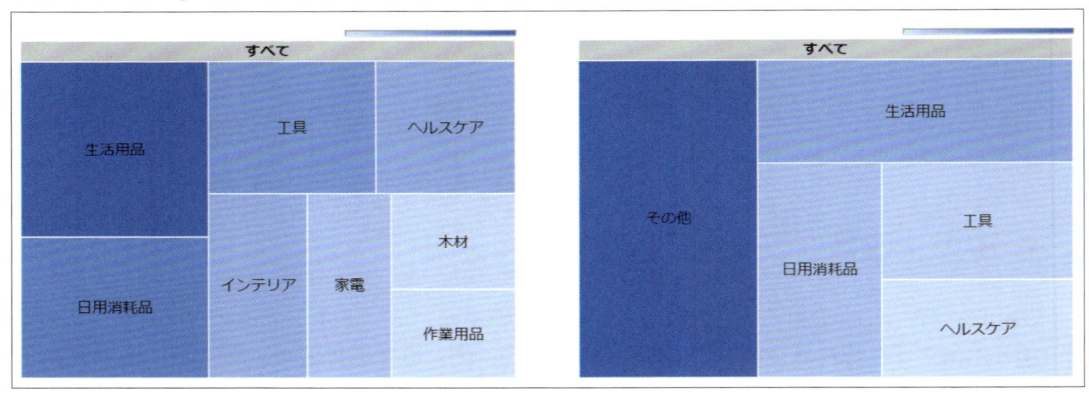

6-8-3 ┃ スタイルタブ：ツリーマップ

「スタイル」タブの「ツリーマップ」には次の6つの設定があります（**図6-150**）。

① **最大値の色**
② **最小値の色**
③ **中間値の色**
④ **分岐ヘッダーを表示**
⑤ **分岐ヘッダーの色**
⑥ **目盛りを表示**

▼図6-150：「スタイル」タブの「ツリーマップ」設定

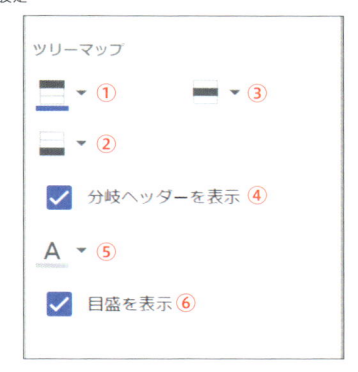

どの設定を調整すると、ツリーマップの見かけがどのように変化するのか、**図6-151**で確認していきます。

①の「最大値の色」を緑、②の「最小値の色」を赤、③の「中間値の色」をデフォルトのままにしたツリーマップが右図です。左図と同じ内容を示していますが、見かけがかなりちがって見えます。④の「分岐ヘッダーを表示」をオフに調整した状態が左図です。右図にある「すべて」や「東京近隣三県」などのヘッダーがなくなっているのがわかります。⑤の「分岐ヘッダーの色」は右図で調整しています。デフォルトは灰色ですが、その部分がオレンジに変化しているのがわかります。

⑥の「目盛りを表示」をオフにしたのが左図です。**図6-149**に見るようなツリーマップの右上にあるグラデーションの帯が消えているのがわかります。

▼図6-151：「スタイル」タブの「ツリーマップ」設定を調整したツリーマップ

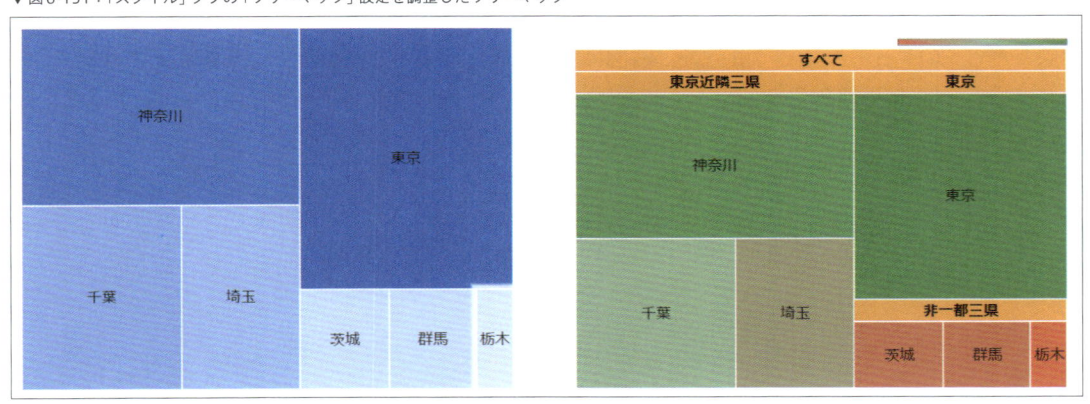

6-8-4 | スタイルタブ：テキスト

「スタイル」タブの「テキスト」設定には、**図6-152**のとおり4項目の設定があります。①～③は、それぞれラベルのフォントの色、大きさ、種類なので混乱することはないでしょう。④については、次の中から選択できます。

- **ディメンションのみ**
- **ディメンションと指標（値）**
- **ディメンションと指標（%）**

から選択できます。

▼図6-152：「スタイル」タブの「テキスト」設定

デフォルトでは「ディメンションのみ」となっているため、「ラベル」にはディメンションの要素名が表示されています。変更したときにどのように変化するかを示したのが**図6-153**です。左図は「ディメンションと指標（値）」を、右図は「ディメンションと指標（%）」を指定した状態です。ツリーマップの示す情報量を増やしたい場合には利用するとよいでしょう。

▼図6-153：テキストの表示項目を変更したツリーマップ

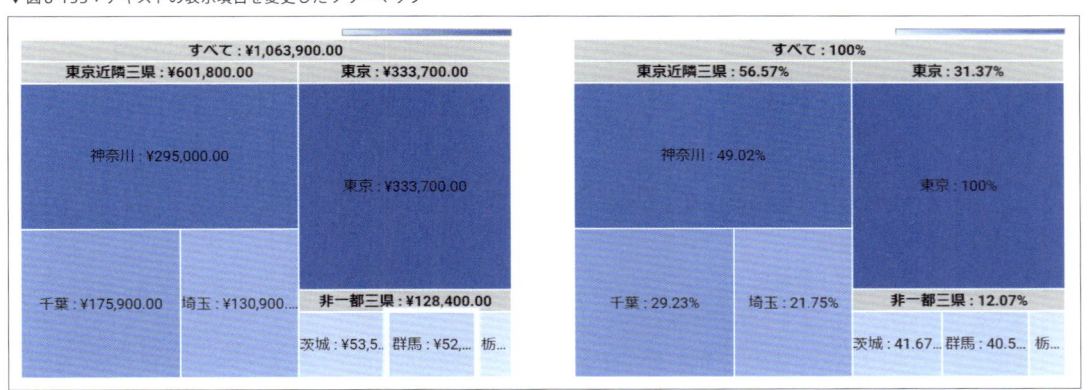

6-9　グラフ作成手順：散布図

　「散布図」を作成する手順のうち、すべてのグラフに共通する項目は4-3、および4-4にまとめています。本節では「散布図」に固有の作成手順を紹介します。

　「散布図」をレポートに追加するには、メニューの「グラフを追加」から**図6-154**の矢印が示す先をクリックします。2種類のグラフがあり、左が「散布図」、右が「バブルチャート」です。「スタイル」タブの設定で簡単に切り替えられるため、本節では、左にある「散布図」で解説を進めます。

▼図6-154：グラフを追加から散布図を作成する

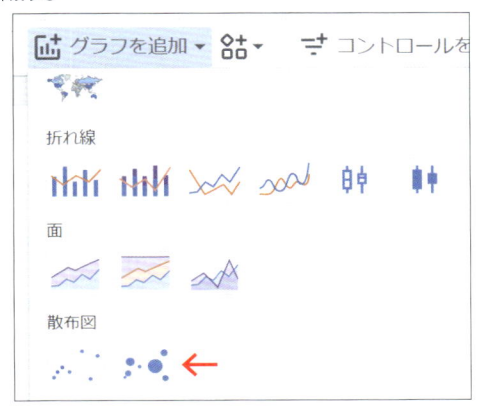

　図6-155が「散布図」固有の設定項目を調整したバリエーションを示しています。「設定」タブ配下では、「ディメンション」、「指標（指標X・指標Y・バブルのサイズの指標）」に固有の設定があります。「スタイル」タブでは、「散布図」で散布図の見かけを調整することができます。

　具体的な設定項目として、次の4点を解説します。

① 6-9-1 設定タブ：ディメンション
② 6-9-2 設定タブ：指標
③ 6-9-3 スタイルタブ：散布図
④ 6-9-4 スタイルタブ：トレンドライン

▼図6-155：散布図と設定可能な項目

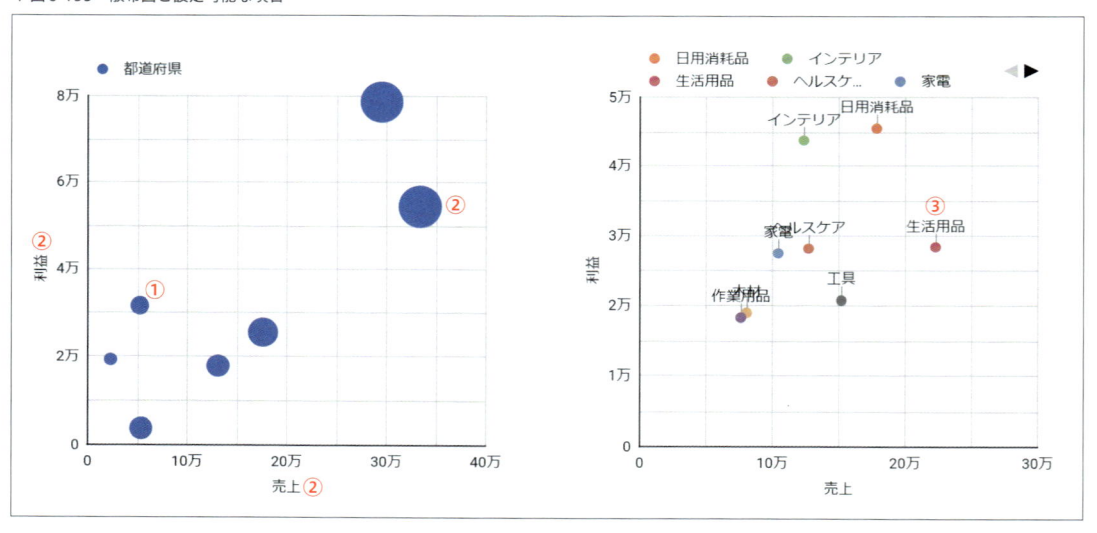

6-9-1 設定タブ：ディメンション

　「設定」タブの「ディメンション」は、散布図にプロットされる「点」を設定します。したがって「都道府県」で設定すれば散布図には「東京」、「千葉」、「埼玉」……などが、「カテゴリー」で設定すれば「日用消耗品」、「インテリア」、「ヘルスケア」……などが散布図にプロットされます。

　そのとき、X軸、Y軸ともに設定されている指標が集計されることを理解してください。例えば、**図6-156**の左図は、X軸を「売上」、Y軸を「利益」で設定したうえで、ディメンションを「都道府県」で指定しています。すると、7つの都道府県が現れますが、例えば「東京」がプロットされている位置は、東京の**売上合計**と、東京の**利益合計**の交点ということになります。

また、**図6-156**の右図はディメンションに「都道府県」と「カテゴリー」の2つを設定しました。すると、プロットされる点は「東京の日用消耗品」、「東京のインテリア」、「埼玉の日用消耗品」など、最大で56個（都道府県が7種類、カテゴリーが8種類のかけ合わせ）になります。分析上の意味合いとしては、より細分化した売上と利益の関係性の可視化ということになります。**図6-156**の右図でも、左図ではわからなかった利益がマイナスの「都道府県とカテゴリーの組み合わせ」があることが確認できます。

▼図6-156：ディメンションに「都道府県」を設定した左図と、「都道府県」と「カテゴリー」を設定した散布図

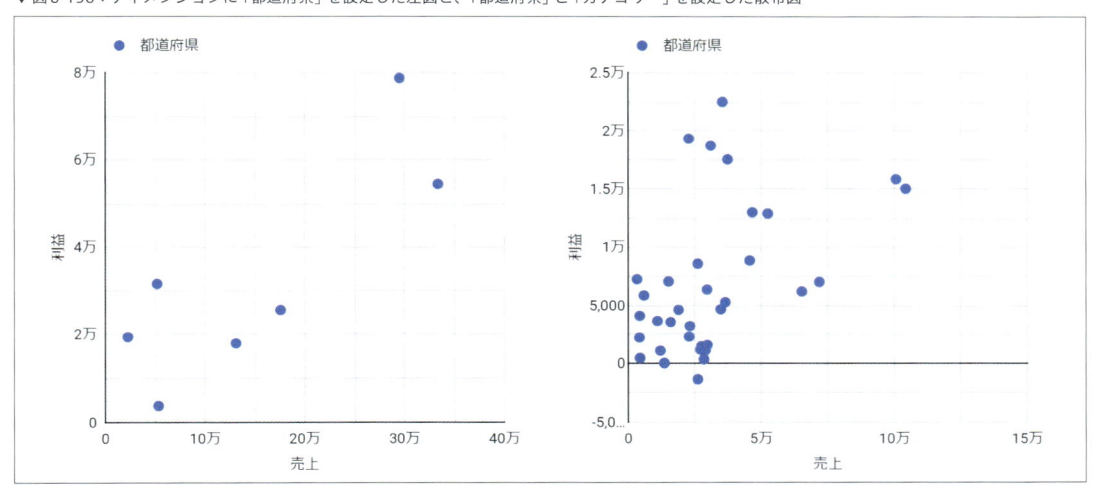

6-9-2 設定タブ：指標

設定対象としては「指標X」、「指標Y」、「バブルのサイズの指標」の3つがあります。「指標X」、「指標Y」については、相関を確認したい指標を指定します。

「指標X」と「指標Y」に「施策についての指標」と「効果についての指標」のような、明確な因果関係がある場合には、前者をX軸に指定するのがお作法です。したがって、「売上」と「利益」を軸に使う場合には、「売上」がX軸、「利益」がY軸となるのが適切です。「マーケティング費用」と「コンバージョン数」を軸に使う場合も、前者がX軸、後者がY軸となるよう設定します。

▼図6-157：「指標X」、「指標Y」、「バブルのサイズの指標」の設定

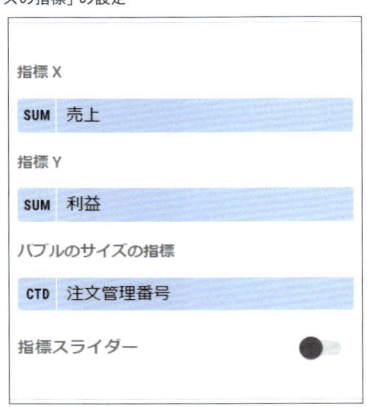

「バブルのサイズの指標」はオプションです。設定しないと、プロットされる点はすべて同じ大きさになります。設定すると、設定した指標に応じた大きさになります。**図6-157**で示しているとおりの設定を行ったバブルチャートが**図6-158**です。バブルサイズの指標として、「注文管理番号」のユニークな個数を設定していますので、バブルの大きさがいわゆる「注文数」となります。

「注文管理番号」は質的変数であり、通常はディメンションになりますが、指標として使うこともできるという好例です。ちなみに、**図6-157**の「注文管理番号」の左に表示されている「CTD」は、「CounT Distinct」（固有のカウント）を意味しています。

▼図6-158：バブルの大きさを「注文件数」として指定したバブルチャート

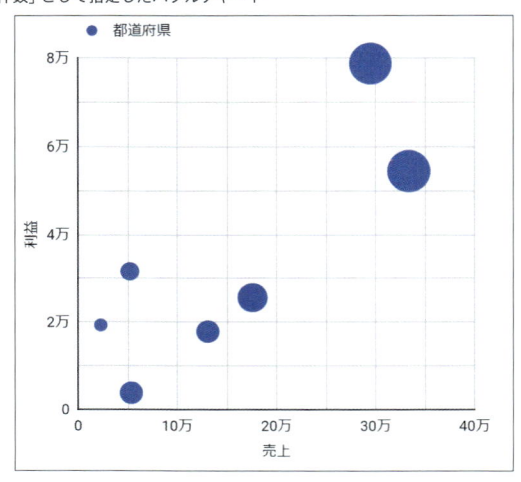

6-9-3 スタイルタブ：散布図

図6-159は散布図に固有な設定の1つです。

「データラベルの表示」をオンにすると、**図6-160**の右図のとおりプロットされた点にラベルが付きます。「バブル数」は点の数を制御します。

「バブルの色」は次の2つから選択できます。

- **なし**
- **ディメンション項目**

「なし」にするとデフォルトでは青一色となります。「配色」設定から青を他の色に変更することができます。**図6-160**の左図では緑に変更しています。**図6-159**はディメンションとして使われている「カテゴリー」を選択した状態を示しています。**図6-160**の右図では「カテゴリー」ごとに別の色が付与されます。

▼図6-159：「スタイル」タブの「散布図」設定

6

▼図6-160：バブルの色を「なし」で設定した左図と、「カテゴリー」で設定した右図

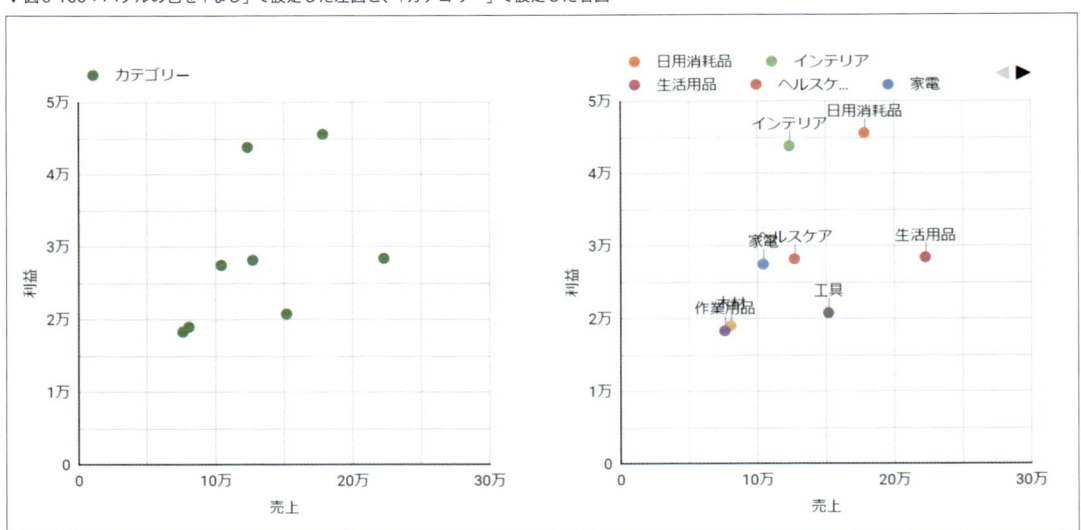

6-9-4 │ スタイルタブ：トレンドライン

　散布図は基本的に2つの指標の相関を可視化するものです。相関の状態を端的に可視化するのがトレンドラインです。6-9-3で解説した「バブルの色」が「なし」の場合にだけ設定できます。

　図6-161では「線形」が選択されていますが、選択肢としてはほかに「指数」と「多項式」があります。「線形」を利用することが多いと思いますが、どのような相関を想定しているかに応じて選択してください。

▼図6-161：「スタイルタブ」の「トレンドライン」設定

　図6-162は、トレンドラインを「線形」にし、太さを「3」、線種を点線、色を赤で設定した状態の散布図です。

▼図6-162：「トレンドライン」を「線形」で書き入れた散布図

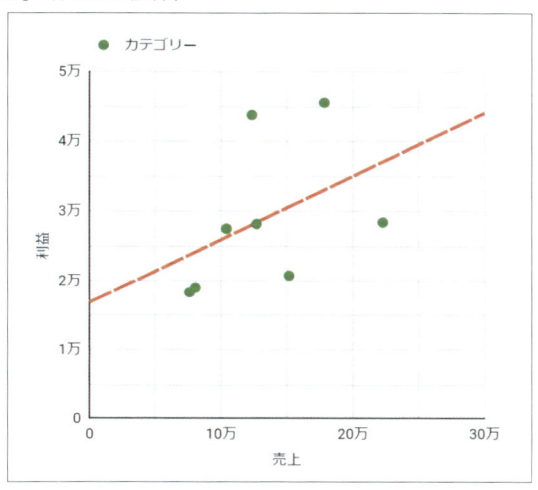

6-10　グラフ作成手順：箱ひげ図

　「箱ひげ図」を作成する手順のうち、すべてのグラフに共通する項目は4-3、および4-4にまとめています。本節では「散布図」に固有の作成手順を紹介します。

　「箱ひげ図」をレポートに追加するには、メニューの「グラフを追加」から**図6-163**の矢印が示す先をクリックします。「箱ひげ図」は折れ線グラフとはまったく別のグラフですが、「折れ線」に分類されています。気にせずクリックしてください。

▼図6-163：箱ひげ図の追加

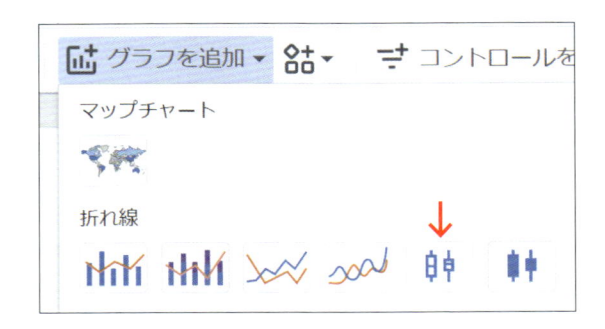

　図6-164が「箱ひげ図」固有の設定項目を調整したバリエーションを示しています。「設定」タブ配下では、「指標」に固有の設定があります。「スタイル」タブでは、「系列番号」、「ポイントの数」で散布図の見かけを調整することができます。

　具体的な設定項目は次のとおりです。

① **6-10-1 設定タブ：指標**
② **6-10-2 スタイルタブ：系列番号**
③ **6-10-3 スタイルタブ：ポイントの数**

▼図6-164：箱ひげ図で設定可能な項目

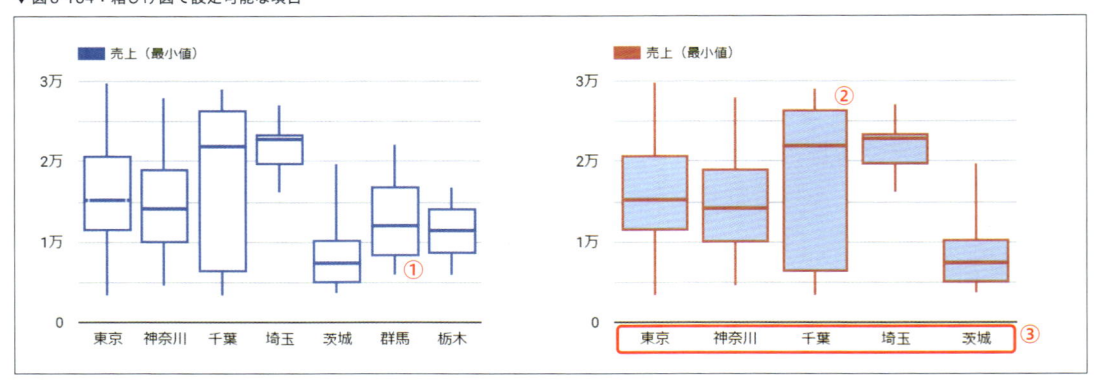

6-10-1　設定タブ：指標

　箱ひげ図を作成するうえで、最も重要なのが「指標」の設定です。指標は次の5つをすべて、正しい順番で指定する必要があります。**図6-165**を合わせて参照してください。

- 最初の指標：最小値
- 2番目の指標：第1四分位数（25パーセンタイル値）
- 3番目の指標：中央値
- 4番目の指標：第3四分位数（75パーセンタイル値）
- 最後の指標：最大値

▼図6-165：箱ひげ図を作成するために必須な5つの指標設定

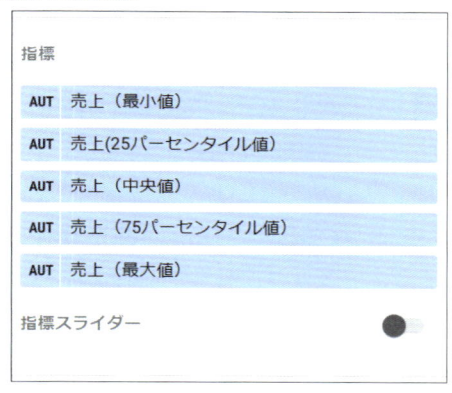

　通常、**図6-165**で示した5つの指標は1つもデータにないはずです。そのため、4-5で紹介した「計算フィールド」を利用して、既存の指標から箱ひげ図で利用する指標を作成することになります。計算フィールドの内容と、各指標の解説を**表6-A**のとおりに示しますので、参考にしてください。

▼表6-A：箱ひげ図を作成するために必須な5つの指標設定

作成する指標	計算フィールド	説明
最小値	MIN（対象となる指標）	データの中の最も小さな値
第1四分位数 （25パーセンタイル値）	PERCENTILE （対象となる指標, 25）	データを小さい順に並べた時に、小さい方から1/4の位置にある値
中央値	MEDIAN（対象となる指標）	データを小さい順に並べた時に、中央に位置する値
第3四分位数 （75パーセンタイル値）	PERCENTILE （対象となる指標, 75）	データを小さい順に並べた時に、小さい方から3/4の位置にある値
最大値	MAX（対象となる指標）	データの中の最も大きな値

　5つの指標を正しく理解するために、例をあげます。例自体をわかりやすくするために、11人のクラスで実施したテストの点数（65点から91点に分布）から、5指標を求めることにします。**図6-166**が11人の生徒のテストの点数を小さい順に並べたものです。5つの指標について確認してください。

▼図6-166：11人のテストの成績の分布で示す5つの指標

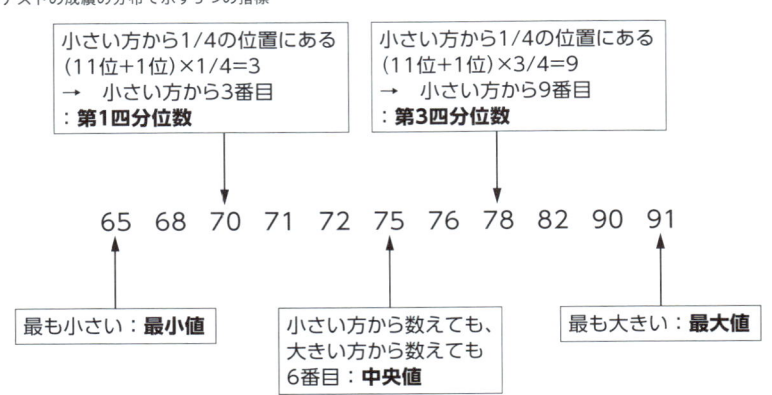

また、箱ひげ図の箱やヒゲと、5つの指標の関係は、**図6-167**のとおりとなっています。箱、ひげが示す値について理解すると、テストの点数の分布について理解できるようになります。

▼図6-167：箱ひげ図と5つの指標（Y軸は60から95に調整ずみ）

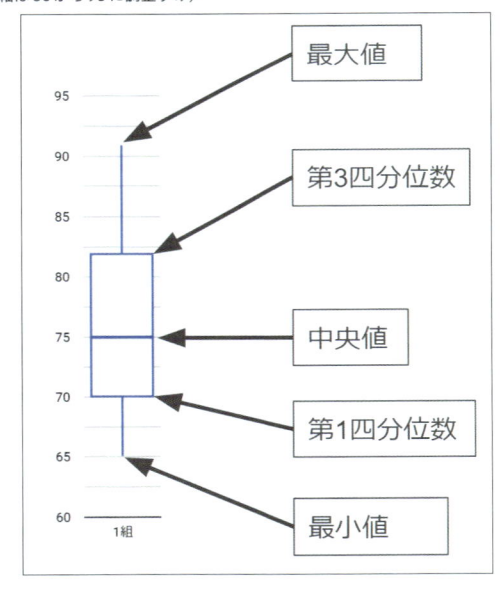

6-10-2 ｜ スタイルタブ：系列番号

　箱ひげ図の「スタイル」タブにある「系列番号1」では、**図6-168**のとおりの設定が可能です。鉛筆マークが箱ひげ図の線、バケツのマークが塗りつぶしを制御します。**図6-164**の右図は、**図6-168**のとおりの設定になっています。

▼図6-168：系列番号1の設定

6-10-3 ｜ スタイルタブ：ポイントの数

　「スタイル」タブ配下の「ポイント数」は、何本の箱ひげ図を表示するかを制御します。データ自体には、都道府県は7種類ありますが、**図6-164**の右側の箱ひげ図は「東京」、「神奈川」、「埼玉」、「千葉」、「茨城」の5つだけが表示されています。それは、**図6-169**のとおりにポイント数を「5」で設定しているためです。表示したい箱ヒゲの数を制御する場合に利用するのが、この「ポイントの数」だといえます。

▼図6-169：「スタイル」タブの「ポイントの数」設定

ポイントの数
5

「特定目的用グラフ」の
作成のコツ

第  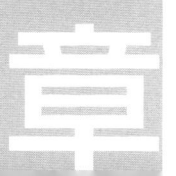 章

7-1 グラフのコツ：Googleマップ・マップチャート

　本節では、比較的利用頻度が低い特定目的のグラフのうち、「Googleマップ」と「マップチャート」について、作成上のコツを解説します。

　対象とするグラフは**図7-1**のとおりの4つです。Googleマップは6種類のうち3種類だけを対象としています。残りの3つは用途がかなり特殊であり利用頻度が低いので、割愛します。

▼図7-1：本節で取り上げるGoogleマップとマップチャート

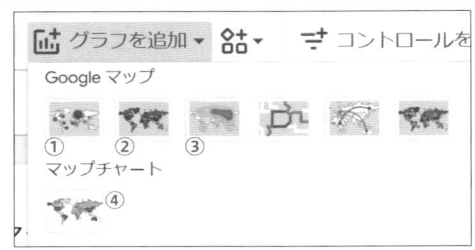

　取り上げる4種類のグラフと完成形は**図7-2**のとおりです。Googleマップとマップチャートでは、ほぼ似たような内容を地図上に表現できますが、都道府県単位での可視化をしたい場合には、次の理由からGoogleマップの利用を推奨します。

【マップチャートではなくGoogleマップの利用を推奨する理由】

- マップチャートではグラフが都道府県と認識するには「県」、「府」が末尾についている必要がある（あるいは英語表記である必要がある）
- マップチャートでは「ズーム」という設定項目で「日本」を選択する必要があり手間がかかる
- マップチャートは拡大・縮小に対応していない

　ただし、Googleマップの弱点としては「クロスフィルタリング」の機能がないことがあげられます。クロスフィルタリングを利用したい場合には、マップチャートを利用する必要があります。

▼図7-2：本節で取り上げるGoogleマップとマップチャートの完成図

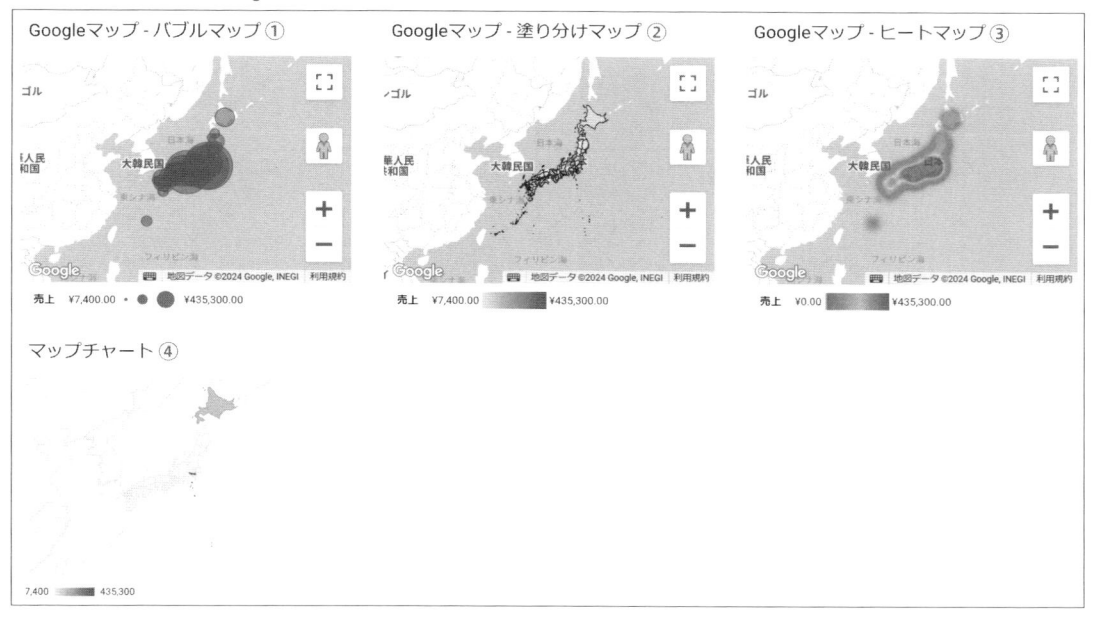

では、まずGoogleマップ作成のコツから解説します。

7-1-1 Googleマップ作成のコツ

　Googleマップは、Looker StudioにGoogleの別サービスであるGoogle Mapの技術を応用して表示されています。そのため、Google Map固有の設定項目があります。それらの設定項目をコツとしてまとめました。それらを学ぶことで、効率よく訴求力の高いグラフを作成できるようになります。

グラフ種類は「レイヤタイプ」で切り替え可能

　図7-2の上段の①、②、③のグラフは、左からそれぞれ「バブル」、「塗分け」、「ヒートマップ」で地図が表現されており、3種類の異なったグラフのように見えます。
　しかし、設定上は「スタイル」タブの「レイヤタイプ」で簡単に切り替えることができます（図7-3）。

▼図7-3：簡単に切り替え可能な「スタイルタブ」の「レイヤタイプ」

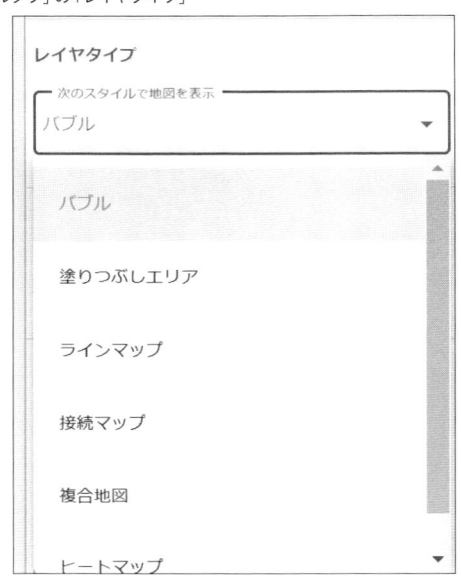

　レイヤタイプを切り替えた場合には、「設定」タブにおいてそれぞれのタイプに応じた設定を加える必要があります。「バブルマップ」を選択した場合、**図7-4**のとおり「指標」を「サイズ」に配置する必要があります。「塗り分けマップ」の場合、**図7-5**のとおり「指標」を「色の指標」に配置する必要があります。

▼図7-4：「バブルマップ」で設定している「サイズ」　　　　　▼図7-5：「塗り分けマップ」で設定している「色の指標」

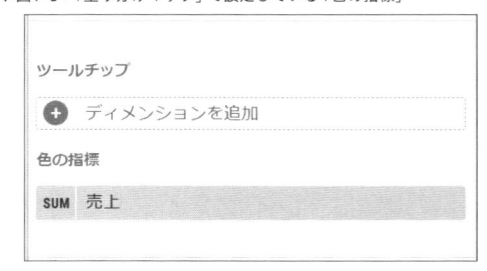

マップコントロールでユーザーのインタラクションを制御

図7-6は左右両方の図とも、都道府県別の売上です。ちがいは右図の枠で囲んだボタンなどが左図にはありません。右図で図示したボタンは、Googleマップにユーザーインタラクション（ユーザーの操作によりもたらされるグラフの見かけなどの変化）を与えるものです。

▼図7-6：マップコントロールを表示しない状態（左図）とすべて表示した状態（右図）

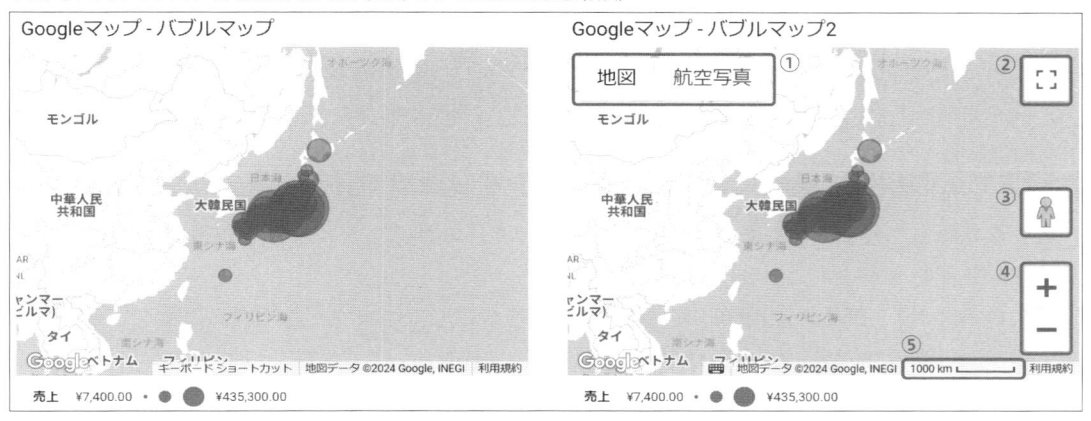

右図で図示したボタンなどは、「マップコントロール」と総称されます。**図7-6**の右図で示している①〜⑤は1つずつ表示、非表示を切り替えることができます。設定項目は、**図7-7**で示した「スタイル」タブ配下のマップコントロールです。

▼図7-7：「スタイル」タブの「マップコントロール」の設定

図7-7の「マップコントロール」の種類とグラフ上のボタンなどの紐づきは**表7-A**のとおりです。

▼表7-A：マップコントロールの設定と内容

設定	内容
パンとズームを許可	画面には影響しませんが、このオプションをオンにすると次の2点ができるようになる ・グラフ上でマウスホイールを前進させると拡大、後進させると縮小する ・ドラッグで表示する地域を変えることができる
ズームコントロールを表示	図7-6のグラフ上の④の表示・非表示を切り替える
ストリートビューコントロールを表示	図7-6のグラフ上の③の表示・非表示を切り替える
全画面表示コントロールを表示	図7-6のグラフ上の②の表示・非表示を切り替える
地図形式のコントロールを表示	図7-6のグラフ上の①の表示・非表示を切り替える
スケールコントロールを表示	図7-6のグラフ上の⑤の表示・非表示を切り替える

地図をもとの状態に戻すには「ビューポートをリセット」を利用

表7-Aで解説した「パンとズームを許可」をオンにしておくと、ユーザーが地図上で表示させる地域や範囲を変更することができます。

図7-8は、マウスホイール操作とドラッグで九州を表示しています。枠で囲んだボタンをクリックすると、日本全体が表示されているもとの状態に戻ります。このボタンをマウスオーバーすると、「ビューポートのリセット」と表示されます。マウス操作で戻す必要はないので、覚えておきましょう。

「ビューポートのリセット」のボタンは、スクロールやドラッグをしないと現れません。

▼図7-8：九州にクローズアップしたGoogleマップと「ビューポートをリセット」ボタン

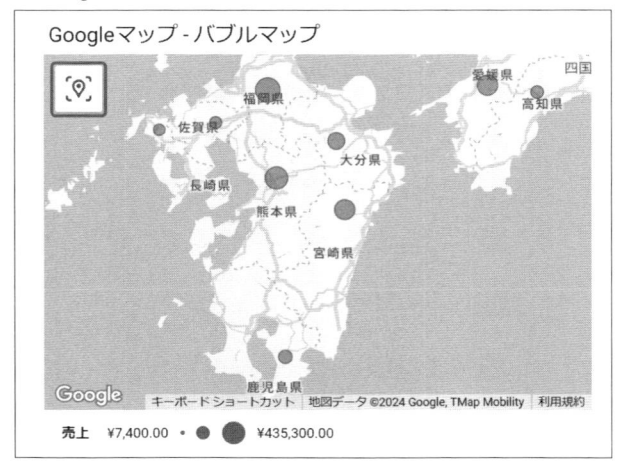

7-1-2 マップチャート作成のコツ

前述のとおり、クロスフィルタリングを利用しないのであれば、マップチャートではなくGoogleマップを利用することを推奨します。ただ、マップチャートを作成したい場合もあると思いますので、作成するときのコツや留意点を、都道府県別にグラフを描く例で解説します。

都道府県の末尾に「県」、「府」がついている必要がある

値として「東京」、「神奈川」、「千葉」を持つ「都道府県」というフィールドがあったとします。我々はそれが都道府県だとすぐにわかるので問題ありませんが、マップチャートは「北海道」と「東京」以外は、地理的な情報を持った「都道府県」とは認識しません。

そこで、**図7-9**を利用して、末尾に「県」や「府」や、念のため「都」も付与し、Looker Studioが地理的な意味合いをもった値だと認識するように変換する必要があります。フィールド名は「都道府県2」としています。

▼図7-9：都道府県の末尾に「都」や「府」や「県」を付与する計算フィールド

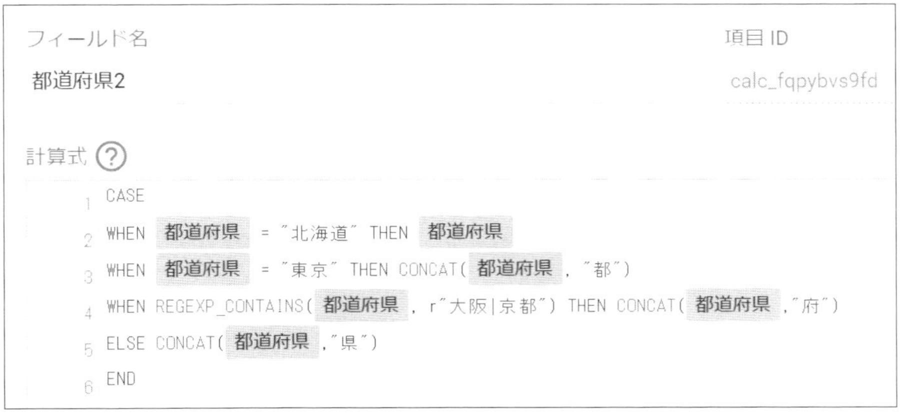

```
フィールド名                                        項目 ID
都道府県2                                          calc_fqpybvs9fd

計算式 ?
  1  CASE
  2  WHEN  都道府県  = "北海道" THEN  都道府県
  3  WHEN  都道府県  = "東京" THEN CONCAT(  都道府県  , "都")
  4  WHEN REGEXP_CONTAINS(  都道府県  , r"大阪|京都") THEN CONCAT(  都道府県  , "府")
  5  ELSE CONCAT(  都道府県  , "県")
  6  END
```

都道府県の「タイプ」を「地方行政区画（第1レベル）」に変更する必要がある

図7-9で作成した計算フィールド「都道府県2」を利用しても、そのままではマップチャートは作成できません。「都道府県2」が持っている値は「東京都」、「神奈川県」、「千葉県」などです。Looker Studioでは格納されている値の内容までは判断できないので、データタイプは「テキスト型」になります。

一方、マップチャートを成立させるには、「都道府県2」のタイプを「テキスト型」から「地方

行政区画（第1レベル）」に変更する必要があります。「データソースエディタ」から、あるいは「設定」タブ配下の「地域ディメンション」から変更することができます。「データソースエディタ」で変更すると、どのグラフで「都道府県2」を利用した場合でも「地方行政区画（第1レベル）」として利用できます。**図7-10**がデータソースエディタで、「都道府県2」フィールドのタイプを「地方行政区画（第1レベル）」に変更したところを示しています。

▼図7-10：「都道府県2」フィールドのタイプを「地方行政区画（第1レベル）」に設定する

「ズームエリア」で「日本」を指定する必要がある

マップチャートでは、「設定」タブ配下の「ズームエリア」で「日本」を指定する必要があります（**図7-11**）。**図7-12**の2つのマップチャートはまったく同じグラフで、ズームエリアだけ異なる設定をしたものです。

▼図7-11：ズームエリアを「日本」で設定

ズームエリア

日本

　左図はズームエリアを「日本」、右図は「アイスランド」に設定しています。「アイスランド」など日本以外に設定した場合、ほかの国が表示されてしまいます。

▼図7-12：ズームエリアを「日本」で設定（左図）と「アイスランド」で設定したマップチャート

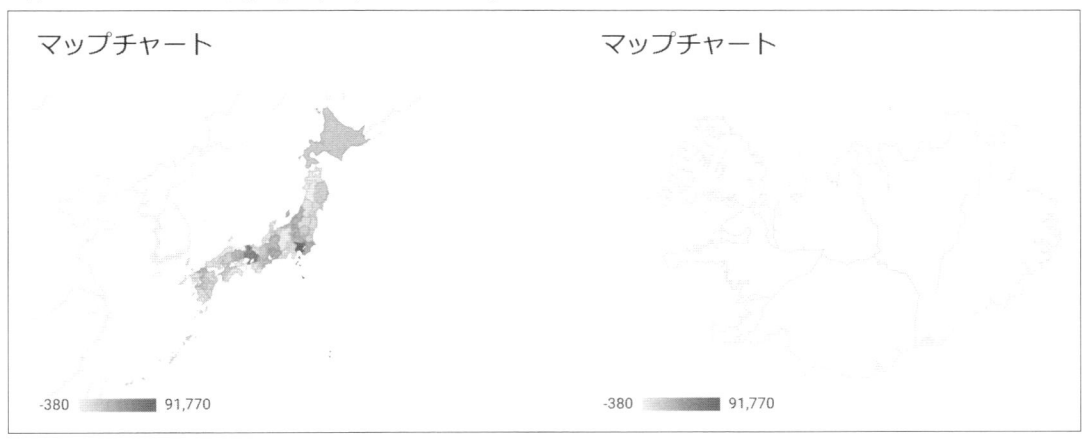

7-2　グラフ作成のコツ：サンキーチャート

7

　本節では、比較的利用頻度が低い特定目的のグラフのうち、「サンキーチャート」について、作成上のコツを解説致します。

　サンキーチャートは、「グラフを追加」メニューから、**図7-13**の「サンキー」をクリックすると作成できます。

▼図7-13：サンキーチャートの作成開始ボタン

7-2-1 サンキーチャート作成に必要な要素

サンキーチャート固有の作成のコツは、次の3つです。

- ディメンションとして「移動元」、「移動先」の2つが必須
- 指標として「流量」が必須
- 以上3つの要素以外はグラフで利用できない

図7-14はサンキーチャートを作成できる情報をもったデータソースの例です。この場合、ディメンションにあたる「移動元」は「From」、「移動先」は「To」、「流量」にあたる指標としては「Travellers」を利用できます。

▼図7-14：サンキーチャートを作成できるデータ

	A	B	C
1	From	To	Travellers
2	ブラジル	ベネズエラ	100
3	ベネズエラ	エクアドル	80
4	エクアドル	コロンビア	40
5	エクアドル	アルゼンチン	20
6	エクアドル	チリ	20
7	スペイン	ベネズエラ	200
8	ベネズエラ	コロンビア	20
9	スペイン	ポルトガル	150
10	ポルトガル	コロンビア	70

図7-15が、ディメンションに「From」、「To」、「重み付けの指標」に「Travellers」を指定している「設定」タブの状態です。

▼図7-15：「設定」タブに「From」、「To」、「Travellers」を配した「設定」タブ

図7-16は、**図7-15**の設定を行ったときのサンキーチャートです。

▼図7-16：図7-15の設定で実現したサンキーチャート

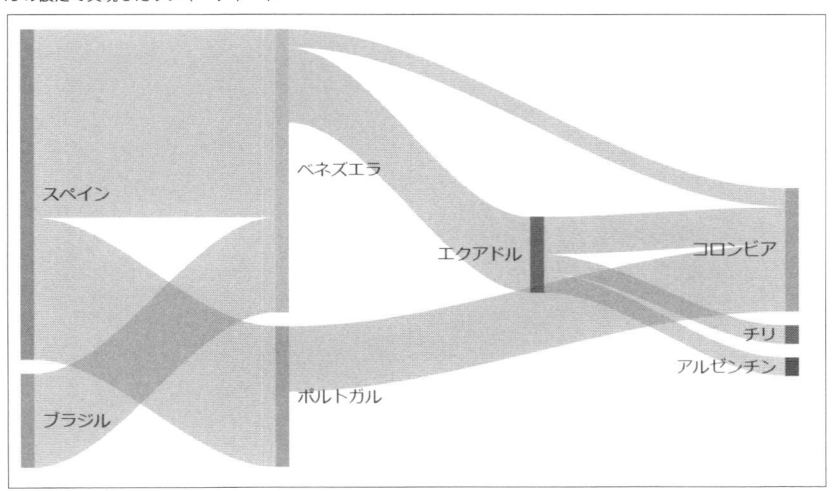

7

　なお、「流量」については、行数をカウントする「Record Count」を利用することができます。その場合、データは**図7-17**のような形である必要があります。「Travellers」列がない代わりに、「ブラジルからベネズエラ」を示す行が4行、「エクアドルからベネズエラ」を示す行が3行あり、それらを使って「流量」を表現できます。

▼図7-17：流量を「Record Count」で表現する場合のデータの例

	A	B
1	From	To
2	ブラジル	ベネズエラ
3	ブラジル	ベネズエラ
4	ブラジル	ベネズエラ
5	ブラジル	ベネズエラ
6	エクアドル	ベネズエラ
7	エクアドル	ベネズエラ
8	エクアドル	ベネズエラ

　図7-18は、**図7-14**のGoogleスプレッドシートをデータソースとして利用して作成したサンキーチャートの例です。左図が流量として「Record Count」を、右図が流量として「Travellers」を利用したケースです。左図はデータ上どの移動も1行で構成されているので、「リンク」と呼ばれる灰色の流れを表現する部分の太さがどれも同じになっていることがわかります。流量が重要でない場合には「Record Count」を利用することでシンプルなサンキーチャートを描くことができます。

▼図7-18：流量に「Record Count」（左図）、「Travellers」（右図）を利用したサンキーチャート

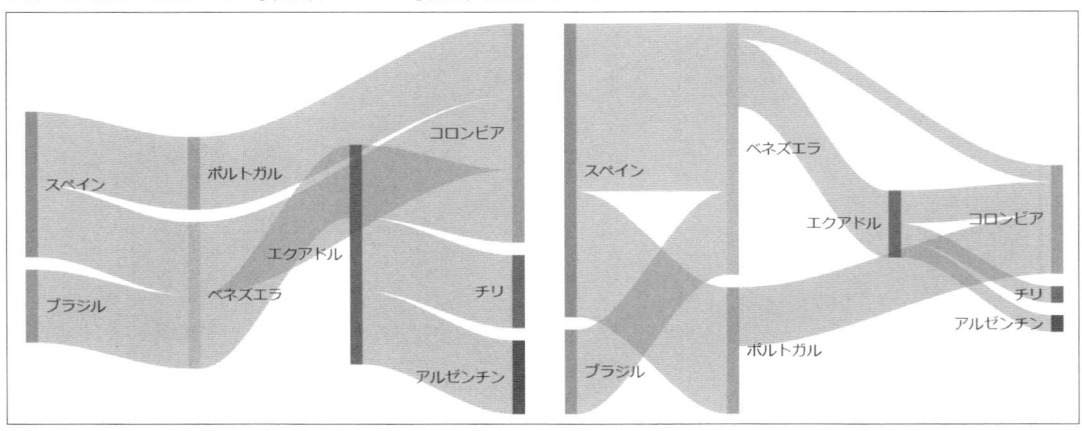

7-2-2　逆行するルートがあるとエラーになる

　図7-14を今一度確認すると、ひとつとして「逆行」するルートが存在しないことがわかります。つまり、例えば1行目に「ブラジルからベネズエラ」のレコード（行）はありますが、どこにも「ベネズエラからブラジル」の行はありません。

　もし、「ベネズエラからブラジル」の行があった場合には、**図7-19**（左図がサンキーチャート、右図が表で、10行目に「ベネズエラからブラジル」の行を追加したことがわかります）のとおりエラーになり、サンキーチャートを描くことはできません。

▼図7-19：「逆行」するルートがあるとエラーになる

	from_country	to_country	travellers ▼
1.	スペイン	ベネズエラ	200
2.	スペイン	ポルトガル	150
3.	ブラジル	ベネズエラ	100
4.	ベネズエラ	エクアドル	80
5.	ポルトガル	コロンビア	70
6.	エクアドル	コロンビア	40
7.	ベネズエラ	コロンビア	20
8.	エクアドル	チリ	20
9.	エクアドル	アルゼンチン	20
10.	ベネズエラ	ブラジル	10

データでサイクルが見つかりました。このグラフはデータ内のサイクルに対応していません
Looker Studioでシステムエラーが発生しました。
詳細を表示

　逆行するとエラーになるので、Webサイトにおけるページの閲覧順を描くのには適していません。ユーザーは容易にページA→ページB→ページAという遷移をするからです。

7-2-3　3つのノードを通じた移動は意味していない

　図7-20は、**図7-16**の再掲です。国から国への移動が可視化されていますが、このサンキーチャートにおける「国」のことを「ノード」と呼びます。今、中央部にベネズエラ（というノード）からエクアドル（というノード）への移動が可視化されています。図に追記しているように流量は80人です。

　グラフ上、「ベネズエラ」の左側に「スペイン」があるため、この80人は「スペイン」から移動したように見えます。つまり、「スペイン」から「ベネズエラ」に移動した人のうちの80人が「エ

クアドル」に移動したという印象を受けます。しかし、サンキーチャートは「スペイン→ベネズエラ→エクアドル」といった3つのノードを通じた移動は意味していません。

したがって、サンキーチャートは「ベネズエラ」から「エクアドル」に移動したのが80人だということしか意味しておらず、その80人の中には「スペイン」から「ベネズエラ」に移動した人が含まれているかもしれないし、「ブラジル」から「ベネズエラ」に移動した人が含まれているかもしれないし、もしかすると全員がもともとベネズエラにいた人かもしれません。

直感と反していますので、少々注意が必要です。

▼図7-20：「ベネズエラ」から「エクアドル」には80人が移動している

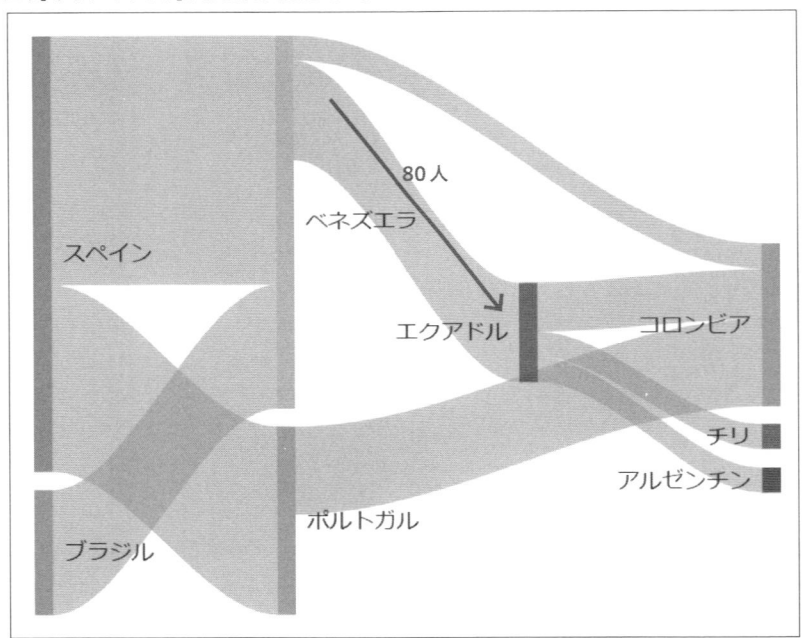

7-3 グラフ作成のコツ：ブレットグラフ・ゲージ

本節では、比較的利用頻度が低い特定目的のグラフのうち、「ブレットグラフ」と「ゲージ」について、作成上のコツを解説致します。2つのグラフは、その形状はまったく異なりますが、訴求する内容は同じです。そのため2つのグラフともに本節で解説します。

　ブレットグラフとゲージは、「グラフを追加」メニューから、**図7-21**の「ブレット」、あるいは「ゲージ」をクリックすると作成できます。

▼図7-21：ブレットグラフ・ゲージの作成

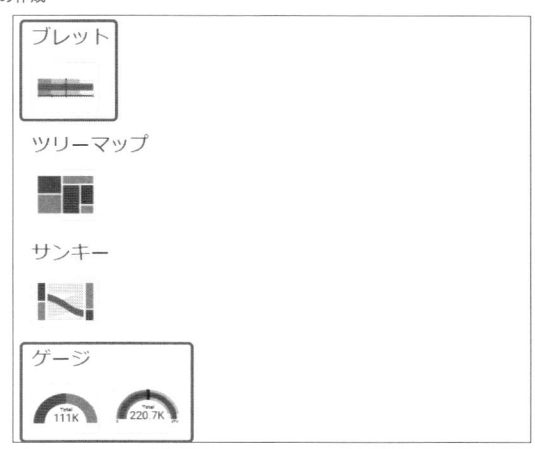

7-3-1　ブレットグラフとゲージが示すのは進捗

図7-22はブレットグラフとゲージを示しています。両方グラフとも示しているのは「進捗」です。それぞれの印で図示した内容を示すと次のとおりとなります。

- 実績（★印）
- 目標（○印）
- 300万円ライン（●印）
- 400万円ライン（■印）
- 500万円ライン（▲印）

　同じ矢印が両方のグラフにありますので、ブレットグラフとゲージが実質的に同じ内容を示していることがわかります。これらグラフでは、実績の売上が300万円を超え、400万円を超え、目標の420万円を超えて439万円であり、500万円には届いていないということを示しています。

7

▼図7-22：ブレットグラフとゲージ

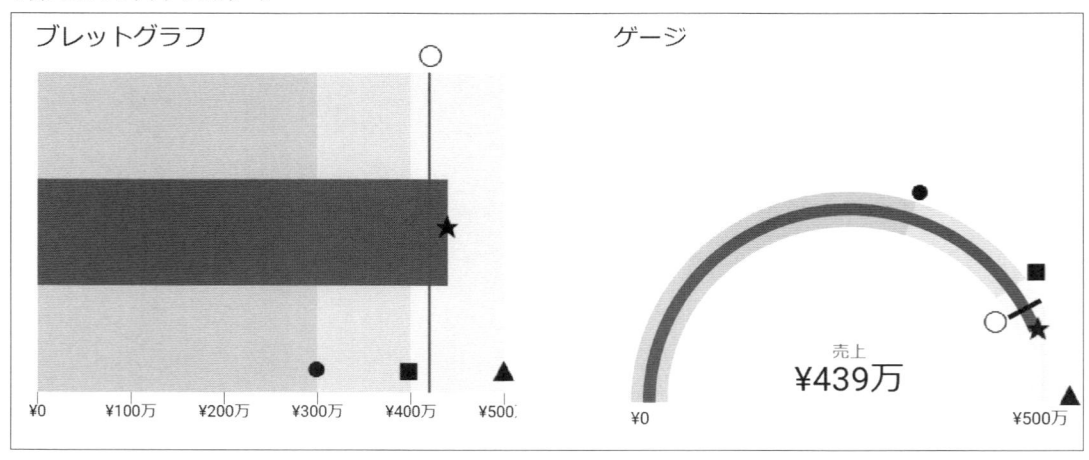

7-3-2 範囲は目標に対するパーセンテージで指定する

図7-22で示されたしきい値である「300万円」や「400万円」は、**図7-23**のとおり、設定上は「範囲」として指定します。

▼図7-23：ブレットグラフの「範囲の上限」での範囲1～3の設定と「目標」の設定

　図7-22では、範囲を「300万円」、「400万円」というキリのよい数値で設定していますが、目標の420万円に対してのパーセンテージで表示するのも1つの方法です。

　具体的には、目標の80%や90%などです。すると、グラフを見ただけで目標に対する進捗をパーセンテージで把握することが容易になります。

　図7-24は、都道府県を東京に絞り込んでいます。目標が52万円に対して、実績が435,300円です。濃い灰色を目標52万円の80%である41.6万円、薄い灰色を目標52万円の90%である46.8万円で設定しています。また、上限は目標の120%である62.4万円で設定しています。すると、実績は目標の80%は突破し、おおよそ83%～84%程度の進捗だということが直感的に理解できます。

▼図7-24：範囲を目標の80%と90%で指定したブレットグラフとゲージ

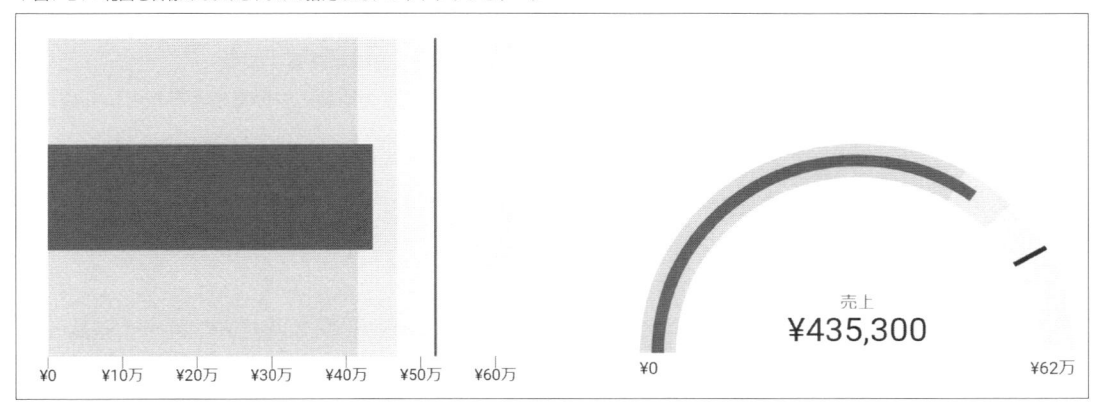

7-4　グラフ作成テクニック：ローソク足チャート

7

　本節では、比較的利用頻度が低い特定目的のグラフのうち、「ローソク足チャート」について、作成上のコツを解説致します。

　「グラフを追加」メニューから、**図7-25**が図示する先をクリックすると、「ローソク足チャート」を作成できます。

▼図7-25：ローソク足チャートの作成

ローソク足チャートでの可視化が有効な事象は次の性質を持っています。

1. 日や、週、月の単位で変動する
2. 上がったほうがよい、下がったほうがよいなど、その方向性と量に意味がある
3. 1日の最初の値や最後の値、1週間の最初の値と最後の値など、一定の期間の中の最初と最後という観点を持ち、その期間中に上がったのか、下がったのかに意味がある

それらの性質を満たす代表的な事象が、株価や為替、相場などの変動です。Webサイトに訪問してくれたユーザー数やコンバージョン率などは、1と2の条件は満たすものの3の条件を満たさず、有効な可視化になりません。

3を満たさないというのは、例えば、1日のうちでいうと0時台（開始時点）のユーザー数と同じ日の23時台（終了時点）のユーザー数を比較することに意味はありませんし、1週間の中で月曜日（開始時点）のユーザー数と日曜日（終了時点）のユーザー数の増減にも意味はないということです。

したがって、ほぼ株価、為替、相場などの情報のみを可視化するのに有効なグラフと考えてよさそうです。

7-4-1 | 4つの指標が必ず必要

ローソク足チャートを作成するには、一定の期間における「始まりの値」、「終わりの値」、「最高値」、「最安値」の4つの値が必要です。どれが欠けても作成できません。

図7-26は日経の指数公式サイト[注1]に掲載されている日経平均株価の2024年5月の最初の数行のデータです。前述の条件を満たすかどうかという観点では、株価は日単位で変動しますし、一般にはできるだけ上がったほうが望ましいという方向性についての社会的な合意もあります。日

注1　https://indexes.nikkei.co.jp/nkave/archives/data

別に「始まりの値」、「終わりの値」、「最高値」、「最安値」という4つの指標が存在しています。ローソク足チャートを作成する条件が整っていることがわかります。

▼図7-26：日経の指数公式サイトに掲載された株価の日別4指標

日付	始値	高値	安値	終値
2024.05.01	38,107.38	38,433.34	38,036.24	38,274.05
2024.05.02	38,004.01	38,355.60	37,958.19	38,236.07
2024.05.07	38,636.23	38,863.14	38,541.97	38,835.10
2024.05.08	38,677.57	38,749.35	38,159.85	38,202.37
2024.05.09	38,242.92	38,429.81	38,072.24	38,073.98
2024.05.10	38,361.79	38,741.88	38,126.91	38,229.11

2024年　5月　表示　　　　　更新日付：2024.06.28

図7-26のデータをダウンロードしてLooker Studioでローソク足チャートを作成したのが、図7-27です。次の、グラフが描かれるルールを理解すると、チャートを読み取ることができるでしょう。

- 箱（胴体と呼びます）の塗りつぶし：1日のうちで株価が上昇した場合（終値のほうが始値よりも高かった場合）には塗りつぶしなし、逆に下落した場合には塗りつぶし
- 胴体の下端と上端：値上がりした場合には下端が始値、上端が終値、逆に値下がりした場合には下端が終値、上端が始値
- 下ヒゲの下端：安値
- 上ヒゲの上端：高値

7

▼図7-27：2024年5月の日経平均株価のローソク足チャート

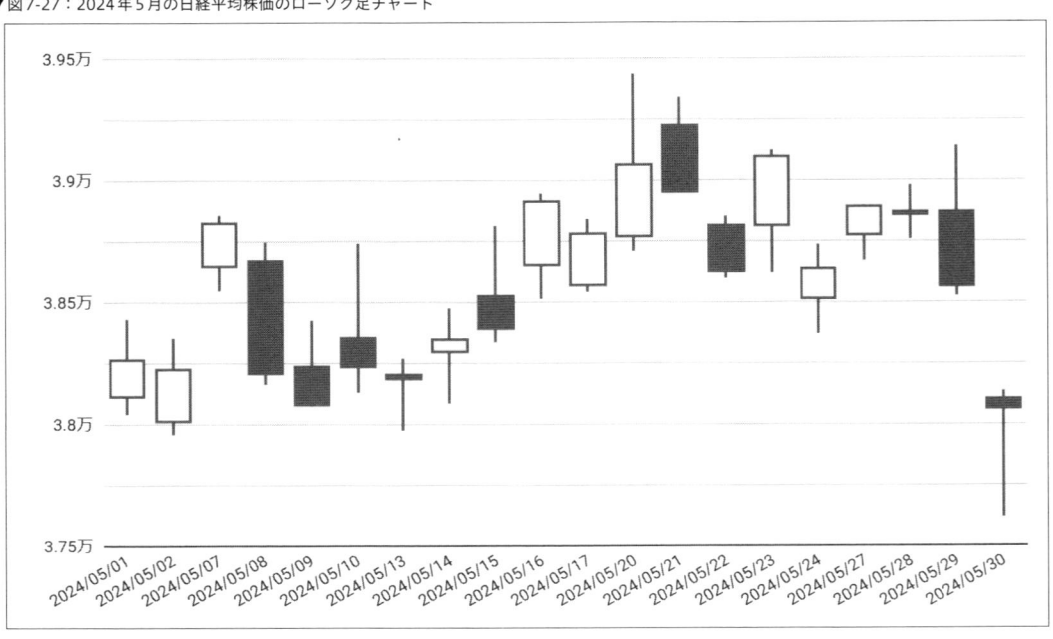

7-4-2 | 指標は配置する順番が重要

　ローソク足を適切に描くには、**図7-28**に公式ヘルプ[注2]の一部を引用したとおり、4つの指標を並べる順番が非常に重要です。

▼図7-28：公式ヘルプに記述されている指標の並び順

> 指標は、**プロパティ** パネルの [指標] セクションの [設定] タブで、**高値、始値、終値、安値**の順序で並べる必要があります。

　一方、**図7-28**の公式ヘルプの記述のとおりに指標を並べると、値上がりした日の胴体が塗りつぶされ、値下がりした日の胴体が白抜きになるという問題があります。

　そこで、公式ヘルプとはちがってしまいますが、高値、終値、始値、安値の順番で配置することを推奨します。**図7-29**は正しく描かれたローソク足チャートとその設定です。

注2　https://support.google.com/looker-studio/answer/13774427?hl=ja

▼図7-29：適切に描かれたローソク足チャートと指標の並び順

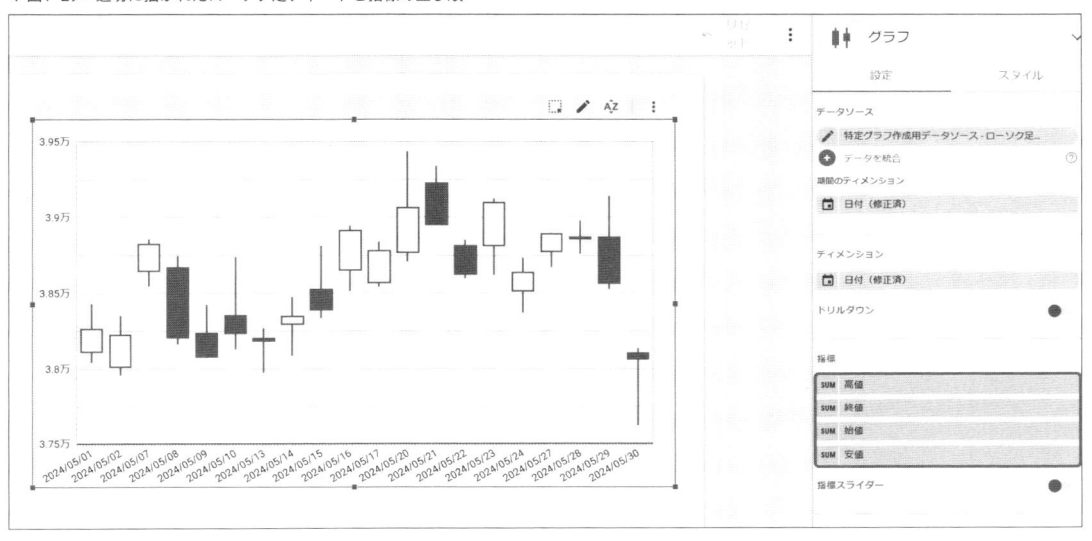

7-5　グラフ作成のコツ：ウォーターフォールチャート

　本節では、比較的利用頻度が低い特定目的のグラフのうち、「ウォーターフォールチャート」について、作成上のコツを解説致します。

　「グラフを追加」メニューから、**図7-30**が図示する「ウォーターフォール」をクリックすると、「ウォーターフォールチャート」を作成できます。

▼図7-30：クリックしてウォーターフォールチャートを作成する

　ウォーターフォールチャートは、「部分」の値が積み重なって全体の値を構成している状況を示すチャートです。別の言い方をすると、全体に対する「部分」の貢献度合いを可視化しているともいえます。

7-5-1 | 合計を表示すると理解が深まる

地域別の利益で作成したウォーターフォールチャートを**図7-31**のとおりに2つ示します。左図は「合計」なし、右図は「合計」を表示しています。左図でもおおよそグラフが伝えたいことはわかりますが、右図のように合計を表示することで、一番右の「合計」が8つの地域の利益の合計でできていること、5つの地域は黒字、2つの地域はトントン、1つの地域が赤字だということがよりよく理解できます。

▼図7-31：地域別の利益で構成したウォーターフォールチャート

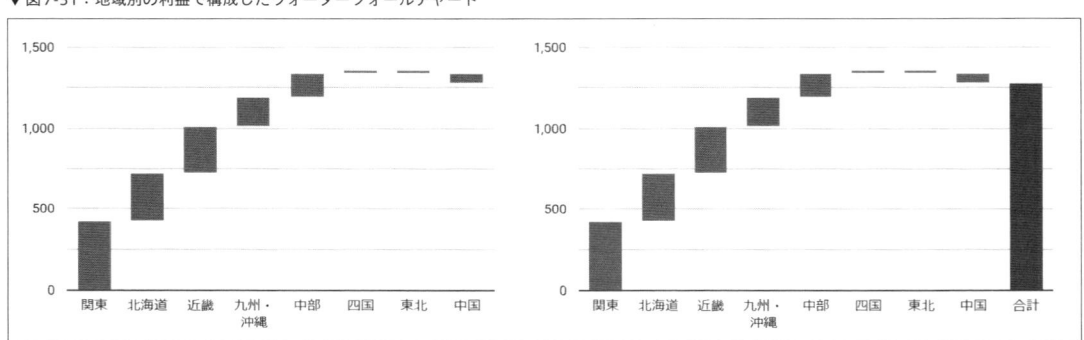

7-5-2 | 時系列でも意味のある可視化ができる

図7-32は、2022年1月から2024年6月までの四半期ごとの利益をウォーターフォールチャートで描いたものです。

左図の場合、合計のバーは右端に1本だけあります。したがって、2年半におよぶ10個の四半期が、合計の利益にどれだけ貢献しているかを示すことになります。一方右図は、年ごとに合計のバーがあります。利益の合計を小計値として、一旦年でまとめていることになります。

表現したいこと次第ですが、会計期は通常1年を基準とします。左図と比較した場合、右図は各「四半期」の利益の貢献具合に加え「年」単位での貢献具合も同時に把握できます。グラフの本数が増えて多少冗長にはなりますが、場合によっては右図のようなウォーターフォールチャートのほうが望ましいともいえるでしょう。

▼図7-32：四半期単位（左図）、年単位（右図）で「小計」したウォーターフォールチャート

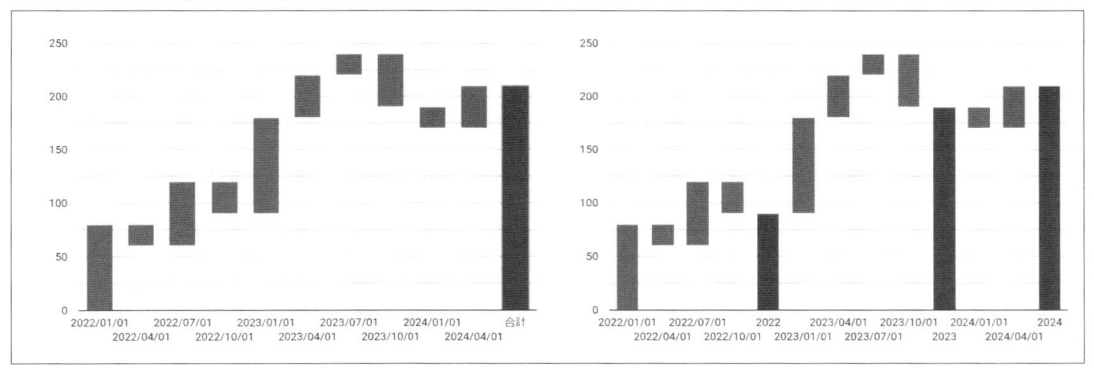

　利益をどんな単位で小計するかは、**図7-33**で示した「設定」タブの「合計」で行います。**図7-32**の左図のチャートは「終了時」で、右図のチャートは「毎年」で設定しています。

▼図7-33：「合計」の設定

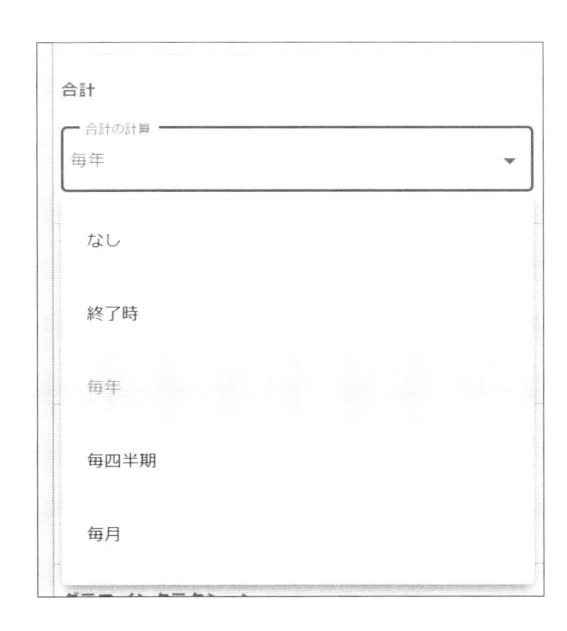

7-6 グラフ作成のコツ：タイムライングラフ

　本節では、比較的利用頻度が低い特定目的のグラフのうち、「タイムライングラフ」について、作成上のコツを解説致します。このチャートは2024年4月に追加された、本書執筆時点では比較的新しいグラフテンプレートです。

　「グラフを追加」メニューから、**図7-34**が図示する「タイムライン」をクリックすると、「タイムライングラフ」を作成できます。

▼図7-34：タイムライングラフの追加

　このグラフは、時系列に沿って発生する複数の作業やイベントの発生日、および継続日数を表現するために利用します。

7-6-1 必須フィールドは3つ、最大限利用できるフィールドは4つ

タイムライングラフを作成するデータに最低限必要なフィールド（列）は次の3つです。

- **行ラベル：タイムラインの各行を規定するディメンション**
- **開始日（日付型データ）：作業やイベントが発生した日**
- **終了日（日付型データ）：作業やイベントが終了した日（このフィールドは「作業やイベントが何日続いたか」を示す整数である「期間」でも代用可能）**

　また、最大限利用できるフィールドとしては、3つの必須フィールドに加えて、次の1フィールドを加えた4フィールドまでとなっています。

- **バーラベル：個別の作業やイベントを規定するディメンション**

　図7-35は、最大限利用できるフィールドである4つのフィールドを持ったデータです。マンションの部屋の101号室から103号室を対象として「大工工事」、「設備工事」、「内装工事」、「最終チェック」という4つの作業が存在します。全部の作業を7月中に終了させたいと考えている現場監督が、それぞれの作業を担当する職人に予定をヒアリングしてまとめたデータだと思ってください。

▼図7-35：タイムライングラフ作成用の4フィールドのデータ

	A	B	C	D
1	部屋番号	作業種類	開始日	終了日
2	101	大工作業	2024/7/1	2024/7/10
3	101	設備作業	2024/7/10	2024/7/12
4	101	内装作業	2024/7/11	2024/7/13
5	101	最終チェック	2024/7/13	2024/7/14
6	102	大工作業	2024/7/12	2024/7/20
7	102	設備作業	2024/7/20	2024/7/22
8	102	内装作業	2024/7/23	2024/7/25
9	102	最終チェック	2024/7/26	2024/7/27
10	103	大工作業	2024/7/20	2024/07/24
11	103	設備作業	2024/7/24	2024/7/28
12	103	内装作業	2024/7/26	2024/7/30
13	103	最終チェック	2024/7/31	2024/7/31

　4つのフィールドのうち、「部屋番号」を行ラベル、「作業種類」をバーラベルとしてタイムライングラフを描いたのが**図7-36**です。各部屋で、どのような期間、どのような作業が発生する予定なのかがよくわかるでしょう。

　この可視化を行うことで、次のような点について確認する契機となります。

- 103号室の「大工作業」に予定している日数が短すぎるのではないか
- 設備作業と内装作業が同時に行われる日があるが、それは可能なのか
- 103号室の「最終チェック」作業が計画から漏れているのではないか

7

▼図7-36：マンション建築の作業を可視化したタイムライングラフ

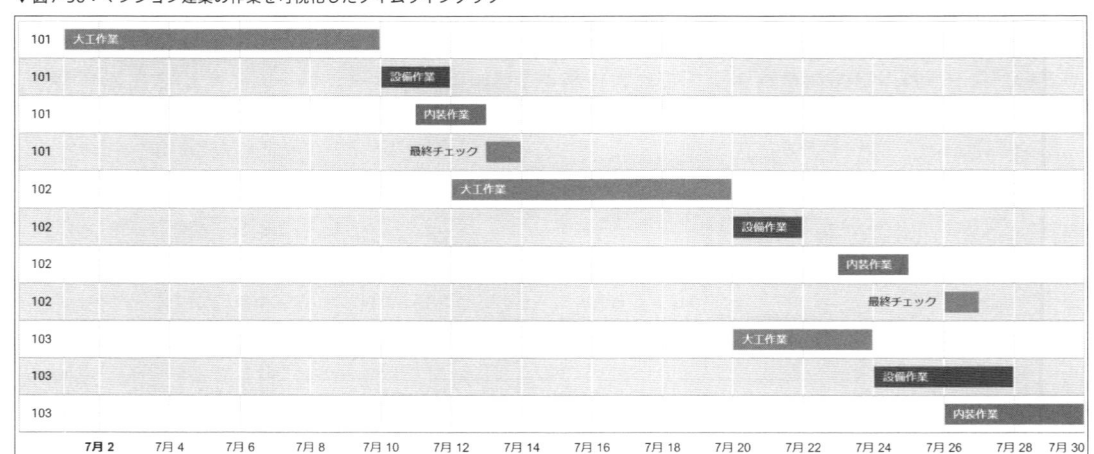

7-6-2 | 同日の作業は反映されない（期間は最低でも2日必要）

図7-35の最後の13行目では、部屋番号103に対する「最終チェック」という作業があります。ところが、よく見ると**図7-36**のタイムライングラフには反映されていません。これは、開始日と終了日が同じ日であるためです。

タイムライングラフを利用するには、イベントや作業が同じ日に終わってはいけないということを理解しておきましょう。実際には1日で終わる作業についても、便宜上翌日を終了日とする必要があります。

7-6-3 | 「行ラベル別にグループ化」でシンプルな表示に切り替え可能

「スタイル」タブの「行のオプション」配下にある「行ラベル別にグループ化」をオンにすると、**図7-36**のタイムライングラフが**図7-37**のとおりに変わり、行が作業単位ではなく部屋単位にまとめられます。失われる情報がなく、シンプルな表示になりますので、こちらの方法での表現を第一候補とし、なんらかの事情でこちらの表現方法では不具合がある場合、「行ラベル別にグループ化」をオフにするとよいでしょう。

▼図7-37：「行ラベル別にグループ化」をオンにしたタイムライングラフ

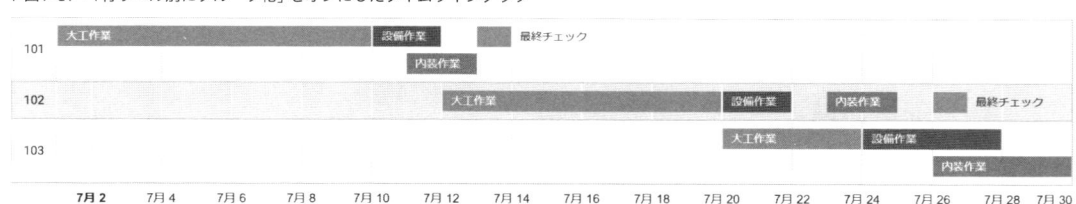

7-6-4　土日祝日を追加することが可能

　図7-36、あるいは図7-37には、土日、あるいは祝日が表現されていません。そのため、例えば4日かかるとされている作業について「ちょっと時間がかかりすぎる」という印象を持った場合でも、もしその4日間に土日が含まれていれば、作業自体は2日間です。

　そこで、このタイムライングラフに土日を書き込むことができれば便利です。やり方としては、図7-38のとおりデータに土日（あるいは祝日）を付与します。そのとき、特定の部屋に紐づかないので、「0」など部屋番号と関係ない値としてください。「101」よりも小さい値であれば、タイムライングラフの最上段に表示できます。

▼図7-38：土日祝日を書き足したデータ

	A	B	C	D
1	部屋番号	作業種類	開始日	終了日
2	101	大工作業	2024/7/1	2024/7/10
3	101	設備作業	2024/7/10	2024/7/12
4	101	内装作業	2024/7/11	2024/7/13
5	101	最終チェック	2024/7/13	2024/7/14
6	102	大工作業	2024/7/12	2024/7/20
7	102	設備作業	2024/7/20	2024/7/22
8	102	内装作業	2024/7/23	2024/7/25
9	102	最終チェック	2024/7/26	2024/7/27
10	103	大工作業	2024/7/20	2024/07/24
11	103	設備作業	2024/7/24	2024/7/28
12	103	内装作業	2024/7/26	2024/7/30
13	103	最終チェック	2024/7/31	2024/7/31
14	0	土日祝	2024/7/6	2024/7/7
15	0	土日祝	2024/7/13	2024/7/15
16	0	土日祝	2024/7/20	2024/7/21
17	0	土日祝	2024/7/27	2024/7/28

7

タイムライングラフには、**図7-39**のとおり土日がプロットされます。

▼図7-39：土日祝がプロットされたタイムライングラフ

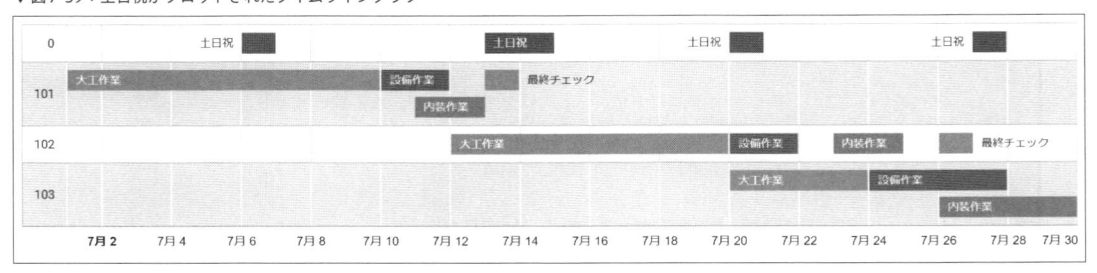

7-7 グラフ作成のコツ：ファネルグラフ

本節では、比較的利用頻度が低い特定目的のグラフのうち、「ファネルグラフ」について、作成上のコツを解説致します。このチャートは2024年9月に追加された、本書執筆時点では最も新しいグラフテンプレートです。

「グラフを追加」メニューから、**図7-40**が図示する「タイムライン」をクリックすると、「タイムライングラフ」を作成できます。

▼図7-40：ファネルグラフを作成するアイコン

3種類のアイコンがありますが、本節では一番左を選択した前提で解説します。どのアイコンを選択した場合でも「スタイル」タブから簡単に別のスタイルに変更することができます。

7-7-1 ファネルの「ステップ」を定義

5-2-7で解説したとおり、ファネルグラフはステップごとに段階的に減少する値を表現します。そのため「ステップ」を定義するディメンションが必要です。例えば**図7-41**のデータでは、「step」列がそのディメンションに該当します。また、「events」列は、各ステップの発生回数です。

　このデータは、Googleアナリティクスで計測している筆者のサイトのデータです。同サイトではページが表示されると「page_view」イベントが記録されます。また、ページで、25%、50%、75%、90%のスクロールが発生するたびに、それを記録しています。全体では、次の5種類の「step」が存在します。

- scroll-0：page_viewイベントの発生回数（スクロールしたかどうかは問わない）
- scroll-25：25%スクロールの発生回数
- scroll-50：50%スクロールの発生回数
- scroll-75：75%スクロールの発生回数
- scroll-90：90%スクロールの発生回数

▼図7-41：ファネルグラフを作成するもととなるデータ

page_title ▼	step ▼	events ▼
BigQueryとLooker StudioでGoogleフォームのマルチアンサーを感じよくグラフにしてみた – kazkida.com	scroll-0	43
BigQueryとLooker StudioでGoogleフォームのマルチアンサーを感じよくグラフにしてみた – kazkida.com	scroll-25	38
BigQueryとLooker StudioでGoogleフォームのマルチアンサーを感じよくグラフにしてみた – kazkida.com	scroll-50	31
BigQueryとLooker StudioでGoogleフォームのマルチアンサーを感じよくグラフにしてみた – kazkida.com	scroll-75	24
BigQueryとLooker StudioでGoogleフォームのマルチアンサーを感じよくグラフにしてみた – kazkida.com	scroll-90	14
BigQueryにエクスポートされたGA4データのLooker Studio上の時系列ディメンション – kazkida.com	scroll-0	34
BigQueryにエクスポートされたGA4データのLooker Studio上の時系列ディメンション – kazkida.com	scroll-25	29
BigQueryにエクスポートされたGA4データのLooker Studio上の時系列ディメンション – kazkida.com	scroll-50	27
BigQueryにエクスポートされたGA4データのLooker Studio上の時系列ディメンション – kazkida.com	scroll-75	17
BigQueryにエクスポートされたGA4データのLooker Studio上の時系列ディメンション – kazkida.com	scroll-90	12
BigQueryのGA4データにSQLでユーザーセグメントを適用する – kazkida.com	scroll-0	25
BigQueryのGA4データにSQLでユーザーセグメントを適用する – kazkida.com	scroll-25	25
BigQueryのGA4データにSQLでユーザーセグメントを適用する – kazkida.com	scroll-50	15
BigQueryのGA4データにSQLでユーザーセグメントを適用する – kazkida.com	scroll-75	8
BigQueryのGA4データにSQLでユーザーセグメントを適用する – kazkida.com	scroll-90	5

7

7-7-2 | ディメンション・指標・並べ替えの設定

ディメンション、指標、並べ替えは**図7-42**のとおりに設定します。

▼図7-42：ファネルグラフの設定

7-7-3 | 3種類のファネルの形状

図7-43は「スタイル」タブの「ファネルグラフ」設定です。ドロップダウン「ファネルの形状」では「平滑バー」、「ステップバー」、「逆三角形」のいずれかを選択できます。「データラベルを表示」はオプションです。

▼図7-43：3種類のファネルのスタイルを制御する「ファネルグラフ」の設定

　図7-44は「データラベルを表示」オプションをオフにしたファネルグラフです。左から、「平滑バー」、「ステップバー」、「逆三角形」の形状をそれぞれ選択しています。

　「平滑バー」、「ステップバー」は、バーの長さが指標の値の大きさを示しています。「平滑バー」が見た目上はキレイですが、ステップごとの大きさをバーの幅で比較しようと考えた場合にはバーが長方形でできている「ステップバー」の方が容易です。

▼図7-44：3種類のスタイルを反映したファネルグラフ

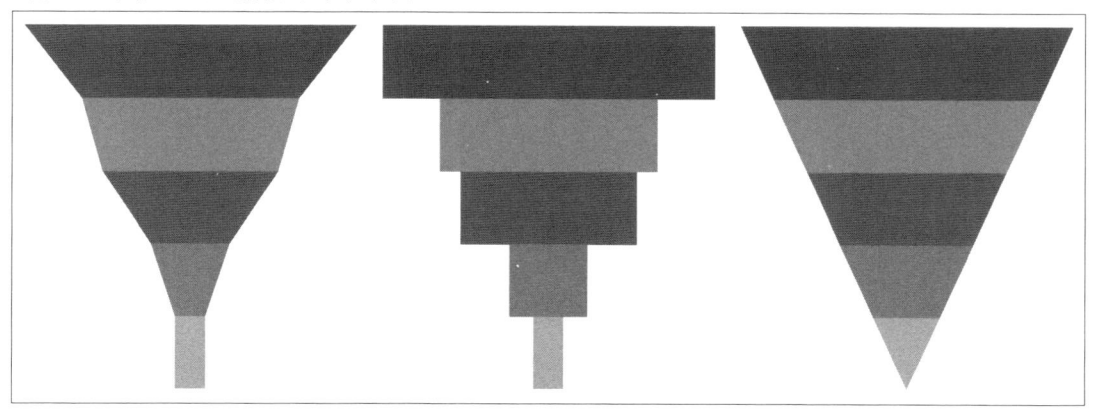

7-7-4　データラベル設定

　「データラベル」には**図7-45**のとおりの設定項目があります。重要なのは次の2つの項目です。

- **データラベルの表示形式**
- **割合の種類**

　「データラベルの表示形式」には、「数値」、「割合」、「数値＋割合」の3つの選択肢があります。**図7-46**の左図は「割合」、右図は「数値＋割合」で設定しています。

　「割合の種類」には、「最大値に対する割合（％）」、あるいは「以前の値に対する割合（％）」の選択肢があります。**図7-46**の左図は「最大値に対する割合（％）」、右図は「以前の値に対する割合（％）」で設定しています。前者は第1ステップの値に対する、各ステップの値をパーセンテージで表しています。後者は直前のステップの値に対するパーセンテージ、いわゆる「ステップ転換率」を示しています。

▼図7-45：「データラベル」設定

▼図7-46：異なる「データラベル」設定を行ったファネルグラフ

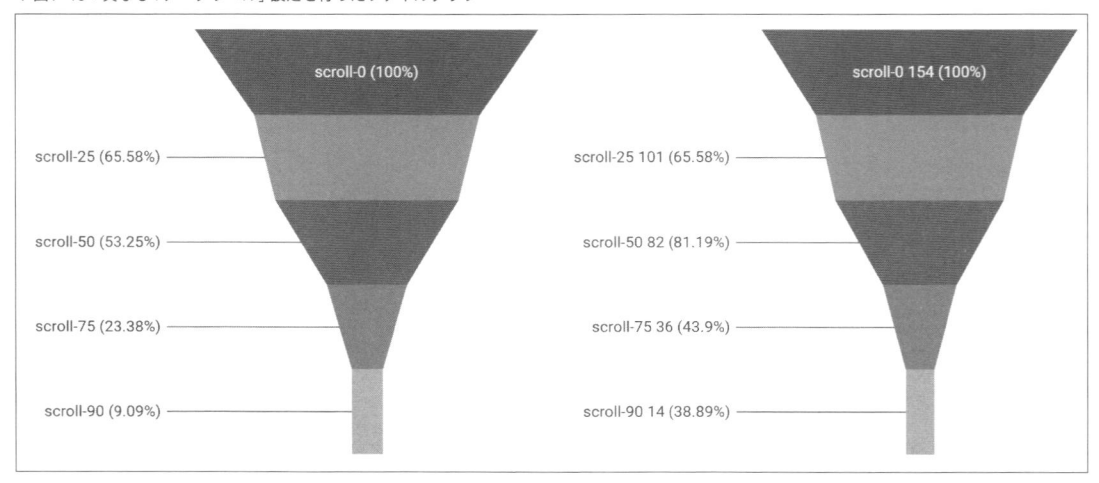

コントロールの配置

第8章

8-1 コントロールとは

　本章ではLooker Studioのレポートに「貼り付ける」ことのできる部品、つまり「コンポーネント」の1つとしての「コントロール」について学んでいきます。**「コントロール」はレポートに「機能」を追加する部品**だと理解してください。具体的にはディメンションや指標を絞り込むフィルタや、ユーザーにナビゲーションを提供するボタンを設置できるようになります。

　次節から、ひとつひとつのコントロールについて詳述しますが、本節ではまず、その全体像を把握していきましょう。

8-1-1 コントロールの種類

　図8-1は、レポートの編集画面のメニューにある「コントロールを追加」をクリックしたときに表示されるコントロールの種類の一覧です。全部で11種類の「コントロール」があることがわかります。

　コントロールが提供する機能と、解説している節を整理したのが**表8-A**です。「コントロール」によってさまざまな機能が提供されることがわかります。

▼図8-1:「コントロールを追加」ボタンクリックで表示されるコントロール群

▼表8-A:コントロールの種類と機能別の分類

コントロールの名前	コントロールの機能	節
プルダウンリスト		
固定サイズのリスト	ディメンションに対するフィルタ	8-2
入力ボックス		
高度なフィルタ		
スライダー	指標に対するフィルタ	8-3
チェックボックス	ブール型データに対するフィルタ	8-4
プリセットフィルタ	3つの機能を選択できるボタン	8-5
期間設定	期間設定	8-6
データ管理	定型データソースの切り替え	8-7
ディメンションコントロール	複数ディメンションの切り替え	8-8
ボタン	レポートの特定ページや別Webページへのジャンプ	8-5

8

8-1-2 ｜ コントロールの影響範囲

コントロールを利用する場合には、その影響範囲に留意してください。
コントロールの影響範囲は大きい順に次のとおりです。

- レポート全体（レポートを構成する全ページ）
- ページ（コントロールを貼り付けてあるページのみ）
- 特定のグラフのみ

デフォルトの影響範囲

表8-Aで一覧したコントロールのうち、一部のコントロールについては、その影響範囲を考慮するべき場合があります。例えば、「ディメンションに対するフィルタ」の機能を提供するコントロールは、配置した直後のデフォルトの状態では、「ページ」がその影響範囲になっています。

図8-2は、「プルダウンリスト」形式で「都道府県」のフィルタをページに貼り付けた状態を示しています。まだ絞り込みは行っておらず、データにあるすべての都道府県が対象になっています。もし、このコントロールを使って都道府県を絞り込んだ場合、たとえレポートに複数のページがあったとしても、影響を受けるのはこのページにあるグラフだけです。ほかのページにあるグラフには影響しません（複数のページでレポートを構成する手順や留意点については、10-2を参照してください）。

実際の例を見てみましょう。**図8-3**のように「プルダウンリスト」で「都道府県」を「東京のみ」に絞り込んだ場合、左側の「表」も、右側の「棒グラフ」も、「都道府県」が「東京」だけに絞り込まれます。そのとき、左側の「表」のように、ディメンションに「都道府県」が使われていなくても値は絞り込まれた結果になっています。

▼図8-2：「プルダウンリスト」をページに配置した

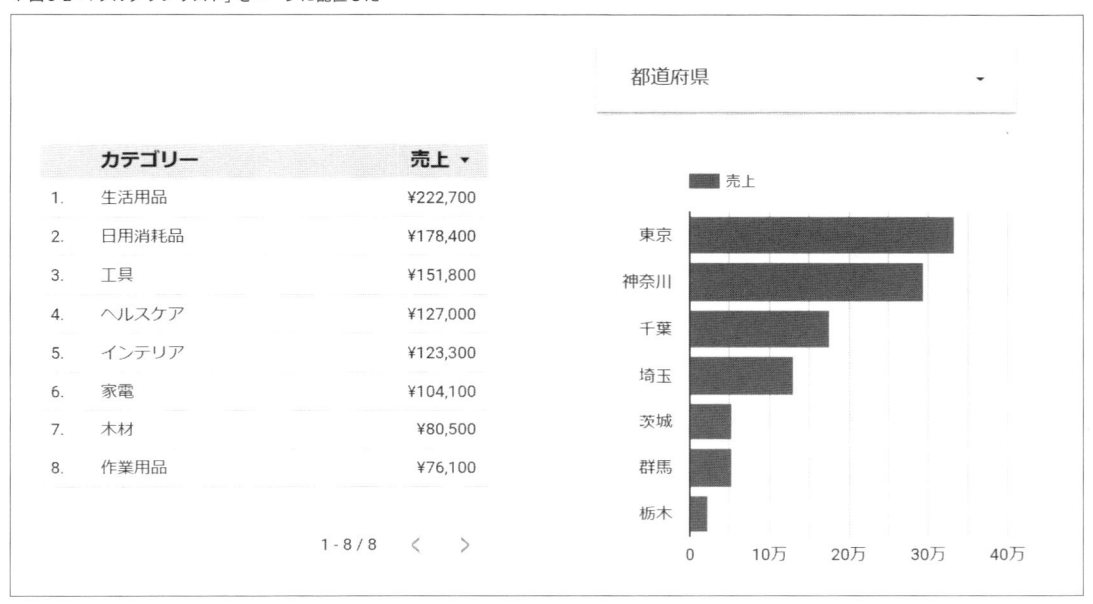

▼図8-3：「都道府県」を「東京」に絞り込んだ状態のページ

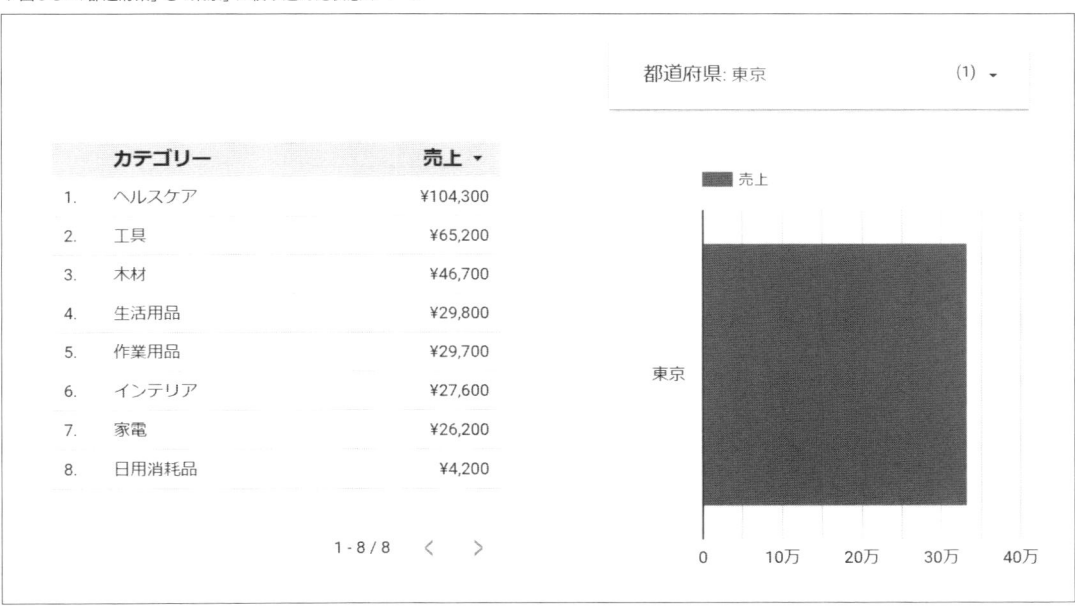

8

影響範囲をレポート単位に広げる

　コントロールの影響範囲を複数ページからなるレポート全体に広げるには、コントロールを右クリックして、**図8-4**で線を引いたとおり「レポートレベルに変更」をクリックします。すると、コントロールでの絞り込みなどが、レポートに掲載されているすべてのグラフに対して実行されます。

▼図8-4：コントロールを右クリックすると「レポートレベルに変更」オプションが選択できる

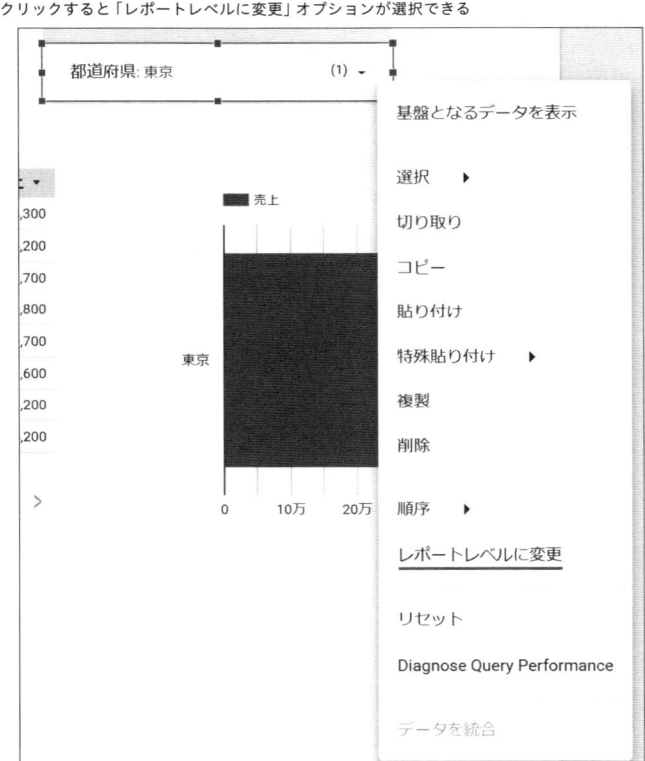

影響範囲を特定のグラフに限定する

　逆にコントロールの影響範囲を特定のグラフに限定するには、コントロールと対象となるグラフを「グループ化」します。手順は次のとおりです。

1. **コントロールとグラフを選択**[注1]**する**
2. **右クリックする**
3. **「グループ」をクリックする**

　図8-5は、手順の2まで進めたところです。選択されていることを示す青い枠が、コントロールと棒グラフについていることが確認できます。また、メニューに「グループ」があることも確認できます。

▼図8-5：コントロールとグラフをグループ化している

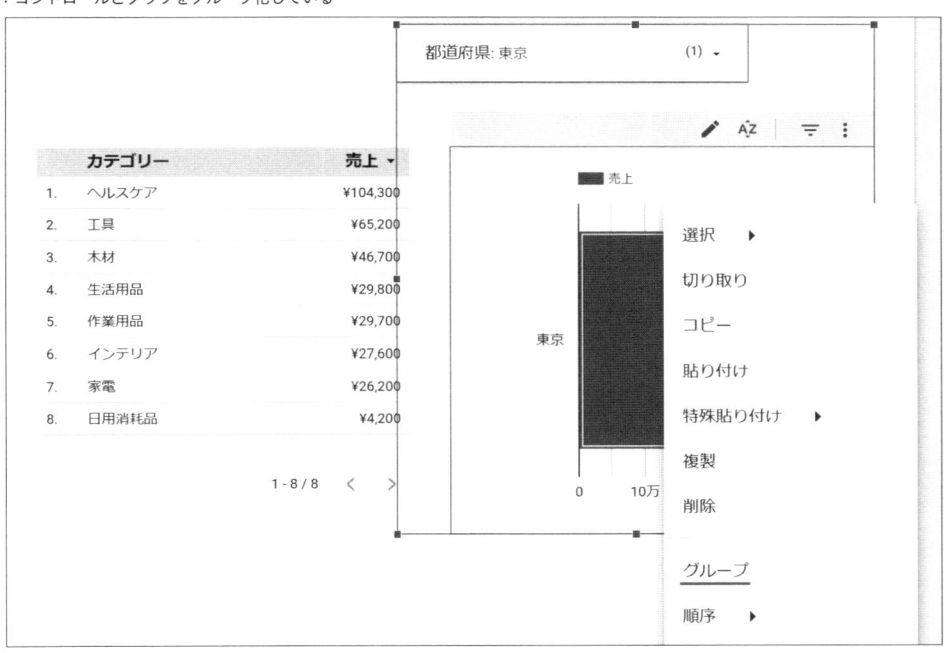

　コントロールと棒グラフをグループ化したうえで、コントロールで「都道府県」を「東京」に絞り込むと、**図8-6**のとおり、その絞り込みは棒グラフだけに適用され、左側に配置した「表」には影響を与えていないことがわかります。

注1　コントロールとグラフの2つのコンポーネントを選択するには、次の2つの方法がある。
　　　・コントロールとグラフをドラッグ＆ドロップする
　　　・コントロールをクリックし、Ctrlボタンを押しながらグラフをクリックする

▼図8-6：影響範囲が棒グラフだけに限定されたコントロール

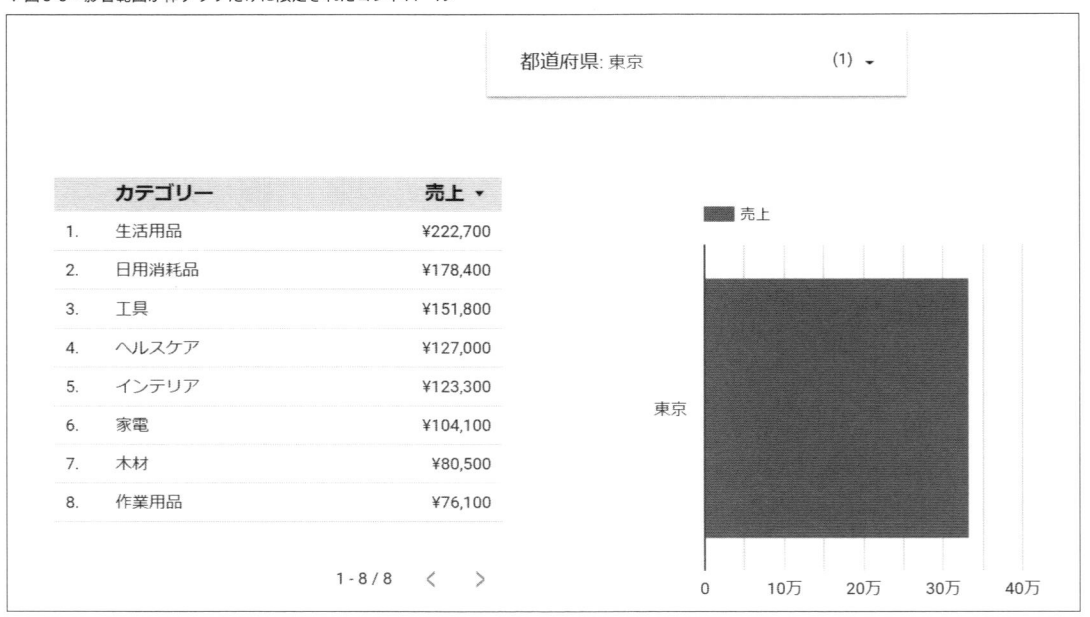

　グループ化を解除する場合には、**図8-7**のとおり、グループになっているコントロールとグラフを右クリックし、メニューに登場する「グループ解除」をクリックしてください。

▼図8-7：グループ化されたコンポーネントの右クリックで登場する「グループ解除」

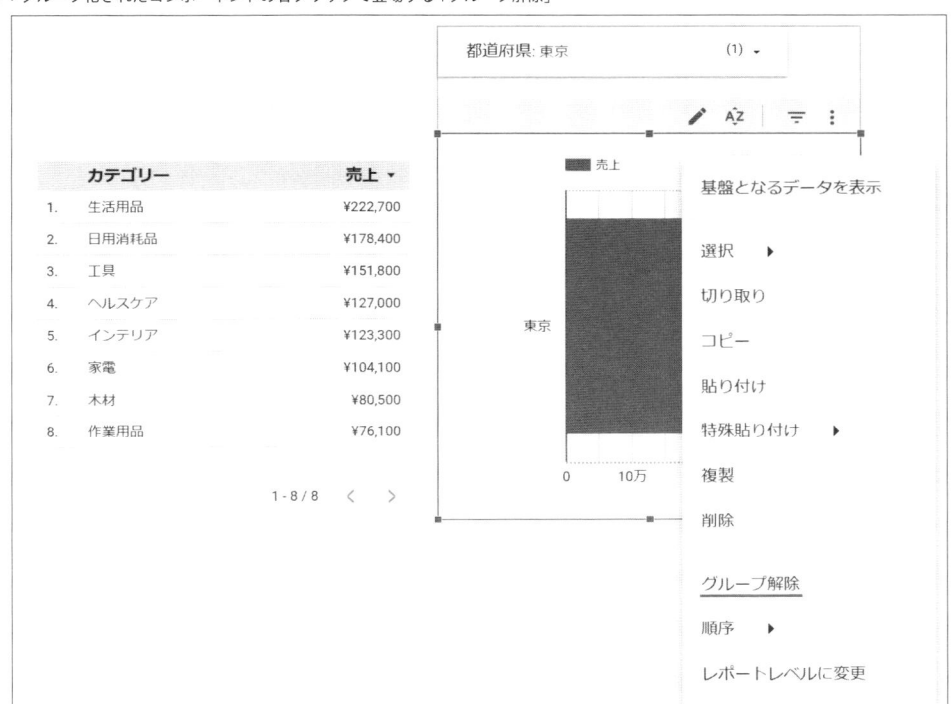

それでは、次節から具体的なコントロールの利用方法について、個別に学んでいきましょう。

8-2 ディメンションに対するフィルタ

本節では、次の4つのディメンションに対するフィルタを解説します。

① プルダウンリスト
② 固定サイズのリスト
③ 入力ボックス
④ 高度なフィルタ

図8-8では、①〜④のディメンションに対するフィルタをページに貼り付けた状態を示しています。それぞれ見かけや操作感は異なりますが、同一のフィールド（例えば「都道府県」）に対して、

同一の条件設定（例えば「東京に一致」）」を行えば、グラフは同じ結果になります。ディメンションに対するフィルタの代表的なコントロールである「プルダウンリスト」を例に利用方法、および設定を解説します。

▼図8-8：さまざまな見かけのディメンションに対するフィルタ

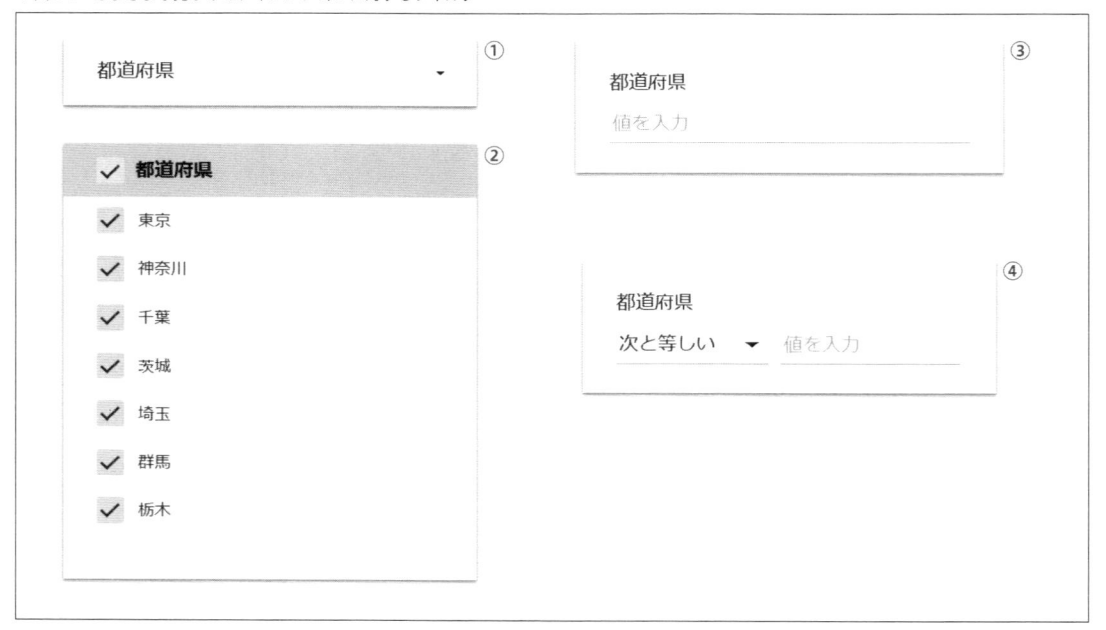

8-2-1　利用方法

　利用方法はメニューの「コントロールを追加」＞「プルダウンリスト」をクリック後、キャンバスに配置したい場所でクリック、あるいはドラッグ＆ドロップします。

　設定方法は8-2-2以降で解説しますが、次の**図8-9**はディメンション「都道府県」でフィルタを適用する例です。

① **絞り込みの対象としたい都道府県にチェックを入れます。複数都道府県選択が可能です。**
② **1つの都道府県だけに絞り込みたい場合、マウスオーバーすると現れる「この項目のみ」をクリックします。**
③ **要素がたくさんあり見つからない場合には検索語句を入れて検索します。**
④ **クリックすると「全部にチェック」、「全部からチェックを外す」を切り替えることができます。**

▼図8-9：「プルダウンリスト」の利用方法

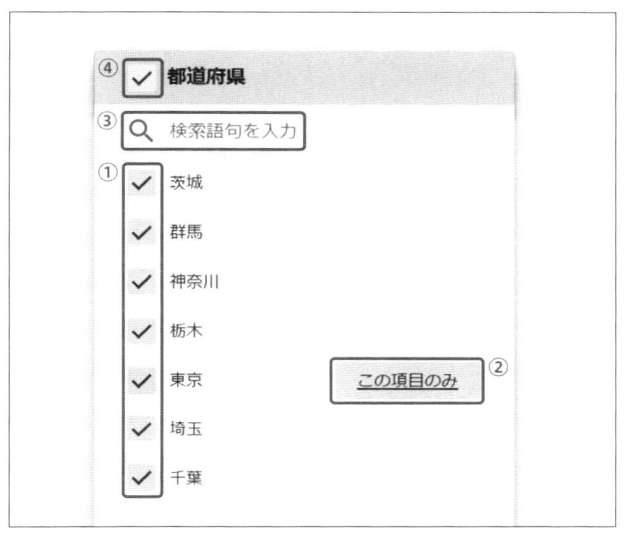

8-2-2 | 設定タブ配下の設定

「設定」タブ配下には**図8-10**のとおり、次の項目が設定できます。

- コントロールフィールド
- 指標
- 順序

8

▼図8-10：「プルダウンリスト」の設定項目

コントロールフィールド

「コントロールフィールド」は、どのディメンションを対象としてフィルタを設定するかを指定する項目です。図8-10では、ディメンションとして「都道府県」を指定しているため、都道府県で絞り込みできるようになります。

「デフォルトの選択」は、ユーザーがフィルタを操作する前に行う絞り込みです。**図8-10**では、「東京」と「神奈川」が選択されています。この状態にしておくと、ユーザーがレポートを表示した直後、「都道府県が東京か神奈川に一致する」という条件で絞り込まれた状態のグラフを目にすることになります。

「デフォルトの選択」はオプションの設定項目ですので、設定しなくてもかまいません。その場合は、データに存在するすべての都道府県が絞り込みなしでプルダウンのリストに表示されます。

一旦適用したフィルタを除外し、すべての項目をグラフに反映するには**図8-9**の④で示した「全部にチェック」を利用します。

指標

「指標」はプルダウンを開いたときに、ディメンションの項目の横に表示する項目のことです。オプションですので指定しなくてもかまいません。**図8-10**では、指標を「売上」で指定したうえで「値を表示する」にチェックを入れていますので、プルダウンリストは**図8-11**のとおりとなり、枠で囲んだ部分に都道府県別の売上金額が表示されているのがわかります。

▼図8-11：「売上」金額を表示したプルダウンリスト

この機能を利用すると、金額の大小を考慮したうえでフィルタを適用することができます。**図8-11**でいえば、一定の金額未満、例えば売上が5万円未満はグラフに反映しなくてもよいという判断が瞬時にできます。その結果、「栃木」だけを除外するという条件でフィルタを適用することができます。

「数値の短縮表示」オプションは、「値を表示する」をオンにしたときだけ表示されます。

順序

「順序」はドロップダウンにならぶ項目の並び順を制御する項目です。デフォルトでは「コントロールフィールド」に設定したディメンション項目が基準になります。「売上」などの値を指定していれば、指標の昇順、あるいは降順で並べ替えができます。

図8-12は、指標を指定しなかった場合のプルダウンリストです。

▼図8-12：「指標」を指定せず、順序が「ディメンション」にもとづくプルダウンリスト

8-2-3 スタイルタブ配下の設定

　「スタイル」タブ配下では、**図8-13**の「コントロール」で見かけを制御できます。「プルダウン」と「固定サイズ」がラジオボタンで択一的に選択できます。「単一選択」、「検索ボックスを有効にする」はオプションです。「コントロールを追加」から「プルダウンリスト」を選択した場合には「プルダウン」が選択されています。「固定サイズ」に変更すると、「コントロールを追加」から「固定サイズのリスト」を選択したのと同じ状態になります。つまり、もし「固定サイズのリスト」の見かけでフィルタを設定したい場合には、メニューから「固定サイズのリスト」を選択してもかまいませんし、**図8-13**の「コントロール」の設定メニューで「固定サイズ」を選んでもかまいません。

　「固定サイズのリスト」については、8-2-4で解説します。

▼図8-13：「スタイル」タブ配下の「コントロール」の設定項目

「単一選択」のオプションは文字どおり、複数の項目から1つだけを選択するように見かけを調整します。オンにすると、「東京と神奈川」といった複数都道府県を選択することはできなくなります。

また、「単一選択」オプションをオンにすると、**図8-14**のとおり、「[すべて選択]を許可する」オプションが現れます。「[すべて選択]を許可する」オプションをオン、あるいはオフにした場合の挙動は次のとおりです。

- **オンにした場合：単一の都道府県、あるいは全部の都道府県が選択できます。全部の都道府県とはすなわち、絞り込んでいない状態です。**
- **オフにした場合：かならずどこか1つの都道府県だけが選択され、フィルタが適用されていない状態にはなりません。したがって、「設定」タブ配下の「コントロールフィールド」で「デフォルトの選択」を指定することが必須になり、指定しないとエラーになります。**

フィルタを適用して単一の値を指定した状態のグラフを確認したいユーザーでも、絞り込みしない状態も確認したいのが一般的と思われますので、オンにしておくのがよいでしょう。

▼図8-14：「単一選択」オプションをオンにした「コントロール」の設定項目

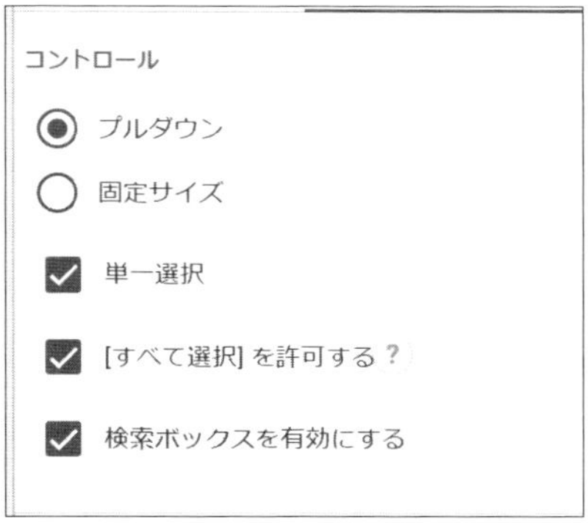

「検索ボックスを有効にする」オプションは、デフォルトでオンになっています。ここでいう検索ボックスとは、**図8-15**の枠で囲んだ部分を指します。項目数が少ないときには必ずしも必要ありませんが、47都道府県がすべて出てくるような項目数が多いときには、自分がフィルタの対象としたい項目をリストから見つけるのは手間がかかる場合があります。そのときは、フィルタ対象の都道府県を検索できるようにしておいたほうが親切です。そのような状況が想像できる場合には、必ず「検索ボックスを有効にする」をオンにしておきましょう。

8

▼図8-15：「プルダウンリスト」に表示されている「検索ボックス」

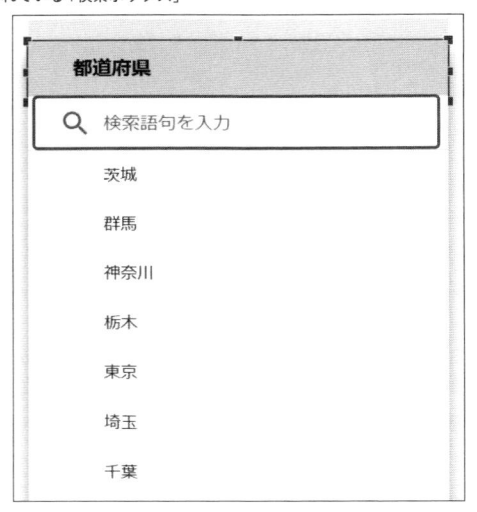

8-2-4 ｜ プルダウンリスト以外のフィルタ

プルダウン以外のリストでは、次の項目を選択することができます。

固定サイズのリスト

固定サイズのリストは、**図8-16**のような見かけをしています。ドロップダウンと異なる点は、最初から都道府県の項目がすべて表示されていることです。メリットは①絞り込みをするときにプルダウンを開く手間がかからない②都道府県にどのような項目が存在するのかすぐにわかる、この2点です。一方、デメリットはページのスペースを専有してしまうことです。

▼図8-16：固定サイズのリスト

　もちろん、**図8-17**のようにサイズを小さくして、専有するスペースを減らすことはできます。ただし、そうすると一部の都道府県しか見えなくなり、全部の都道府県を確認するにはスクロールが必要になって、固定サイズのリストを選ぶメリットが半減してしまいます。

▼図8-17：縦方向のサイズを小さくして一部だけが表示されている固定サイズのリスト

入力ボックス

　「入力ボックス」は**図8-18**の見かけをしています。見かけからわかるとおり、値をユーザーが直接入力する必要があります。

▼図8-18：入力ボックスの見かけ

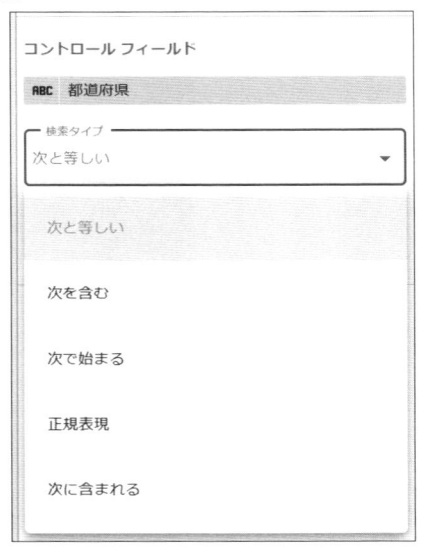

　また、「入力ボックス」の「設定」タブでは、**図8-19**のとおり絞り込み条件を設定することができます。デフォルトは「次と等しい」です。データにある都道府県の1つとして東京が「東京都」という文字列で表現されていると、「東京」という文字列の入力ではヒットしないことになります。できるだけ幅広くヒットさせるには、「次を含む」を指定するのが望ましいです。

▼図8-19：「入力ボックス」の絞り込み条件指定

　なお、最後の選択肢である「次に含まれる」は意味が取りづらいですが、「●●、あるいは▲▲」という条件で絞り込みできます。項目同士はカンマで区切ります。**図8-20**は、「神奈川、千葉、あるいは埼玉」の条件で絞り込んでいるところです。

▼図8-20：「入力ボックス」の「次に含まれる」オプションでの絞り込み

また、**図8-21**で示しているとおり、「入力ボックス」の「スタイル」タブにある「コントロール」では、「プルダウンリスト」あるいは「固定サイズ」を選択することができます。次のような見かけの調整ができます。

● **プルダウン**：ユーザーが都道府県を入力するエリアが最初は隠れている、クリックしてエリアを開く
● **固定サイズ**：ユーザーが都道府県を入力するエリアが最初から表示されている

▼図8-21：「入力ボックス」の「スタイル」タブで設定できる項目

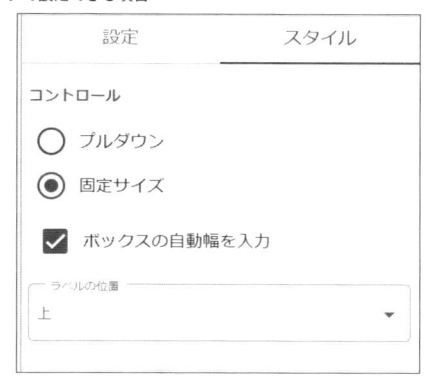

また、「ボックスの自動幅を入力」は非常にわかりづらいですが、Looker Studioを英語表示にすると「input box auto width」となっています。つまり「入力ボックスの幅の自動設定」と解釈してください。このオプションをオンにしておくと、「入力ボックス」の横幅に応じたエリアがユーザーの入力エリアになります。オフにした場合、手動でユーザーの入力エリアの幅を指定できます。

また、「ラベルの位置」は、デフォルトが「上」となっていて、ほかに「左揃え」、「非表示」、「左（レガシー）」から選択できます。コントロールを配置する上下左右のスペースに応じて、調整するとよいでしょう。

8

高度なフィルタ

「高度なフィルタ」の見かけは、**図8-22**のとおりです。「入力ボックス」と似ていますが、「入力ボックス」では絞り込み条件をLooker Studioのレポート作成者側で1つに指定していたのに対し、「高度なフィルタ」では絞り込み条件をユーザー側で選択できるところが異なっています。

▼図8-22：高度なフィルタ

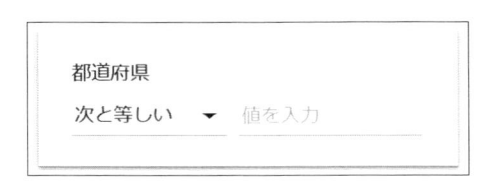

絞り込みの条件は「入力ボックス」と同様、「次と等しい」、「次を含む」、「次で始まる」、「正規表現」、「次に含まれる」の5つです。

「入力ボックス」と同様の内容を「スタイル」タブから指定できます。

8-3 スライダー

本節では、コントロールのうち**指標に対してフィルタを適用することができる「スライダー」**について解説します。

「スライダー」は**図8-23**のとおりの見かけをしたコントロールです。グラフに反映するデータを、指標（**図8-23**の場合は「売上」）を基準に絞り込むことができます。

▼図8-23：指標の値を基準にグラフを絞り込める「スライダー」

「スライダー」が対象とする指標はデータの行レベルです。**図8-24**は「Record Count」がすべて「1」であることからわかるとおり、データの各行を表しています。スライダーを操作して「売上」の範囲を「25,000円〜29,800円」とすると、**図8-24**の枠で囲んだデータだけがグラフに反映されるようになります。

▼図8-24：「スライダー」を「25,000円〜29,800円」に設定した場合に利用されるデータ

	注文管理番号	カテゴリー	都道府県	売上 ▾	Record Count
1.	01GKR48F	生活用品	東京	¥29,800	1
2.	01GHV2ET	インテリア	千葉	¥29,100	1
3.	01GVRM3K	家電	千葉	¥28,500	1
4.	01GR1JE8	生活用品	神奈川	¥28,100	1
5.	01G3NXDK	インテリア	東京	¥27,600	1
6.	01GPS0TM	生活用品	千葉	¥27,200	1
7.	01GANC4H	生活用品	埼玉	¥27,200	1
8.	01GFBKT2	工具	東京	¥24,700	1
9.	01GJYEMB	ヘルスケア	東京	¥24,200	1

8-3-1　設定タブでの設定

　図8-25は、「スライダー」コントロールの「設定」タブで重要になる「コントロールフィールド」と「順序」の設定です。スライダーは指標に対するフィルタであるため、コントロールフィールドには「数値型」のフィールドを指定する必要があります。**図8-25**では「売上」を指定しています。

　「デフォルトの選択」は、「どの範囲の売上に絞り込んだ状態をデフォルトとするか」の設定です。

　「順序」は、元データを売上の大きい順に並べたときに、「何行目までのデータをスライダーの範囲として利用するか」を制御するものです。デフォルトが5,000行ですので、それ以上行数の多いデータの場合で、データの最小値から最大値までをスライダーの範囲としたい場合には、数値を大きいほうに変更してください。ちなみに最大値は「50,000」です。

▼図8-25：「スライダー」の「設定」タブにおける主要設定項目

コントロール フィールド

123　売上

デフォルトの選択
value1〜value2

順序

上位 # 件を表示
5000

8

8-3-2 スタイルタブでの設定

「スタイル」タブには、**図8-26**で示した主要な設定項目があります。

▼図8-26：「スライダー」の「スタイル」タブで設定できる主要な項目

スライダーモード

図8-27で示したスライダーモードは、スライダーで示す値の範囲を決める設定です。選択肢によって、指定できる内容は次のとおりです。

- **Range**：最小値から最大値の間で自由に指定できる
- **Single Value**：最小値から最大値の1つの値（例えば**24,700円**）だけを指定できる
- **Locked min**：最小値は固定で、大きい値を変動させて範囲指定する（「特定の値以下」の指定）
- **Locked max**：最大値は固定で、小さい値を変動させて範囲指定する（「特定の値以上」の指定）

また、最小値、最大値を指定することで、手動でスライダーの範囲を指定することも可能です。

▼図8-27：スライダーモードとその選択肢

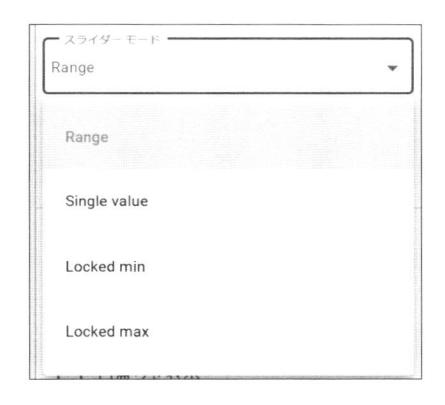

ステップ

「ステップ」はスライダーをマウスで掴んで左右させたときに、値を変更できる単位です。例えば、**図8-26**で見るとおり、「100」で設定すると売上の範囲を100円単位で設定できます。

グラフで可視化しているデータが、例えば「家」の販売価格など大きな値を取り扱っている場合にはステップも大きな値に、「ネジ」の販売価格など小さな値を取り扱っている場合にはステップも小さな値にすると、使い勝手のよいスライダーになるでしょう。

テキスト

「テキスト」配下の「テキストボックスを表示」は、スライダーの端にある金額の表示です。**図8-28**は、「テキストボックスを表示」をオフにした状態です。**図8-23**と比較すると、左端の「¥3,300」や右端の「¥29,700」の表示が見えなくなっていることがわかるでしょう。

▼図8-28：「テキストボックスの表示」をオフにしたスライダー

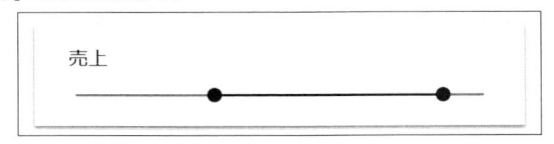

スライダーの色

「スライダーの色」では、両端の「●」、選択されている範囲のバーの色、選択されていない範囲のバーの色を制御できます。

設定項目（右側）とその設定を反映したスライダー（左側）を**図8-29**のとおりに示しますので、参考にしてください。

① 両端の「●」
② 選択されている範囲のバーの色
③ 選択されていない範囲のバーの色

▼図8-29：「スライダーの色」の調整とスライダーへの反映

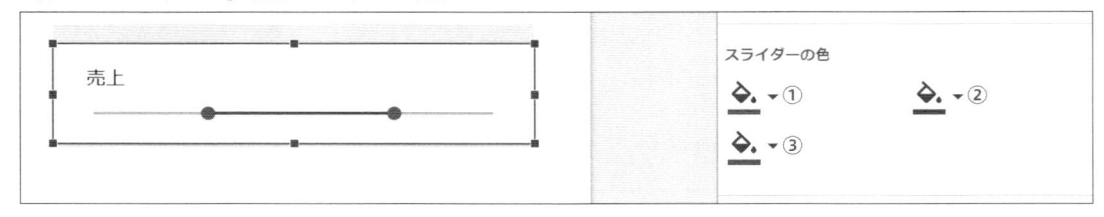

8-4 チェックボックス

コントロールの1つ**「チェックボックス」は値が「true」か「false」しかとらないブール型のディメンション**にもとづくフィルタです。したがって、もしデータの中にブール型のフィールドがない場合には、利用することができません。

8-4-1 | ブール型ディメンションの作成

4-5、4-6で解説した「計算フィールド」を利用すると、ブール型のフィールドを作成することができます。

例えば、データに「都道府県」というフィールドがあったとします。もし、仮に、特別に重視する都道府県として「千葉」、「神奈川」、「埼玉」があるとすれば、次の計算フィールドで「重点県かどうか」を示す計算フィールドを作成できます。

```
CASE 都道府県
WHEN "千葉" THEN true
WHEN "神奈川" THEN true
WHEN "埼玉" THEN true
ELSE false
END
```

図8-30は、「表」のディメンションとして「都道府県」、「重点県かどうか」を利用した検算です。「神奈川」、「埼玉」、「千葉」だけがtrueとなっており、ブール型の計算フィールドである「重点県かどうか」が正しく作成できていることが確認できます。

▼図8-30：計算フィールド「重点県かどうか」の検算

	都道府県 ▼	重点県かどうか
1.	茨城	false
2.	群馬	false
3.	神奈川	true
4.	栃木	false
5.	東京	false
6.	埼玉	true
7.	千葉	true

1 - 7 / 7 ‹ ›

8-4-2 | チェックボックスの適用

チェックボックスの適用は、**図8-31**のとおり、メニューの「コントロールを追加」から、「チェックボックス」をクリックし、キャンバス上でクリックします。

▼図8-31：「チェックボックス」の適用

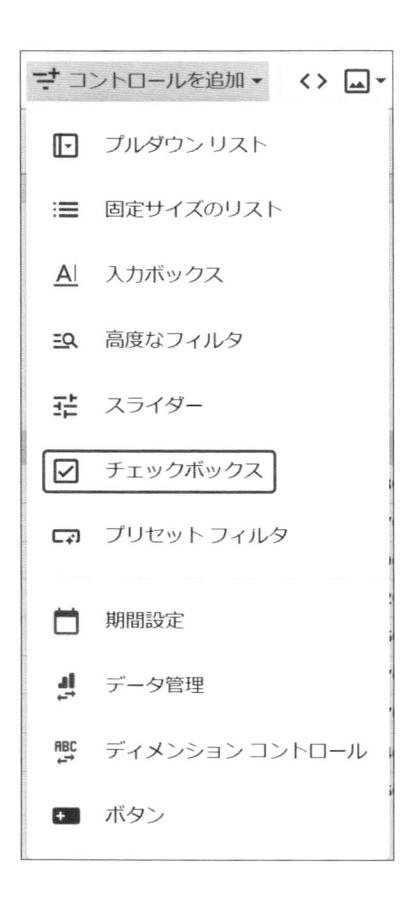

　次の**図8-32**は、「チェックボックス」の「コントロールフィールド」に、作成した計算フィールド「重点県かどうか」を適用した状態です。最初から「重点県かどうか」について絞り込んでおきたい場合には、true、あるいはfalseを「フォルトの選択」に記述しておきます。

▼図8-32：「チェックボックス」を「重点県かどうか」で設定した

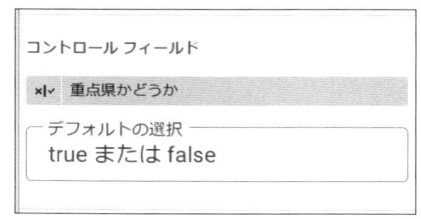

　図8-33は「チェックボックス」をレポートに配置し、チェックを入れた状態です。値がtrueに絞り込まれるため、重点県だけがグラフに現れています。

▼図8-33：「重点県かどうか」にチェックを入れたので、trueに絞り込まれたグラフ

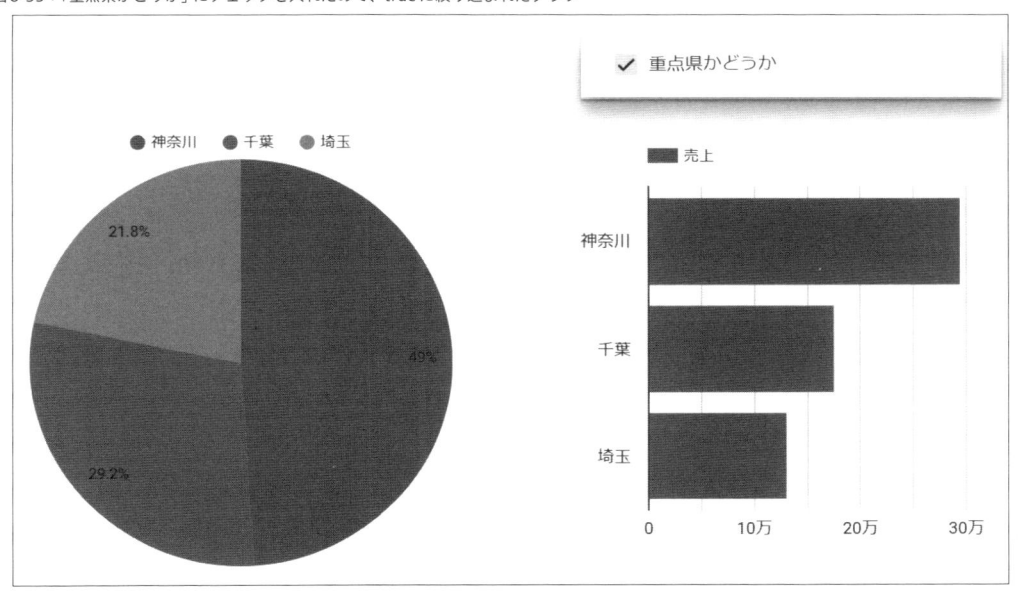

　「チェックボックス」には、チェックを入れるか、いれないかの2つの選択肢しかありません。そのため、フィルタを適用していない状態は実現できません。試しに、「重点県かどうか」のチェックを外すと、falseの県のみに絞り込まれ、グラフは**図8-34**のとおりに変化します。

▼図8-34:「重点県かどうか」のチェックを外したグラフ

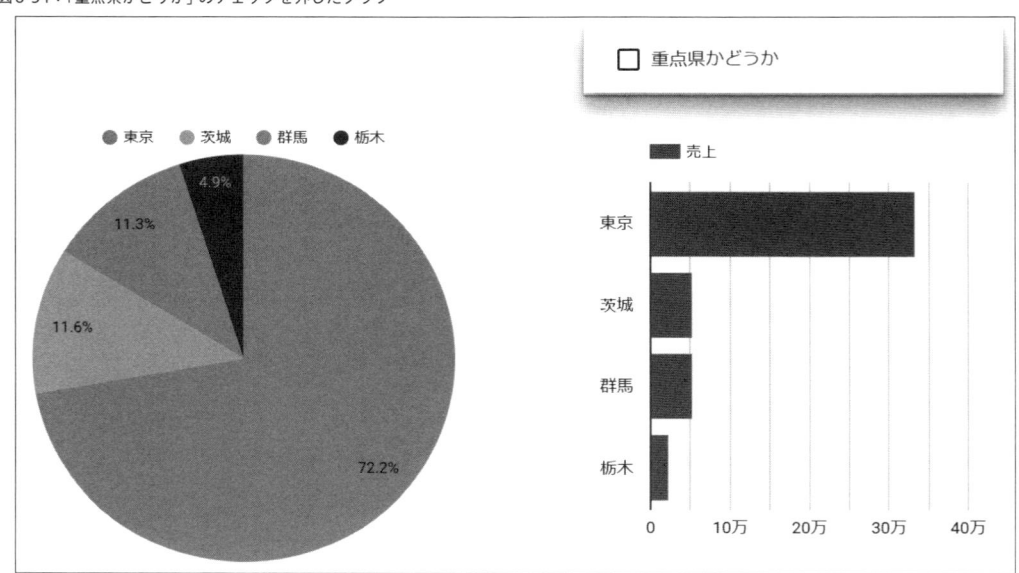

8-5 プリセットフィルタ・ボタン

　プリセットフィルタは、あらかじめ設定した動作をボタンに割り付けておき、ユーザーがボタンをクリックするだけでその動作が実現するようにする機能を提供します。

　「あらかじめ動作を設定しておく」ところがプリセットフィルタといわれる理由です。ただし、「フィルタ」という名前に反して、フィルタ以外の機能もボタンに割り付けることができます。

　また、プリセットフィルタで提供できる機能はすべて、コントロールの1つである「ボタン」とまったく同じです。したがって、本節では「プリセットフィルタ」と「ボタン」の両方の解説になっています。

　プリセットフィルタ（あるいはボタン）をレポートに配置すると、「設定」タブ配下にある「ボタン操作の種類」の設定項目で、「ナビゲーション」、「レポートの操作」、「フィルタ」の3つのうちから、ボタンに割り付ける機能を選択します。

　ひとつずつ確認していきましょう。

8-5-1 ｜ ナビゲーション

「ナビゲーション」を選択すると、**図8-35**のとおり「ボタンのリンクのURL」の設定が表示されます。「ボタンのリンクURL」のドロップダウンを開くと、選択肢は次の2つであることがわかります。

● **静的リンク**
● **ダイナミックリンク（ディメンションから）**

▼図8-35：「ボタンの操作の種類」から「ナビゲーションを選択」

静的リンク

まずは静的リンクから解説します。「ボタンのリンクURL」で「静的リンク」を選択して「リンクを挿入」をクリックすると、**図8-36**のダイアログが現れます。

クリックしたユーザーに外部のページを表示させたい場合には、ジャンプ先URLを貼り付けます。ユーザーにLooker Studioのレポートをブラウザ上のタブに残しながら、別タブで外部のページを開いてほしい場合には、「リンクを新しいタブで開く」オプションにチェックを入れたままにしましょう。

8

▼図8-36：「リンクの挿入」の設定画面

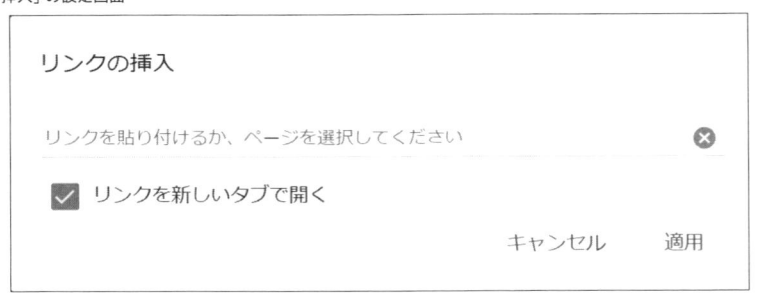

　図8-36の「リンクを貼り付けるか、ページを選択してください」と記述してあるリンクを貼り付けるエリアをクリックすると、図8-37のとおり「Looker Studioのレポートの中でどのページにジャンプするか」を選択するドロップダウンが開きます。「最初」、「前へ」、「次へ」、「最後」のように、レポート内での相対的なページにジャンプさせることも、特定のページにジャンプさせることもできます。

▼図8-37：静的リンクとして、Looker Studioのほかのページへのジャンプも設定できる

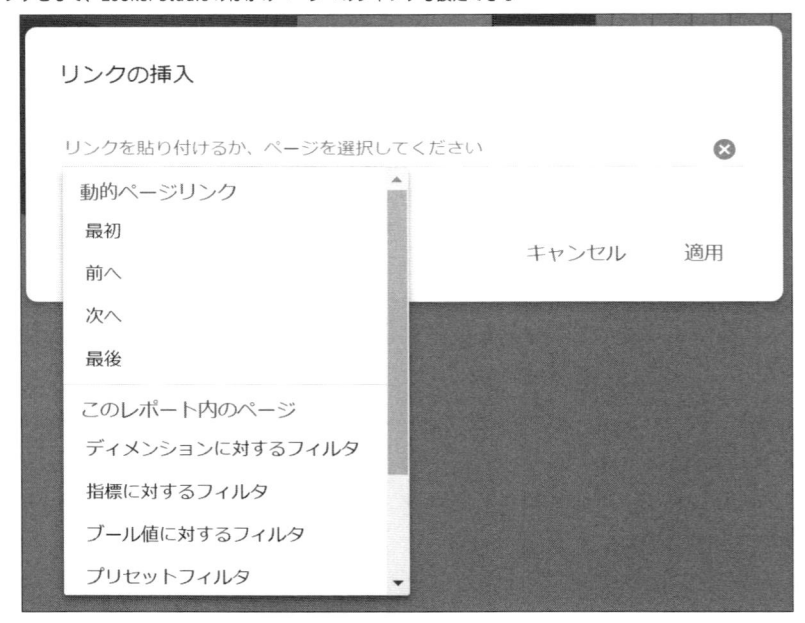

　「ボタン」に「ナビゲーション」の機能を割り付けたあとは、そのボタンを押すと何が起きるのかを端的に示すようなラベルを設定しましょう。図8-38は、複数ページで構成されているレポー

トの最初のページにジャンプするという機能を「静的リンク」として付与したボタンです。「最初のページに戻る」というラベルのおかげで、クリックすると何が起きるのかがレポートの利用者に理解してもらえます。ボタンのラベルの編集は「設定」タブからではなく、ボタンをクリックして直接行います。

▼図8-38：機能を付与したボタンにわかりやすいラベルをつける

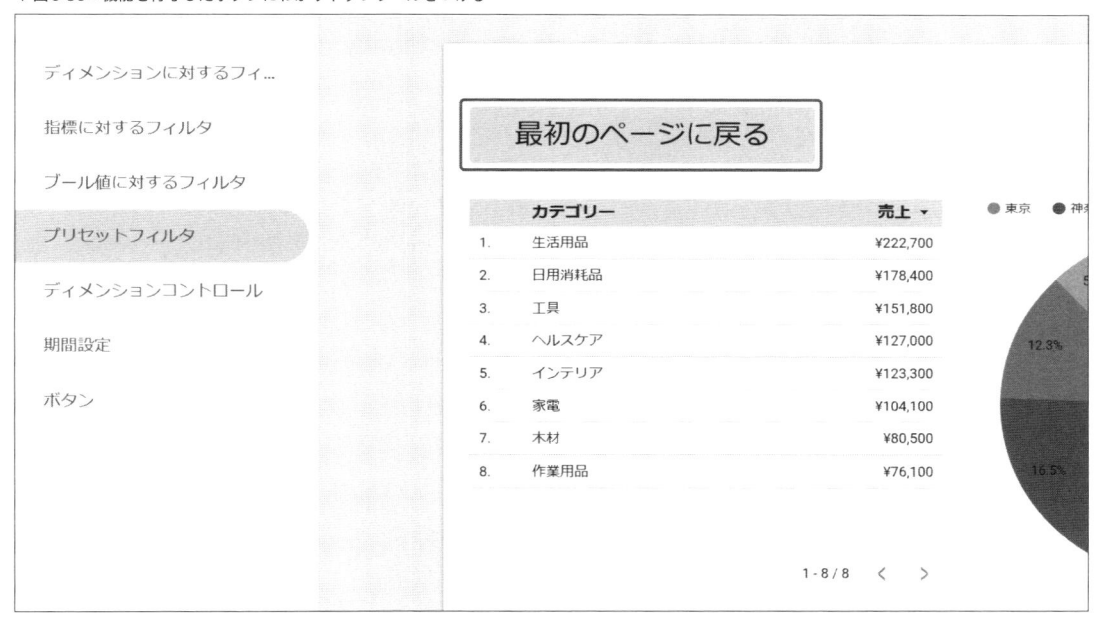

ダイナミックリンク

図8-35で確認できる「ボタンのリンクURL」のドロップダウンからは、「ダイナミックリンク（ディメンションから）」を選択することができます。その場合、ユーザーを外部のWebサイトの特定のWebページに動的に誘導することができます。動的とは、ディメンションの値に応じて異なったWebページをリンク先にできるという意味です。Looker Studioのレポートを利用しているときに、外部サイトを確認したくなるユーザーが多いようであれば、ダイナミックリンクの機能を利用してリンクを設置すると、Looker Studioのレポートの有用度を向上させることができます。

図8-39がダイナミックリンクを設定する画面です。

▼図8-39：ダイナミックリンクの設定

設定できるディメンションは、URLを値として持つフィールドでなければいけません。データの中にURLを持つフィールドがなかった場合、計算フィールドを作成する必要があります。

1つ例をあげましょう。データソース「ホームセンター - Small」の「都道府県」フィールドには、「東京」、「千葉」、「埼玉」などの値があります。一方、ウィキペディアの「東京」のURLは、次のとおりです。

https://ja.wikipedia.org/wiki/東京

ということは、URLの「東京」のところに「都道府県」フィールドの値を差し込めば、ウィキペディアの該当ページのURLが完成しそうです。そこで、**図8-40**のような計算フィールドを作成します。

▼図8-40：計算フィールドで値としてURLを持つフィールドを作成する

「表」で、「ウィキペディア URL」がどのような値を持つのかを確認したのが、**図8-41**です。うまくURLとして認識されているのがわかります。実際、クリックすると適切なページにジャンプします。

▼図8-41：計算フィールド「ウィキペディアURL」の確認

都道府県 ▾	ウィキペディアURL
1. 茨城	https://ja.wikipedia.org/wiki/茨城
2. 群馬	https://ja.wikipedia.org/wiki/群馬
3. 神奈川	https://ja.wikipedia.org/wiki/神奈川
4. 栃木	https://ja.wikipedia.org/wiki/栃木
5. 東京	https://ja.wikipedia.org/wiki/東京
6. 埼玉	https://ja.wikipedia.org/wiki/埼玉
7. 千葉	https://ja.wikipedia.org/wiki/千葉

1-7 / 7　　<　　>

　URLを値に持つフィールドとして「ウィキペディアURL」が作成できましたので、次の設定を加えます。

1. 作成した「ウィキペディアURL」は、作成直後は「文字列型」タイプになっているので、タイプを「URL」に変更する
2. プリセットフィルタ（あるいは、ボタン）の「ダイナミックリンク（ディメンションから）」のディメンションに、「ウィキペディアURL」を指定する
3. プリセットフィルタ（あるいは、ボタン）を配置したページに、最低限1つの「都道府県をディメンションにもつグラフ」を配置し、「クロスフィルタリング」をオンにしておく

　設定を加えたLooker Studioのページで、「クロスフィルタリング」オプションをオンにした棒グラフで「千葉」をクリックしたのが**図8-42**です。この状態で、プリセットフィルタ（あるいはボタン）として設定した「クロスフィルタリングで絞り込まれた都道府県のウィキペディアにジャンプ」ボタンをクリックすると、ウィキペディアの「千葉」のページが開きます。

8

▼図8-42：棒グラフのクロスフィルタリングで都道府県を絞り込んだので、プリセットフィルタ（あるいはボタン）が動作する

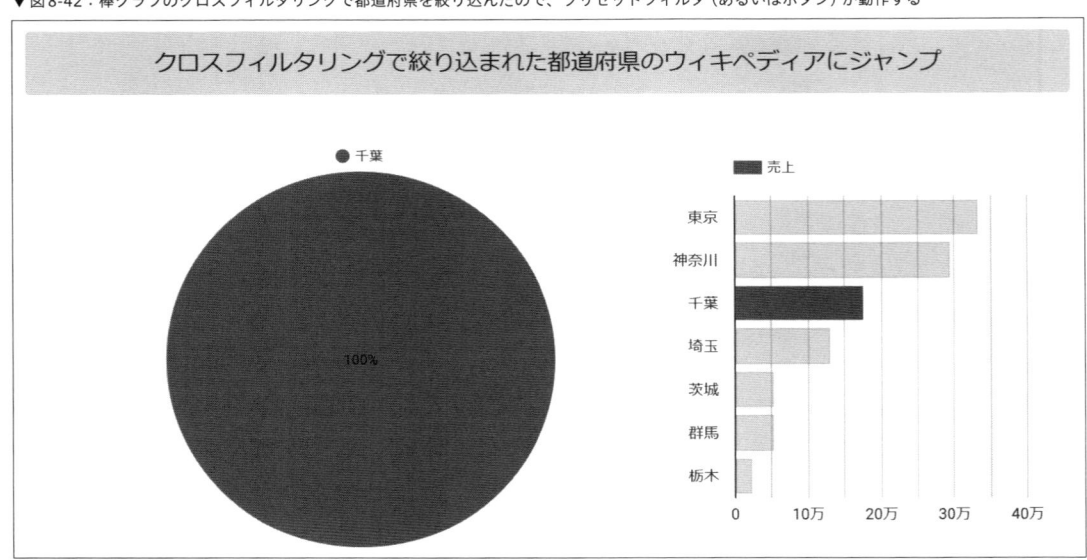

8-5-2 ｜ レポートの操作

「レポートの操作」では、次の4種類の機能をボタンに付与することができます。どの機能をボタンに付与するかは、「設定」タブ配下の「ボタンの操作の種類」の下にある「ボタンに対するレポートの操作を選択します」のドロップダウンから行います。実際の画面は、**図8-43**を参照してください。

- **招待**
- **レポートへのリンクを取得**
- **レポートをダウンロード**
- **フィルタをリセット**

▼図8-43：「レポートの操作」の設定画面

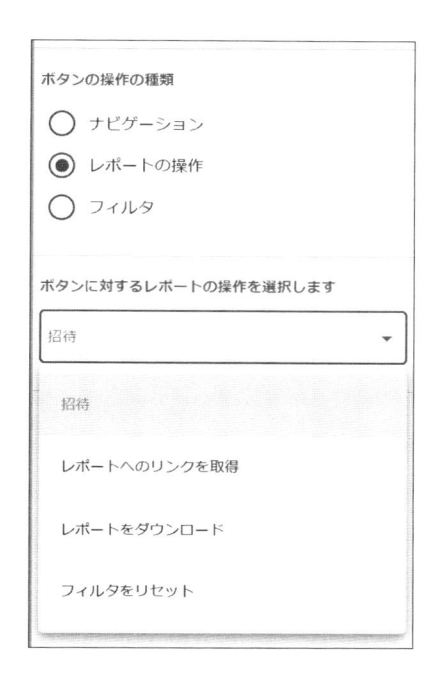

　ドロップダウンの内容を、ひとつずつ見ていきましょう。

招待

　「レポートの操作」に「招待」の機能を付与した場合、ボタンをクリックすると、**図8-44**のとおりほかのユーザーとの共有の画面が開きます。レポートを利用しているユーザーが、さらに別のユーザーにレポートを共有することを推奨している場合、この機能を利用すると便利です。

▼図8-44：「招待」を設定したボタンをクリックするとほかのユーザーとの共有設定のダイアログが開く

レポートへのリンクを取得

「レポートへのリンクを取得」の機能を付与したボタンをレポート利用ユーザーがクリックすると、**図8-45**のとおりレポートのURLが取得できます。ただし、最低限レポート閲覧権限を持っているユーザーでないと、リンクを入手してもレポートは開けません。

したがって、レポートの閲覧権限の運用とセットで、この機能の付与は考えるべきです。

▼図8-45：「レポートへのリンクの取得」画面

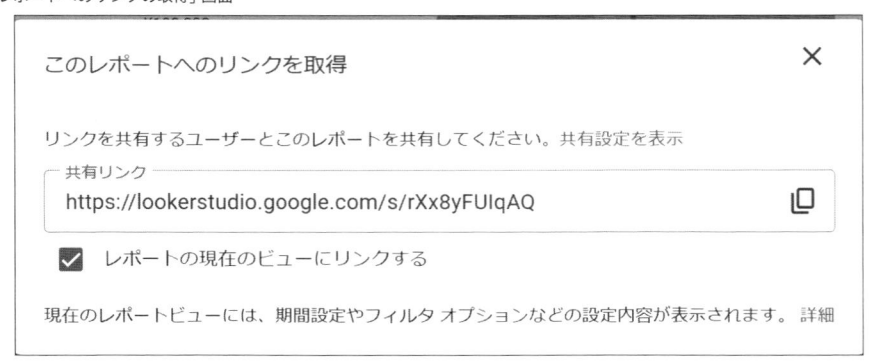

ちなみに、「レポートの現在のビューにリンクする」オプションは、プリセットフィルタ（あるいはボタン）をクリックしてレポートへのリンクを共有するときに、フィルタがかかっていれば、フィルタがかかった状態、並べ替えをデフォルトから変更してあるならば、変更してある状態で、

ボタンをクリックしたときの状態をそのまま共有するために利用します。

　共有するユーザーに委ねられていますので、Looker Studioのレポート作成者側では制御できませんが、チェックを外すと共有リンクが変化し、共有するページのデフォルトの状態を示すようになります。

レポートをダウンロード

　「レポートをダウンロード」の機能を付与したボタンをクリックすると、**図8-46**のとおりの画面が開き、ユーザーがPDF形式でレポートをダウンロードできます。ダウンロードの対象とするページは、すべて、あるいは特定のページのどちらでも可能です。

▼図8-46：「レポートをダウンロード」画面

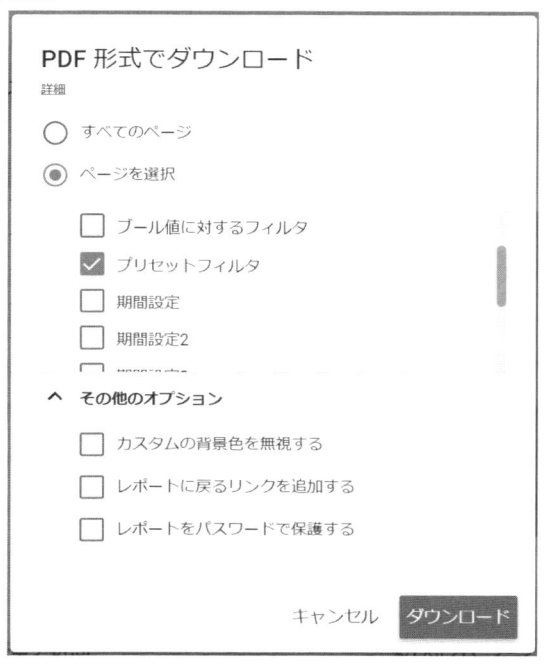

　「その他のオプション」ドロップダウンを開くと、次のオプションを選択できます。

- **カスタムの背景色を無視する**
- **レポートに戻るリンクを追加する**
- **レポートをパスワードで保護する**

　3つのオプションをすべてオンにして、**図8-47**で表示している「プリセットフィルタ」のページだけをPDFでエクスポートしてみましょう。

▼図8-47：「その他のオプション」を3つともオンにしてダウンロードする対象のページ

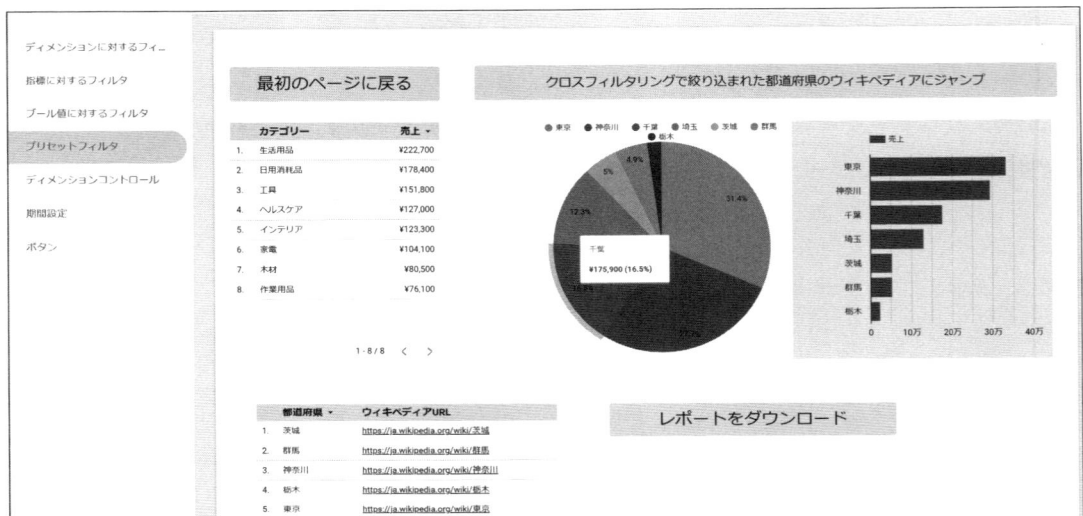

　ダウンロードしたPDFファイルを開こうとすると、ダウンロード時のオプションで設定したとおり、パスワードを求められます。**図8-48**を参照してください。

▼図8-48：ダウンロードしたPDFを開くときのパスワード要求画面

　開いたPDFファイルは**図8-49**のとおりです。カスタムの背景色が無視されています。

▼図8-49：3つのオプションをオンにしてダウンロードしたPDFファイル

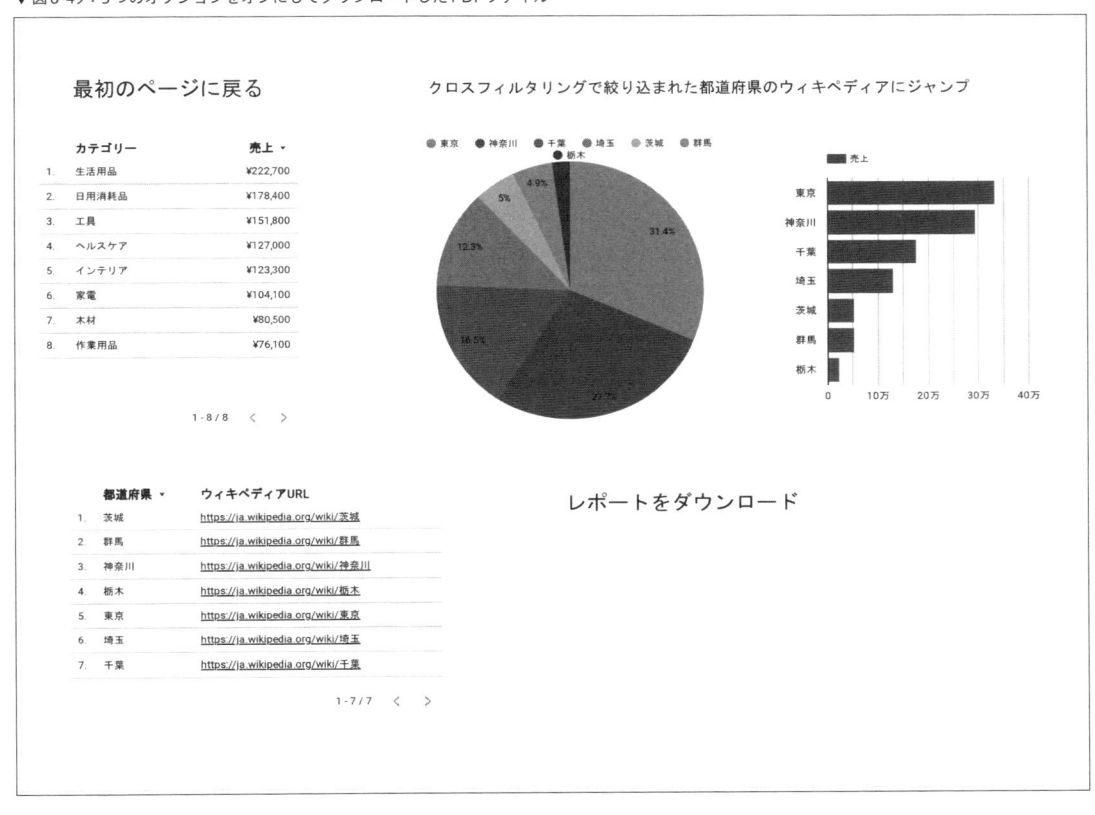

PDFファイルからのリンクは次の4箇所で有効になっています。

- 「最初のページに戻る」：クリックするとレポートの最初のページが開く
- 「クロスフィルタリングで絞り込まれた都道府県のウィキペディアにジャンプ」：クリックするとウィキペディアの「茨城」のページが開く
- ウィキペディアURL：表示されているURLのとおりのページが開く
- 「レポートをダウンロード」：Looker Studioのトップ画面が開く

フィルタをリセット

「フィルタをリセット」は本章で学んでいるフィルタ（8-2、8-3、8-4）や、クロスフィルタリング（4-3-8）をリセットするボタンです。

コントロールで適用しているフィルタはその操作によって、クロスフィルタリングはグラフを

再度クリックすることで解除できますが、多少面倒なのと、ユーザーによっては解除の仕方をそもそも知らないということがありえます。そうした場合、ボタンのラベルに「フィルタを全部解除」などと記述して、フィルタの解除機能を付与するのは意味があります。

8-5-3　フィルタ

プリセットフィルタ（あるいはボタン）のフィルタの機能は「コントロールフィールド」に、データ型がブール値であるディメンションフィールドを指定して実現します。

図8-50は、「都道府県が、神奈川、千葉、埼玉に該当するか」にもとづくブール値のフィールド「重点県かどうか」をコントロールフィールドに適用しています。

▼図8-50：「プリセットフィルタ（あるいはボタン）」の「フィルタ」はコントロールフィールドにブール値のフィールドを指定する

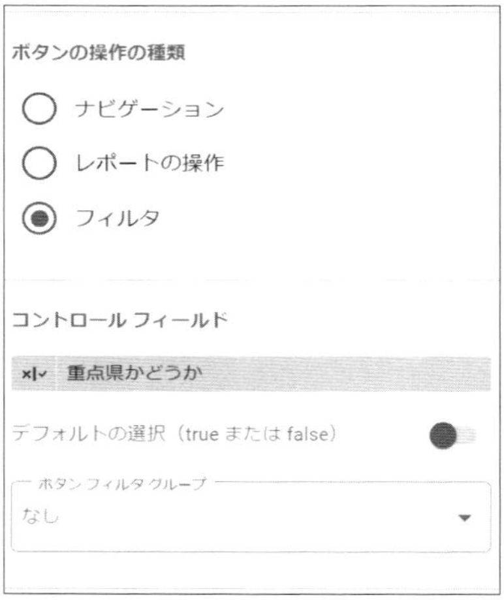

コントロールフィールドにブール値のフィールドを指定するという点では、8-4で学んだ「チェックボックス」と似ていますが、「プリセットフィルタ（あるいはボタン）」の「フィルタ」機能は、「フィルタを適用するか、しないか」の切り替えを実現します。フィルタを適用すれば値がtrueだけ、適用しなければtrueもfalseも両方がグラフに反映されます。したがって「値がfalseに一致する」状態は実現できません。一方、8-4で学んだ「チェックボックス」は、trueかfalseかの切り替えを実現していました。したがって、「trueもfalseも両方含む」状態は実現できません。

「コントロールフィルタ」に「重点県かどうか」を指定した場合を例にして、**表8-B**のとおりに整理しました。実現したいことに応じて使い分けてください。「千葉」、「神奈川」、「埼玉」を「重点県」がtrueな県として計算フィールドを作成しています。

▼表8-B：フィルタの種類とフィルタを適用した場合の状態

フィルタの種類	本書の該当部分	フィルタをオン・オフした場合のフィルタの状態
チェックボックス	8-4	フィルタオン（trueのみ）：神奈川、埼玉、千葉 フィルタオフ（falseのみ）：東京、茨城、群馬、栃木
プリセットフィルタ	8-5-3	フィルタオン（trueのみ）：神奈川、埼玉、千葉 フィルタオフ（フィルタなし）：全都道府県

　プリセットフィルタの「フィルタ」がオンかオフかは、**図8-51**のとおりボタンの色が濃く、フォントが太字になっていることでわかります。

▼図8-51：「プリセットフィルタ」の「フィルタ」がオンになっている状態

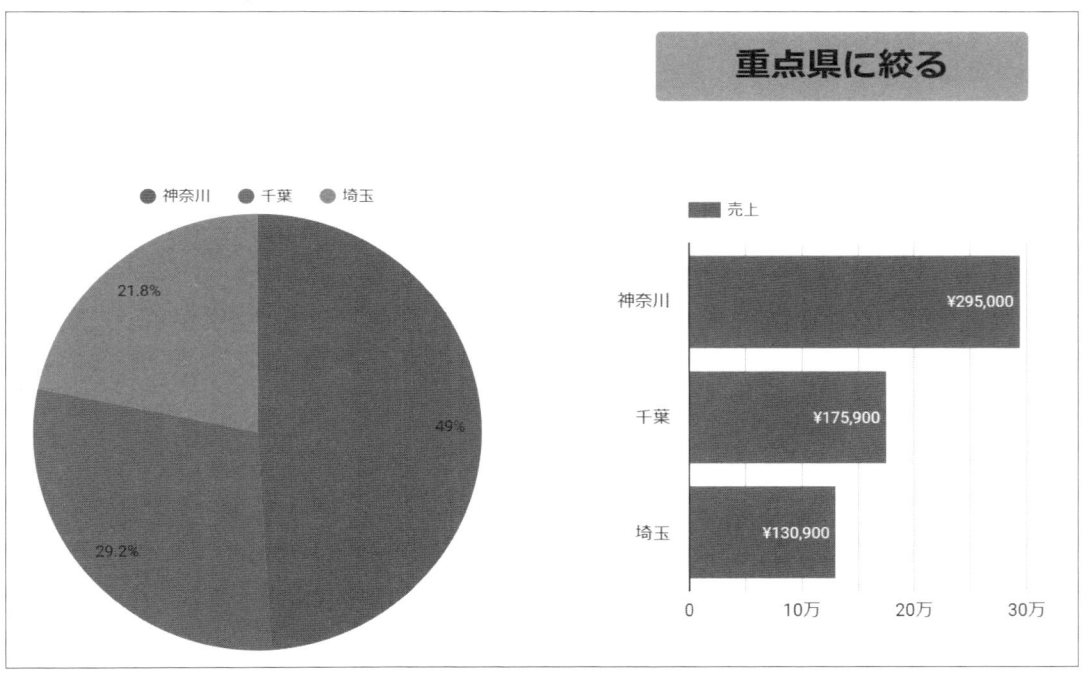

8

8-6　期間設定

期間設定の範囲については、4-3-1で次の対象を設定する方法を解説しました。

- 「レポート設定」を利用したレポート全体に適用する「デフォルトの日付範囲」
- 「現在のページの設定」を利用した特定のページに適用する「デフォルトの日付範囲」

　それらの設定はレポート作成者が行うもので、レポートを利用するユーザーは変更できません。一方、「期間設定」コントロールをレポートに設置すると、レポート利用ユーザーが「レポート全体」、あるいは「特定のページ」に設定ずみの「デフォルトの日付範囲」と異なる期間を指定できるようになります。つまり、**レポートを利用するユーザーに期間設定の自由を与えることができるのが「期間設定」コントロールの役割**です。

　図8-52は「レポート設定」、あるいは「現在のページの設定」（いずれも、4-3-1で解説）で「デフォルトの日付設定」を2023年1月1日から2023年12月31日に設定してあるレポートに、「期間設定」コントロールを配置した直後の状態です。

　「期間設定」コントロールの初期値は、レポート、あるいはページの「デフォルトの日付期間」と同じ期間を指しています。レポート利用ユーザーは「期間設定」コントロールを操作することによって、日付期間を任意に変更することができます。

▼図8-52：「期間設定」コントロール配置直後の日付範囲

2023/01/01 - 2023/12/31 ▾	
注文日（年、月）▲	**売上**
1. 2023年1月	¥47,700
2. 2023年2月	¥78,700
3. 2023年3月	¥58,000
4. 2023年4月	¥128,500
5. 2023年5月	¥103,300
6. 2023年6月	¥83,900
7. 2023年7月	¥74,200
8. 2023年8月	¥155,100
9. 2023年9月	¥109,200
10. 2023年10月	¥107,000
11. 2023年11月	¥89,300
12. 2023年12月	¥29,000
1 - 12 / 12　〈　〉	

8-6-1　期間設定コントロールのデフォルトの日付範囲

「期間設定」コントロールに「デフォルトの日付範囲」を指定することもできます。指定すると、コントロールを配置したページの日付範囲が「期間設定」コントロールの「デフォルトの日付範囲」になります。**図8-53**では、2023年1月1日から2023年6月30日を「期間設定」コントロールの「デフォルトの日付範囲」として設定しています。

▼図8-53：「期間設定」コントロールの「デフォルトの日付範囲」設定

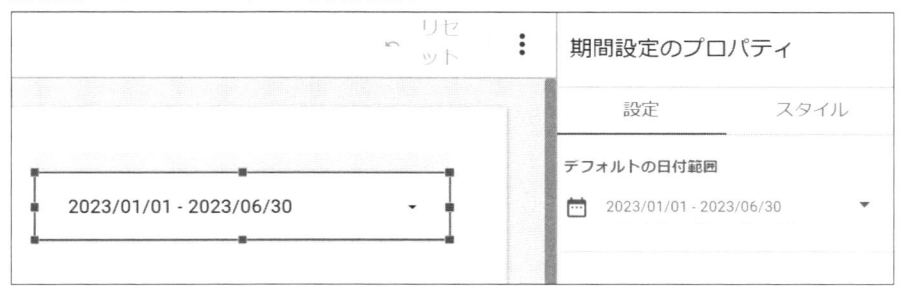

8-6-2　期間設定コントロールの適用範囲

「期間設定」コントロールの適用範囲は、デフォルトではコントロールを配置したページです。つまり、「期間設定」コントロールを配置したページにあるすべてのグラフの「日付範囲」が、コントロールで指定した範囲になります。レポートを利用するユーザーが「期間設定コントロール」を利用して設定する日付範囲がレポート全体に及ぶようにするには、8-1-2を参照して「期間設定コントロール」を「レポートレベル」に変更してください。

一方、8-1-2で概要を説明したとおり、次の操作で特定のグラフにだけ「期間設定」コントロールで設定した日付範囲を設定することもできます。

1. **「期間設定」コントロールと、その影響を与えたいグラフを選択する**
2. **右クリックで現れるメニューで「グループ」を選択する**

図8-54は「期間設定」コントロールと、その下に配置した折れ線グラフをドラッグ＆ドロップで選択した状態です。2つのコンポーネントの両方が青い縁取りされ、選択されていることがわかります。

.

▼図8-54：「期間設定」コントロールと「折れ線グラフ」の2つのコンポーネントが選択された状態

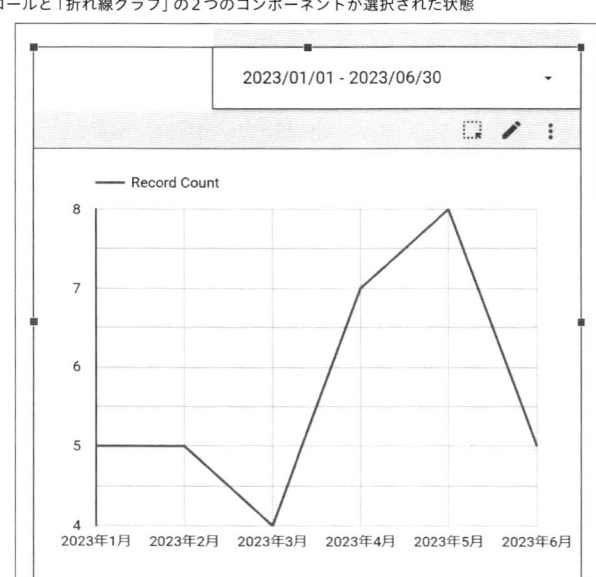

　その状態で選択されたコンポーネントのどこかを右クリックをすると、**図8-55**のとおりにメニューが開きます。「グループ」をクリックすると2つのコンポーネントがグループ化され、「期間設定」の影響範囲が折れ線グラフだけに限定されます。

▼図8-55：2つのコンポーネントのグループ化

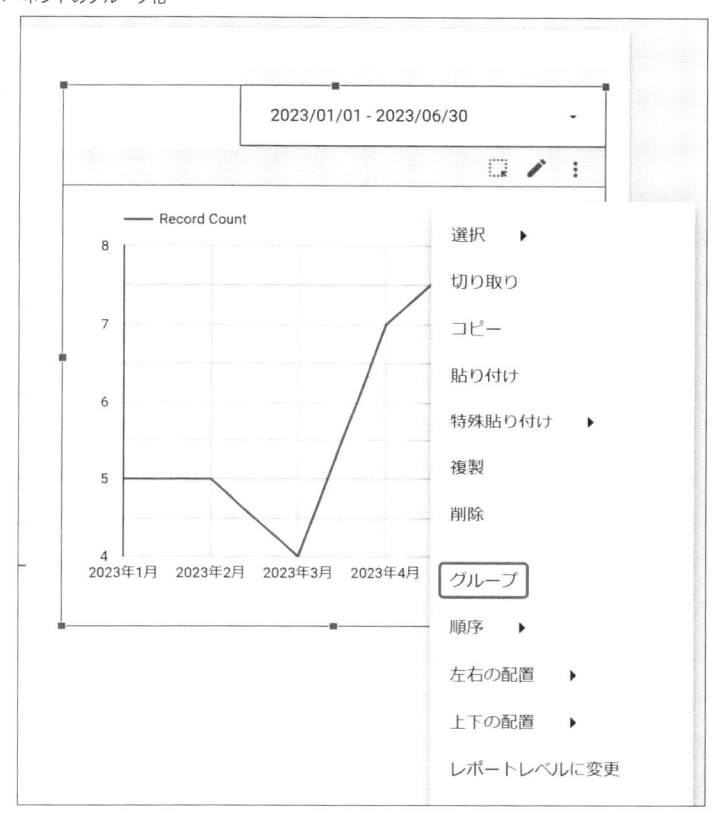

　グループ化が完了すると、**図8-56**のとおり「期間設定」コントロールの影響が及ぶのは折れ線グラフだけになり、影響を受けていない棒グラフは「レポート全体」、あるいは「特定ページ」の期間設定にしたがいます。**図8-56**では「レポート全体」の「デフォルトの日付期間」が2023年1月から2023年12月となっています。それにしたがい12ヵ月分の棒グラフが確認できます。

8

▼図8-56：「期間設定」コントロールの影響下にあるグラフ（右の折れ線グラフ）

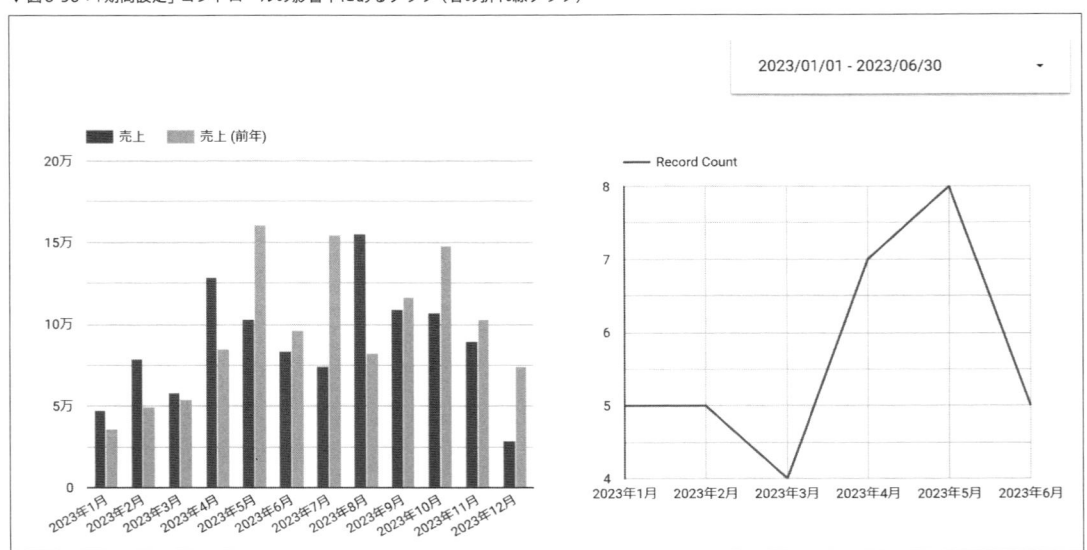

　グループを解除するときには、グループ化されたコンポーネントを選択した状態で右クリックをすると「グループ解除」メニューが現れるのでクリックします。

8-7　データ管理

　「データ管理」コントロールは、列構成が同一の特定のデータソースをクリック1つで切り替える機能です。具体的には、次のとおりツールやシステムを対象とするデータソースが対象となります。

- Google アナリティクス（Google アナリティクス4）
- Google 広告
- アトリビューション360（テレビアトリビューション）
- Google アドマネージャー
- キャンペーンマネージャー360
- Search Console
- YouTube

　そのため、Googleスプレッドシート、BigQuery、CSVファイルといった「どのような列構成か定まっていないデータ」は対象外です。

8-7-1 「データ管理」が提供する機能

　Googleアナリティクスを例に、「データ管理」コントロールがどのような機能を提供するかを模式図として示したのが**図8-57**です。プロパティAもBも同じデータ構造をしているため、プロパティAを対象として作成したLooker Studioのレポートは、データをプロパティBに変えても成立します。その切り替えを行うのが、「データ管理」コントロールです。ただし、プロパティA、Bともに権限を持っていることが条件になります（ブラウザでプロパティAも、Bも表示できている必要があります）。

▼図8-57：「データ管理」が提供する機能の模式図

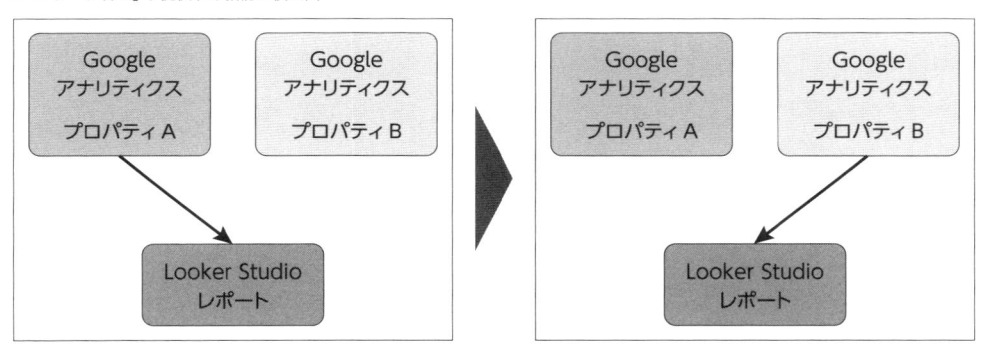

　この機能を使うと、Looker Studioで1つレポートを作成すれば、複数のプロパティについて可視化したい場合でも、同じレポートを作成する必要はなく、データソースだけ切り替えれば実現できます。

8-7-2 実際のデータソースの切り替え

　「データ管理」コントロールを使ってデータソースを切り替えるには、まず対象となるデータソースに接続する必要があります。**図8-58**は、Googleアナリティクスのデモアカウントであるプロパティ「Google Merch Shop」に接続したうえで、円グラフを作成し、「データ管理」コントロールを配置したところです。「データ管理のプロパティ」で、「データの種類」が「Googleアナリティクス」となっていることが確認できます。

▼図8-58：「データ管理」の配置とプロパティ

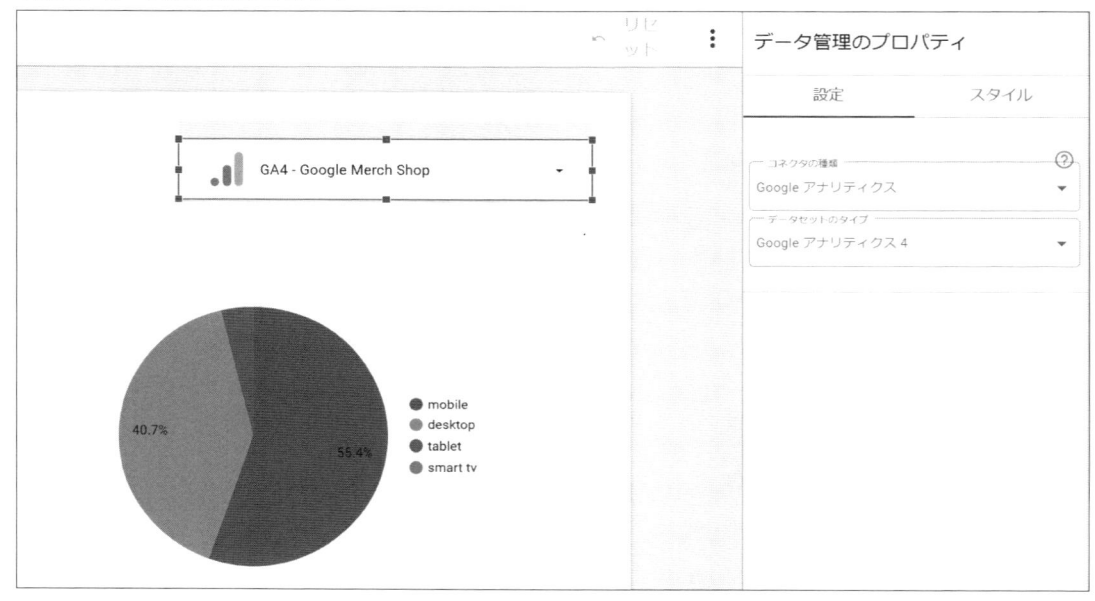

　データ管理のドロップボックスを開くと、**図8-59**のとおり、アクセス可能なGoogleアナリティクス4のプロパティのリストが表示されます。データの切り替え先のプロパティをクリックすると、データが当該プロパティのものに切り替わります。

▼図8-59：「データ管理」ドロップダウンを開くとアクセス可能なプロパティのリストが現れる

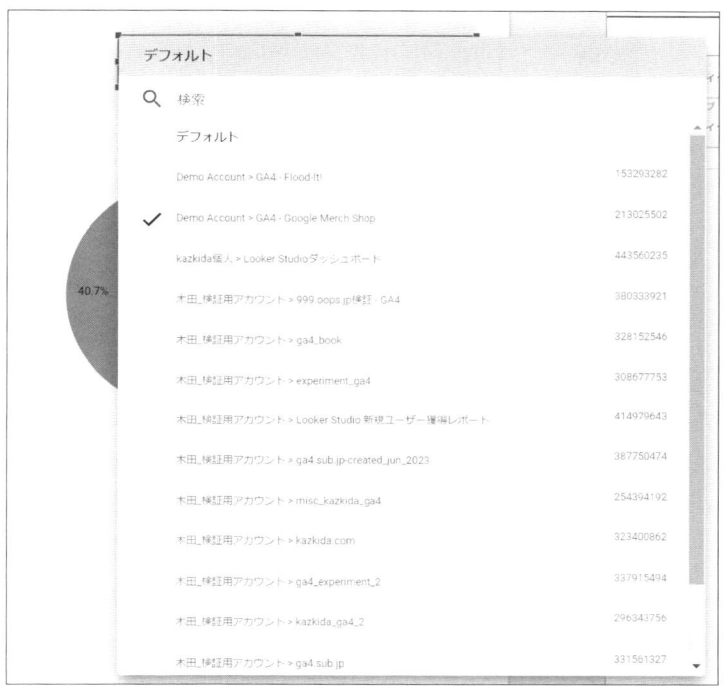

8-8 ディメンションコントロール

　「ディメンションコントロール」とは、同一のページにあるグラフに設定してある特定のディメンションをいっせいに切り替える機能を提供します。図8-60は、レポートに円グラフと棒グラフが掲載されている状態です。2つのグラフともに「都道府県」がディメンションとして利用されています。これら2つのグラフのディメンションが、もともと何であったとしても「ディメンションコントロール」の影響で、ディメンションとして強制的に「都道府県」に切り替えられています。

▼図8-60：ディメンションとして「都道府県」を利用しているグラフと「ディメンションコントロール」

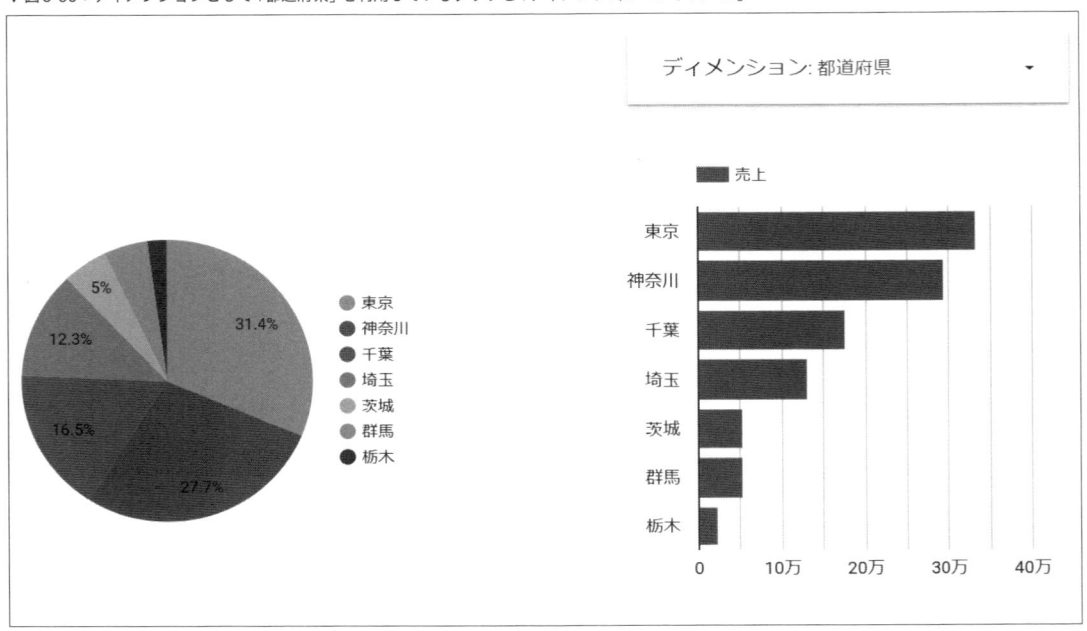

8-8-1 | 設定方法

　ドロップダウンを開いた「ディメンションコントロール」と「ディメンションコントロールの
プロパティ」を示したのが、**図8-61**です。「設定」タブ配下で、ディメンションに「都道府県」と
「カテゴリー」を設定しているので、「ディメンションコントロール」にそれらのディメンション
がリストされています。コントロールを通じて、リストされているディメンションに切り替える
ことができます。3つ以上のディメンションを設定することもできます。

▼図8-61：「ディメンションコントロール」とその設定

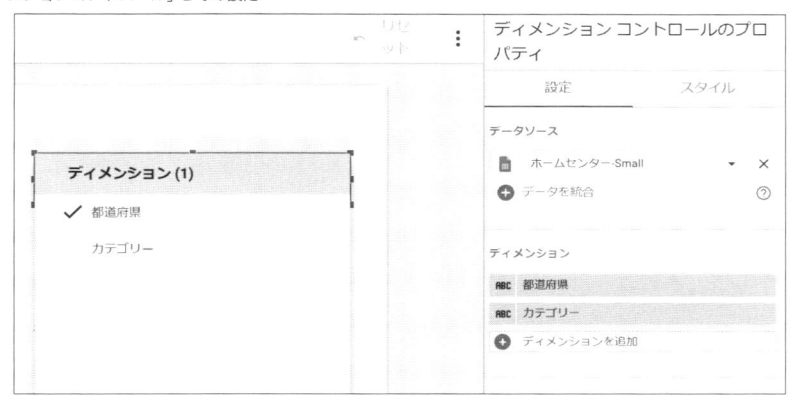

　図8-60にある「ディメンションコントロール」で選択されている「都道府県」を「カテゴリー」に変更すると、**図8-62**のとおりになります。留意するのは、2つのグラフとも同時にディメンションが「カテゴリー」に切り替わることです。

▼図8-62：「ディメンションコントロール」のディメンションを「カテゴリー」に変更した

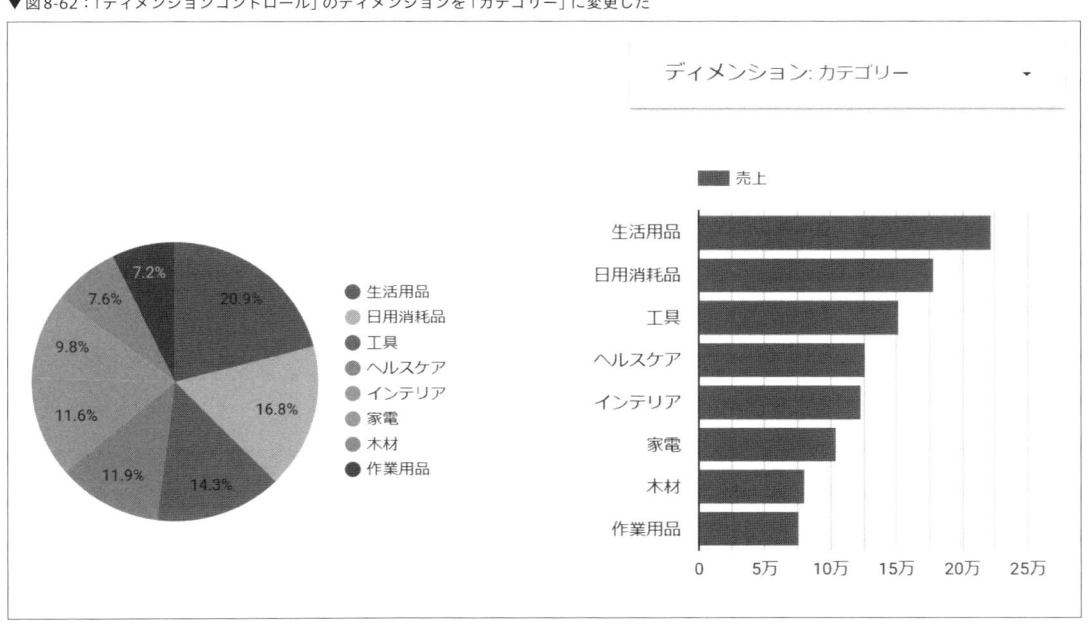

8-8-2 対象となるディメンション

「ディメンションコントロール」で切り替わるのは、グラフで最初に使われているディメンションのみという点には注意が必要です。**図8-63**は「ディメンションコントロール」を適用する前の2つのグラフです。左側の「表」では、最初のディメンションが「注文管理番号」、2番目のディメンションが「カテゴリー」で設定されています。右側の「折れ線グラフ」では最初のディメンションが「注文日」、「内訳ディメンション」が「都道府県」に設定しています。

▼図8-63：「ディメンションコントロール」未適用状態の2つのグラフ

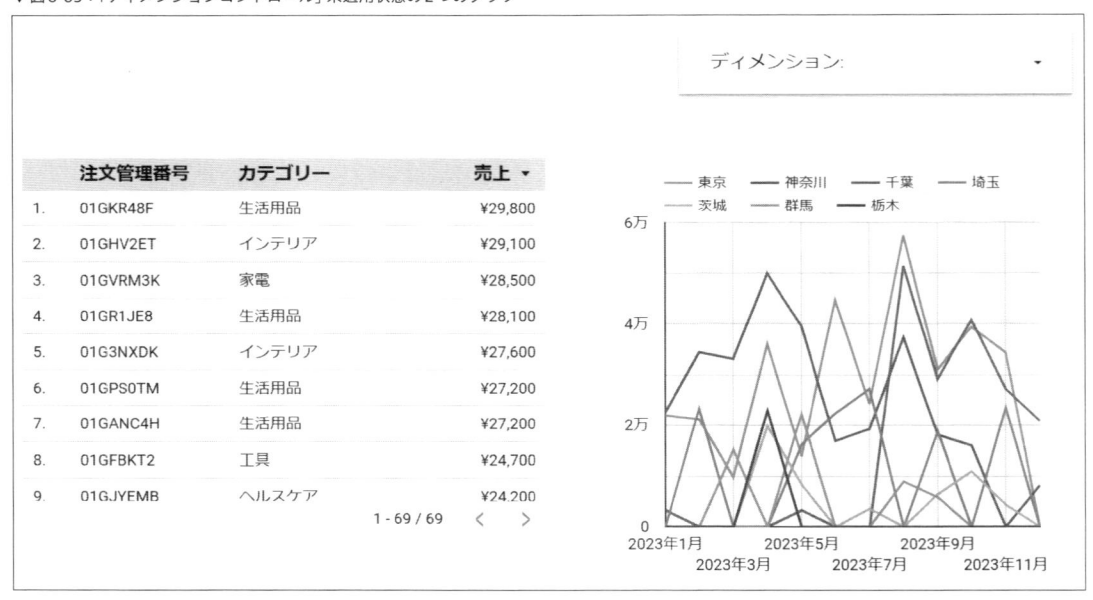

　次に**図8-63**の状態から「ディメンションコントロール」を利用してディメンションを「都道府県」に切り替えてみます。**図8-64**のとおりになります。

　左側の「表」は「ディメンションコントロール」の影響で、最初のディメンションが「都道府県」に切り替わっています。2番目のディメンションは「カテゴリー」のままです。想定どおりの挙動といえるでしょう。一方、右側の「折れ線グラフ」はブランクになってしまいました。

　6-4で学んだとおり、折れ線グラフのディメンションは日付と時刻型のフィールド、つまり、年月日などの時系列の内容を持っていなければいけません。にもかかわらずディメンションコントロールの影響で、最初のディメンションが日付と時刻型ではない「都道府県」に切り替わってしまいました。そのため、折れ線グラフとしての要件が満たせなかったことが、グラフがブラン

クになってしまった理由です。

　以上の2つの例から、ディメンションコントロールが切り替えるのは最初のディメンションだけということがわかります。折れ線グラフがブランクにならないように、「ディメンションコントロール」を利用する場合には、次の2点を配慮するとよいでしょう。

- 折れ線グラフが配置されていないページにだけ配置する
- 「ディメンションコントロールを、折れ線グラフ以外のグラフとグループ化する（コントロールとグラフのグループ化については、8-1を参照）

▼図8-64：グラフの最初のディメンションだけが切り替わった状態を示す2つのグラフ

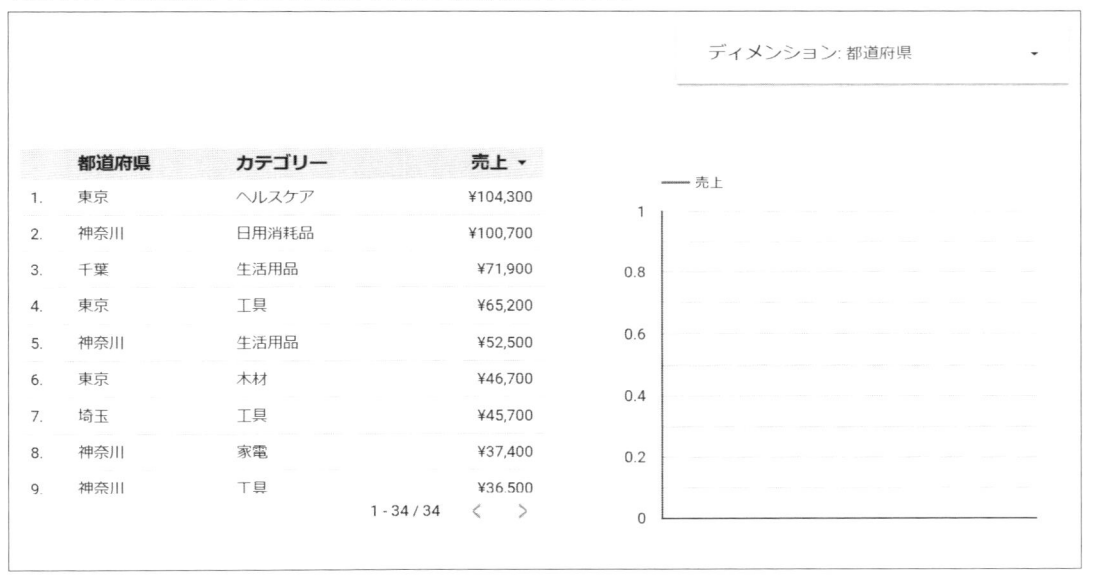

ダッシュボードの作成と共有

第9章

9-1　ダッシュボード作成の手順

　自分たちの推進するビジネスには、日々、いろいろなことが起きます。売上の増加、利益の増減はもちろん、それらの源泉となる営業活動やマーケティング活動の量の増減や、成否などです。そうしたビジネス上で起きていることを把握し、適切な意思決定を行うには2-2で解説したダッシュボードを作成することが有効です。

　本章では2-2の内容を深め、ダッシュボードを作成する時の考え方、作成の手順やコツを解説します。

9-1-1　ダッシュボードとは

ダッシュボードの定義はいろいろあると思いますが、本書では次のように定義します。

- 複数のユーザーとの共有を目的とするレポートであること（したがって、自分だけが分析用に利用するLooker Studioレポートはダッシュボードではない）
- 視覚的分析で構成されていること（したがって、Looker Studioの「表」だけで構成されているレポートはダッシュボードではない）
- インタラクションが含まれていること（したがって、ユーザーに操作の余地がなく、パワーポイントのような固定的に表現されているレポートはダッシュボードではない）

　共有を目的としているので、共有したユーザーが使ってくれるかどうかが死活的に重要になります。本節では、できるだけユーザーに使われるダッシュボードを作成する手順について解説します。

9-1-2　ダッシュボード作成のメリット

　ダッシュボード作成のメリットは次のとおりです。ビジネスには、変化する環境に合わせて素早く適切な意思決定をし、その決定にもとづく行動を通じて目的を実現していくという側面があります。そのため、次のメリットはどれも非常に重要です。Looker StudioをはじめとするBIツールが関心を集め利用者を増やしている背景にも、次のようなダッシュボード作成のメリットを享受したい企業が増えていることがあります。

- 部署全体で、ビジネスの進捗について共通の認識を得ることができる
- ビジネス運営上、「異常」があれば早期発見できる
- 合理的でデータにもとづいた意思決定をしやすい

また、もしダッシュボードの自動更新が実現していれば、「常時、どこからでもビジネス上重要な指標の最新のステータスについて確認が可能になる」というメリットも体現できます。

9-1-3　ダッシュボード作成の流れ

ダッシュボード作成には流れがあります。最初からLooker Studioを開いてグラフを作成するのではなく、次の流れに沿って作成してください。それにより、共有したメンバーに使われるダッシュボードになるでしょう。

この流れは、問題解決のフレームワークとして確立しているPPDACサイクルにゆるやかに準拠しています。**PPDACサイクルとは、問題解決を支援するためのフレームワークです。**手順を次の5つのステップに分けて段階的、構造的に進めることで、効率的に問題解決を図るためのものです。ダッシュボード作成手順をPPDACサイクルになぞらえることに違和感がある読者の方もいるかもしれません。しかし、ダッシュボード作成が1つの課題解決の手段であると思えば納得できるのではないでしょうか？

PPDACサイクル

- **Problem**（問題）：解決するべき具体的な問題や答えるべき質問は何かを定義し、分析の目的を明示的に設定します。仮説が立てられる場合には、仮説を立てます。
- **Plan**（計画）：問題解決について、計画を立てます。どのようにデータを収集し、どんな手法で分析を行えば問題が解決しそうなのかの計画です。
- **Data**（データ）：データを収集します。既存データの有無の確認、なかった場合のデータの集め方、信憑性の担保の方法などについて設計を行います。
- **Analysis**（分析）：収集したデータにもとづき、計画どおりに分析します。分析して初めてわかることもあるため、その場合には計画を見直して修正するか、一旦は結論を出すか判断します。
- **Conclusion**（結論）：分析に対する結論です。どのような行動を取れば問題解決が実現しそうなのかを提言します。

PPDACサイクルにゆるやかに準拠したダッシュボード作成の流れは**表9-A**のとおりです。狭義のダッシュボード作成は4にあたりますが、その前後にステップがあることを理解してください。

9

▼表9-A：PPDACサイクルにゆるやかに準拠したダッシュボード作成の流れ

	PPDACサイクル	項	作業
1	Problem（問題）	9-1-4	事前ヒアリングを通じたKGI、KPIの特定 KGI、KPIの確認周期の特定
2	Plan（計画）	9-1-5	5W1Hのフレームワークに沿った、効率よく課題を解決するダッシュボード作成の計画立案
3	Data（データ）	9-1-6	ダッシュボードを作成する材料となるデータの定義と収集、アップデート、信憑性確認
4	Analysis（分析）	9-1-7	レイアウトの確定、Looker Studioレポートの作成と部署への公開
5	Conclusion（結論）	9-1-8	利用状況の確認、ユーザーからのフィードバックの入手とダッシュボードの改善

9-1-4　課題の把握

　共有先のメンバーに対して、次のことをヒアリングします。ヒアリングを進める中で、関連する質問をし、背景やこれまでの経緯（過去に同様の目的でトライしたが失敗した経緯などがある場合があります）などの知識を得ることも重要です。したがって、次の質問「だけ」すればよいわけではありませんが、少なくとも次の3つの質問に対しては回答を得てください。

- **KGI（重要目標達成指標）とその目標値**
- **KPI（重要業績評価指標）とその目標値**
- **KGI、KPIの進捗やトレンドを確認する定例会議の有無と頻度**

KGIとその目標値

　Looker Studioのレポートを共有するメンバーは、企業での利用においては、通常は「部署」となることが多いと思います。以降はあなたが部署のメンバーに共有するためのダッシュボードを作成する前提で解説します。部署のメンバーが日々行っている業務には特定の目的があるはずです。その部署の存在意義と考えてもよいです。次の例を参考にして部署の目的を特定してください。その目的の達成状況を数値で表したものがKGIとなります。

＜部署の目的の例＞
- **ある地域の利益を増やす**
- **あるサービスについての問い合わせを増やす**
- **全製品の在庫を常に適正レベルに維持する**
- **ある工場の製造上の不良品率を減らす**
- **お客さまからの問い合わせに適切に対応する**

　また、通常KGIには目標値があります。目標値も同時にヒアリングしてください。
　なお、5つ例示したうち、「ある地域の利益を増やす」と「お客さまからの問い合わせに適切に

対応する」という2つの部署の目標には、大きなちがいがあります。

前者は評価するべき指標が「販売金額」や「出荷個数」などと決まっていますが、後者は決まっていません。

そこで、もし部署の目標が「お客さまからの問い合わせに適切に対応する」のような定性的なものでしたら、まずは定量化する必要があります。

例えば、「適切に」というのが「返信までの時間が受信から●時間以内」と定義できれば、「●時間以内に返信できた問い合わせの数や率」と定量化できます。そうでなく「問い合わせに満足いただける返信をすること」が「適切に」の定義なのであれば、「回答結果に満足した問い合わせの件数や率」と定量化できます。

KGIは、ダッシュボードを共有するメンバーが「強く関心を寄せる指標」であり、ダッシュボードに掲載することが必須の指標です。逆に、KGIの掲載されていないダッシュボードがよく使われるということはありえないでしょう。

KPIとその目標値

KGIは「結果指標」であって、直接その指標を良化させる行動を起こすことが難しい場合がほとんどです。

例えば、KGIの例の最初に示した「あるサービスについての問い合わせを増やす」ですが、ソーシャルメディアへの投稿、ウェビナーの実施やWeb広告の出稿の「結果」として、問い合わせが発生します。

したがって、KGIを良化させる場合には、そのための「行動の量と質」を指標で表現し、日々の業務を通じてその指標の実現、改善に取り組むのが合理的です。そして、「行動の量と質」を指標として定義したものが、KPIだと言えます。KPIについても、目標が設定されていることが一般的ですので、その目標もヒアリングします。

ヒアリングできたKPIは、目標とともにダッシュボードに掲載します。

KPIをKGIとの関係性で、MECE[注1]に樹形図状に表現したものを「KPIツリー」と呼びます。ダッシュボード共有先の部署で「KPIツリーはありますか？」とヒアリングしてもよいでしょう。

なお、会社や部署によっては「KGI」や「KPI」という言葉できっちりと指標を定義していない場合があります。その場合には、「部署の目的を実現するためにどのような活動をしていますか？」と質問するとよいでしょう。「お問い合わせの獲得」を目的とする場合であれば、**図9-1**のKPIツリーのように「ソーシャルメディアへの投稿」や「ウェビナーの開催」、「Web広告の出稿」などの回答が得られる筈です。

注1　Mutually Exclusive and Collectively Exhaustiveの略。互いに排他的で全体的に漏れがないという意。ロジカルシンキングにおいて「ものごとをグループ化して整理するときの原則」として重要とされている。

▼図9-1：「月間お問い合わせ件数」をKGIとしたときのKPIツリーの例

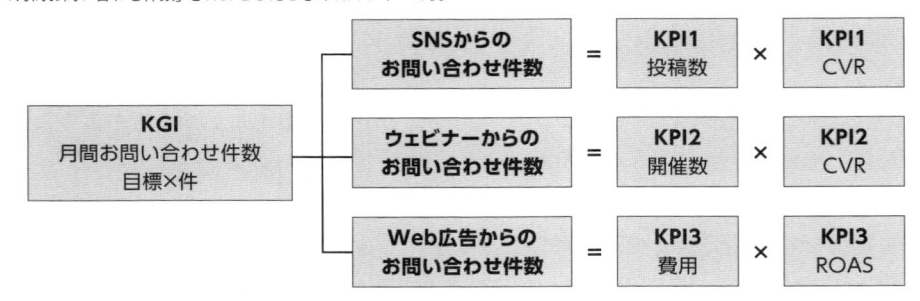

その活動の量と質を定量的に表現してKPIとして定義し、ダッシュボードに掲載する必要があります。「勉強して臨んだテストの結果」、「ダイエットして臨んだ体重測定の結果」、「禁酒して臨んだ健康診断の結果」など、人間は自分の行動の結果をどうしても知りたくなるものです。

したがって、「部署で行っている行動」の結果を示したKPIをダッシュボードに掲載することで、使ってもらえるダッシュボードとすることができます。

KGI・KPI確認の頻度

KGI、KPIは部署にとっての重要指標です。部署のあらゆる活動も、端的にいうと、それらの指標の改善や達成のためです。また、部署は複数のメンバーで構成されているため、一定の頻度で目標に向けた進捗やトレンドを確認する定例の会議が行われるのが一般的です。

そうした会議があれば、その会議で毎回参照されるダッシュボードを作るのが使ってもらえるダッシュボードを作る近道です。そうした会議がないならば、どんな方法でKGI、KPIの進捗を定期的に確認しているのかを明らかにします。そして、その方法よりもLooker Studioのダッシュボードを通じた確認にメリットがあることを関係者に提案しましょう。

9-1-5 計画

本来は、PPDACの2番目のPであるPlanは、「どのような方法であれば、最初のPである問題、課題を解決できるだろうか」を考えます。しかしここでは、課題解決の方法は「ダッシュボードを作り、共有し、部署のメンバーが適切なタイミングで適切な意思決定、行動を起こす」ということに限定されています。

したがって、ダッシュボードの作成、運用について計画するフェーズとするのがよいです。具体的には次のような点を計画します。5W1Hのフレームワークに沿うとヌケモレなく計画できるでしょう。

- WHAT：主要なKGIをなにとするか。KGIを達成するためのKPIは何とするか。ユーザーインタラクション（ユーザーによるフィルタや並べ替えなど）はどの程度許容するべきか。
- WHO：ダッシュボードを共有するメンバーを誰とするか、その中に主となるメンバー、従となるメンバーはいるか。直接的な業務を担当しているメンバー向けか、それとも、部署全体を俯瞰するべき課長やマネージャーを対象とするか、上位職である部長は共有範囲に含むかどうか。
- WHERE：作成したLooker Studioにアクセスする方法をどう確保するか、メール配信（9-3参照）は設定するか。定期的にPDFファイルにエクスポートしておく必要はあるか。
- WHEN：データはいつ、誰が更新するか、データの更新に人間の関与は必要か、なくせないか？ダッシュボードのデータ更新頻度はどんな間隔で行うべきか。
- WHY：ダッシュボード作成の目的の言語化。もし、「毎週部署の全メンバーが1度は閲覧する」など期待される利用状況があるのであれば、その言語化。
- HOW：ダッシュボード作成に必要なデータはどのようなものか。外部からデータを購入することでより目的に合致したダッシュボードとなる可能性はないか。

9-1-6　データの収集と確認

次に、ダッシュボードを作成するデータについて確認します。「サービスに対してのお問い合わせを獲得する目的で、ソーシャルメディア、ウェビナー、Web広告を実施している」部署が週次で定例会を行っているという例では、最低限次のデータが必要になります。

- 日付
- KGIの値
- KPI（数個まで可）の値
- 施策の種類（ソーシャルメディア、ウェビナー、Web広告、その他）

施策については、さらに詳細があるとなおよいです。詳細とは、ソーシャルメディアなら投稿したトピックの分類、ウェビナーならテーマや講師、Web広告ならキャンペーン名などです。また、もし地域別の進捗をダッシュボードで表現したければ都道府県が、複数の担当者や広告代理店が関与していて、担当者別や代理店別の進捗を表現したければ、それらの情報も必要になります。

どのようなデータが必要になるかを考える場合、次のことを考慮するとよいでしょう。

- ダッシュボードではKGI、KPIについて、ユーザーが興味を持っている期間についての値を表示したい：データとして「日付」、「KGI」、「KPI」が必要
- ダッシュボードではKGI、KPIについて、「興味ある軸での比較」を可能にしたい：興味のある軸についてのデータが必要

9

　この部署の例では、どのような施策を行って問い合わせを獲得したかには必ず興味があるはずなので、「施策の種類」を必須としました。さらに、もし興味があれば、「施策詳細」、「都道府県」、「担当者」、「代理店名」などのデータも必要になります。

　以上が必要なデータの内容ですが、それ以外に、次の確認も必要になります。

- データが存在したとして、「そのデータは正しいのか」といった信憑性、信頼性の確認
- 「そのデータは Looker Studio からアクセスできる場所、形で存在するか」といった、データの場所についての確認
- 例えば、昨日発生したお問い合わせについては、「いつデータに反映されるのか」といったタイミングについての確認
- 「データへの実績値の反映は、自動なのか、それとも誰かが手動作業としてやっているのか」といった、データのアップデートについての確認

　これらの確認は、「ダッシュボードの運用」の設計の範疇になりますので、もしかすると Looker Studio でダッシュボード作成を行う担当者1人では、多少荷が重いかもしれません。そうした場合は、部署の上司や同僚を巻き込んで、ダッシュボード作成のメリットを説得し、ダッシュボード作成を部署としての仕事として認識してもらうことが必要になります。

9-1-7 ｜ 設計と作成

　信憑性のあるデータが定常的に収集できることを確認できたら、次にダッシュボードの設計と作成のステップに入ります。ダッシュボードのレイアウトについては、ペーパープロトタイピング[注2]を行うべきという考え方があります。

　一方、本書をここまで読み進めてきた読者のみなさんであれば、Looker Studio のグラフ作成は決して難しくないということがおわかりかと思います。そこで、筆者としてはペーパープロトタイピングは不要で、いきなり Looker Studio によるダッシュボードを作成してしまってかまわないものと考えています。

　業務の目的、業務の内容やデータの性質が異なるため、誰にとっても満点となるダッシュボードのレイアウトを提示するのは困難ですが、誰にとっても検討の出発点となるであろうダッシュボードのレイアウト例として、**図9-2**を提示します。このレイアウトにしたがってダッシュボードを作成し、過不足を調整すると、効率よく目的のダッシュボードが作成できると思います。

注2　実際に Looker Studio にアクセスしてダッシュボードを作り始めるのではなく、まずは紙でグラフの種類や配置について、ラフなアイデアを作成する。それに対し、利用ユーザーのフィードバックを受けてから実際に作成を始めるという方法のこと。

▼図9-2：比較的汎用性の高いダッシュボードのレイアウト例

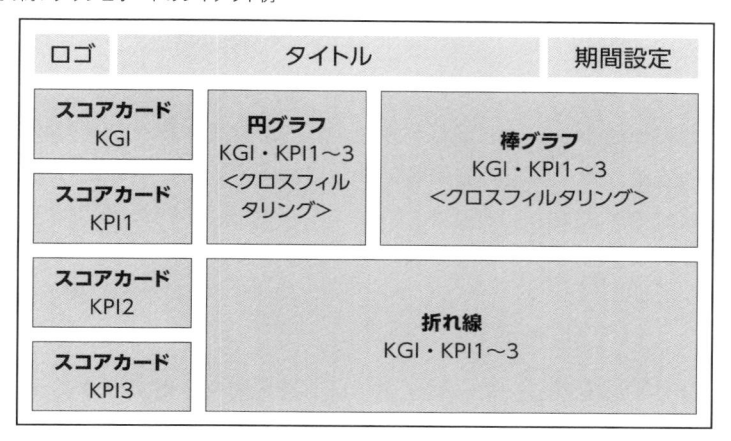

　図9-2のレイアウトの意図は次のとおりです。何を訴求するときにどのグラフを使うべきかを解説した5-1、5-2も合わせて参照してください。

KGI、KPIの提示

　左側の一列にスコアカードを利用して、大きなフォントで、KGI、KPIを並べます。

　人間はダッシュボードを見るときに「Z状」に視線を走らせますので、KGI、KPIがたくさんある場合には、上段に横並びにしてもよいでしょう。

構成比の提示

　円グラフを利用して、主要な「分析の軸」別の構成比を提示します。例えば、お問い合わせ獲得のためにソーシャルメディア、ウェビナー、Web広告を実施している場合には、それら「施策の分類」が妥当です。

　この円グラフではクロスフィルタリングをオンにしておき、ほかの全グラフへの絞り込みに利用できるようにしておきます。

棒グラフによる大小の比較

　棒グラフには、円グラフで利用した主要な分析の軸に次ぐ分析軸をディメンションに据えます。例えば、「施策の分類」の下層に「施策名」があり、ソーシャルメディアの場合には「投稿したトピック」、ウェビナーの場合には「テーマと講師」、Web広告の場合には「キャンペーン名」が格納されていれば、施策名をディメンションとするとよいでしょう。

9

この棒グラフにもクロスフィルタリングをオンにしておきます。

折れ線グラフ

折れ線グラフは時系列的なトレンドがわかります。円グラフや棒グラフの絞り込みの対象になりますので、特定の施策分類や特定の施策名について、時系列的にどのようなパフォーマンスを出しているのかを確認できます。

このグラフのクロスフィルタリングはオフにしておきます。

期間設定

期間設定コントロールを配置し、ユーザー側で自由に期間を変更できるようにします。デフォルトの期間は、定例会の頻度に合わせるとよいでしょう。週次の定例会で参照してもらうことを推奨するならば、「先週」、「今週」あるいは「詳細設定」を利用して、先週月曜日から昨日までなどをデフォルトに設定しておくとよいでしょう。

9-1-8 　運用と改善

ダッシュボードは作って終わりではなく、作ってからがはじまりです。ユーザーが実際に使ってくれているのかどうかについては定量的に把握する一方、利用者に使い勝手や改善点をヒアリングして、グラフの改修やコントロールの追加・削除を行い、より利用ユーザーが満足するダッシュボードにブラッシュアップしていきます。

9-1-4で解説したヒアリングがうまく行っていれば、ダッシュボードのブラッシュアップは微修正ですむはずですが、そうでない場合、「あれも見たい、これも見たい」というユーザーの声が上がってくるでしょう。

そのとき、無思考的にそれらのニーズに対応してしまうのは問題があります。9-1-3で解説したPPDACサイクルのProblemの定義に立ち返り、このダッシュボードで解決するはずだった問題、つまりダッシュボードの目的を再度利用者にリマインドし、その目的から外れている場合には、ダッシュボードには反映せず、別ダッシュボードを作ることや、もし一部のユーザーだけが利用すればすんでしまう内容であれば、それらユーザーのためだけのLooker Studioレポートを作成するという対応をすることがよいケースがあるでしょう。

ちなみに、ダッシュボードの利用状況を定量的に確認する方法については10-3で解説しています。

9-2　親切なダッシュボード作成

　Looker Studioでのダッシュボード作成の骨子については、前節で解説したとおりです。そこで解説した内容は、どれも必須の知識です。引き続き、本節ではより親切な、ユーザーに寄り添った使いやすいダッシュボードを作るための小さなコツを紹介します。

　紹介するコツは次の9個です。

- 9-2-1：ダッシュボードタイトルの掲示
- 9-2-2：グラフタイトルの表示
- 9-2-3：フォントの統一
- 9-2-4：できるだけ1つの色に1つの意味を持たせる
- 9-2-5：データソースの掲示
- 9-2-6：適切なリンクの設定
- 9-2-7：クロスフィルタリング（グラフをクリックしたときのフィルタ）の動作掲示
- 9-2-8：詳細表の添付
- 9-2-9：ヘルプページの作成

9-2-1　ダッシュボードタイトルの掲示

　ダッシュボードにタイトルをつけることは絶対に必要です。ダッシュボードが示している内容を端的に表現したタイトルをつけてください。グラフタイトルよりも大きめのフォントで、太字にするのがよいでしょう。

9

▼図9-3：ダッシュボードタイトルとレポートタイトル

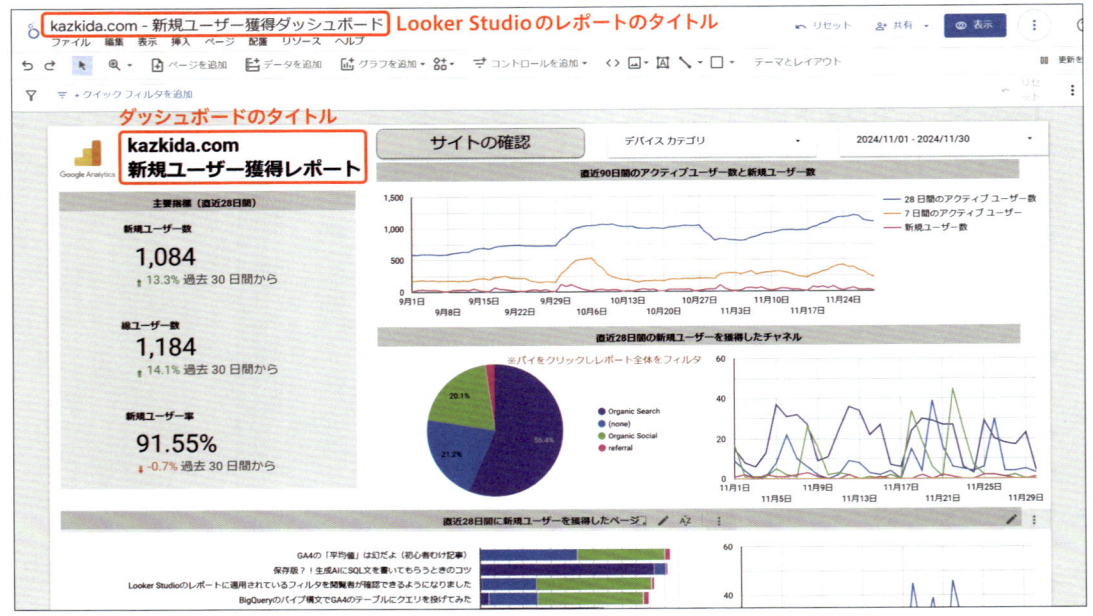

　また、それとは別にLooker Studioのレポートのタイトルも必ずつけるようにしましょう。つけない場合「無題のレポート」というデフォルトの名前のままになってしまい、何を表すレポートかわからなくなってしまいます。

　図9-4のとおり、Looker Studioのレポート名はメールでの配信をオンにした場合のメールのタイトルにもなります。メールでのレポート配信設定については、9-3-4で解説しています。

▼図9-4：Looker Studioのレポートをメール配信すると、レポートタイトルがメールタイトルとなる

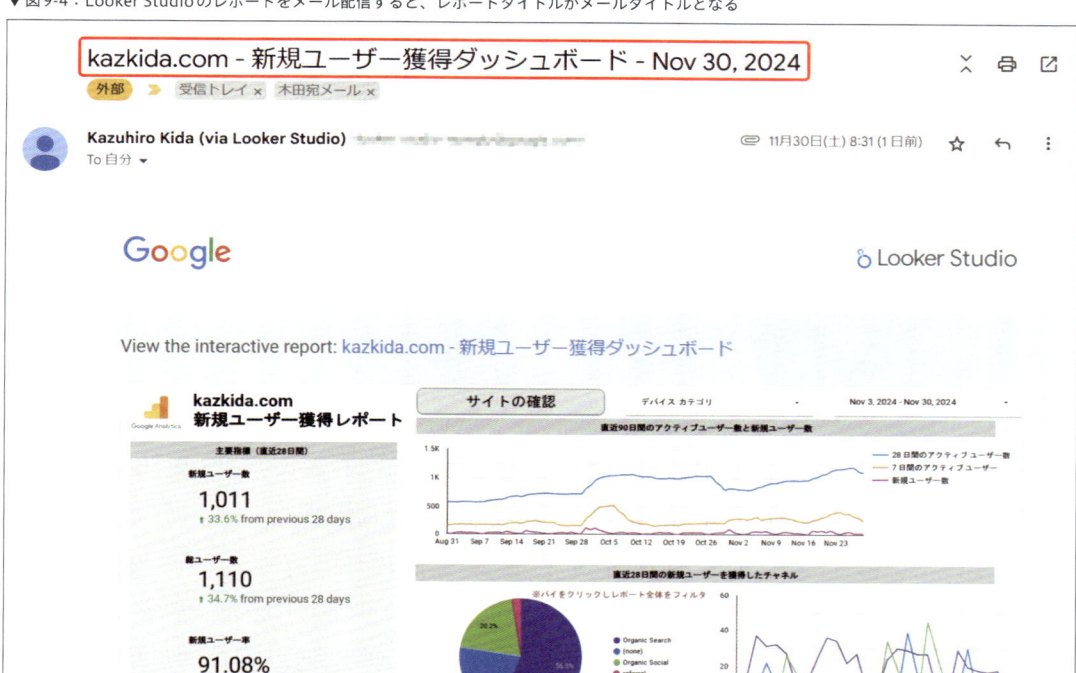

9-2-2 グラフタイトルの表示

　グラフタイトルも必ず表示します。そのときグラフが表す内容を端的に示す記述となるように心がけます。**図9-5**を見てください。グラフ中にある指標が表示されていないため、グラフタイトルで指標が「売上」であることを明示しています。また、折れ線グラフ以外では、利用者は期間設定を知ることができません。そこで「（2023年）」もグラフタイトルに含めています。

　グラフタイトルの位置はグラフの下にも設定できますが、通常はグラフの上にするのが望ましいです。

▼図9-5：円グラフに付与したグラフタイトル

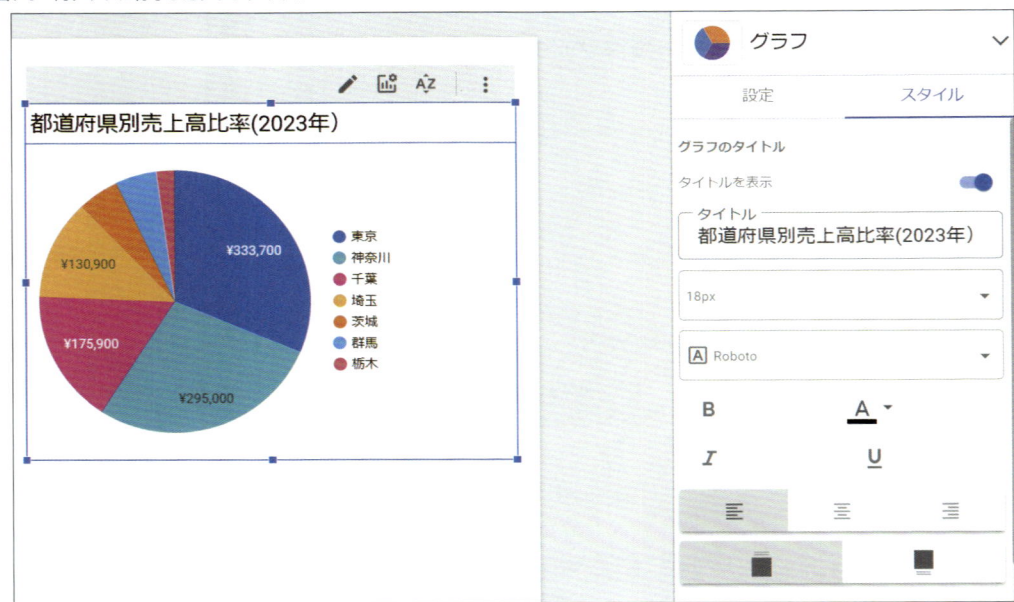

　また、グラフの「スタイル」タブから設定できるグラフタイトルについては、次の仕様となっています。

1. **グラフのヘッダーよりも「下」にタイトルが表示される**

　図9-6の枠で囲んだ部分がヘッダーです。このヘッダーには、「オプションの指標」ボタンと「並べ替え」ボタンがあります。グラフタイトルはヘッダーよりも下に表示されます。結果として、グラフ本体とヘッダーの距離が遠くなります。遠くなればなるほど、ヘッダーの存在がユーザーに気づかれにくくなります。

▼図9-6：グラフのヘッダーがタイトルの上になってしまう

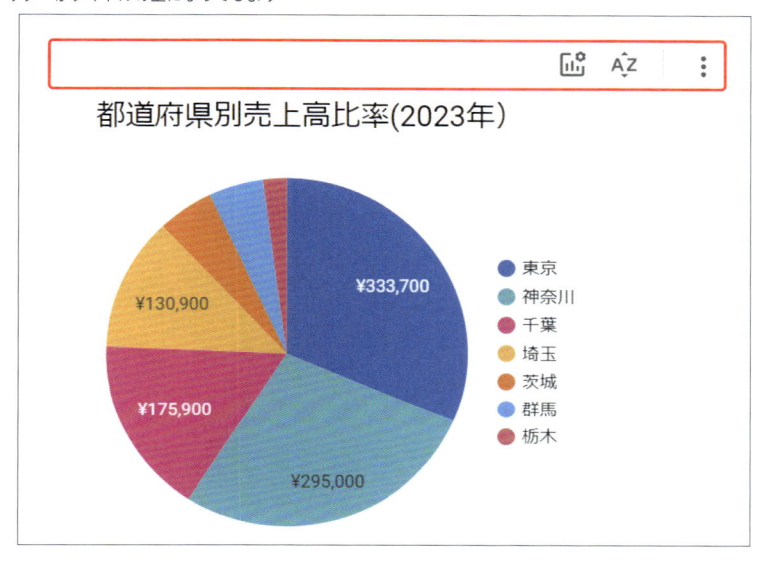

2. **タイトルの背景色については調整できない**

　図9-5の右側には「スタイル」タブの「グラフのタイトル」設定を掲載しています。フォントの種類、色、大きさ、太字、イタリック、下線などは調整できますが、グラフタイトルの背景色の調整項目がないことがわかります。

　グラフタイトルについての1、2の仕様から派生するちょっとした不便を解消するのが、テキストを利用してグラフにタイトルを表示する方法です。**図9-3**を確認してください。グラフタイトルを灰色の背景色で掲載していることが確認できます。

9-2-3 ┃ フォントの統一

　ダッシュボードで利用するフォントは1種類に統一することが望ましいです。**図9-7**は、円グラフ、棒グラフ、2つの折れ線グラフのグラフタイトルのフォントをあえて異なるものに設定しています。見づらく、散らかった印象となっていることがわかります。

▼図9-7：グラフタイトルのフォントをあえて変えたダッシュボード

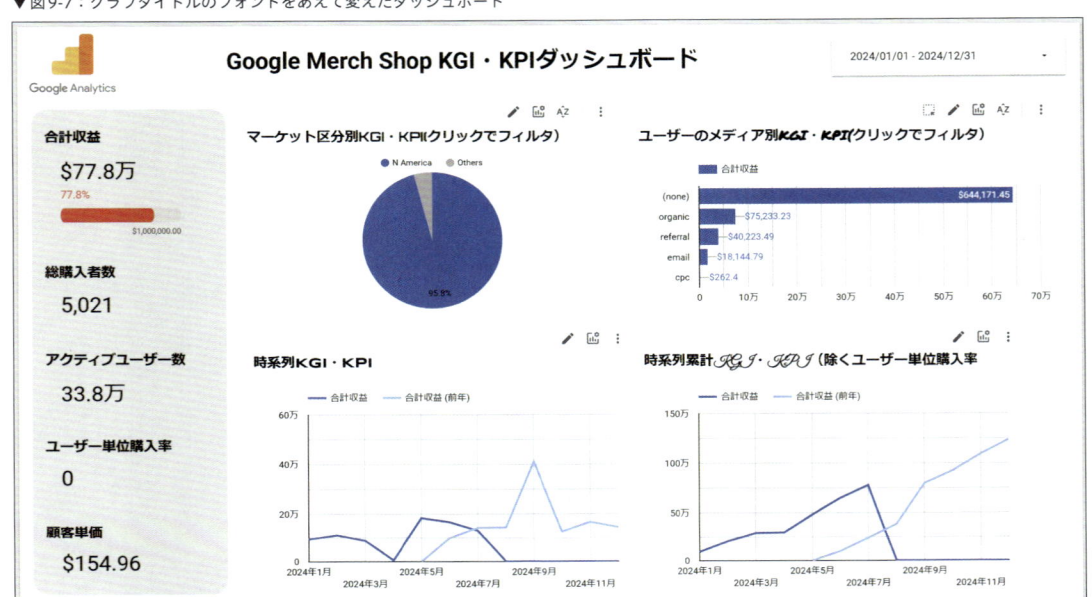

9-2-4 ｜ できるだけ１つの色に１つの意味を持たせる

　ダッシュボードでは、どうしても複数の「色」を使う場合が多くなります。その場合、できるだけ「1つの色に1つの意味」を持たせることが望ましいです。**図9-8**は、あえて1つの色が異なる意味を持つように調整したダッシュボードです。「青色」に着目してください。円グラフでは、「desktop」、棒グラフでは「合計収益」、左側の折れ線グラフでは「(none)」、右側の折れ線グラフでは「United States」を意味しています。

　すると、利用するユーザーはグラフを確認するたびに、色の凡例を見直す必要がでてきます。それだけグラフの意味を解釈するのに脳に負担がかかります。

　ただし、利用できる色が限られていること、人間は色味の小さな差異を識別できないこと、(ほかの色と区別しようとして) 薄い色を利用すると、「重要でない指標」というメッセージを暗に付与してしまうことから、完全には実現できないことも多いです。

▼図9-8：「青」が「desktop」、「合計収益」、「(none)」、「United States」を意味するダッシュボード

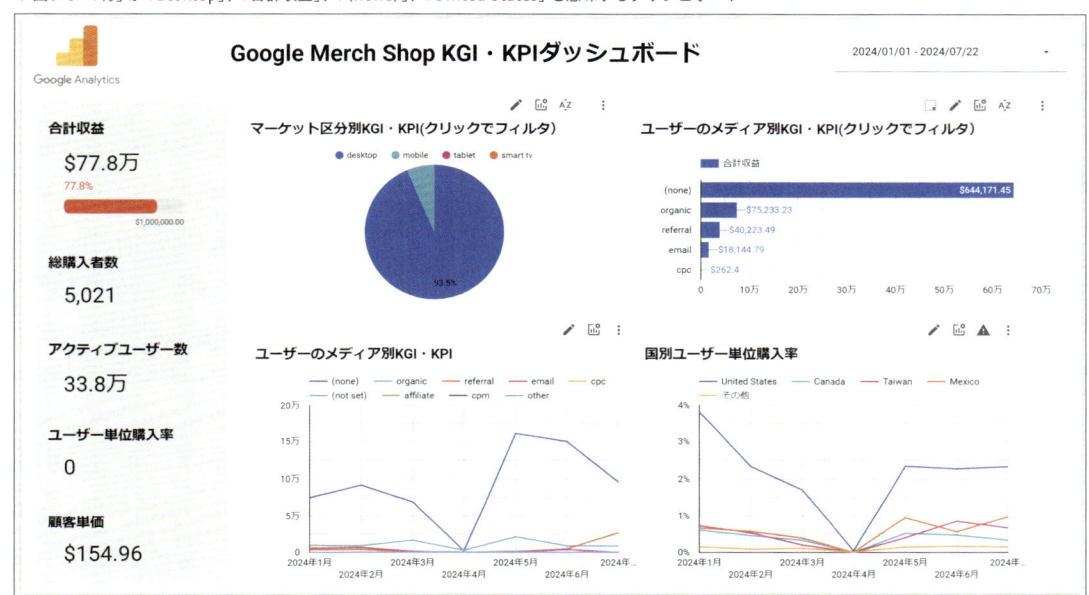

9-2-5 ｜ データソースの掲示

　ダッシュボードを利用するユーザーが共通して抱く気持ちの1つに「グラフはきれいに描かれているが、そもそもどのデータを可視化したのだろうか」があります。特にダッシュボード利用歴の浅いユーザーは、データソースが気になって、グラフそのものの解釈に没入できない場合があります。

　そうした事態を避けるためには、ダッシュボード自体にデータソースについての情報を掲載することが有用です。ダッシュボードの限られたスペースを占めてしまいますので、どこまで細かく情報を掲載するかには自ずと限界がありますが、最も詳細に記述する場合には、次の項目を掲載するとよいでしょう。

- Looker Studio 上のデータソースの名前（「ホームセンター - Small」など）
- データソースの種類（「Googleアナリティクス4」、「CSV」、「Googleスプレッドシート」など）
- 具体的なプロパティ名やファイル名（「kazkida.com-プロパティ」、「2023年売上分析.csv」など）
- デフォルトの日付範囲（「今年から昨日まで」など）

　場合によっては、データソースを説明する専用のページを作成し、そのページにデータソース詳細を掲載し、必要に応じてユーザーがオリジナルのデータソースを確認しやすいようにリンクを貼っておくという対応方法も検討するとよいでしょう。

9-2-6　適切なリンクの設定

　第8章で解説したとおり、コントロールを使うとLooker Studioダッシュボードの別のページや別サイトにユーザーをジャンプさせることができます。そうしたジャンプを適切に設定することにより、ダッシュボード内をスムーズにナビゲートすることができたり、Googleアナリティクスをデータソースとする場合には、解析対象のWebサイトの確認を容易にすることができたりします。

　ダッシュボードを利用するユーザーの気持ちになって「このページの次にはどのページを確認したくなるだろう？」と考え、リンクを適切に設定すると、親切な使いやすいダッシュボードにすることができます。なお、ダッシュボード内のスムーズなナビゲーションを作成する具体的な方法については、10-2で解説していますので、参照してください。

9-2-7　クロスフィルタリングの動作掲示

　Looker Studioの特徴として、多くのグラフで「クロスフィルタリング」が使えることがあげられます。クロスフィルタリングとは、あるグラフの項目をクリックすることでページ内のほかのグラフに絞り込みをする機能です。4-3で解説しています。

　例えば、国別の円グラフをダッシュボードに掲載しておき、クロスフィルタリングをオンにしておけば、円グラフの「日本」をクリックすることで、ページ内の全部のグラフに対して、「国が日本に一致する」というフィルタを適用することができます。

　非常に便利な機能ですが、ユーザーは基本的にその機能に気づきません。そこで、グラフの項目をクリックしたときの動作について掲載してあげると親切です。**図9-9**に示したダッシュボードでは、枠で囲んだ部分がクロスフィルタリングによる絞り込み動作の掲示にあたります。

▼図9-9：グラフをクリックしたときの動作をテキストで掲示する

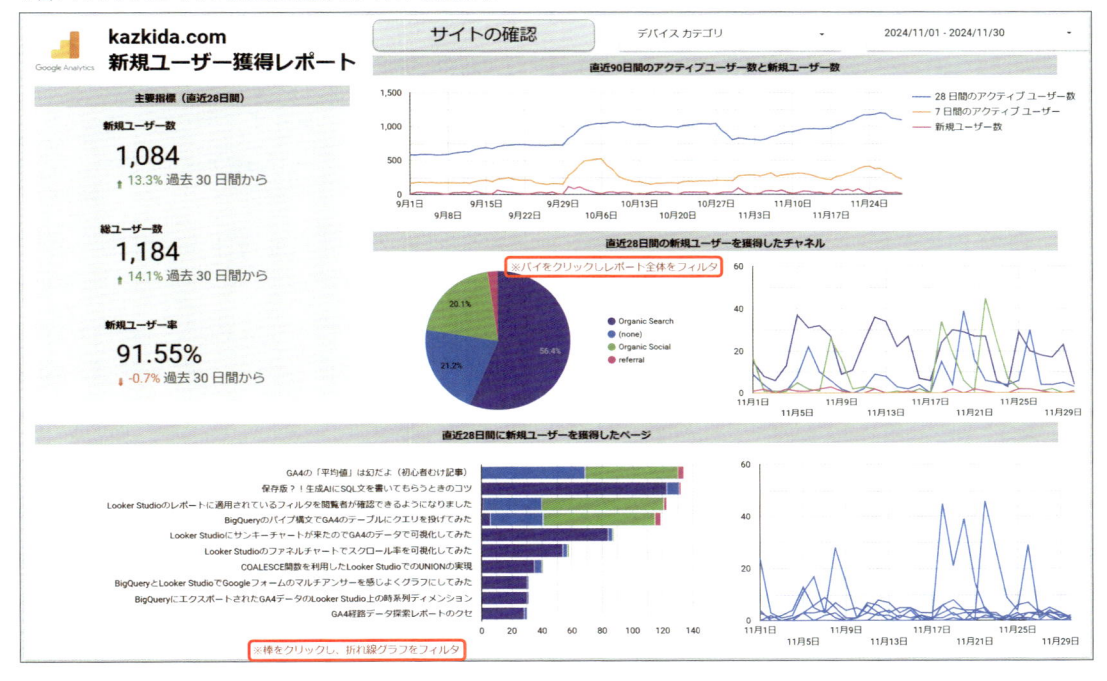

9-2-8 詳細表の添付

　グラフというのは、円グラフにしても、棒グラフ、折れ線グラフにしても、指標を集計し、ディメンションごとにサマリーすることによって、ユーザーに「全体として何が起きているか？」を示すものです。その効果によって私たちは全体像をとらえることができます。

　一方、必然的に「詳細な生データ」からは離れていくことになります。ところが、利用者によっては、頻度は高くないにしても、詳細な生データで確認したいことがあります。そうしたニーズに応えるべきかどうかについては検討の価値がありますが、もし応えるべきという結論になったときには、ダッシュボードを複数ページ化し、2ページ目以降に詳細表を添付することが解決策になります。その場合、フィルタコントロールを利用して、ユーザーが特定の条件で絞り込みできるようにするとよいでしょう。

9-2-9 ┃ ヘルプページの作成

　作成したダッシュボードの利用者が多い場合、一般的にダッシュボード利用の習熟度のばらつきは大きくなります。最も習熟度の低いユーザーは、ダッシュボードをうまく使えていないこともありえます。また、前節で解説したとおり、利用者からダッシュボードの使いやすさや、要望を受付け、改善につなげることは重要です。

　そうした環境を考えると、ダッシュボードの1ページに「ヘルプページ」を設け、そこにユーザーを支援する次の情報を集約するのはよい方法です。

- ディメンションや指標の定義
- クロスフィルタリング利用方法（セットと解除）
- コントロールの利用方法
- データの更新タイミング
- データソース詳細
- 一般的なFAQ（よくある質問集）
- 作成した担当者への連絡先と希望する連絡方法

9-3 ダッシュボードの共有

　9-1-1で解説したとおり、ダッシュボードはもともと共有を目的としています。本節では、その共有の方法を解説します。

9-3-1 ┃ 共有範囲の制御

　ダッシュボードを共有するときに気をつけるべきなのは、共有する範囲です。つまり、共有するべき人には共有する一方、共有するべきでない人に共有してしまわないように気をつける必要があります。

　Looker Studioは、「データソース」が持つデータを「レポート」を通じてグラフ化します。したがって、レポートの共有範囲を考えるときには、共有する先のユーザーが「データソース」へのアクセス権（閲覧権）を持っているかいないかを考慮する必要があります。

　まず、「データソース」へのアクセス権を持っているユーザーにLooker Studioのレポートへのアクセス権を付与し、共有することについてはまったく問題ありません。それらのユーザーは、

Looker Studioのレポートへのアクセス権を付与しなくとも、元データとして最も詳細なデータにアクセスでき、やろうと思えば本書のような参考書を利用して独自にダッシュボードを作成することすらできるからです。

　一方、「データソース」へのアクセス権を持っていないユーザーに対してLooker Studioのレポートへのアクセスを許容するかどうかについては、次の2つのパターンがあり、それに応じた設定があります。

- 「データソース」へのアクセス権はなくとも、「レポート」へのアクセスは許容する
- 「データソース」へのアクセス権がないならば、「レポート」へのアクセスは遮断する

　図9-10は、データソースの名の左にあるアイコンをクリック、あるいはメニューの「リソース」>「追加済みのデータソースの管理」をクリックして開く「データソースエディタ」です。

　図9-10の枠で囲んでいる「データの認証情報」のところには、筆者の名前「木田和廣」が確認できます。これは「誰の権限でデータソースに接続しているか？」を示しています。Looker Studioで、最初の手順として「データ接続（第3章参照）」を行ったユーザーの名前になります。

▼図9-10：データソースエディタ

「データの認証情報」をクリックすると、図9-11の画面が開きます。

　「オーナーの認証情報」を選択した場合には、データソースにアクセスする権限のないユーザーもLooker Studioのレポートにはアクセスすることができます。「閲覧者の認証情報」を選択すると、

データソースにアクセスする権限のないユーザーはLooker Studioのレポートを閲覧することはできません。

▼図9-11：「データの認証情報」で設定する「データソースに対するアクセス権を持たないユーザーへのLooker Studioレポートの閲覧可否

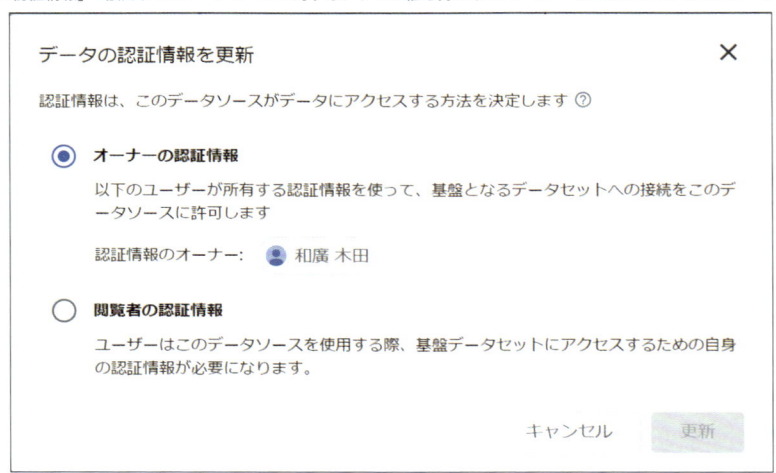

2つのオプションと共有範囲については、**表9-B**のとおりに整理できます。

▼表9-B：「データの認証情報」のオプションと共有範囲

選択したオプション	データソースの閲覧ができるユーザー	データソースの閲覧ができないユーザー
オーナーの認証情報	Looker Studioレポートにアクセスできる	Looker Studioレポートにアクセスできる
閲覧者の認証情報		Looker Studioレポートにアクセスできない

9-3-2　権限の種類とほかのユーザーへの付与

　Looker Studioには、その権限に応じて上位から「オーナー」、「編集者」、「閲覧者」の3種類のユーザーがいます。「オーナー」は1レポートに対して1人だけです。最初にレポートを作成したユーザーが自動的に「オーナー」となります。「オーナー」と「編集者」は閲覧と編集ができますが、「閲覧者」は閲覧だけができます。

　したがって、オーナーが他のユーザーにどちらの権限を付与するのかは、権限を付与するユーザーに編集を許すかどうかで決めてよいです。**図9-12**は、Looker Studioのレポートを作成したオーナーである「木田和廣」が「kazkuhiro Kida」という別のユーザーに対して、閲覧者の権限を付与した状態を示しています。「kazuhiro Kida」はLooker Studioのレポートを閲覧できますが、このままでは編集はできません。「編集者」をクリックして選択して保存することで、編集もで

きるようになります。

▼図9-12：ユーザーの付与できる2種類の権限

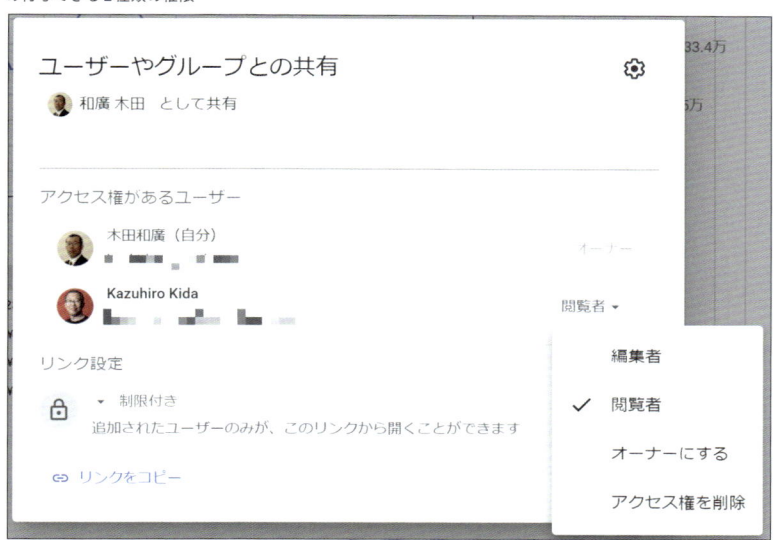

　ほかのユーザーに対して権限を付与できるのは「オーナー」、あるいは「編集者」の権限を持つユーザーです。ただし、**図9-12**の右上の歯車マークをクリックすると現れる**図9-13**のオプション設定で、「編集者によるアクセス権の変更および新しいユーザーの追加を禁止します」にチェックを入れて保存すると、「編集者」はほかのユーザーに権限を与えることができなくなり、ほかのユーザーに権限を付与できるのは「オーナー」だけになります。

▼図9-13：「ユーザーやグループとの共有」のオプション

9-3-3 ダッシュボードのリンクの取得

　閲覧権限を持つユーザーにレポートを共有する最も簡単な方法が、共有したいユーザーが共有を受けるユーザーに対してレポートのURLを送り、そのURLをクリックしてもらうことです。

　共有したいユーザーは、**図9-14**の「Share」の横にある下向き▼をクリックしてメニューを開き、①の「レポートへのリンクの取得」をクリックするとダッシュボードのURLを取得することができます。取得したURLをメールやslackなどで共有したいユーザーに伝えることで共有が完了します。

▼図9-14：共有に関するメニューを開くボタン

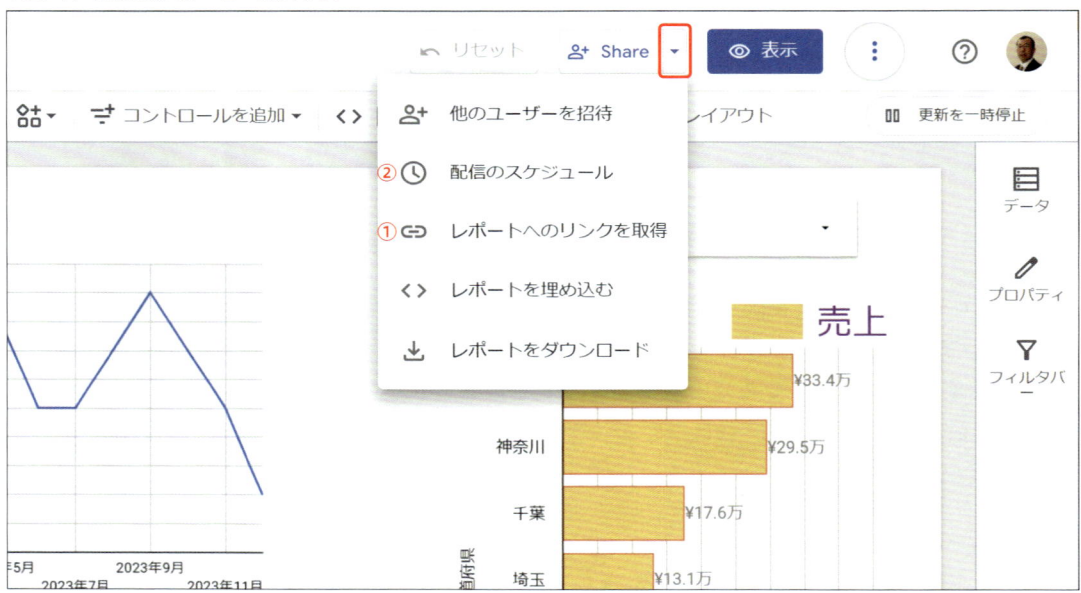

　図9-14の①をクリックして開くのが**図9-15**です。クロスフィルタリングや、第8章で解説した「コントロール」で設定した内容を有効にしたまま共有したい場合には「レポートの現在のビューにリンクする」チェックボックスにチェックを入れたままにしてください。そうでなく、何のフィルタもかけていないデフォルトの状態を共有する場合には、チェックを外します。チェックを外すと共有用のURLも変化します。

▼図9-15：ダッシュボードのURLを取得する画面

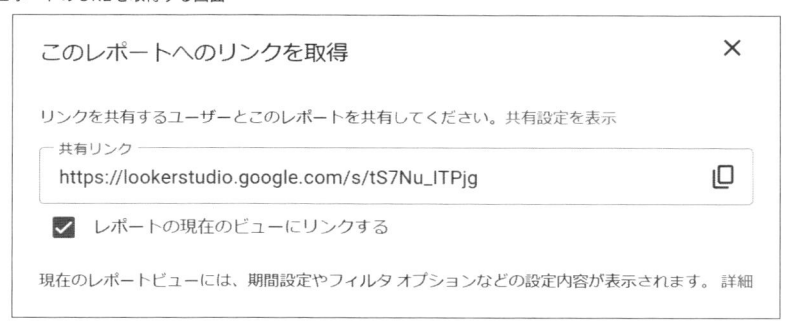

9-3-4　｜　メールの配信設定

　ダッシュボードを共有する方法として、最も一般的なのがこれまで解説してきた「共有」ですが、もし外部のパートナー会社など、ポリシー上の理由でLooker Studioを直接共有できない場合には、メールにPDFファイルを添付して定期的に配信することによって共有することができます。

　図9-14の②で示した「配信のスケジュール」をクリックします。すると、**図9-16**のとおり、メール配信に必要な設定を行う画面が開きます。「ページ」の設定では、メールに添付するレポートのページを選択できるようになっていますので、必要なページに限ってメール配信することができます。

　メールでのレポート配信も1つの共有方法だと認識しておきましょう。

9

▼図9-16：「メールの配信」の設定

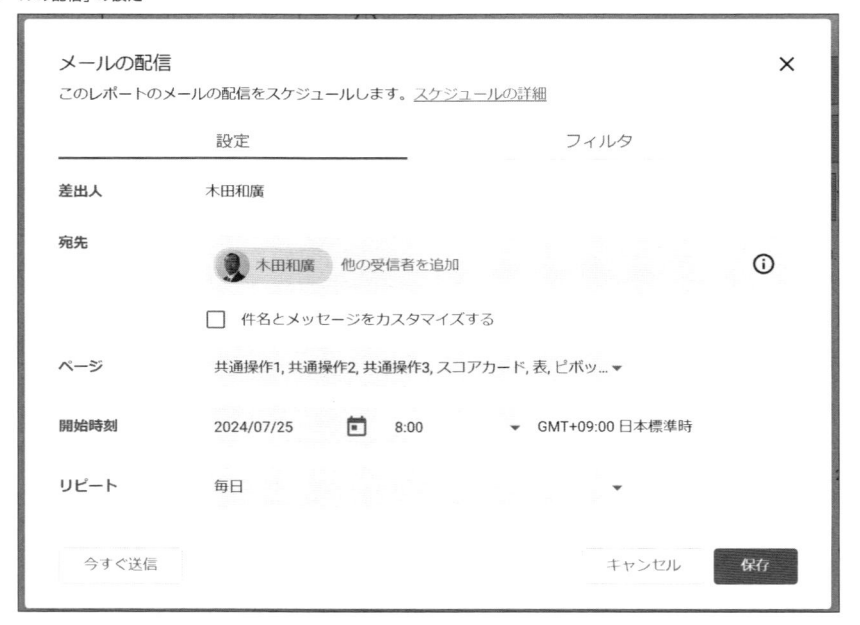

9-3-5　「閲覧者」ユーザーにフィルタ内容を確認させる

　フィルタはグラフの意味合いに大きなインパクトを与えます。例えば、Google アナリティクスのデータでフィルタをまったくかけない状態と、「デバイスがmobileに一致する」という条件でフィルタをかけた状態でのグラフは、ユーザー数、セッション数、コンバージョン数、コンバージョン率などが大きく異なります。意味合いとしても「全ユーザーが対象」なのか「スマートフォンでサイトを利用したユーザーが対象」なのかという違いがあります。そのため、レポートにどのようなフィルタがかかっているかをレポートの利用ユーザー側で確認できることは非常に重要です。

初期状態では「閲覧者」ユーザーはフィルタ内容を確認できない

　しかし、初期状態では「閲覧者」の権限しか持っていないユーザーは、レポートの作成者が適用したフィルタについては確認することができません。この初期状態を変更し「閲覧者」権限しか持っていないユーザーでもレポートに適用されているフィルタを確認できるようにすることができます。

閲覧者ユーザーにフィルタを確認できるようにする設定

図9-17は、**図9-13**の再掲です。「閲覧者による適用中の高度なフィルタの表示を無効にする」にチェックが入っているのが確認できます。このチェックをはずすと、閲覧者ユーザーであってもレポートに適用されているフィルタを確認することができます。

▼図9-17　レポートへのアクセス設定（図9-13再掲）

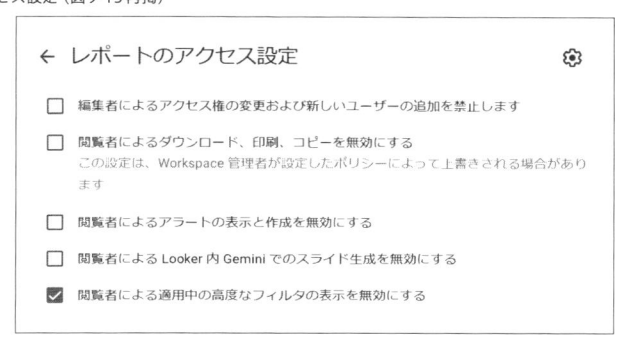

「閲覧者」ユーザーのフィルタ確認方法

レポート作成者が「閲覧者による適用中の高度なフィルタの表示を無効にする」のオン、オフを切り替えたときに「閲覧者」ユーザーに起きる変化を確認しましょう。**図9-18**は閲覧者ユーザーの画面です。右上の三点アイコンをクリックして、「適用したフィルタを表示」をクリックします。

▼図9-18　「閲覧者」ユーザーによるフィルタの確認方法

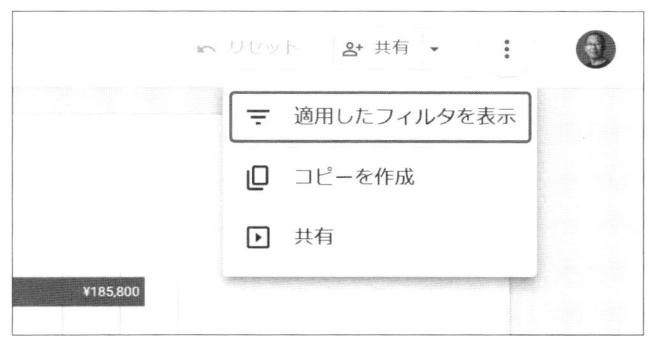

図9-19はデフォルトのままの「閲覧者による適用中の高度なフィルタの表示を無効にする」がオンになっている状態です。画面右列に「適用されたフィルタ」が現れますが、閲覧ユーザー自身で適用した「クロスフィルタリング」によるフィルタしか確認できません。

▼図9-19　「閲覧者」ユーザーが確認できるのは自分で適用したフィルタのみ

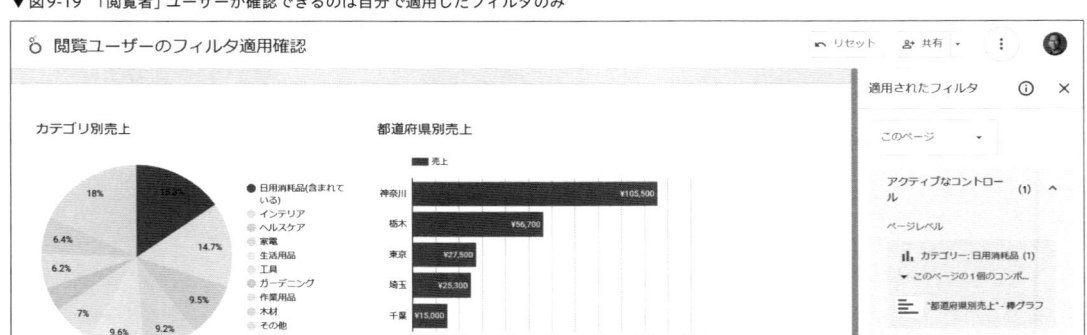

　一方、以下の**図9-20**はレポート作成者が「閲覧者による適用中の高度なフィルタの表示を無効にする」をオフにした状態で、閲覧ユーザーが「適用されたフィルタ」を表示しています。

　枠で囲んだ「詳細ビュー」をオンにすることで、このページについて以下のフィルタが適用されていることを確認できるようになりました。

①：レポートレベルの「都道府県が一都六県に一致」フィルタ（2つのグラフに適用）

②：ページレベルの「注文日が2023年に一致」フィルタ（2つのグラフに適用）

③：グラフレベルの「カテゴリーが「品」を含む」フィルタ（棒グラフにだけ適用）

▼図9-20「閲覧者」権限のユーザーが確認できるフィルタ

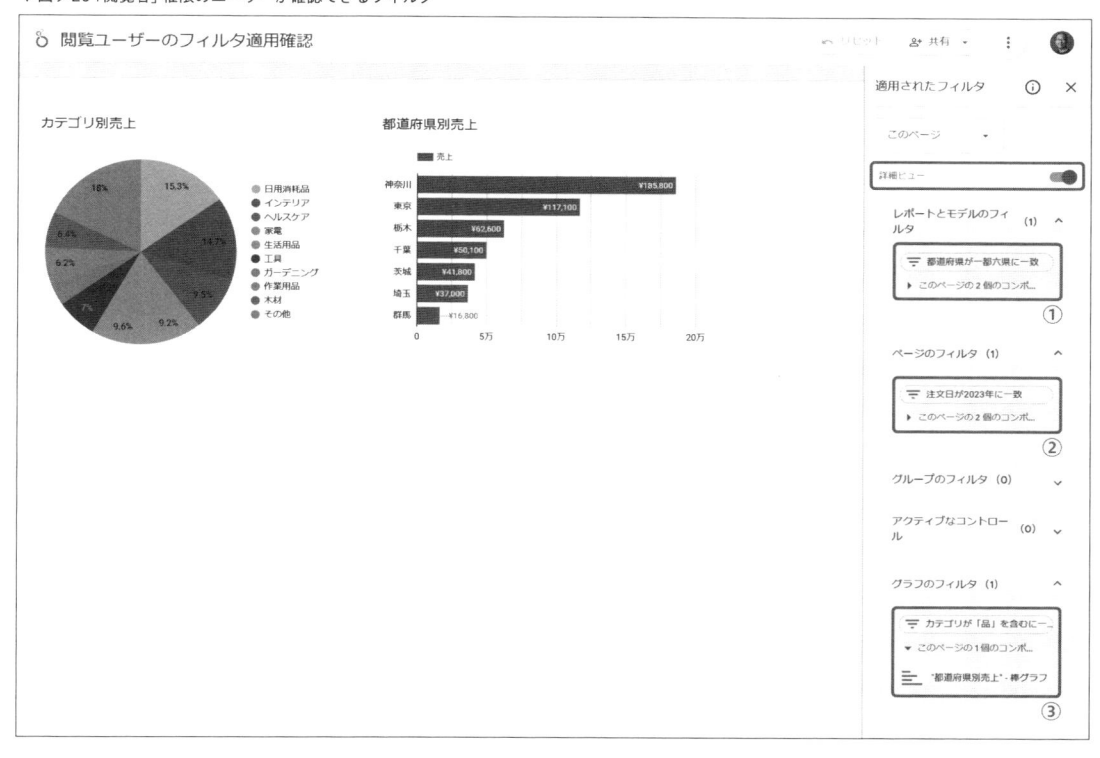

　閲覧者ユーザーであっても、適用されているフィルタを確認するのは重要です。そのため、「閲覧者による適用中の高度なフィルタの表示を無効にする」のオプションはオフにしておくことが望ましいでしょう。

実践的テクニック

第10章

10-1 複数テーブルの結合

　これまでは、単一のテーブルに接続する形でのLooker Studioによるレポート作成を解説してきました。実務においては、それでこと足りてしまうことも多いです。一方、本節ではLooker Studioで複数のテーブルを結合して利用する方法を解説します。どのようなときにそれが必要になるのかを理解したうえで、実務で必要となったときに適切に利用できるようになりましょう。

　結合とは、2つ以上のテーブルが共通して持つ値を軸としてテーブル同士を横につなぐ作業です。統合を行うとそれぞれのテーブルが持つディメンションや指標が「横並び」になった、仮想のテーブルを作成することができます。結合されたテーブルを対象にグラフ作成などの視覚化を行うことで、単独のテーブルを対象とした場合にはできなかった分析が可能になります。

10-1-1 結合のイメージ

　結合が必要となる例をあげてみましょう。あなたはある会社の人事部で勤務しています。その会社では、部署ごとにリモートワークの許容度が異なっています。ある部署は週1回だけOK、ある部署は3回までOKなどです。あなたは、「退職率が、リモートワークの許容度と関係しているのではないか」という仮説を持ちました。そして、その仮説をLooker Studioで分析することで証明してみようと思いました。

　手持ちのデータは**図10-1**の左側にある3つのテーブルです。それら3つのテーブルを注意深く見ると、「部署名」という列に「総務課」、「マーケティング課」など、共通の値が存在していることがわかります。したがってテーブルごとに、「『部署名』が同じだったら、その列が持つ値を寄せる」という作業が仮にできれば、右側の「結合したテーブル」ができることは、理屈上理解できると思います。

　その作業をシステム的に行うのが「結合」です。右側の「結合したテーブル」があれば、リモートワーク許容度と退職率の関係について検証できるでしょう。

　結合の目的はあくまでも分析ですので、自分がやりたい分析はどのような「結合したテーブル」が必要なのかをまず考え、そのテーブルを作成するには、どのような元テーブルが必要かを考え……といった順番で逆算して考えるとよいでしょう。

▼図10-1：もととなる3つのテーブルと結合したテーブルのイメージ図

部署別リモートワーク許容度テーブル

部署名	リモートワーク許容度
総務課	週1回
マーケティング課	週5回
営業1課	週2回
営業2課	週3回

部署別初期人数テーブル

部署名	期初人数
総務課	15名
マーケティング課	6名
営業1課	9名
営業2課	12名

退職者別部署名テーブル

退職者名	部署名
山田　太郎	総務課
山本　次郎	総務課
本田　哲朗	マーケティング課
山下　健児	営業1課
高橋　栞	営業1課
田中　敦子	営業2課

結合したテーブル

部署名	リモートワーク許容度	期初人数	退職者数
総務課	週1回	15名	2名
マーケティング課	週5回	6名	1名
営業1課	週2回	9名	2名
営業2課	週3回	12名	1名

10-1-2 結合の必要性

　10-1-1で説明した結合のイメージでも「どのような場合に結合が必要になるのか？」を解説しましたが、さらに結合について理解を深めるために、実務上で複数のテーブルに接続することが必要となる例を3つあげます。

トランザクションとマスターを紐づけて可視化する

　ECサイトの売上や、顧客のサービス利用、資金の入出金など、業務を続けるなかで頻繁にデータが書き足されるデータのことをトランザクションデータ、そのデータを格納するテーブルをトランザクションテーブルと呼びます。トランザクションテーブルでは、例えば、顧客については顧客IDだけが記録されるのが一般的です。氏名や住所などはトランザクションテーブルには記録しません。一方、顧客のID、名前、性別などを格納したデータはマスターデータと呼ばれます。マスターデータを記録しているテーブルはマスターテーブルです。

　テーブルが分かれているため、例えば「顧客名別の売上の合計」を可視化したい場合、必然的に結合が必要となります。

10

売上の計画と実績を比較して進捗を確認する

　売上の計画は年に1度、頻度高くとも四半期に1度作成、あるいは修正するのが一般的です。売上計画の記録場所はGoogleスプレッドシート、あるいはExcelが多いでしょう。一方、売上の実績は、Sales Force Automationツール[注1]（SFAツール）に蓄積されている、あるいはSFAツールからダウンロードしたCSVファイルに蓄積されているという場合が多いでしょう。

　売上の計画と実績が異なる場所に異なるフォーマットで記録されているため、計画と実績を比較して進捗を確認したい場合、テーブルの結合が必要になります。

都道府県人口なりのユーザー数を獲得できているか確認する

　日本全国を対象とするECサイトを想像してください。都道府県別にサイト訪問ユーザーの数を確認すると、通常、東京が最も多くなります。次が大阪、神奈川、福岡の順になっているかもしれません。では、そのECサイトは「東京で認知されている」といえるでしょうか。都道府県別のユーザー数で東京が多いのは、もともと人口が多いことが原因であり、必ずしも認知が浸透しているからではないかもしれません。都道府県人口なりのユーザー数を獲得できているか確認する場合には、自社サイトのユーザー数人口を対比する必要があります。具体的にはGoogleアナリティクスやCRMツールから「都道府県別自社のユーザー数」を1つのテーブルとして、「都道府県別の人口」をもう1つのテーブルとして利用することで確認できます。

　そのような場合にも、テーブルの結合が必要になります。

10-1-3　結合についての基礎知識

　Looker Studioでの結合作業について学ぶ前に、まずは結合自体についての基礎知識として、結合が成立する前提と、結合の種類を学んでいきましょう

結合の前提の確認

　前項で2つのテーブルを結合するときには、両方のテーブルに共通する内容を持つ列が必要という話をしました。「部署別のリモートワーク状況と離職率を分析するための結合」の例では、「部署名」が「結合対象の複数のテーブルに共通する内容」でした。そのように**共通する内容を持つ列のことを「結合キー」と呼びます**。内容が共通していれば、それぞれのテーブルにおける結合キーのフィールド名は異なっていてもかまいません。

注1　企業において、マーケティング活動、営業活動を記録し、また、顧客別、サービス別の売上や利益を記録、管理、分析するツール。「マーケティング活動W」を通じて獲得した「顧客X」から、「Y円の売上」、「Z円の利益」が発生した、といった内容が記録される。

　結合キーが機能するためには、結合キーとなるそれぞれのテーブルの列同士が次の2つの条件を満たすことが必要です。

- **データ型（≠フィールド名）が一致していること**
- **日付と時刻型データでは粒度が揃っていること**

　データ型が一致しているとは、例えば「2023-01-01」という値であっても、片方が文字列型、もう片方が日付と時刻型であってはいけないということです。結合の本質は、左右のテーブルの同じ値同士を「寄せる」ことです。データ型が異なると、その「寄せる」ことができなくなるため、データ型の一致が必要になります。文字列型のデータを日付と時刻型に変換するには、4-6-5で紹介したPARSE_DATE関数を利用します。

　もう1つ考慮するべきは、結合キーとなるフィールドが日付と時刻型であった場合、粒度が揃っていることです。例えば、1つのテーブルの結合キーとなる列には「2023/01/03」や「2023/01/14」などの値が記録されているとします。粒度は「日」です。一方、結合対象のテーブルの結合キーとなる列には、「2023-01-01」、「2023-02-01」などの値が記録されているとします。粒度は「月」です。この場合、粒度を揃えないと適切に結合ができません。

　図10-2は、粒度が合わない状態で結合した場合の模式図です。売上実績テーブルの日付と売上目標テーブルの日付で値が一致するのは「2024/01/01」だけです。そのため、結合されたテーブルには、その日の値だけが反映されています。これでは適切に結合されているとはいえません。

▼図10-2：日付の粒度が揃っていない場合の結合の結果イメージ

売上実績テーブル

日付	売上実績
2024/01/01	10,000
2024/01/10	15,000
2024/02/15	8,000
2024/02/18	12,000
2024/02/20	6,000

結合

売上目標テーブル

日付	売上目標
2024/01/01	30,000
2024/02/01	32,000

結合されたテーブル

日付	売上実績	売上目標
2024/01/01	10,000	30,000

　「日」と「月」では「月」の方が粒度が大きいので、結合キーとなる列の日の日付と時刻型の値を「月」に揃えます。そのときのイメージが**図10-3**です。適切に結合が行われることが理解できると思います。

10

▼図10-3：日付の粒度を揃えて行う適切な結合のイメージ

売上実績テーブル

日付	売上実績
2024/01/01	10,000
2024/01/10	15,000
2024/02/15	8,000
2024/02/18	12,000
2024/02/20	6,000

売上実績テーブル（月で集計）

日付	売上実績
2024/01/01	25,000
2024/02/01	26,000

結合

売上目標テーブル

日付	売上目標
2024/01/01	30,000
2024/02/01	32,000

結合されたテーブル

日付	売上実績	売上目標
2024/01/01	25,000	30,000
2024/02/01	26,000	32,000

5種類の結合条件の理解

　結合が成立するための前提について理解しました。その前提が揃ったうえで、実際にLooker Studioで結合を行おうとすると、登場するのが**図10-4**のダイアログです。5種類の結合演算子が提示されています。

▼図10-4：5種類の結合演算子

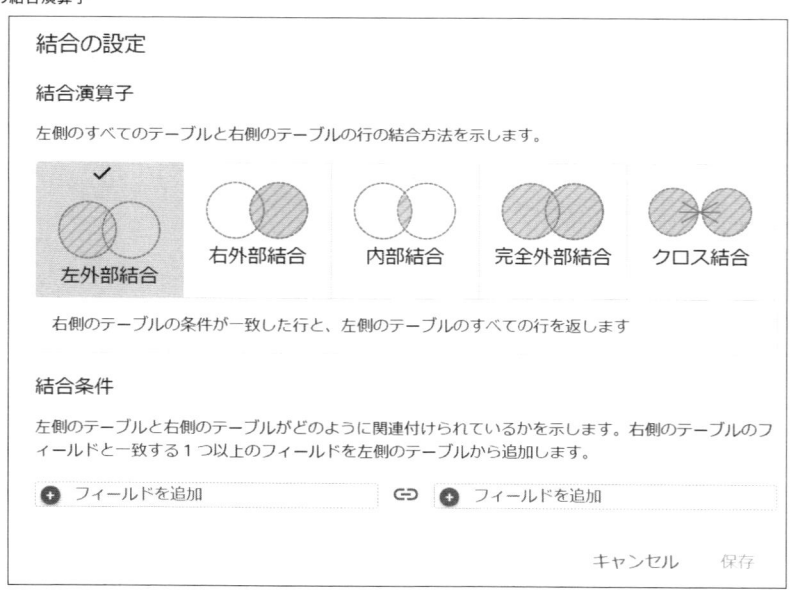

　結合演算子は結合の条件を指定しています。テーブルに格納されているデータの状態にもよりますが、結合演算子が異なれば結合したテーブルの内容も異なることがあります。したがって、それぞれがどのような条件で結合を可能にするのかをしっかり理解しておく必要があります。

　5つの結合演算子のうち、一番右の「クロス結合」を除く4つは、「2つあるテーブルのうち、どちらのテーブルのレコードを結果テーブルに反映するか」を指定するものです。まずは、それらの4つを解説し、最後に「クロス結合」の解説をします。

　左外部結合、右外部結合、内部結合、完全外部結合を解説するために、**図10-5**のとおり、2つのテーブルを利用します。「商品コード別の売上個数」テーブル（売上テーブル）と、「商品コードを商品名に読み替える」テーブル（マスターテーブル）だと思ってください。結合には最初に読み込むテーブルと、次に読み込むテーブルがあり、最初に読み込むテーブルを「左側」、次に読み込むテーブルを「右側」と呼びます。左側を「売上テーブル」、右側を「マスターテーブル」として解説します。売上テーブル中にある「NULL」とは「値がない」ことを示します。6個売り上げた商品があったが、なにかの事情でその商品IDが記録されていないことを示します。

▼図10-5：5つの結合演算子を解説する2つのテーブル

左側：売上テーブル

商品ID	売上個数
1	4
2	1
3	2
NULL	6

右側：マスターテーブル

商品ID	商品名
1	マグロ
2	ハマチ
3	タイ
4	アジ

　それぞれの結合演算子別の結合の条件を、**表10-A**のとおりにまとめました。

▼表10-A：4つの結合演算子の結合条件と結合したテーブル

	結合演算子	結合条件	結合したテーブル		
1	左外部結合	左側テーブルは全レコード、右側テーブルは結合キーの内容が左側テーブルに一致したレコードだけが反映される	**商品ID / 商品名 / 売上個数** 1 / マグロ / 4 2 / ハマチ / 1 3 / タイ / 2 NULL / NULL / 6		
2	右外部結合	右側テーブルは全レコード、左側テーブルは結合キーの内容が右側テーブルに一致したレコードだけが反映される	**商品ID / 商品名 / 売上個数** 1 / マグロ / 4 2 / ハマチ / 1 3 / タイ / 2 4 / アジ / NULL		
3	内部結合	左右両方のテーブルで、結合キーの内容が一致したレコードだけが反映される	**商品ID / 商品名 / 売上個数** 1 / マグロ / 4 2 / ハマチ / 1 3 / タイ / 2		
4	完全外部結合	左右両方のテーブルで、すべてのレコードが反映される	**商品ID / 商品名 / 売上個数** 1 / マグロ / 4 2 / ハマチ / 1 3 / タイ / 2 4 / アジ / NULL NULL / NULL / 6		

　定義的な解説については**表10-A**のとおりですが、どんなことをしたいときにどの結合演算子を利用するべきかについて、次のとおりに整理しました。

- 左外部結合は、「マスターテーブルに登録されていない商品があってもかまわないから、とにかく実際に売れた個数をすべて、結合されたテーブルに反映したい」という場合に利用する
- 右外部結合は、「マスターテーブルに登録されている商品の売上個数を知りたい。マスターテーブルに登録されていない商品の売上個数については気にしない」という場合に利用する
- 内部結合は、「マスターテーブルに登録されており、かつ、販売された商品だけの売上個数を知りたい。もしマスターテーブルに登録されていなかったり、売上が立っていない商品については含めたくない」という場合に利用する
- 完全外部結合は、「マスターテーブルに登録されている、もしくは販売された商品については、すべて結合されたテーブルに反映したい」という場合に利用する

　最後にクロス結合について解説します。クロス結合は**表10-A**で解説した4種類の結合とは異なり、片側のテーブルのひとつひとつのレコードに、もう片方のテーブルの全レコードを機械的に結合します。機械的に結合するため、結合キーを必要としません。

　図10-5で提示した2つのテーブルをクロス結合した結果は**図10-6**のとおりとなります。左側の売上テーブルは4レコード、右側のマスターテーブルも4レコードありますので、クロス結合の結果は4×4の16レコードとなります。特殊な結合であり、利用シーンも限られています。

▼図10-6：売上テーブルとマスターテーブルをクロス結合した結果

商品ID	商品名	売上個数
1	マグロ	4
2	ハマチ	4
3	タイ	4
4	アジ	4
1	マグロ	1
2	ハマチ	1
3	タイ	1
4	アジ	1
1	マグロ	2
2	ハマチ	2
3	タイ	2
4	アジ	2
1	マグロ	6
2	ハマチ	6
3	タイ	6
4	アジ	6

10-1-4　結合の手順

　では、実際に「売上の目標と実績を比較して進捗を確認する」ことを例に、Looker Studioでの結合の手順を学んでいきましょう。

結合対象のテーブルの確認

　まずは、結合する2つのテーブルの確認です。利用するのは**図10-7**、**図10-8**の2つのテーブルです。

　1つ目のテーブルはおなじみの「ホームセンター - Small」です。このテーブルには、2020年から2023年までの売上の実績が記録されています。

▼図10-7：1つめのテーブル「ホームセンター - Small」

　もう1つのテーブルは、CSVファイルをアップロードしてデータソースとして作成したテーブルです。**図10-8**のとおり2列12行の比較的小さいテーブルですが、2023年の各月の売上目標が記述されています。このCSVファイルをもとに「Target Sales」というテーブルを作成します。

　Looker Studioは、片方がGoogleスプレッドシート、もう片方がCSVファイルというように、異なった種類のデータセットに存在しても、問題なく結合ができます。

▼図10-8：結合対象のもう1つのテーブル「Sales Target」を作成するもととなったCSVファイル

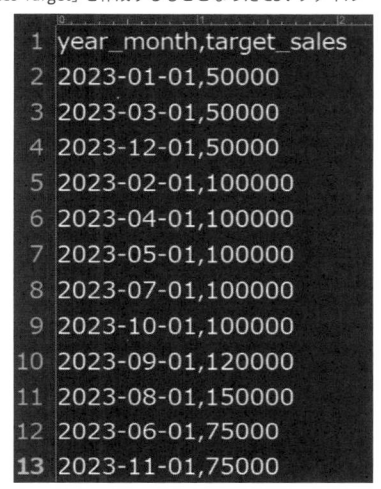

```
 1 year_month,target_sales
 2 2023-01-01,50000
 3 2023-03-01,50000
 4 2023-12-01,50000
 5 2023-02-01,100000
 6 2023-04-01,100000
 7 2023-05-01,100000
 8 2023-07-01,100000
 9 2023-10-01,100000
10 2023-09-01,120000
11 2023-08-01,150000
12 2023-06-01,75000
13 2023-11-01,75000
```

　「売上の目標と実績を比較して進捗を確認する」ために、結合キーとなるのは、実績側が「ホームセンター - Small」テーブルの「注文日」、目標側が「Sales Target」テーブルの「year_month」であることがわかります。「日の粒度」がそれぞれ「日」、「月」と揃っていないため、最初に「ホームセンター - Small」テーブルの「注文日」を「月」に揃えておく必要があることも理解できると思います。

個別のデータソースの作成

　テーブルの確認の次に、2つのテーブルをもとに、2つの別々のデータソースを作成しておきます。**図10-9**では、結合に必要な2つのデータソースが作成ずみであることを示しています。

▼図10-9：あらかじめ統合対象の2つのデータソースを作成しておく

ᔦ Looker Studio	Q Looker Studio を検索			
＋ 作成	最近　レポート　**データソース**　エクスプローラ			
◷ 最近	名前	オーナー指定なし ▾	自分の最終閲覧 ▾ ↓	地域
ᯤ 共有アイテム	▤ CSV - Target Sales	木田和満	11:45	ᯤ 自分がオーナー
ᯤ 自分がオーナー	▤ ホームセンター-Small	木田和満	10:36	ᯤ 自分がオーナー

結合キーの日の粒度を揃えるための集計

次に、結合キーである「ホームセンター - Small」テーブルの「注文日」、目標側が「Sales Target」テーブルの「year_month」の日の粒度を揃えるための集計を行います。

「ホームセンター - Small」をデータソースとして、「注文日」と「売上」を利用したグラフを作成します。「表」、「折れ線グラフ」、「棒グラフ」などが利用できますが、最もシンプルな「表」を利用します。**図10-10**のとおりの「表」は、すでにみなさんは容易に作成することができるでしょう。

▼図10-10：「注文日」と「売上」を利用した「表」

	注文日	売上 ▾
1.	2021/04/10	¥69,700
2.	2021/04/12	¥47,300
3.	2021/06/17	¥46,000
4.	2022/07/22	¥43,500
5.	2023/11/25	¥42,300
6.	2023/10/03	¥39,400
7.	2022/07/08	¥38,900
8.	2023/10/05	¥36,500
9.	2023/05/12	¥29,900
10.	2023/08/16	¥29,800
11.	2022/04/05	¥29,800
12.	2022/08/17	¥29,700
		1 - 100 / 254　＜　＞

注文日の「日の粒度」を「月」に変更します。**図10-11**のとおり、「設定」タブのディメンションの「注文日」の鉛筆アイコンをクリックします。

▼図10-11：「注文日」の「日の粒度」を変更するための鉛筆アイコン

クリックすると、**図10-12**のとおりの設定画面が開きますので、「年、月」を選択します。

すると、**図10-13**とおり、「注文日」の日の粒度が「月」に切り替わります。これで、同じく日の粒度が「月」である「Sales Target」テーブルとの結合の準備が整いました。

▼図10-12：「注文日」の「日の粒度」を「年、月」に変更する

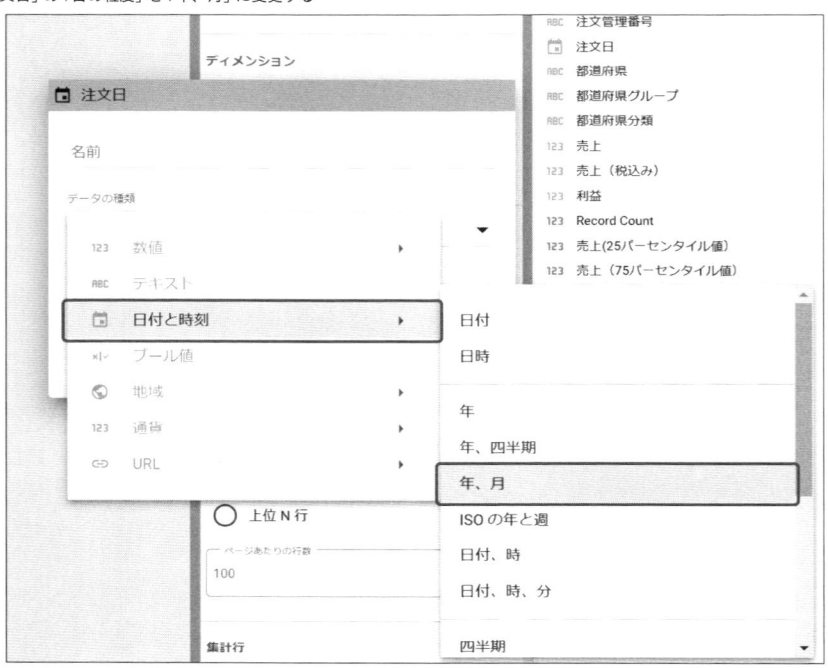

▼図10-13：「注文日」の日の粒度が「月」に切り替わった

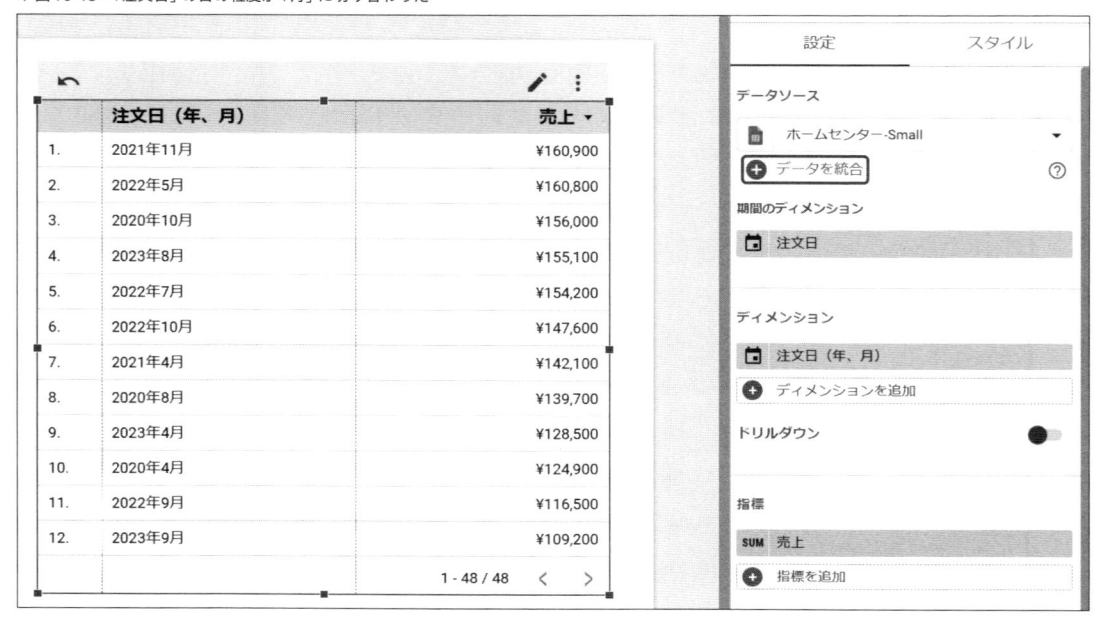

テーブルを結合する

　次に、**図10-13**の枠で囲んでいる「データの統合」をクリックします。ここからが狭義のテーブルの結合作業となります。クリックすると**図10-14**のとおり「データの統合」画面が開きます。この「データの統合」画面の使い方を紹介します。

① 「(Table Name)」をクリックすると「統合されたデータ」内での「ホームセンター - Small」テーブルの別名をつけることができます。もし、オリジナルの名前が非常に長い場合、あるいは別のデータソースと混同しそうな場合には、ここを利用して別名をつけておきます。本例では、「Sales」という別名をつけることにします。

② 「ADD A FILTER」では、「統合されたデータ」内での「Sales」テーブルに対する絞り込み条件の設定です。売上目標を格納している「Sales Target」テーブルが2023年だけのデータしか持っていないこともあり、この絞り込み機能を使って「Sales」テーブルを「2023年に一致」の絞り込みを行うことにします。

③ （まだ、左側テーブルしか配置していませんが）今、「統合されたデータ」がどのようなディメンションと指標を保持しているのかがわかります。現在、「混合データ (1)」となっているところをクリックすると、この「統合されたデータ」に別名をつけることができます。ここでは「目標実績対比2023」という名前をつけることにします。

④ 「別のテーブルを結合する」の下にある「＋」記号をクリックして、別テーブルを結合します。

▼図10-14：「データの統合」が画面

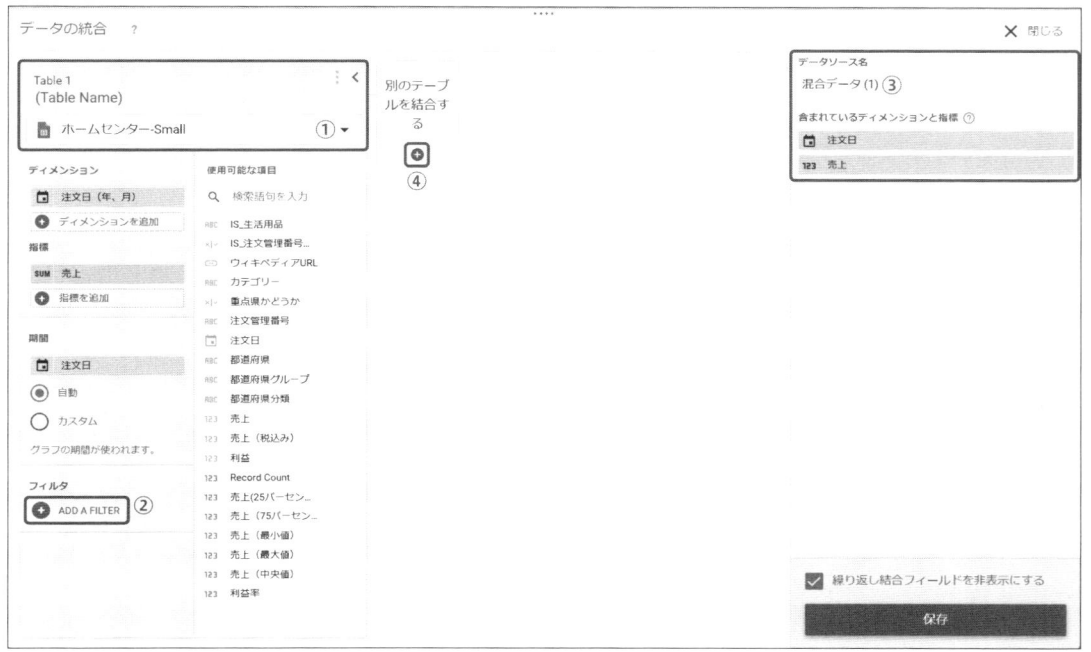

すると、**図10-15**のとおりに結合するもう1つのテーブルを選択するためのリストが登場します。ここでは、あらかじめ接続ずみの「CSV - Target Sales」を指定します。

▼図10-15：結合するもう1つのテーブルを選択する画面

すると、**図10-16**のとおりの画面となります。「CSV - Target Sales」データソースのテーブルには「Target Sales」の別名を付与し、ディメンションは「year_month」、指標は「target_sales」で指定してあることを確認します。

ここまでくれば、あと少しです。「結合を設定」をクリックして、結合演算子を利用した結合条件の指定、および結合キーの設定を行います。

▼図10-16：「データの統合」画面に2つのテーブルが揃った

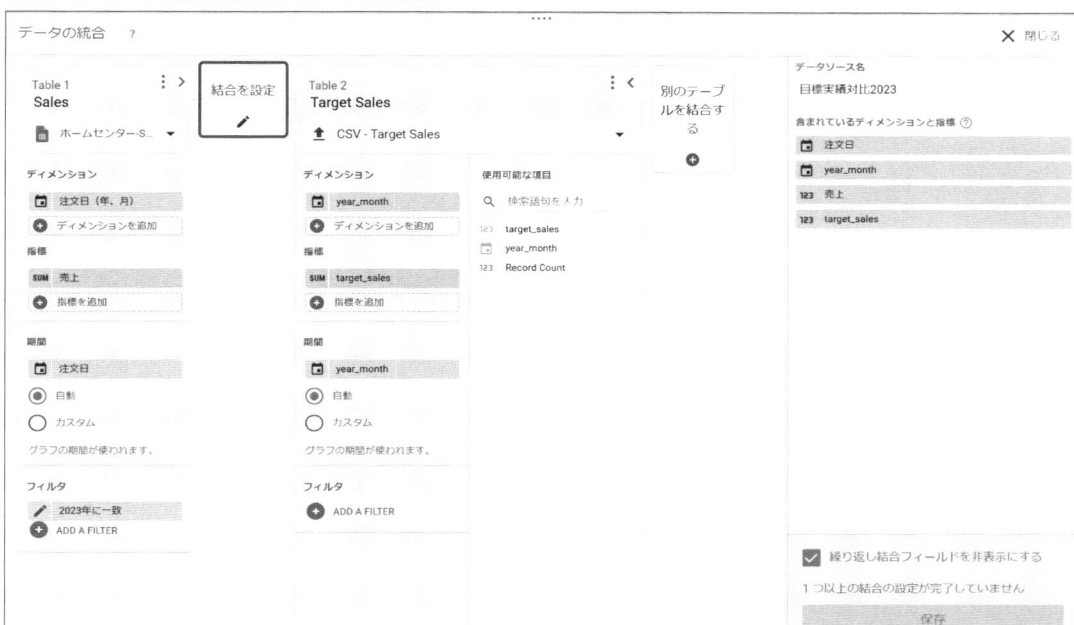

　「結合を設定」のアイコンをクリックすると、結合演算子について学んだときに参照した**図10-4**のとおりの画面が現れます。今回の例では、売上の実績にも売上目標にも12ヵ月すべてのデータが揃っており、NULLは1つもないので「左外部結合」、「右外部結合」、「内部結合」、「完全外部結合」どれを選択しても結合されたテーブルの内容は同じになります。**図10-17**では、「左外部結合」を選んでいます。

　結合条件のところには「結合キー」、つまり左右両方のテーブルで同じ値を持つ列を、それぞれのテーブルごとに指定します。**図10-17**では、「Sales」という別名をつけた左側テーブルの「注文日」と、「Target Sales」という別名をつけた右側テーブルの「year_month」を指定しています。保存をクリックすると、結合が完成します。

▼図10-17：結合のタイプと結合キーの指定

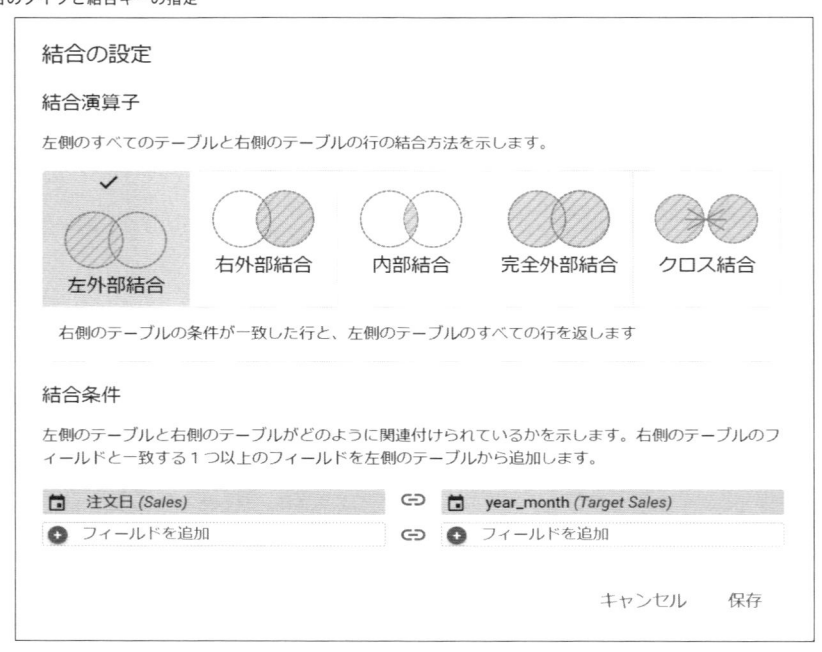

「結合の設定」ダイアログを、**図10-17**のとおりに設定して「保存」をクリックすると、**図10-18**のとおりの最終確認画面になります。

① ディメンションである「注文日」と「year_month」に鎖のアイコンがつき、結合キーとして利用されていることが明示されています。

② 結合演算子として「左外部結合」が利用されていることを示しています。

③ 完成した「結合されたテーブル」の列構成が「注文日」、「売上」、「target_sales」の3列であることを示しています。

④ 「繰り返し結合フィールドを非表示にする」オプションがオンになっていることを示しています。このオプションをオンにすると、右側テーブルの結合キーが結合されたテーブルに含まれなくなります。オフにしてもよいですが、オフにすると「注文日」と同じ値の「year_month」が結合されたテーブルに含まれるようになります。利用することのない列ですので、通常はこのオプションはオンにしておきます。

⑤ 「保存」ボタンを押すと「統合されたデータソース」の完成です。

▼図10-18：テーブルの結合を行うときの最後の確認画面

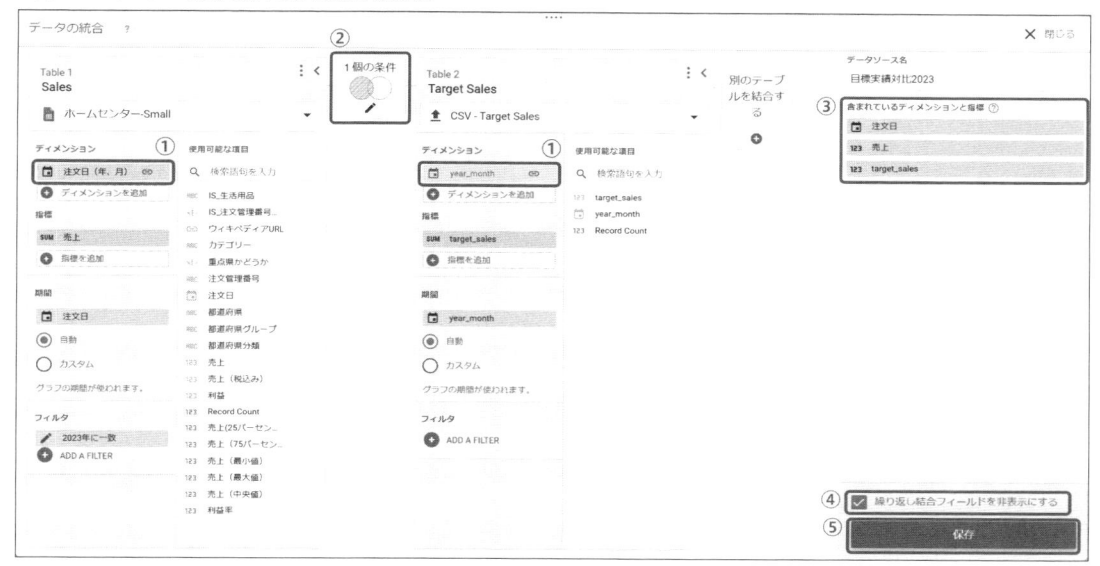

10-1-5 | 結合されたテーブルを利用したグラフ作成

統合されたデータソースは、基本的にはあたかももともと存在していたデータソースのように利用できます。そのため、特別な工夫は後述の1点を除いて必要ありません。

図10-19は、「表」を利用して「注文日」と「売上」と「target_sales」を並べたものです。もともと2つに分かれていた指標がきれいに横並びで確認できます。

▼図10-19：統合されたデータソースから作成した「表」

	注文日（年、月）▲	売上	target_sales
1.	2023年1月	¥47,700	¥50,000
2.	2023年2月	¥78,700	¥100,000
3.	2023年3月	¥58,000	¥50,000
4.	2023年4月	¥128,500	¥100,000
5.	2023年5月	¥103,300	¥100,000
6.	2023年6月	¥83,900	¥75,000
7.	2023年7月	¥74,200	¥100,000
8.	2023年8月	¥155,100	¥150,000
9.	2023年9月	¥109,200	¥120,000
10.	2023年10月	¥107,000	¥100,000
11.	2023年11月	¥89,300	¥75,000
12.	2023年12月	¥29,000	¥50,000

1 - 12 / 12　〈　〉

　ここで、「売上/target_sales」で求める「達成度」という指標を確認したいとします。統合されたデータソースには含まれていない指標なので、「計算フィールド」として作成する必要があります。

　ここで、「統合されたデータソース」ならではの制限事項が出てきます。**計算フィールドを作成するときに、データソースレベルでは作成できず、グラフレベルでしか作成できない**という制限です。それら2つのちがいについて、**表10-B**のとおりに整理しました。

▼表10-B：計算フィールドのレベルのちがいの整理

計算フィールドのレベル	作成を開始するボタンの場所	ほかのグラフへの使い回し
データソースレベルの計算フィールド	データペインの下部	可能
グラフレベルの計算フィールド	指標リストの下部	不可能

　4-5で作り方を学んだ計算フィールドは、上段の「データソースレベルの計算フィールド」でした。しかし、統合されたデータソースでは利用できません。結合されたデータソースで作成可能なグラフレベルの計算フィールドは、**図10-20**の②のとおり指標リストの下部から作成を開始します。データソースレベルの計算フィールドは、同図の①の場所に作成開始ボタンがありましたが、それは現れませんので注意してください。

　グラフレベルで作成した計算フィールドはそのグラフ専用となり、ほかのグラフでの使い回しはできません。

▼図10-20：計算フィールド作成開始場所のちがい

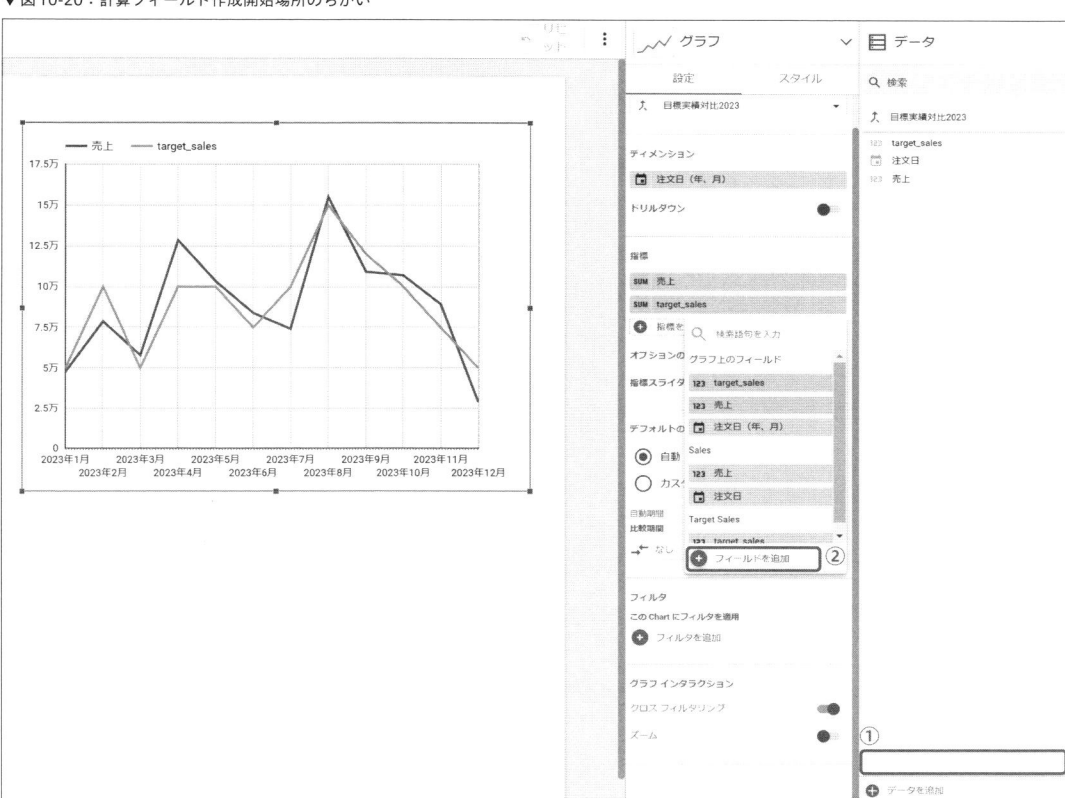

「SUM(売上) / SUM(target_sales)」という計算式で計算フィールド「達成率」を作成し、**図10-20**の折れ線グラフに追加したのが、**図10-21**です。適切な値で棒グラフが達成率を示していることが確認できます。

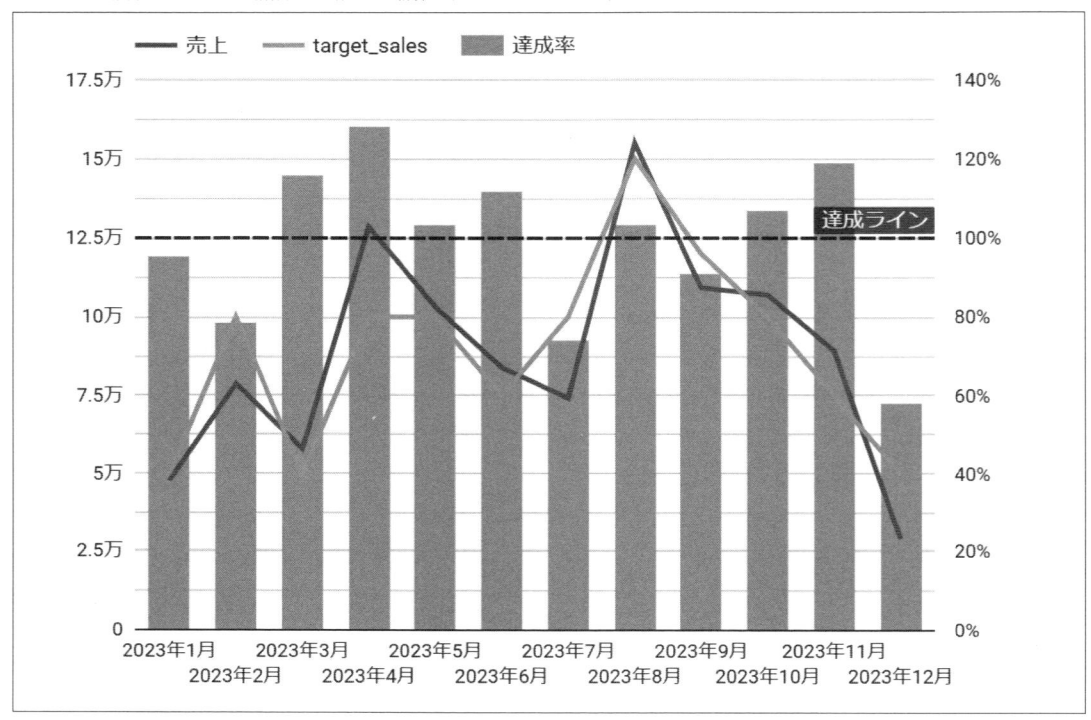

▼図10-21：結合したテーブルの指標同士で作成した計算フィールドのグラフでの利用

10-2 ページのグループ化とナビゲーション

　本節では、Looker Studio のレポートが複数ページにわたるとき、利用者が見たいページにたどりつきやすくする方法を2つ解説します。1つはページのグループ化、もう1つはナビゲーションの設置です。**グループ化のメリットは複数のページをわかりやすく「分類」すること**です。また、ナビゲーションを適切に用意することで、利用者が見たいページにたどりやすくなります。

　図10-22左図のとおり、7ページからなるレポートを作成したとします。7枚をグループ化せずフラットなまま並べると、利用者によっては目的のページがどこにあるかを探して見つけるのに少し時間がかかると思います。

　一方、同図右側ではそれらのページをグループ化してまとめています。具体的には、営業1課、2課それぞれにグループが作られ、さらに営業2課については、「営業2課地域別」、「営業2課商品別」のページが「営業2課詳細」という名前でグループ化されていることがわかります。

こちらのほうが目的のページの見つけやすさは格段にあがります。

▼図10-22：7ページから構成されるレポート

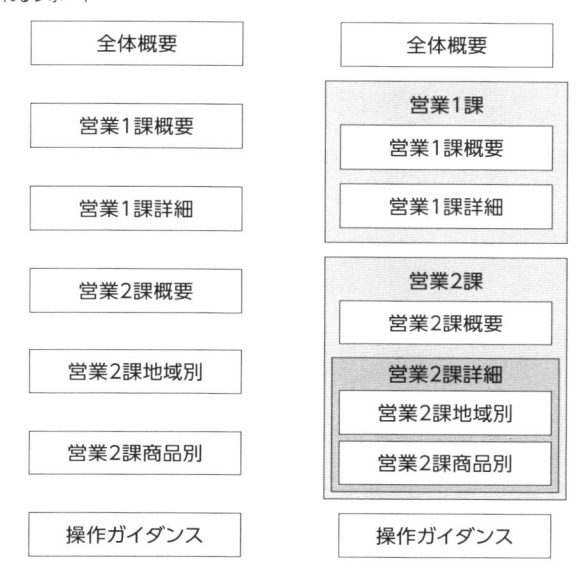

そして、**図10-22**右側のグルーピングはLooker Studioのページのグループ化とナビゲーションの工夫によって、**図10-23**のような左カラムメニューとして実現できます。

▼図10-23：グループ化が完成した左カラムメニュー

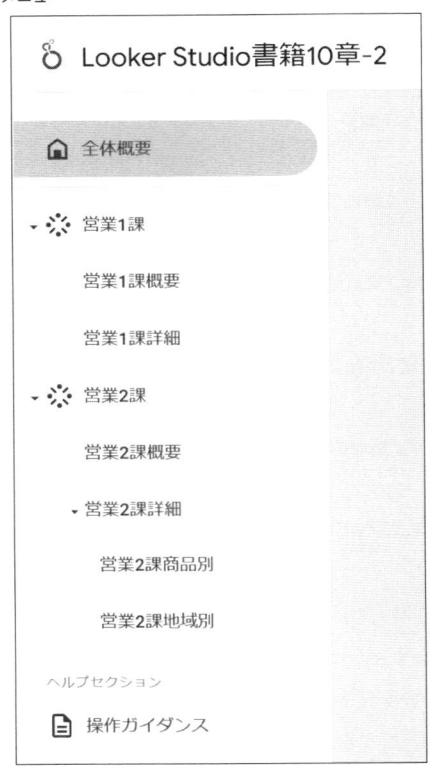

10-2-1 │「ページの管理」メニュー

ページのグループ化とナビゲーションの作成は、メニューの「ページ」>「ページの管理」から行います。**図10-24**を参照してください。

▼図10-24：メニュー「ページ」>「ページの管理」

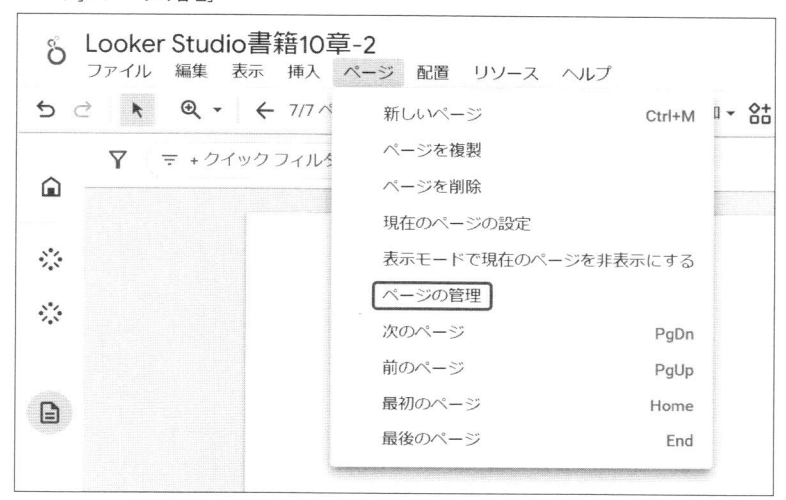

　図10-23のナビゲーションは、図10-25のとおりの「ページの管理」で実現しています。「ページの管理」で指定したとおりのナビゲーションが左カラムに作成されるのです。ナビゲーションを構成しているパーツについて解説します。

▼図10-25：「ページの管理」画面

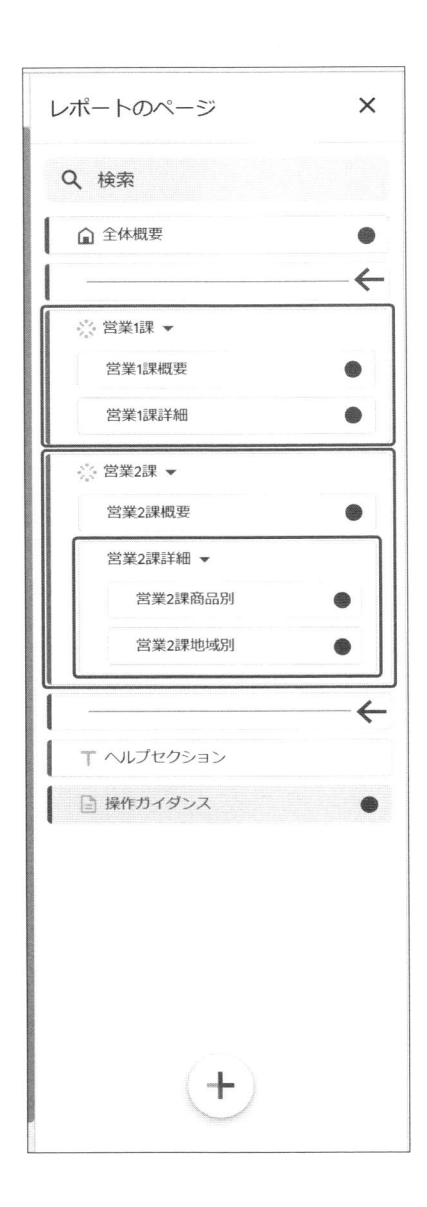

- レポートの各ページを●で示しています。全部で7ページあることがわかります。
- ページ名にマウスオーバーすると現れる3点アイコンをクリックすることで、ページの複製、削除、名前の変更ができます。
- 枠で囲んでいるところが「セクション」と呼ばれるパーツです。ページをグループ化する「容器」だと考えることができます。

- 矢印の先が「分割線」です。性質のちがうページが並ぶ場合、その間に区切りを入れることができます。
- 「ヘルプセクション」と記述してあるのが「ヘッダー」というパーツです。左カラムに文字列を掲載するためのパーツだと理解してください。

　新規に「ページ」、「セクション」、「仕切り線」、「ヘッダー」などを追加するには、すべて「ページ管理」下部にある「＋」記号のボタンをクリックします。**図10-26**が「＋」ボタンをクリックしたときのメニューです。メニューから配置したいパーツをクリックすることで追加できます。

▼図10-26：ナビゲーション用のパーツを追加するメニュー

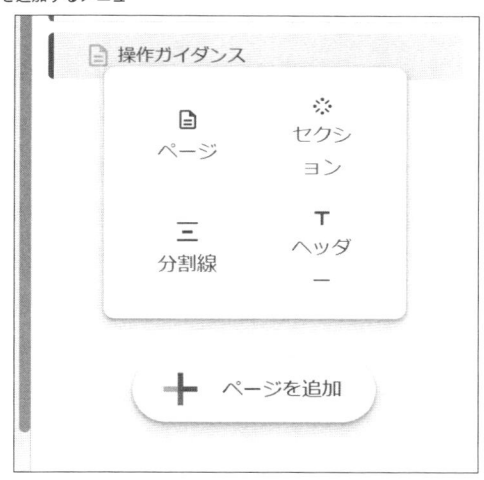

　配置したあとの位置は、ページやセクションをドラッグ＆ドロップで変更することができます。また、セクションにページを重ねるとそのセクション内にページが収まります。なお、セクションをセクションにドラッグ＆ドロップすることができます。その場合、**図10-25**の「営業2課」が示しているとおり、二重のセクションが完成します。

　図10-23を確認すると、「全体概要（ページ）」、「営業1課（セクション）」、「営業2課（セクション）」、「操作ガイダンス（ページ）」の左にはアイコンが表示されているのがわかります。

　アイコンの付与は、「ページ管理」に掲載されているページなどをマウスオーバーしたときに表示される三点アイコンから行います。三点アイコンをクリックすると、**図10-27**が開きますので、「アイコンを選択」をクリックすると、アイコンを付与したり、変更したりすることができます。なお、アイコンは第一階層に配置するページやセクションにだけ付与することができます。

10

▼図10-27：アイコンの付与

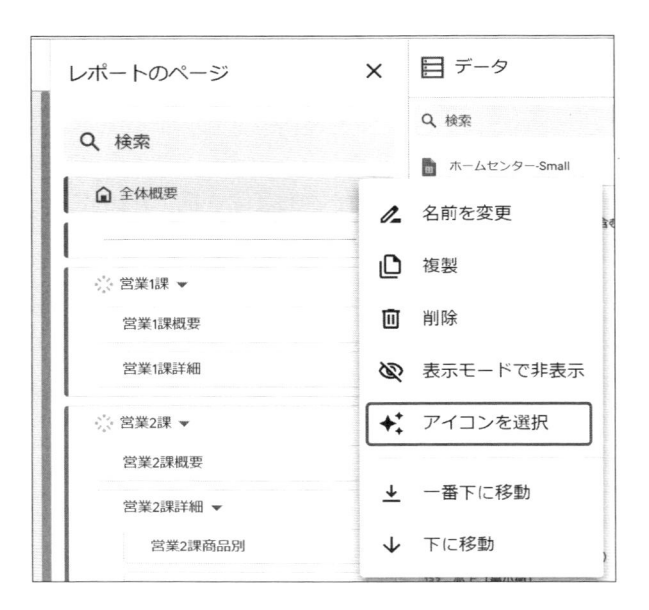

10-2-2 ｜ ナビゲーションの配置

　これまで解説してきたとおり、複数ページで構成するレポートでは、ページの順番を変えられるほか、「セクション」を使ってグループ化することもできました。

　ナビゲーション自体の表示場所は、レポートの左側を前提に解説してきましたが、レポートの上部に変更することもできます。

　図10-28の上側の画像はナビゲーションを左カラムに表示しています。一方、下側の画像はナビゲーションをページ上部に移した状態です。

▼図10-28：ナビゲーションの位置（上図：左カラム、下図：上部）

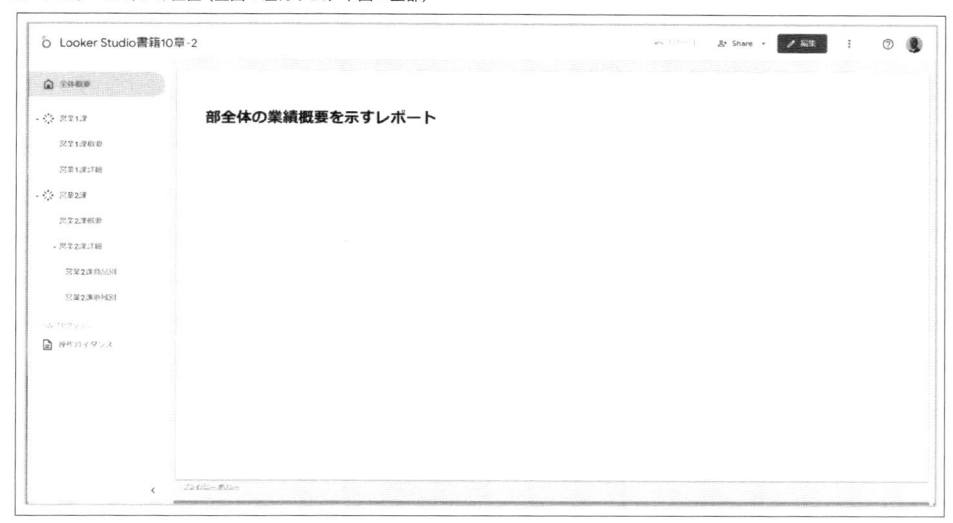

　ナビゲーションの位置の変更は、メニューの「テーマとレイアウト」をクリックし、「レイアウト」タブを開くとアクセスできる「ナビゲーションの種類」で行います。**図10-29**を参照してください。

　ドロップダウンから選択できる選択肢と、ナビゲーションの表示場所は次のような関連性を持っています。

- 左：左カラムにナビゲーションを表示
- タブ：上部にナビゲーションを表示
- 左上：ナビゲーションではなくシンプルなページ送りを表示
- 非表示：ページを遷移する機能自体を非表示

▼図10-29：ナビゲーションの場所を変更する「ナビゲーションの種類」

10-3 レポートの利用状況の把握

　Looker Studioで作成したレポートがどの程度使われているのかは、レポートの作成者にとって大きな関心事です。自分の仕事の成果を確認するという意味合いもありますが、さらに重要なのはレポートの改善です。もし想定どおりに使われていなかったら、使ってもらえるような改善が必要ですし、想定外の使い方をされているのであれば、レポートへの隠れたニーズを読み取れるかもしれません。

　Looker Studio レポートの利用状況は、Google アナリティクスで定量的に把握することがで

きます。GoogleアナリティクスはGoogleが提供する無料のWeb解析ソリューションです。多くのWebサイトの解析に利用されています。Googleアナリティクスは高機能なので、把握できる内容は次のように多岐にわたります。

- 何人が使っているのか
- もし複数ページで構成するレポートであれば、どのページが最も見られているのか
- 一番じっくり見られているページはどのページか

　本節では、Looker StudioへのGoogleアナリティクスの導入方法と、生成されるレポートの概要を解説します。

10-3-1 ┃ Looker StudioへのGoogleアナリティクスの導入方法

Looker StudioへのGoogleアナリティクスの導入方法を次の2段階で解説します。

1. **Googleアナリティクスでの計測IDの取得**
2. **Looker Studioへの計測IDの投入**

　すでにGoogleアナリティクスを利用しているユーザーも、Looker Studioの利用状況の計測のためには、新規プロパティを開設する必要があります。

Googleアナリティクスアカウントの開設とプロパティ、データストリームの作成

　Looker Studioの利用状況をGoogleアナリティクスで定量的に確認するためには、Googleアナリティクスアカウントを開設することが必要です。公式ヘルプ[注2]にステップ・バイ・ステップでGoogleアナリティクスアカウント開設の手順が記述されていますので、それにしたがって開設します。

　一方、すでにWebサイトやアプリの計測のために、Googleアナリティクスアカウントは開設ずみという場合もあるでしょう。そうした場合には、新しい「プロパティ」を作成することが必要になります。「プロパティ」は1つの分析単位です。Webサイトやアプリと、Looker Studioは別物としてトラッキングする必要がありますので、プロパティを新規に作成し、既存プロパティとは別のプロパティで計測を行う必要があります。

　新しいプロパティを作成したら、そのプロパティからWebサイトをトラッキングするための「デー

注2　https://developers.google.com/analytics/learn/beginners?hl=ja

10

タストリーム」を作成します。「データストリーム」とは、「プロパティ」に対してデータを送信する単位です。「データストリーム」は、Webサイト用、iOS用、Android用の3種類ありますが、Looker Studioの計測にはWeb用のデータストリームを作成します。

プロパティ作成後、Googleアナリティクス画面の左下の歯車マークをクリックして管理画面に入り、左列のメニューから「データの収集と修正」＞「データストリーム」＞「データストリームを追加」に進んでください。

ストリームに名前をつけ、WebサイトのトップページにあたるURLを登録すると、ストリームが作成できます。**図10-30**がデータストリーム作成直後の画面です。G-で始まる「測定ID」が取得できますので、コピーしておきます。

▼図10-30：作成した直後のウェブストリーム

Looker StudioへのGoogleアナリティクス測定IDの投入

Looker Studioを開き、メニューから「ファイル」＞「レポート設定」に入ると、**図10-31**のとおり「Googleアナリティクスの測定ID」を投入する場所が見つかります。そこに、GoogleアナリティクスからコピーしてきたG-ではじまる「測定ID」を投入すると、Looker Studioレポートの利用状況について、Googleアナリティクスでの計測が開始されます。

▼図10-31：Looker Studioの「レポート設定」メニュー

10-3-2 ｜ 生成されるGoogleアナリティクスレポートの概要

Googleアナリティクスは非常に多くのレポートを生成します。その中には、「どのようにしてユーザーやセッションを獲得したか」を確認するレポート群、いわば集客にかかわるレポート群もあります。しかし、Looker Studioは社外に向けて情報を発信するWebサイトとは異なり、基本的には社内で利用されているはずですので、それらのレポートは確認する必要はありません。

Googleアナリティクスのレポートを確認するにあたって、まずは「すべてのレポートを確認する必要はない」ということを念頭においてください。そのうえで、確認する必要があるレポートの例をいくつか提示します。

10

日別に利用者数を確認する

日別に利用者を確認するには、左メニューから「ユーザー」＞「ユーザー属性」＞「ユーザー属性の詳細」をクリックし、**図10-32**のとおり、「ユーザー属性の詳細」レポートを確認するとよいでしょう。

▼図10-32：「ユーザー属性の詳細」レポート

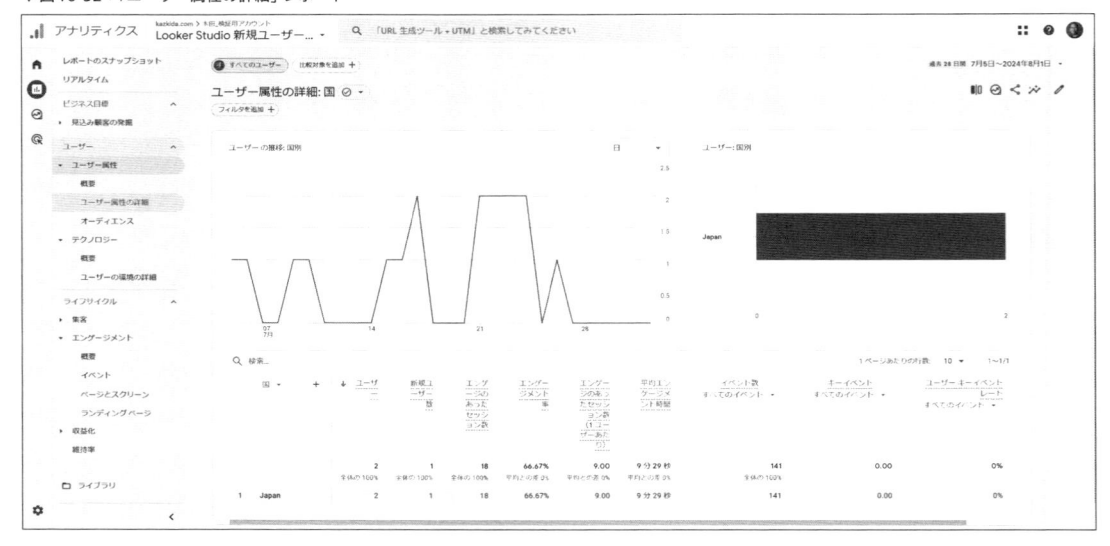

よく見られているページを確認する

Looker Studioのレポートが複数ページで構成されている場合、どのページが見られているかを確認したい場合があるでしょう。そのようなときは、左カラムのメニューから「ライフサイクル」＞「エンゲージメント」＞「ページとスクリーン」をクリックし、**図10-33**のとおりページとスクリーンレポートを表示します。

▼図10-33：「ページとスクリーン」レポート

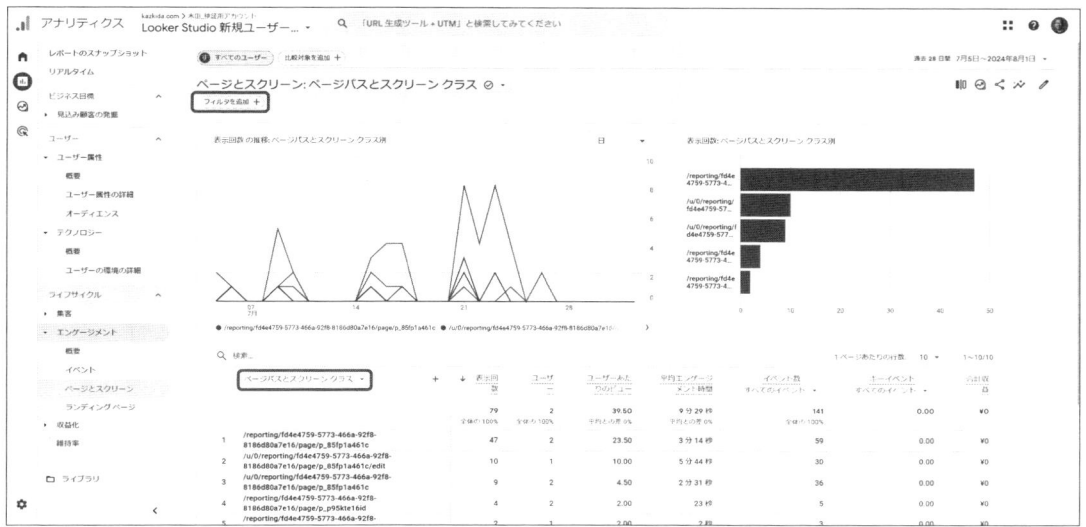

　このレポートのデフォルトの状態を**図10-33**に示しましたが、このデフォルトの状態には次の2点、修正を加えたい点があります。

1. 「編集」モードのページ表示もカウントされているため、純粋なユーザーによるレポート利用状況を反映していない
2. ページがURLで表現されているため、どのページを示しているのかわからない

　それぞれ、次の方法で解決することができます。

　1については、画面上部の「フィルタを追加」をクリックしてフィルタを適用し、URL（Googleアナリティクス上は「ページパス」と表現されています）が、「edit」を含まないという条件を設定します。Looker Studioの編集画面のURLは末尾に「edit」を含むので、この条件が機能します。

　「フィルタを追加」をクリックすると、画面右列に設定画面が開きますので、**図10-34**のとおりに設定します。

▼図10-34：「フィルタを追加」の設定画面

2については、**図10-33**の画面中段にある「ページパスとスクリーンクラス」をクリックします。ドロップダウンが開き、ほかのディメンションへの切り替えができますので、「ページタイトルとスクリーンクラス」を選択します。

すると、**図10-35**のとおり、URLではなくレポートのページ名に切り替わり、Looker Studioのレポートのどのページが何回表示されたかが解釈できるようになります。

▼図10-35：「ページタイトルとスクリーンクラス」にディメンションを切り替えたレポート

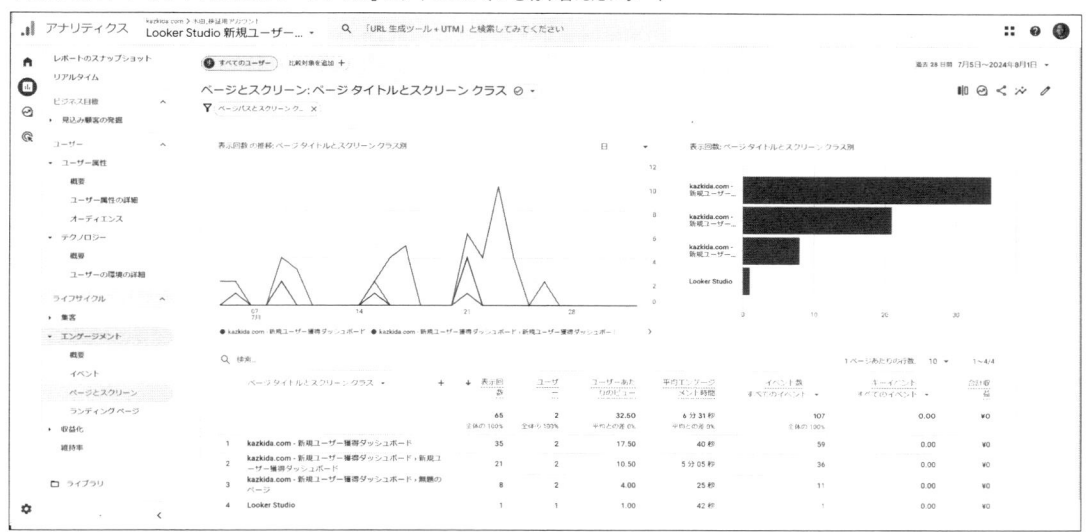

Looker StudioのページとGoogleアナリティクスレポートのページタイトルの紐づけは、次のとおりとなっています。

- **Looker Studioが単一ページの場合、「Looker Studioのレポート名」がGoogleアナリティクスのページタイトルとして表示される（図10-36の1行目のとおり）**
- **Looker Studioが複数ページの場合、「Looker Studioのレポート名」＞「ページの名前」がGoogleアナリティクスのページタイトルとして表示される（図10-36の2行目、3行目のとおり）**

▼図10-36：ページタイトルでLooker Studioのレポートの利用状況を可視化する

	ページ タイトルとスクリーン クラス ▼ ＋	↓ 表示回数	ユーザー	ユーザーあたりのビュー	平均エンゲージメント時間
		65 全体の100%	2 全体の100%	32.50 平均との差0%	6分31秒 平均との差0%
1	kazkida.com - 新規ユーザー獲得ダッシュボード	35	2	17.50	40秒
2	kazkida.com - 新規ユーザー獲得ダッシュボード，新規ユーザー獲得ダッシュボード	21	2	10.50	5分05秒
3	kazkida.com - 新規ユーザー獲得ダッシュボード，無題のページ	8	2	4.00	25秒

また、指標は次のとおりに解釈できます。「レポートのどのページが利用されているのか」を判断するのに利用できる指標といえるでしょう。

10

- 表示回数：Looker Studioのレポートの該当ページが表示された回数
- ユーザー：Looker Studioのレポートの該当ページを見たユニークユーザー数
- ユーザーあたりのビュー：表示回数／ユーザーで計算される値
- 平均エンゲージメント時間：Looker Studioのレポートの該当ページをユーザーがブラウザのタブに「フォーカスのあたっている」状態で表示した時間／ユーザーで計算される値

10-4　レポート表示速度の高速化

Looker Studioを利用するユーザーから比較的多く上がってくる不満が、「レポートの表示速度が遅い」というものです。確かに、レポートの表示速度が遅く、グラフがなかなか描画されないとストレスになります。

多くの場合、「データの抽出」を使うとレポート表示の時間を短縮できます。場合によっては劇的にレポート表示速度が高速化されますので、知っておいて損はない方法です。

10-4-1　データの抽出とは

データの抽出とは、Looker Studioが接続できるデータソースの1つです。図10-37では、接続先の1つとして「データの抽出」が選択可能であることを示しています。

▼図10-37：データソースの1つである「データの抽出」

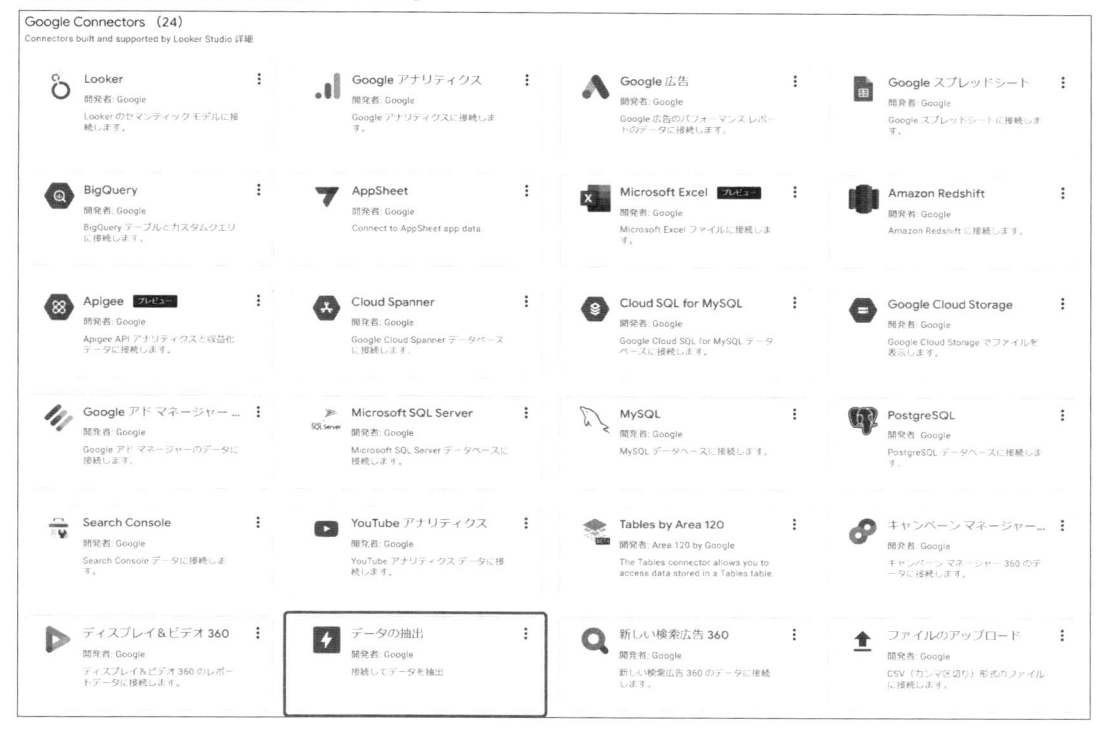

一方、「データの抽出」は、「それ自体ではデータを持たない」という特殊なデータソースです。それ自体ではデータを持たず、別のデータソースのサブセット（一部を抽出したデータ）になっています。通常のデータソースに直接接続した場合と、データの抽出を利用した場合のデータソースとLooker Studioの関係性を**図10-38**の模式図のとおりに整理しました。

「データの抽出」がそれ自体データを持たず、「オリジナルのデータソース」から「必要な部分だけ」を抜き出して（＝抽出して）、その結果をLooker Studioにわたしているということが理解できると思います。

10

▼図10-38:「データの抽出」利用有無によるデータ接続イメージ

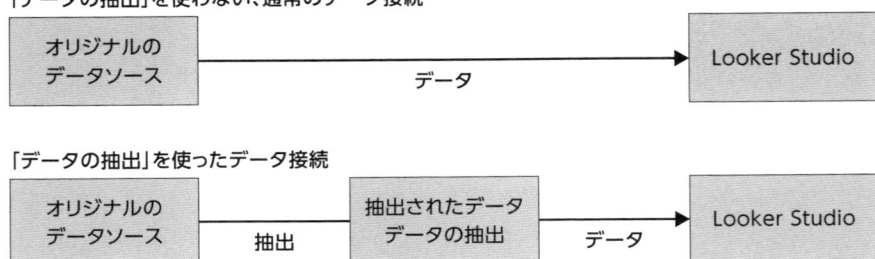

10-4-2 | データの抽出がしていること

　「データの抽出」が何かがわかったところで、実際にどんなことをしているのか、学んでいきましょう。**図10-39**は、「今年はじめから今日まで」を期間とした、Googleアナリティクスをデータソースとするレポートです。

▼図10-39：Googleアナリティクスをデータソースとするレポート

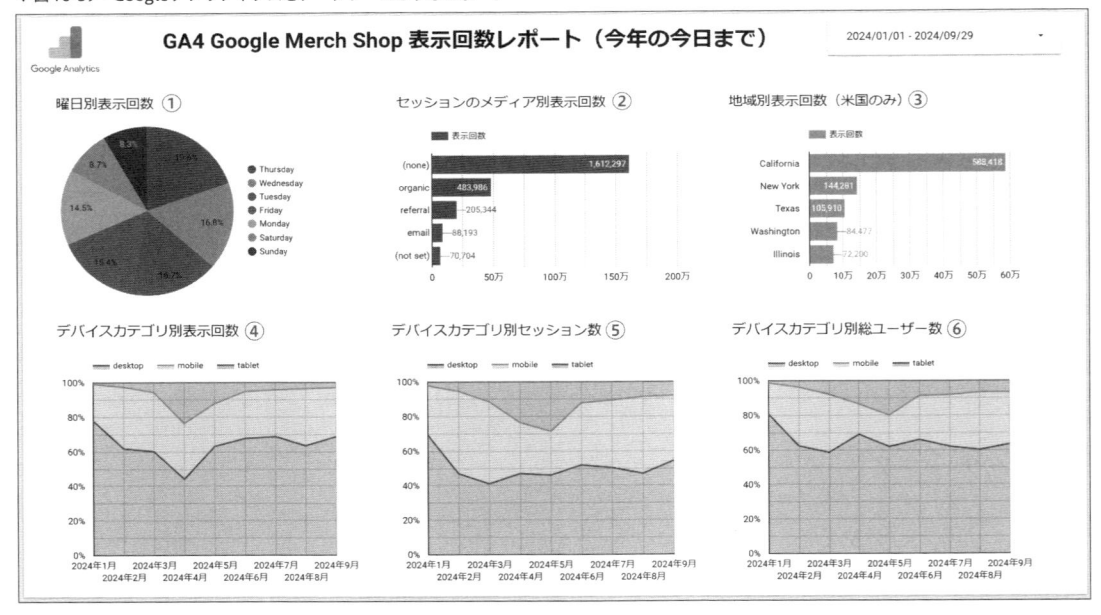

　6つのグラフが掲載されていますが、それぞれのグラフのディメンションと指標について整理したのが、**表10-C**です。

▼表10-C：レポートで利用されている「ディメンション」と「指標」

グラフ	ディメンション	指標	フィルタ
①	曜日の名前	表示回数	なし
②	セッションのメディア	表示回数	なし
③	地域	表示回数	国がUnited Statesに一致
④	日付（月単位）	表示回数	
⑤	日付（月単位）、デバイスカテゴリー	セッション	デバイスカテゴリーが、smart tvに等しい場合除外
⑥	日付（月単位）、デバイスカテゴリー	総ユーザー数	

　Googleアナリティクスのオリジナルのデータソースには、381個のディメンション、100個の指標が存在します。一方、**表10-C**で整理したとおりレポートで使われているのはすべて合わせても次のディメンションと指標のみです。

＜ディメンション＞

1. 曜日の名前
2. セッションのメディア
3. 地域
4. 国（フィルタとして利用）
5. 日付
6. デバイスカテゴリー

＜指標＞

1. 表示回数
2. セッション
3. 総ユーザー数

　抽出は、レポートに使うディメンションと指標だけをオリジナルのデータソースから抜き出すことができます。結果として、Looker Studioは、オリジナルのデータソースに比べてかなり小さいデータに接続すればよくなり、それがグラフの描画が高速化される理由です。

10

10-4-3 | データの抽出の作成方法

では、抽出の方法を解説します。

まずは、通常のデータソースに接続して、レポートを作成します。すると、利用するべきディメンションと指標が確定するでしょう。

次に、メニューの「リソース」>「追加済みのデータソースの管理」をクリックして、**図10-40**の画面を開き「データソースの追加」をクリックします。

▼図10-40：データソースの追加画面

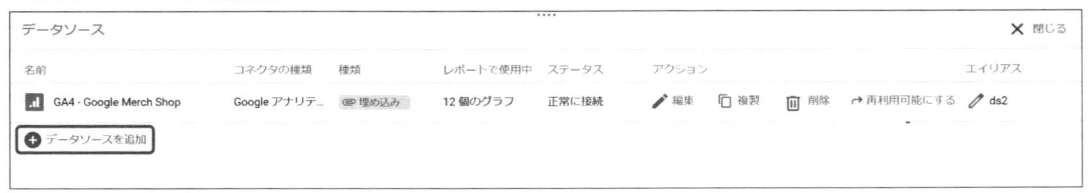

追加するデータの種類として、「データの抽出」を選択します。すると、**図10-41**のとおり、データの抽出の設定画面が開きます。それぞれの項目には、次のことを指定します。

① 抽出対象のデータソースを指定します
② レポートで利用されているディメンションをすべて指定します
③ レポートで利用されている指標をすべて指定します
④ レポートが対象としている期間を指定します
⑤ もし、すべてのレポートで共通して適用したいフィルタがあれば適用します

▼図10-41：「データの抽出」の作成画面

図10-39のGoogleアナリティクスをデータソースとしたレポートに対して「データの抽出」を利用する場合、設定は図10-42のとおりとなります。

▼図10-42：Google アナリティクスのデータソースを対象とした「データの抽出」の設定

　また、「データの抽出」には、自動更新を設定することができます。**図10-43**を見てください。2024年10月1日午前8時に次回更新を行い、その後毎日その時間に更新を行う設定をしているところです。

▼図10-43：「データの抽出」の自動更新設定

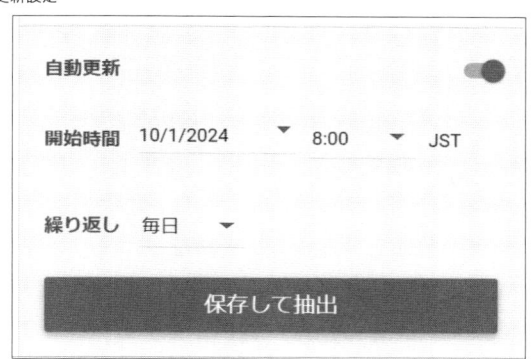

10-4-4　データソースの切り替え

Google アナリティクスのデータソースにもとづき、「データの抽出」をデータセットに加えたら、もとのグラフのデータソースをすべて Google アナリティクスからデータの抽出に切り替えます。抽出がグラフにあるすべてのディメンションと指標をカバーしているので、グラフ自体に変化は起きません。**図10-44**は、**図10-39**で示した Google アナリティクスをデータソースとするレポートの①の円グラフのデータソースを、もともとの「GA4 - Google Merch Shop」から「データの抽出」に切り替えようとしているところです。

①に続き、⑥までのすべてのグラフのデータソースを「データの抽出」に切り替えると、レポート全体が「データの抽出」をデータソースとするように変更になります。

▼図10-44：データソースの切り替え画面

10-5 コミュニティビジュアリゼーションの利用

　第6章で「汎用的なグラフ」として10種類のグラフの作成手順を、第7章で「特定目的のグラフ」の作成のコツとして9種類のグラフ作成のコツを紹介しました。人によっては使い切れないほどのグラフの種類を学んだわけです。

　一方、それでも表現したいグラフがないという場合には、「コミュニティビジュアリゼーション」を利用してグラフを作成するという方法があります。**「コミュニティビジュアリゼーション」とは、Googleではない第三者がLooker Studio向けに提供しているグラフテンプレートのこと**です。

　本節では、「レーダーチャート」を作成することを例に、コミュニティビジュアリゼーションの利用方法について学んでいきましょう。「レーダーチャート」は、Looker Studioが持っていないグラフテンプレートです。ちなみに、コミュニティビジュアリゼーションの機能は「ベータ」として提供されていますので、今後仕様が変わったり、（可能性は低いと考えますが）廃止になったりする可能性があります。

10-5-1 コミュニティビジュアリゼーション利用の準備

　新しいレポートの作成を開始すると、データソースの追加を求められますので、適当なデータソースを読み込んで、レポートを作ってください。コミュニティビジュアリゼーションを利用するとき、特定の列構成を持つデータを求められることが多いのですが、最初からどのようなデータが必要とされるかわかりません。

　まずは、新しいレポートを作成し、コミュニティビジュアリゼーションが提供するグラフを貼り付けてみて、必要なデータの列構成を特定します。そして、そのスキーマに合わせてデータを整形していくという手順が必要になります。

　図10-45は、適当なデータソースに接続したLooker Studioのレポートから、メニューのコミュニティビジュアリゼーションの追加をクリックしたところです。今回はレーダーチャートを利用しますので、「Radar Chart」をクリックします。「Radar Chart」は、ClickinsightというGoogleではない会社が提供していることがわかります。

　クリックすると、次の外部ドキュメントへのリンクがあります（**図10-46**）。

▼図10-45：コミュニティビジュアリゼーションから「Radar Chart」を追加

① コミュニティビジュアリゼーションについての説明
②「Radar Chart」を利用するうえでの「利用規約」
③「Radar Chart」を利用するうえでの「プライバシーポリシー」
④「コミュニティビジュアリゼーション」自体の利用規約

▼図10-46：「同意」を求めるダイアログ

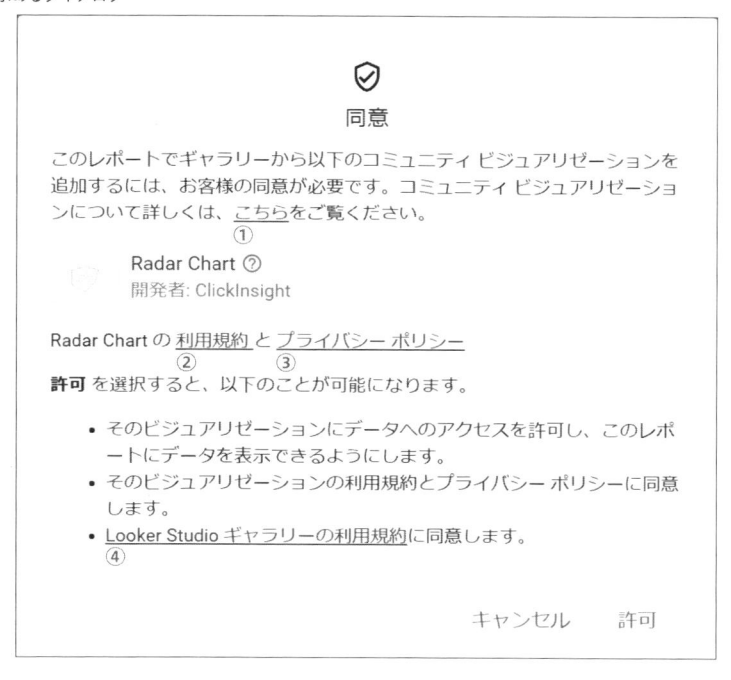

　コミュニティビジュアリゼーションについてのGoogleの公式サポートページ[注3]には、**図10-47**のとおりの注意書きが掲載されています。あくまでも自己責任で利用するという意識が必要です。

コミュニティ ビジュアリゼーション（デベロッパー プレビュー）

Looker Studio デベロッパーが作成したグラフを使用してデータを表示します。

コミュニティ ビジュアリゼーションは、サードパーティのデベロッパーが作成するグラフで、データを利用して、Looker Studio のデフォルトのグラフと同じように設定できます。

コミュニティ ビジュアリゼーションでは、データソースのデータが表示されます。レポートに追加したコミュニティ ビジュアリゼーションの作成者はデータに直接アクセスできるわけではありませんが、信頼できるデベロッパーであるかどうか確認することをおすすめします。

この機能は現在ベータ版 ☑ で提供されており、ユーザーの皆様にコミュニティ ビジュアリゼーションをお試しいただき、フィードバックを収集することを目的としています。コミュニティ ビジュアリゼーション プログラムについて詳しくは、デベロッパー向けドキュメント ☑ をご覧ください。使用可能なビジュアリゼーションは、コミュニティ ビジュアリゼーション ギャラリーにあります。

　「Radar Chart」の利用規約とプライバシーポリシーを確認してみましょう。**図10-48**が、リンク先をクリックするとジャンプするGitHub[注4]のページに掲載されている内容です。カナダにある「GA360 Sales Partner[注5]」ということです。さらに詳しく調べたい場合には、会社名で検索するとよいでしょう。

注3　https://support.google.com/looker-studio/answer/9206527

注4　GitHubは「ギットハブ」と発音する。多くのエンジニアに利用されているソフトウェア開発のプラットフォーム。開発したプログラムのコードや、関連するドキュメントを公開したり、ほかのユーザーからのフィードバックを得たりすることで、プログラムの配布や改善へのアイデアを得ることができる。

注5　有償版のGoogle アナリティクスを販売する知識と技術を持っていることをGoogle社から認定された、同社のパートナー企業。

▼図10-48：「Radar Chart」の利用規約、プライバシーポリシーのページ

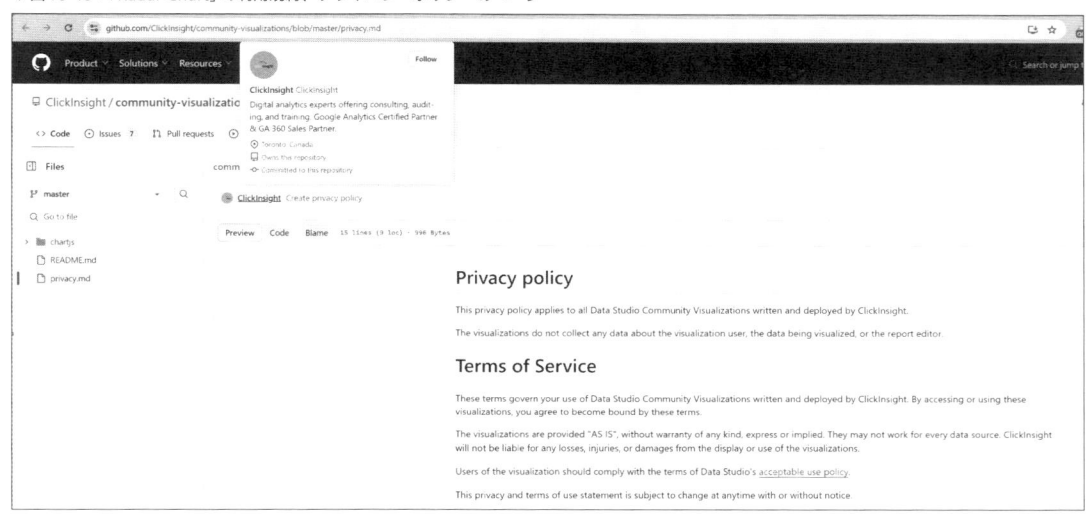

次にあるのはプライバシーポリシーと利用規約を和訳したものです。データは収集していないことがプライバシーポリシーに記述されています。利用規約もこうしたボランティア的なプログラムの無償提供としては一般的な内容でしょう。

問題なければ、**図10-46**で示しているダイアログ右下の「許可」をクリックします。

プライバシーポリシー

このプライバシーポリシーは、ClickInsightが作成および展開するすべてのData Studioコミュニティビジュアリゼーションに適用されます。

ビジュアリゼーションは、ビジュアリゼーションのユーザー、視覚化されているデータ、またはレポートエディタに関するデータを一切収集しません。

利用規約

これらの規約は、ClickInsightが作成および展開するData Studioコミュニティビジュアリゼーションの使用を規定します。これらのビジュアリゼーションにアクセスまたは使用することで、これらの規約に拘束されることに同意したものとみなされます。

ビジュアリゼーションは「現状のまま」提供され、明示的または黙示的な保証は一切ありません。すべてのデータソースに対して正常に動作するとは限りません。ClickInsightは、ビジュアリゼーションの表示または使用から生じるいかなる損失、傷害、または損害についても責任を負いません。

ビジュアリゼーションのユーザーは、Data Studioの許容使用ポリシーを遵守する必要があります。

このプライバシーおよび利用規約は、通知の有無にかかわらず、随時変更されることがあります。

10

10-5-2 ┃ レーダーチャートに必要なデータの推測

「許可」をクリックすると、レーダーチャートをレポート上に作成できるようになります。場所を決めてクリックします。すると、**図10-49**のとおりの画面になりました。

「データにどのようなディメンションが必要か」について、この画面から推測することになります。

▼図10-49：レーダーチャートの「設定」タブ

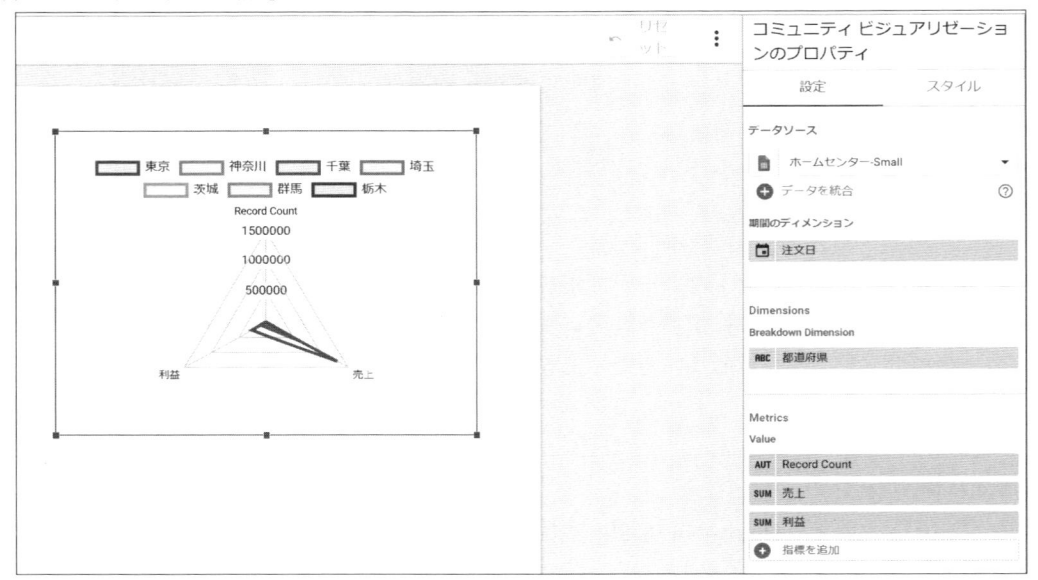

ディメンションは**図10-49**の「設定」タブから比較的容易に推測できます。レーダーチャートは、複数の同心多角形が描かれています。ということは、複数の同心多角形を描くとき、ディメンションを使うと多角形を「分ける」ことができると推測できます。

指標については、今「Record Count」、「売上」、「利益」の3つがグラフで用いられていて、レーダーチャートが三角形なので、指標の数に応じた多角形が描かれるということが推測できます。

そこで、**図10-50**のデータを用意してみました。1組3人、2組2人の5人の生徒の5科目のテストの成績です。

▼図10-50：レーダーチャート描画用に準備したデータ

	A	B	C	D	E	F	G
1	名前	クラス	国語	数学	理科	社会	英語
2	Aさん	1組	45	45	45	53	91
3	Bさん	1組	55	67	87	49	85
4	Cさん	1組	65	43	76	87	43
5	Dさん	2組	45	56	54	54	87
6	Eさん	2組	65	77	43	66	49

　このデータは、試行錯誤が発生することを前提にあえて手作りしています。このデータでレーダーチャートを描くことができれば、どのような列構成のデータが必要かを理解することができます。

10-5-3 ｜ レーダーチャートの描画

　ディメンションに「名前」、指標に、「国語」、「数学」、「理科」、「社会」、「英語」を指定してレーダーチャートを描いたのが、**図10-51**です。きれいにチャートが描かれているのがわかります。

▼図10-51：「名前」をディメンションとしたレーダーチャートの完成

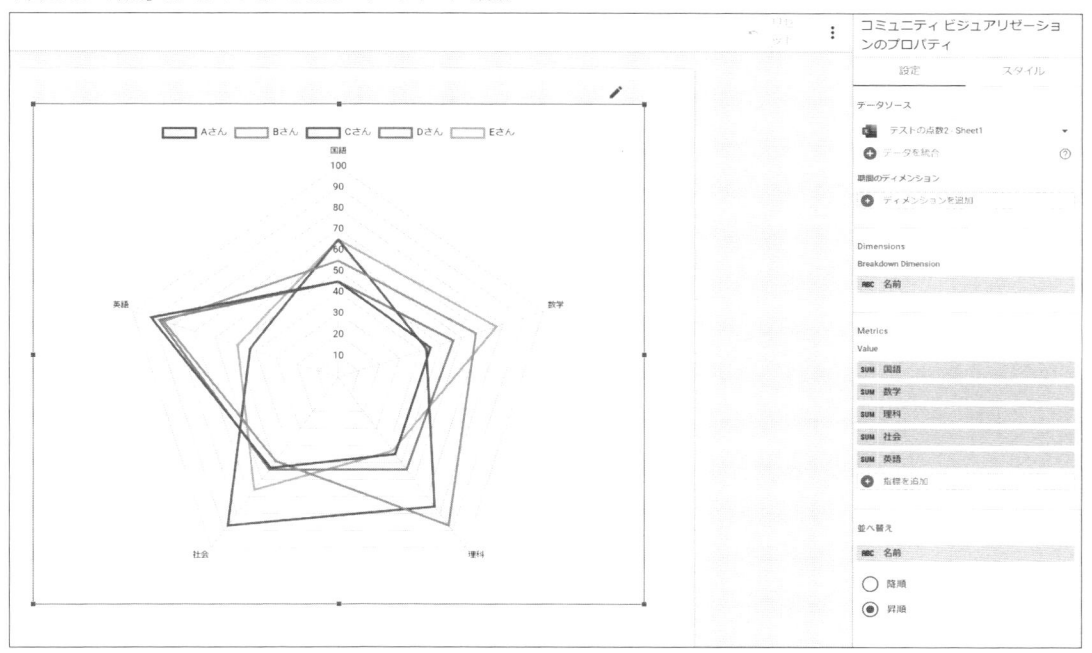

　次に、ディメンションを「クラス」に切り替えてみました（**図10-52**）。一見うまくいっているように見えますが、1組があらゆる科目で2組を上回っている。1組の点が100点を超えている。の2点がおかしいことに気づきます。

▼図10-52：ディメンションを「クラス」に切り替えたレーダーチャート

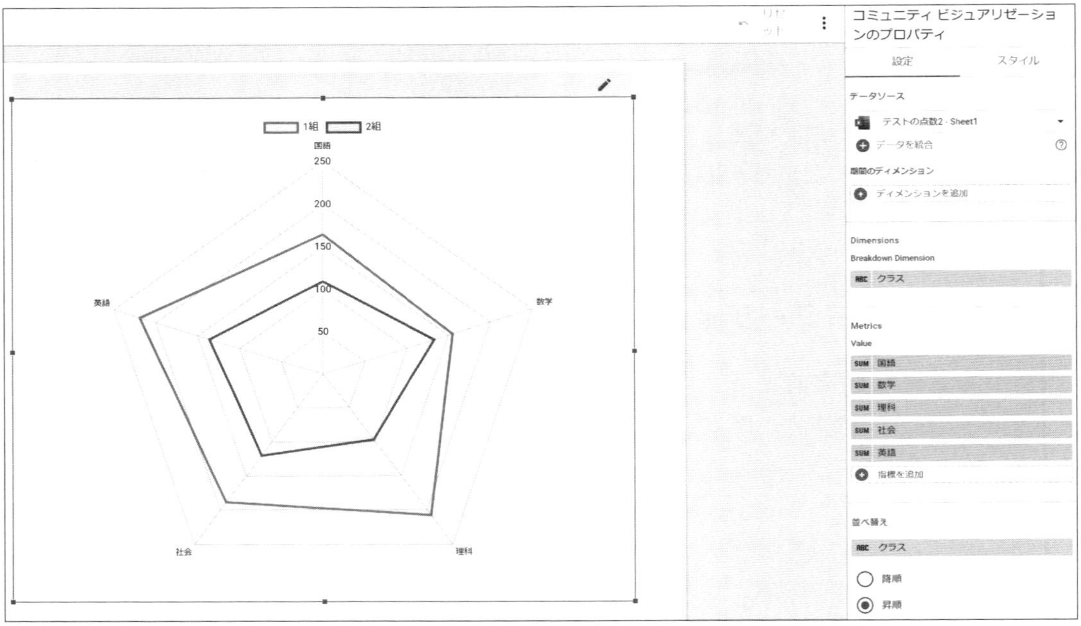

　指標の集計方法がSUMとなっていることが原因です。そこで、集計方法を「平均」に修正したのが、**図10-53**です。ここまでわかると、自分がレーダーチャートで表現したいデータについても、事前にどのように整形すればよいかが理解できます。

▼図10-53：指標を「平均」に変更し適切に表現されたレーダーチャート

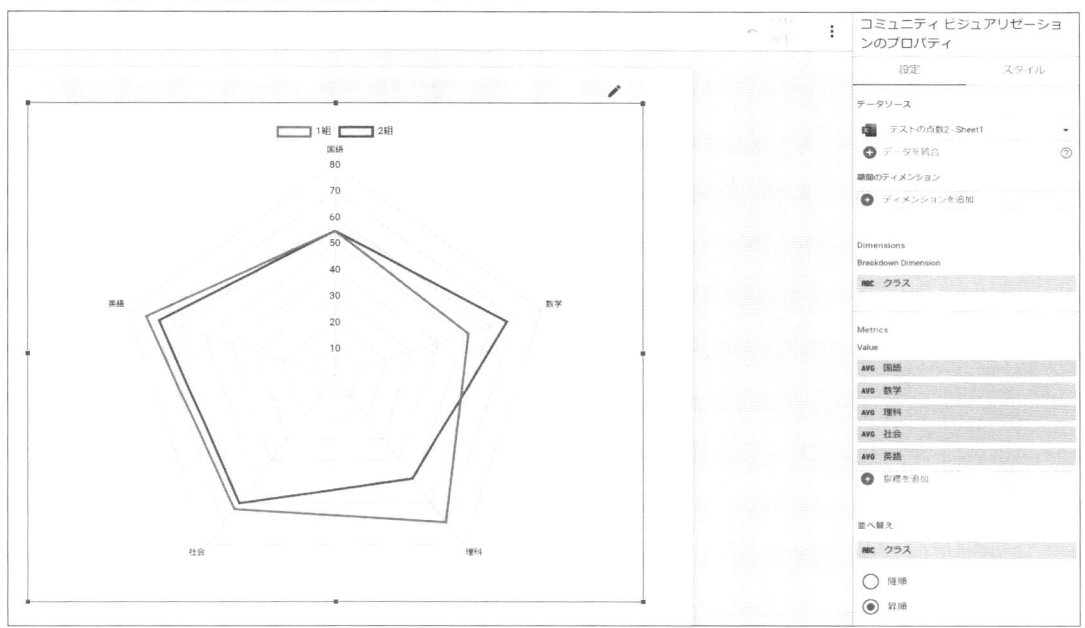

10-6　パラメータの利用

　本節では、「パラメータ」の利用方法を解説します。パラメータを利用すると、ユーザー側で任意の値で基準線をグラフに設定できたり、What-If分析ができたり、データ取得に費用のかかるBigQueryのようなデータベースで分析に必要な最低限の期間のデータだけを取得できたりします。

10-6-1　パラメータとは

　パラメータとは、ユーザー側でLooker Studioに値を投入する機能です。パラメータを未利用の状態（**図10-54**）では、Looker Studioはデータソースが提供するデータだけを用いてグラフを作成します。

　一方、パラメータを使うと**図10-54**の下段の状態となり、Looker Studioはデータソースが提供するデータとパラメータを通じて、ユーザーが入力する値の2つを利用してグラフを作成できます。

▼図10-54：パラメータ未利用、利用時のLooker Studioの状態

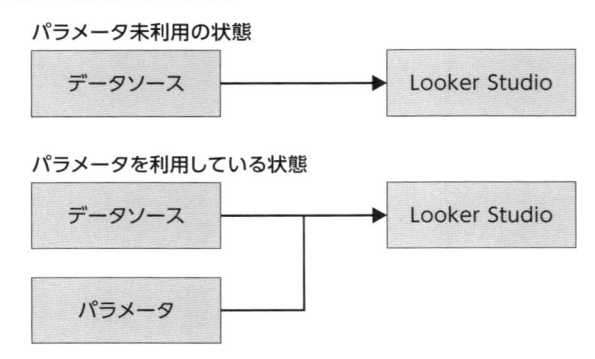

　パラメータを通じてユーザーがLooker Studioに提供できるデータタイプは、テキスト、数値、ブール値の3つです。

10-6-2 ｜ パラメータの作成方法

　図10-55は、データソースとして「ホームセンター - Small」を読み込んだ状態のデータペインです。同ペインの下部にある「パラメータを追加」をクリックすることで、パラメータの作成を始めることができます。

▼図10-55：データペインにある「パラメータを追加」ボタン

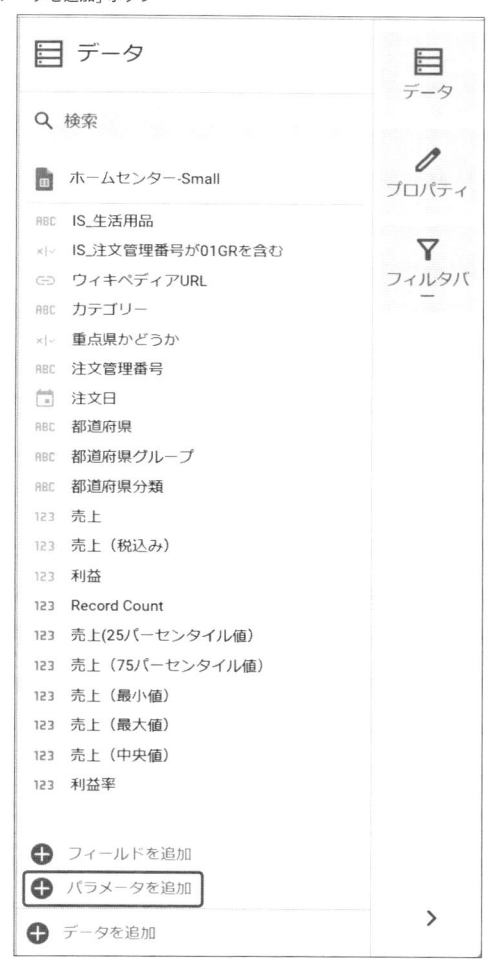

「パラメータを追加」ボタンをクリックすると、**図10-56**のとおりのパラメータ作成画面が開きます。

この画面では、パラメータに名前をつけ、パラメータIDを指定します。パラメータIDは、ほかのパラメータと重複しなければ、任意の名前をつけることができます。英数あるいはドットだけが利用できます。また、パラメータのデータタイプを設定します。データタイプは「テキスト」、「数値（整数)」、「数値（小数)」、「ブール値」から1つを選択します。「使用可能な値」の設定では、ユーザーが自由な値をLooker Studioにわたすことができるようにするのか（任意値）、それとも、一覧から値を選択させるのか（値の一覧）を選択します。パラメータのデータタイプを数値型と

10

する場合には、最小値、最大値を設定できます（範囲）。なお、ユーザーが何も選択していない
ときの値である「デフォルト値」を設定することもできます。

▼図10-56：パラメータ作成画面

　ここでは、「売上の目標値」という名前で、数値（整数）型のパラメータを作成し、値は任意に
選べるということにします。デフォルト値は設定しません。すると、**図10-57**のとおりの設定と
なります。右下の「保存」をクリックします。

▼図10-57：パラメータの追加画面

　データペインに、パラメータ「売上の目標値」が登場しました（**図10-58**）。

▼図10-58：完成したパラメータ

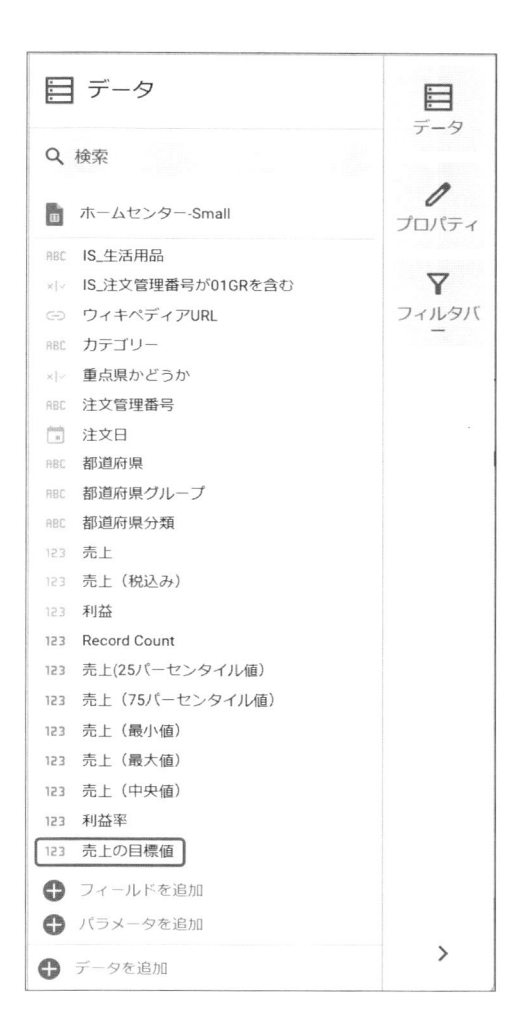

10-6-3 | パラメータを利用した基準線の表示

　それでは、パラメータをグラフで利用してみます。まずは、**図10-59**のとおりの棒グラフを作成します。ディメンションは「都道府県」、指標は「売上」、期間は2023年です。ここまで本書を学習したみなさんであれば難なく作成できると思います。

▼図10-59：都道府県別の売上合計棒グラフ

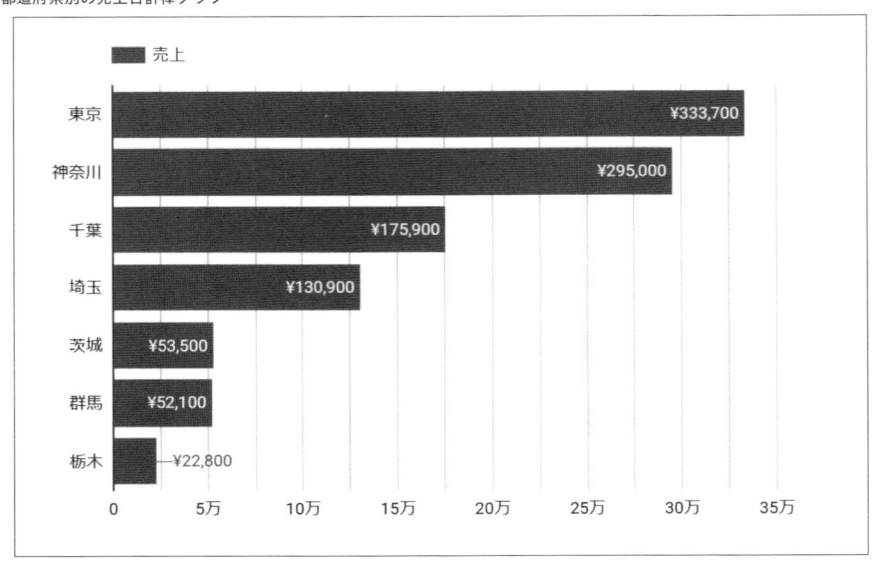

次に、同棒グラフの「スタイル」タブの「リファレンス行」>「基準線＃」の設定で、**図10-60**の
とおりにパラメータを設定してみます。

▼図10-60：リファレンス行の基準線にパラメータを設定

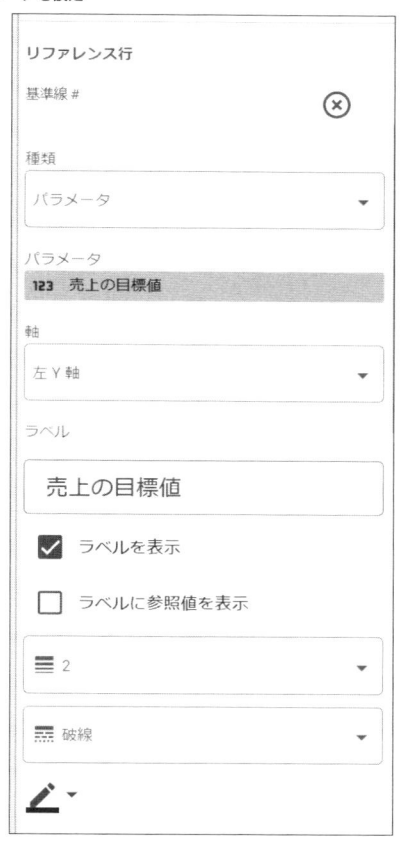

　さらに、メニューの「コントロールを追加」から「入力ボックス」を選択してレポートに追加します。コントロールの追加については8-2を参照してください。「入力ボックス」をレポートに配置したら、コントロールフィールドにパラメータ「売上の目標値」を設定します。画面は**図10-61**のとおりとなります。

▼図10-61：入力ボックスをレポートに配置し、コントロールフィールドにパラメータをセットする

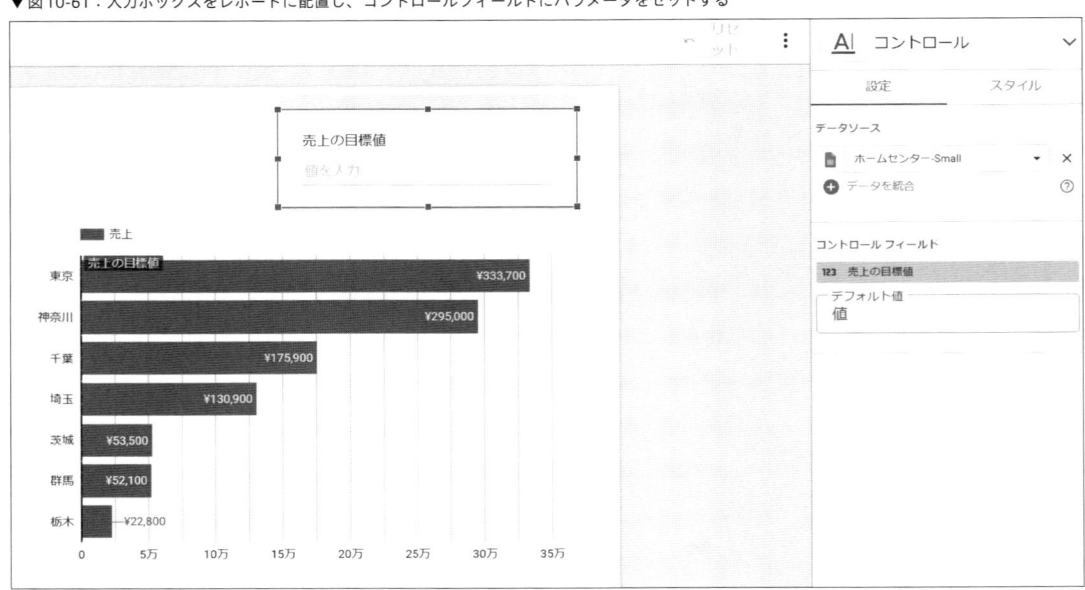

　次に、入力ボックスに「10万」、「12万」、あるいは「15万」の数字を入力してみてください。「売上の目標値」が入力値にしたがって動くのが確認できるはずです。**図10-62**は、入力ボックスに「15万」の値を入れたときのグラフの状態です。「売上の目標値」が15万円を指しています。

▼図10-62：入力ボックスに入力した値のとおりにグラフ上の「売上の目標値」が動く

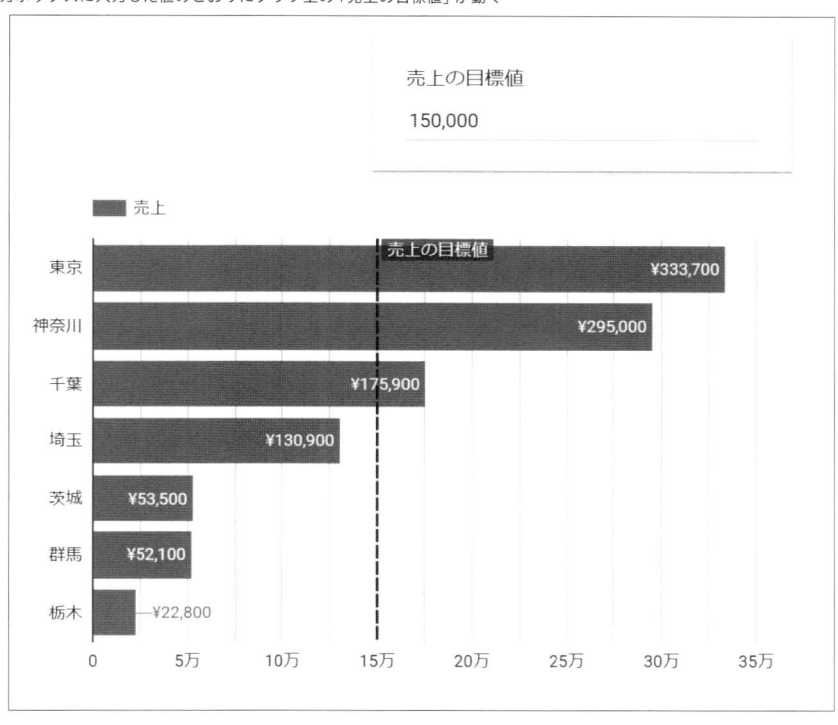

　この動きは、「入力ボックス」に入力した「15万」という値がパラメータに格納され、パラメータに応じてグラフ上の「売上の目標値」が描画されたため実現しています。

10-6-4 | パラメータを利用したWhat-If分析

　次に、パラメータを利用してWhat-If分析をしてみましょう。What-If分析とは、「もしあることが起きたら、結果はどうなるか」という形で行うシミュレーションです。

　図10-63のデータが、現状のWebサイトのパフォーマンスをモデル化したものだとします。一定期間運用していると、おおよその実力値がわかり、**図10-63**のモデルを得ることは難しくないでしょう。

▼図10-63：モデル化されたWebサイトのパフォーマンス構造

	A	B	C	D	E	F	G	H	I
1	自然検索セッション	自然検索CVR	広告費用	広告セッション	広告CVR	参照セッション	参照CVR	ダイレクトセッション	ダイレクトCVR
2	10,000	2%	¥1,000,000	5000	1%	3,000	1.50%	2000	1.80%

　ここで可変の要素は、「広告費用」だとします。「この広告費を、プラスマイナス30%の範囲で増減させたときに、パフォーマンスがどう変わるか」をWhat-If分析してみる例です。

ステップ1：（準備）パラメータの作成

　図10-64のとおりにパラメータ「広告費増加率(%)」を作成し、入力ボックスコントロールに紐づけておきます。

▼図10-64：パラメータ「広告費増加率(%)」の作成画面

ステップ2：（準備）計算フィールドの作成

　表10-Dのとおりに計算フィールドを作成し、現状を可視化します。シミュレーション結果は現状と対比して初めて評価できるためです。

▼表10-D：現状とWhat-Ifの結果を比較するために作成するべき計算フィールド

指標名	計算式
自然検索CV	自然検索CVR × 自然検索セッション
広告CV	広告CVR × 広告セッション
参照CV	参照CVR × 参照セッション
ダイレクトCV	ダイレクトCVR × ダイレクトセッション
コンバージョン	自然検索CV + 広告CV + 参照CV + ダイレクトCV
CPA[注6]	広告費用／コンバージョン

ステップ3：（準備）シミュレーション結果を可視化する計算フィールドの作成

　シミュレーションの結果を可視化するために、計算フィールドを作成します。広告費の増減が、広告CVR、広告のトラフィックはもちろん、自然検索CVR、自然検索トラフィック、ダイレクトトラフィックにも影響しているという前提を置いています。

sim_ 広告CVR：広告CVRのシミュレーション

　広告費を増加すると、一般的にCVRは下がります。適切に運用されていれば、広告はCVRの高い順に予算が使われるためです。広告費を増加するとCVRが既存のパフォーマンスより劣る検索キーワードなり、セグメントなりにたいしても広告が出稿されるためです。10%広告費が増えると、2%広告CVRが悪化するシミュレーションとしています（**図10-65**）。

▼図10-65：計算フィールド「sim_広告CVR」の計算式

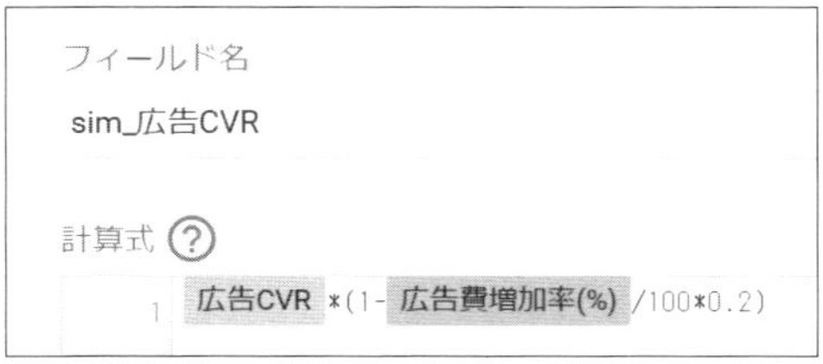

```
フィールド名
sim_広告CVR

計算式 ?
1    広告CVR *(1- 広告費増加率(%) /100*0.2)
```

sim_広告セッション：広告セッションのシミュレーション

　広告費を増加すると、一般的にCPC[注7]が上昇します。その結果、広告費を10%増加したら、セッションが10%増えるか、広告費を20%増加したらセッションが20%増えるかというと、残念ながらそうではありません。それをシミュレーションに反映しました。広告費を10%増加したら、セッションが8%増えるという計算にしてあります（**図10-66**）。

注6　Cost Per Actionの略。1件のコンバージョンを獲得するためのコスト。
注7　Cost Per Clickの略。1クリックを獲得するためのコスト。

10

▼図10-66：計算フィールド「sim_広告セッション」のシミュレーションを行う計算式

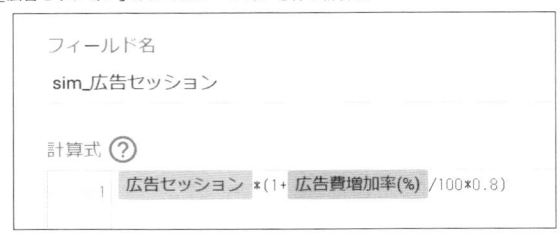

sim_自然検索セッション：自然検索セッションのシミュレーション

　広告費を増加すると、一般に自然検索の結果として自社サイトが掲載されていた「自然検索の結果ページ」に広告がより掲載されるようになります。結果として、ユーザーの中には、自然検索の結果ではなく広告をクリックするユーザーも出てきます。そのような状態を、俗に「カニバリゼーション」と呼びます。したがって、広告費を増やすと、カニバリゼーションのため、自然検索のセッションが減ると考えるのが妥当です。それをシミュレーションに含めるために、**図10-67**のとおりの計算フィールドを利用して、自然検索のセッションを算出しました。

　広告費増加率が高ければ高いほど、よりカニバリゼーションが高まるという前提で、CASE文を使った少々複雑な計算フィールドにしています。

▼図10-67：自然検索セッションのシミュレーション

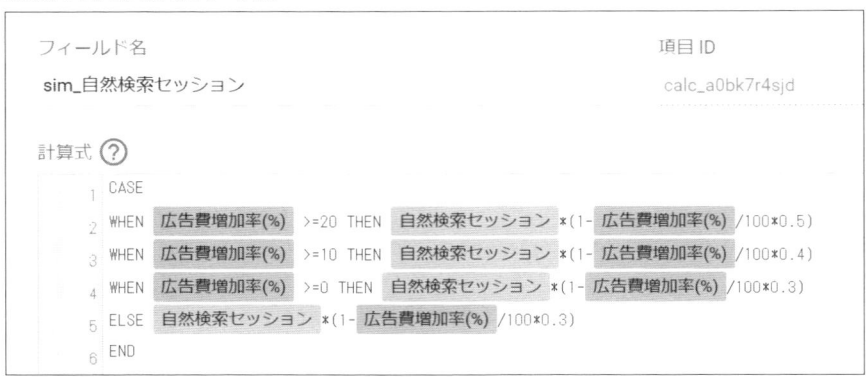

　そのほかに作成した計算フィールドは**表10-E**のとおりです。

▼表10-E：シミュレーションを行うために必要な計算フィールド

指標名	計算式
sim_自然検索CV	自然検索CVR × sim_自然検索セッション
sim_広告CV	sim_広告CVR × sim_広告セッション
sim_広告費用	広告費用 ×（1+広告費増減率(%)/100）
sim_コンバージョン	sim_自然検索CV + sim_広告CV + 参照CV + ダイレクトCV
sim_CPA（※）	sim_広告費用／sim_コンバージョン

ステップ4：広告費増減シミュレーションの実行

　現状、およびシミュレーション結果を可視化する計算フィールドを使って、広告費増減前（上段）と、広告費増減後（下段）のWhat-If分析をしているのが、**図10-68**です。ステップ2で作成した計算フィールドのとおりであれば、20%広告費を増加させても、コンバージョン数は減り、CPAは大きく悪化する結果になっています。

　右上の「入力ボックス」に値を入れると、下段の数値が変わってきます。

▼図10-68：パラメータを利用した「What-If分析」

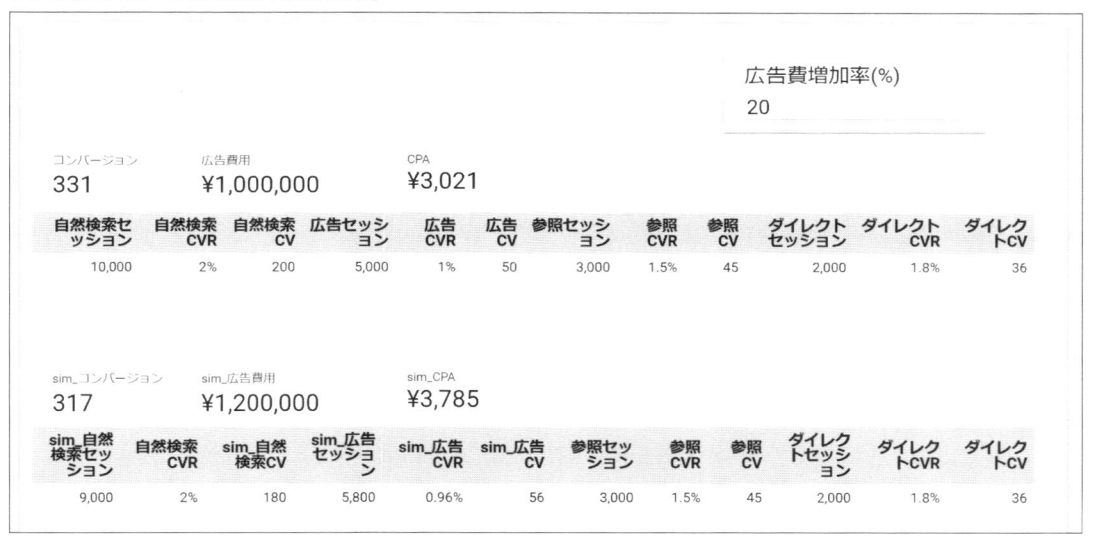

10-6-5　分析に必要な期間だけのデータ取得

　パラメータの応用的な使い方として、「分析に必要な期間だけのデータ取得」のために利用する方法があります。想定される利用方法としては、BigQueryのように接続すると費用がかかるデータソースで、かつ分析期間が長くなるほど取得するデータ量が増え、費用が増えていく場合に、

10

パラメータを利用して分析に必要な期間だけのデータを取得することが考えられます。

このパラメータの利用方法を模式図として示したのが、**図10-69**です。**図10-54**で示した模式図と異なり、Looker Studio側で入力したパラメータの値を利用して、データ接続が行われることに留意してください。

▼図10-69：パラメータでデータ期間を指定する流れの模式図

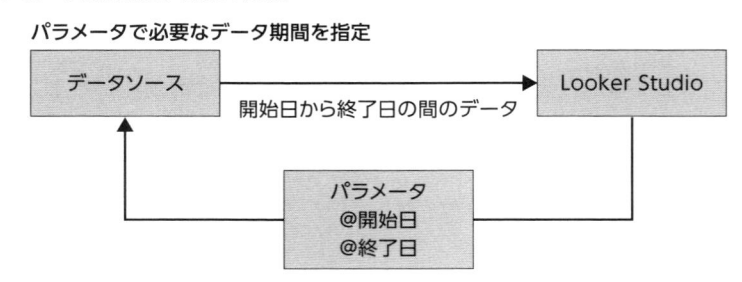

カスタムSQLを利用したBigQueryへの接続

図10-70は、カスタムSQLを利用して、BigQuery上のGoogleアナリティクステーブルに接続している図です。3行目のWHEREで始まる行は、本来は次のとおり、固定的な開始日と終了日を記述します。2024年7月16日を開始日、2024年7月31日を終了日とする例です。

```
WHERE _TABLE_SUFFX BETWEEN "20240716" AND "20240731"
```

ところが実際には、開始日が「@start_date」、終了日が「@end_date」となっています。この部分があとから作成するパラメータが提供する値に差し替わるしくみです。

▼図10-70：SQL文にパラメータを記述したカスタムSQL

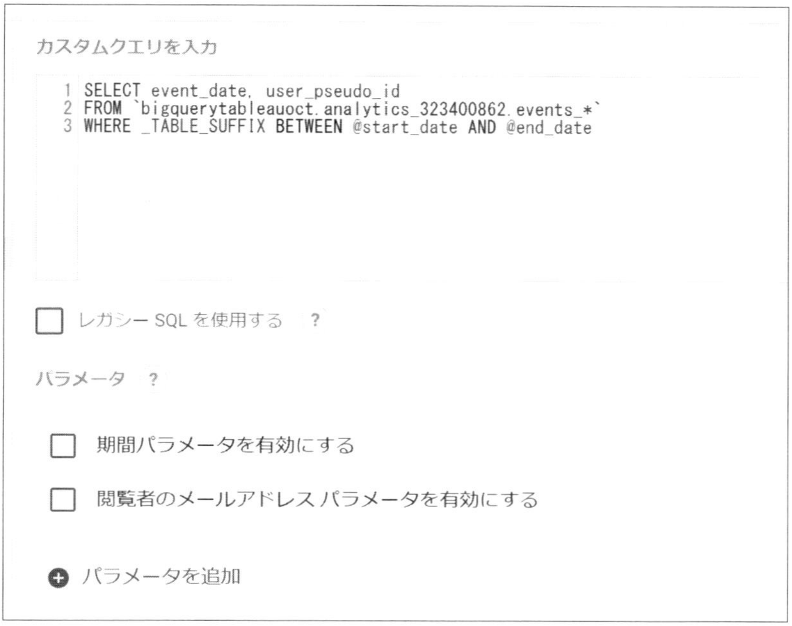

```
カスタムクエリを入力

1  SELECT event_date, user_pseudo_id
2  FROM `bigquerytableauoct.analytics_323400862.events_*`
3  WHERE _TABLE_SUFFIX BETWEEN @start_date AND @end_date
```

☐ レガシー SQL を使用する　？

パラメータ　？

☐ 期間パラメータを有効にする

☐ 閲覧者のメールアドレス パラメータを有効にする

➕ パラメータを追加

データ接続画面でのパラメータの作成

図10-70の画面の「パラメータを追加」をクリックすると、パラメータ作成画面が開きますので、**図10-71**のとおりにパラメータを作成します。このとき「パラメータID」は、**図10-70**のSQL文に使われている値と同一にする必要があります（ただし、「@」は不要）。

10

▼図10-71：BigQueryへのカスタムSQL接続画面で作成するパラメータ

　同様に「終了日」パラメータも、パラメータIDを「end_date」として作成したのが、**図10-72**です。この状態で「追加」をクリックします。

▼図10-72：パラメータを2つ作成したカスタムSQLによるBigQueryへの接続画面

パラメータを利用した必要な期間のみのデータ取得

レポートに確認用の折れ線グラフを作成したうえで、パラメータを入力する「入力ボックス」を2つ作成したのが、**図10-73**です。パラメータ作成時にデフォルト値として設定した開始日（2024年7月16日）と、終了日（2024年7月31日）の期間が、折れ線グラフに反映されていることがわかります。

▼図10-73：パラメータによる開始日、終了日が反映されたレポート

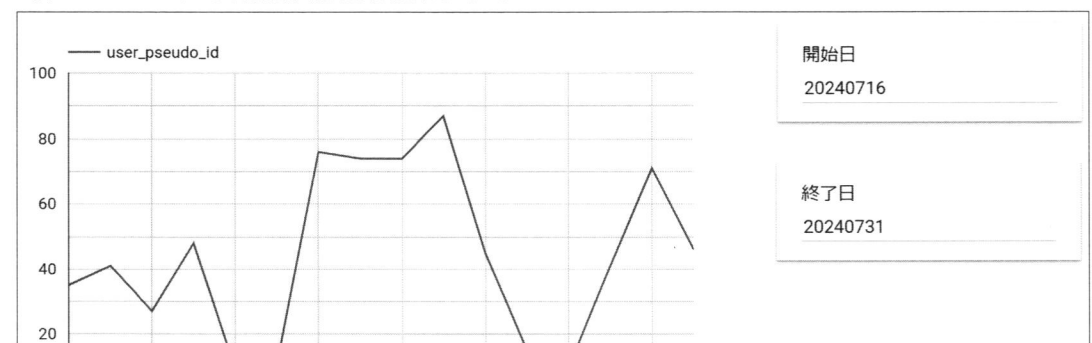

　試しに、終了日を「20040803」に変更したのが**図10-74**です。折れ線グラフの線の右端が8月3日となっています。パラメータへの入力値が、データ取得期間として反映されていることが確認できます。

▼図10-74：パラメータに入力した「終了日」が反映されたレポート

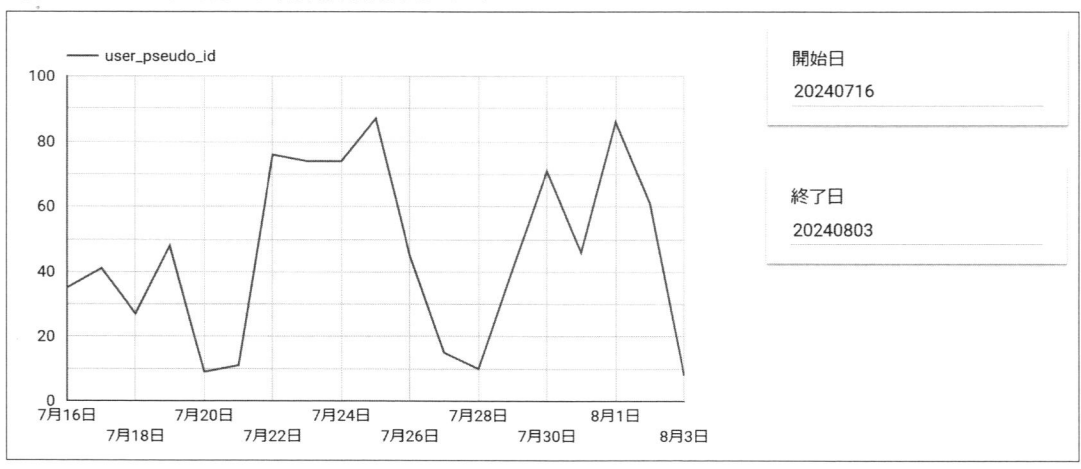

あとがき

「データ分析といえばExcel」そう思っていたLooker Studio 未経験者や初心者だった読者のみなさんも、本書読了後の今、「Excelをデータソースとして用いてLooker Studioで分析」したほうが何倍も効率よく、何倍も説得力高く目的の分析タスクを果たせることを感じていると思います。

Looker Studioは日々進化し続けています。本書を執筆している間も、Looker Studioはユーザーインターフェースを改良し、新しいグラフテンプレートを追加し、ユーザーにとってより使いやすくより効率的な可視化ができるツールへと成長を続けています。データドリブンな意思決定が求められる現代のビジネス環境において、データ分析のツールとしてExcelだけしか使えないのは、もはやキャリア上のリスクとすらいえるかもしれません。

本書を手に取る前からすでにLooker Studioを利用した経験のある方も、タイムライングラフやファネルチャートなどの新しいグラフ、パラメータの使い方、「抽出」を利用したグラフ表示の高速化、結合などは新しい知識だったのではないでしょうか？

本書を通じて、読者のみなさんはLooker Studioでのデータ分析スキルを身につけ、あるいは向上させたことと確信しています。また、共有したメンバーに使ってもらえるダッシュボード作成のコツについても、身につけていただけたことでしょう。それらの知識とスキルを用いれば、データの可視化を通じて部署のデータドリブンな意思決定をリードする立場となることも難しくはないでしょう。そうした取り組みを通じて、読者のみなさんのキャリアが大きく拓く契機になれば、これ以上の喜びはありません。

最後に、本書の制作に携わっていただいたすべての方々に心から感謝申し上げます。特に、丁寧かつ熱心に編集作業を進めてくださった技術評論社第5編集部の中山みづき様には、多大なるご支援とご協力をいただきました。本書をよりよいものへと導いてくださったことに、深く感謝の意を表します。

令和7年2月

著者　木田和廣

頻出関数一覧

　本書執筆時点の2024年11月末現在、Looker Studioで利用できる関数は全部で84種類あります。詳細は公式ヘルプ[注1]を参照してください。また、関数を利用するときの前提として、よく利用される関数と、それほど利用されない関数があります。したがって、すべての関数の書式を暗記する必要はまったくありません。

　頻出関数一覧では、経営企画、経理、財務、営業、マーケティングなどの一般的なビジネスパーソンにとって利用頻度が高いであろうと筆者が考える23の関数について取り上げました。これらの関数も書式を暗記する必要はありませんが、どんな機能の関数があるかについて、全体像をとらえるために利用してください。そのうえで、関数を記述する必要が生じたときには、個別の関数についての書式を参照してください。

テキスト関数

1. CONCAT [注2]
機能：XとYを連結したテキストを返します。
出力（戻り値）のデータ型：テキスト

書式	入力（引数）	出力（戻り値）
CONCAT (X, Y, [,Z, …])	X：木田和廣 Y：さま	木田和廣さま
	X：千葉県 Y：- Z：松戸市	千葉県 - 松戸市

公式ヘルプURL：https://support.google.com/looker-studio/answer/7583443

2. CONTAINS_TEXT
機能：XがYを含む場合にはtrueを返します。それ以外の場合はfalseを返します。大文字と小文字が区別されます。
出力（戻り値）のデータ型：ブール値

書式	入力（引数）	出力（戻り値）
CONTAINS_TEXT (X,test)	X：東京都 text：都	true
	X：千葉県 text：都	false

公式ヘルプURL：https://support.google.com/looker-studio/answer/9366283

3. LEFT_TEXT
機能：Xの先頭から指定した数の文字を返します。文字数はlengthで指定します。
出力（戻り値）のデータ型：テキスト

書式	入力（引数）	出力（戻り値）
LEFT_TEXT (X,length)	X：本日は晴天なり length：2	本日

公式ヘルプURL：https://support.google.com/looker-studio/answer/9366535

注1　https://support.google.com/looker-studio/table/6379764?hl=ja
注2　あるいは「こんきゃっと」と読む。

4. LENGTH

<ruby>れ<rt>れ</rt></ruby>機能：Xの文字数を返します。
出力（戻り値）のデータ型：数値

公式ヘルプURL：https://support.google.com/looker-studio/answer/7583320

書式	入力（引数）	出力（戻り値）
LENGTH (X)	X: 本日は晴天なり	7

5. REPLACE

機能：Xに含まれるすべてのYをZに置き換えたXのコピーを返します。
出力（戻り値）のデータ型：テキスト

公式ヘルプURL：https://support.google.com/looker-studio/answer/7583533

書式	入力（引数）	出力（戻り値）
REPLACE (X,Y,Z)	X：本日は晴天なり Y：晴天 Z：曇天	本日は曇天なり

6. SUBSTR

機能：Xの一部の文字列（部分文字列）を返します。部分文字列が始まる位置はstart indexで指定し、lengthで文字数を指定します。
出力（戻り値）のデータ型：テキスト

書式	入力（引数）	出力（戻り値）
SUBSTR (X, start index, length)	X：本日は晴天なり start index：1 length：2	本日
	X：本日は晴天なり start index：4 length：4	晴天なり

公式ヘルプURL：https://support.google.com/looker-studio/answer/7583225

正規表現を利用したテキスト関数

7. REGEXP_CONTAINS

機能：Xに正規表現のパターンが含まれる場合はtrueを返し、それ以外の場合はfalseを返します。
出力（戻り値）のデータ型：ブール値

書式	入力（引数）	出力（戻り値）
REGEXP_CONTAINS (X, regular_expression)	X：本日は晴天なり regular_expression：^本日	true
	X：本日は晴天なり regular_expression：です $	false

公式ヘルプURL：https://support.google.com/looker-studio/answer/10220936

8. REGEXP_EXTRACT

機能：Xの中で正規表現のパターンに該当する最初の部分文字列を返します。
出力（戻り値）のデータ型：テキスト

書式	入力（引数）	出力（戻り値）
REGEXP_EXTRACT (X, regular_expression)	X：本日は晴天なり regular_expression：晴.	晴天
	X：本日は晴天なり regular_expression：^...	本日は

公式ヘルプURL：https://support.google.com/looker-studio/answer/7050487

9. REGEXP_MATCH（れじぇっくす まっち）

機能：Xが正規表現パターンと一致する場合にtrueを返します。それ以外の場合は、false を返します。
出力（戻り値）のデータ型：ブール値
公式ヘルプURL：https://support.google.com/looker-studio/answer/7064476

書式	入力（引数）	出力（戻り値）
REGEXP_MATCH (X, regular_ expression)	X：本日は晴天なり regular_expression：^.日	true
	X：本日は晴天なり regular_expression：^.晴	false

集計関数

10. AVG（あべれーじ）

機能：Xのすべての値の平均値を返します。
出力（戻り値）のデータ型：数値
公式ヘルプURL：https://support.google.com/looker-studio/answer/7583518

書式	入力（引数）	出力（戻り値）
AVG (X)	X：1,1,2,3,4,5,5	3

11. COUNT（かうんと）

機能：Xの値の数を返します。
出力（戻り値）のデータ型：数値
公式ヘルプURL：https://support.google.com/looker-studio/answer/7583207

書式	入力（引数）	出力（戻り値）
COUNT (X)	X：1,1,2,3,4,5,5	7

12. COUNT_DISTINCT（かうんと でぃすてぃんくと）

機能：X の固有値の数を返します。
出力（戻り値）のデータ型：数値
公式ヘルプURL：https://support.google.com/looker-studio/answer/7583428

書式	入力（引数）	出力（戻り値）
COUNT_DISTINCT (X)	X：1,1,2,3,4,5,5	5

13. MAX（まっくす）

機能：Xの最大値を返します。
出力（戻り値）のデータ型：数値
公式ヘルプURL：https://support.google.com/looker-studio/answer/7583208

書式	入力（引数）	出力（戻り値）
MAX (X)	X：1,1,2,3,4,5,5	5

14. MEDIAN（めじあん）

機能：Xのすべての値の中央値を返します。
出力（戻り値）のデータ型：数値
公式ヘルプURL：https://support.google.com/looker-studio/answer/7582581

書式	入力（引数）	出力（戻り値）
MEDIAN (X)	X：1,1,2,3,4,5,5	3

15. MIN（みん）

機能：Xの最小値を返します。
出力（戻り値）のデータ型：数値
公式ヘルプURL：https://support.google.com/looker-studio/answer/7583210

書式	入力（引数）	出力（戻り値）
MIN (X)	X：1,1,2,3,4,5,5	1

16. SUM
<ruby>さ<rt></rt></ruby><ruby>む<rt></rt></ruby>

機能：Xのすべての値の合計を返します。
出力（戻り値）のデータ型：数値

書式	入力（引数）	出力（戻り値）
SUM (X)	X：1,1,2,3,4,5,5	21

公式ヘルプURL：https://support.google.com/looker-studio/answer/7583212

条件付き関数

16. CASE（検索）

機能：あとに続く各WHEN節のconditionを評価し、conditionがtrueになる最初のresultを返します。残りのWHEN節とELSE節は評価されません。すべての条件がfalseまたはNULLである

る場合、else_resultがあればその内容を返し、なければNULLを返します。
出力（戻り値）のデータ型：THEN句で指定した値のデータ型

書式	例
CASE 　WHEN condition THEN result 　[WHEN condition THEN result] 　[...] 　[ELSE else_result] END	CASE WHEN 利益率 > 0.3 THEN "高利益率" WHEN 利益率 > 0.1 THEN "中利益率" WHEN 利益率 > 0 THEN "低利益率" ELSE "赤字" END

公式ヘルプURL：https://support.google.com/looker-studio/answer/7020724

17. CASE（単純）

機能：あとに続く各WHEN節のinput_expressionとexpression_to_matchを比較し、

この比較でtrueを返す最初のresultを返します。
出力（戻り値）のデータ型：THEN句で指定した値のデータ型

書式	例
CASE input_expression 　WHEN expression_to_match THEN result 　[WHEN expression_to_match THEN result] 　[...] 　[ELSE result] END	CASE 曜日 WHEN "土曜日" THEN "週末" WHEN "日曜日" THEN "週末" ELSE "平日" END

公式ヘルプURL：https://support.google.com/looker-studio/answer/10471275

18. IF

機能：conditionがtrueの場合はtrue_resultを返し、それ以外の場合はfalse_resultを返します。conditionがtrueの場合、false_resultは評価されません。また、conditionがfalseまたはNULL

の場合、true_resultは評価されません。
出力（戻り値）のデータ型：THEN句で指定した値のデータ型

書式	例
IF (condition, true_result, false_result)	IF (性別ID =1, "男性", "女性")

公式ヘルプURL：https://support.google.com/looker-studio/answer/10468770

日付関数

19. DATE_DIFF
機能：XとYの日付の差（X − Y）を返します。
出力（戻り値）のデータ型：数値

公式ヘルプURL：https://support.google.com/looker-studio/answer/7583307

書式	入力（引数）	出力（戻り値）
DATE_DIFF (X, Y)	X：2024-01-04 Y：2024-01-01	3

20. DATETIME_ADD
機能：指定した時間間隔を日付（あるいは日付時刻）に加算します。
出力（戻り値）のデータ型：日付と時刻

書式	入力（引数）	出力（戻り値）
DATETIME_ADD (datetime_expression, INTERVAL integer part)	datetime_expression：2024-01-01 06:00:00 integer：12 part：HOUR	2024-01-01 18:00:00

公式ヘルプURL：https://support.google.com/looker-studio/answer/9698326

21. PARSE_DATE
機能：文字列を日付に変換します。
出力（戻り値）のデータ型：日付と時刻

書式	入力（引数）	出力（戻り値）
PARSE_DATE (format_string, text)	format_string："%Y年%m月%d日" text：2024年1月1日	2024-01-01

公式ヘルプURL：https://support.google.com/looker-studio/answer/9739156

22. TODAY
機能：協定世界時（UTC）の「今日」の日付を返します。特定タイムゾーンの「今日」を返すには、time_zone を指定します。
出力（戻り値）のデータ型：日付と時刻

書式	入力（引数）	出力（戻り値）
TODAY ("time_zone")	time_zone：+9	日本時間の今日の日付

公式ヘルプURL：https://support.google.com/looker-studio/answer/9695546

その他

23. CAST
機能：フィールドまたは式をTYPEで指定したデータ型に変換します。集計フィールドを使用することはできません。TYPEには数値型（NUMBER）、文字列型（TEXT）、もしくは日付時刻型（DATETIME）のいずれかを指定できます。
出力（戻り値）のデータ型：AS句で指定したデータ型

書式	入力（引数）	出力（戻り値）
CAST (field_expression AS TYPE)	field_expression：10 TYPE：TEXT	文字列型データ "10"

公式ヘルプURL：https://support.google.com/looker-studio/answer/7280720

索引

■著者プロフィール

木田和廣（きだ かずひろ）

早稲田大学政治経済学部卒業。株式会社プリンシプル取締役副社長。

2004年にWeb解析業界でのキャリアをスタートする。2009年からGoogleアナリティクスにもとづくWebコンサルティングに従事。2015年に『できる逆引き Googleアナリティクス Web解析の現場で使える実践ワザ240 ユニバーサルアナリティクス＆Googleタグマネージャ対応』、2016年に『できる100の新法則 Tableauタブロー ビジュアルWeb分析 データを収益に変えるマーケターの武器』、2021年に『集中演習 SQL入門 Google BigQueryではじめるビジネスデータ分析』を発刊。

アナリティクスアソシエーション（a2i）や個別企業でのセミナー登壇、トレーニング講師実績も多数。

Google アナリティクス認定資格、統計検定2級、G検定保有。

■Staff

カバーデザイン●嶋 健夫（トップスタジオデザイン室）

本文デザイン・DTP●株式会社トップスタジオ

担当●中山 みづき

Looker Studio大全（ルッカー スタジオ たいぜん）
〜データ接続からダッシュボードまで徹底解説（てっていかいせつ）〜

2025年　2月27日　初版　第1刷発行

著　者　木田和廣（きだ かずひろ）

発行者　片岡 巌

発行所　株式会社技術評論社
　　　　東京都新宿区市谷左内町 21-13
　　　　電話　03-3513-6150　販売促進部
　　　　　　　03-3513-6177　第5編集部

印刷／製本　TOPPAN クロレ株式会社

定価はカバーに表示してあります。

ISBN978-4-297-14736-5　C3055

Printed in Japan

■本書の内容に関するご質問は、下記の宛先までFAXまたは書面にてお送りください。書籍Webページでも、問い合わせフォームを用意しております。

電話によるご質問、および本書の範囲を超える事柄についてのお問い合わせにはお答えできませんので、あらかじめご了承ください。

なお、ご質問の際に記載いただいた個人情報は、ご質問の返答以外の目的には使用いたしません。また、ご質問の返答後は速やかに破棄させていただきます。

〒 162-0846
東京都新宿区市谷左内町 21-13
株式会社 技術評論社 第5編集部
「Looker Studio 大全」係
FAX　03-3513-6173
Web：https://gihyo.jp/book/2025/978-4-297-14736-5